Dechema-Monographien Band 106

Dechema Monographs vol. 106

Erratum

Bitte, legen Sie dieses Blatt als Ersatz für den letzten Absatz der Seite 256 (H. Gräfen - Werkstoffverhalten in Wasserstoff) ein.

Please read the following for the last paragraph of page 256 (H. Gräfen - Werkstoffverhalten in Wasserstoff).

Im Bereich II kann sich bei einem wasserstoffspezifischen Umgebungseinfluß die Rißausbreitung bei zyklischer Belastung beschleunigen, wenn der maximale K-Wert an der Rißspitze einen bestimmten werkstofftypischen Schwellenwert $K_{IH}^{zykl.}$ überschreitet (Abb. 11). $K_{IH}^{zykl.}$ ist eine spezifische Größe, die von der mechanischen Festigkeit des jeweiligen Werkstoffs wenig abhängt.

Auch bei statischer Belastung kann durch den Einfluß von H_2 bei Überschreiten eines Schwellenwertes (K_{IH}) unterkritisches Rißwachstum eintreten (Abb. 11). Mit zunehmender Festigkeit nimmt dieser K_{IH}-Wert sehr schnell ab, so daß eine Rißausbreitung bei hochfesten Stählen schon bei relativ kleinen Fehlern möglich wird. Der zyklische Schwellenwert $K_{IH}^{zykl.}$ liegt deutlich niedriger als der bei der statischen Beanspruchung gefundene Schwellenwert K_{IH}. Neben der geringen Abhängigkeit von der Festigkeit wurde unter seinem Einfluß bei CrMo-legierten Stählen immer ein Wechsel in der Rißmorphologie (transkristallin ⟶ interkristallin) beobachtet.

Monographien Band 106

Wasserstoffwirtschaft —
Herausforderung für das
Chemieingenieurwesen

Monographien

Sammelbände mit
Einzeldarstellungen über
Forschung und Entwicklung auf
Gebieten des
Chemischen Apparatewesens,
der Chemischen Technik und
der Biotechnologie

begründet von
Max Buchner† und Herbert Bretschneider†

herausgegeben im Auftrag der DECHEMA
von Dieter Behrens

DECHEMA
Deutsche Gesellschaft für Chemisches Apparatewesen,
Chemische Technik und Biotechnologie e.V.
Frankfurt am Main

Monographien Band 106

Wasserstoffwirtschaft —
Herausforderung für das
Chemieingenieurwesen

Wasserstoffwirtschaft — Herausforderung für das Chemieingenieurwesen

Vorträge vom 23. Tutzing-Symposion der DECHEMA
vom 10. bis 13. März 1986
herausgegeben von G. Sandstede und G. Collin

DECHEMA
Deutsche Gesellschaft für Chemisches Apparatewesen,
Chemische Technik und Biotechnologie e.V.
Postfach 97 01 46, Theodor-Heuss-Allee 25, D-6000 Frankfurt 97

CIP-Kurztitelaufnahme bei der Deutschen Bibliothek

Wasserstoffwirtschaft — Herausforderung für das Chemieingenieurwesen: Vorträge vom 23. Tutzing-Symposion d. DECHEMA vom 10.—13. März 1986/hrsg. von G. Sandstede u. G. Collin (In Zusammenarbeit mit d. DECHEMA, Dt. Ges. für Chem. Apparatewesen, Chem. Technik u. Biotechnologie e.V., Frankfurt am Main). Weinheim; Deerfield Beach, Fl.: VCH, 1987.
(Dechema-Monographien: Bd. 106)
ISBN 3-527-10993-5
NE: Sandstede, Gerd (Hrsg.); Tutzing-Symposion <23, 1986>; Deutsche Gesellschaft für Chemisches Apparatewesen, Chemische Technik und Biotechnologie: Dechema-Monographien

Vertrieb an Nicht-Dechema-Mitglieder:
VCH Verlagsgesellschaft, Postfach 1260/1280, D-6940 Weinheim (Federal Republic of Germany)
USA und Canada: VCH Publishers, 303 N. W. 12th Avenue, Deerfield Beach Fl 33442—1705 (USA)

Herausgegeben von G. Sandstede und G. Collin, Frankfurt am Main
in Zusammenarbeit mit der
DECHEMA Deutsche Gesellschaft für Chemisches Apparatewesen,
Chemische Technik und Biotechnologie e.V., Frankfurt am Main

Umschlaggestaltung: Weisbrod-Werbung, Birkenau
Redaktionelle Bearbeitung: Wolf-Heinrich Kühne, Frankfurt am Main

Verantwortlich für den Inhalt: Die Verfasser der Beiträge

Alle Rechte vorbehalten, insbesondere des Abdrucks und der Übersetzung in fremde Sprachen.
Copyright © 1987 by DECHEMA Deutsche Gesellschaft für Chemisches Apparatewesen,
Chemische Technik und Biotechnologie e.V.

Reihe Dechema-Monographien ISSN 0070 315
Band 106 ISBN 3-527-10993-5

Gesamtherstellung: Schön & Wetzel GmbH, Frankfurt am Main
Printed in Germany

Inhaltsverzeichnis

Vorwort

1 G. Sandstede
Was bedeutet Wasserstoffwirtschaft? ... 1

I Anwendungsbereiche des Wasserstoffs

2 J. Schulze, H. Gaensslen
Wasserstoff als Chemierohstoff ... 27

3 G. Kaske, G. Ruckelshauß
Wasserstoff als indirekter Energierohstoff ... 51

4 J. Nitsch, C.-J. Winter
Wasserstoff als Energieträger ... 71

II Erzeugung von Wasserstoff

5 R. E. Lohmüller
Die Erzeugung von Wasserstoff aus fossilen Rohstoffen —
Stand der Technik und Entwicklungperspektiven ... 95

6 H. Wendt
Wasserstoffgewinnung durch Alkalische Wasserelektrolyse —
Technik, Entwicklungslinien, ökonomische Chancen ... 113

7 M. Fischer
Nichtfossile Energiequellen für die elektrochemische
Wasserstoffgewinnung ... 137

8 W. Dönitz, E. Erdle, R. Streicher
Hochtemperatur-Elektrolyse von Wasserdampf ... 169

9 B. D. Struck
Thermochemische Kreisprozesse ... 181

10 M. Grätzel
Catalytic Generation of Hydrogen through
Solar Photolysis of Water ... 189

11 G. Gottschalk
Wasserstoff-Produktion durch biologische Systeme ... 205

III Speicherung und Transport von Wasserstoff

12 O. Bernauer, B. Bogdanović, J. Hapke, M. Groll
Metallhydridtechnik ... 213

13 W. Peschka
Flüssiger Wasserstoff —
Stand der Technik und Anwendungen ... 235

IV Werkstoff- und Sicherheitstechnik

14 H. Gräfen, D. Kuron
    Werkstoffverhalten in Wasserstoff   247

15 J. Gretz
    Wasserstoff als Energieträger eines sauberen
    Energiebereitstellungssystems mit direkter und
    indirekter Sonnenenergie. Konzept eines Pilotprojektes.   267

16 R. Ewald, K. Baumgärtner
    Sicherheitstechnik bei der Handhabung von Wasserstoff   279

V Wasserstoff als Sekundärenergieträger

17 W. Vielstich
    Brennstoffzellen als Energiewandler in einer
    Wasserstoffwirtschaft   299

18 W. Häfele, D. Martinsen, M. Walbeck
    Systemanalyse einer Wasserstoff-Energiewirtschaft   315

19 Hj. Sinn, E. Jochem
    Zum zukünftigen Potential einer Wasserstoffwirtschaft   341

Autorenverzeichnis   355

Vorwort

Der Begriff der Wasserstoffwirtschaft, wie er vor mehr als 20 Jahren von Justi, Bockris, u.a. eingeführt wurde, umfaßt mehr als unseren heutigen technischen Umgang mit dem für die chemische und petrochemische Industrie bedeutenden Sekundärrohstoff Wasserstoff. Er steht kennzeichnend für ein zukünftiges Energieversorgungssystem, bei dem Wasserstoff als Sekundärenergieträger eine zentrale Rolle spielt. Auch wenn der Zeitpunkt der Erschöpfung fossiler Rohstoffe heute noch nicht sicher vorhergesagt werden kann, so wird deren Begrenzung in Zukunft dennoch einen schrittweisen Übergang zu regenerativen Energiequellen erfordern. Die meisten dieser alternativen Energiequellen (Sonnen-, Wind und Gezeitenenergie) sind dadurch gekennzeichnet, daß die angebotene Leistung starken zeitlichen Schwankungen unterliegt und die Energie besonders in solchen Regionen zur Verfügung steht, die von den Verbrauchszentren teilweise weit entfernt sind. Dies macht den Einsatz eines speicherbaren und einfach zu transportierenden Sekundärenergieträgers erforderlich. Der Wasserstoff ist hierfür ideal geeignet, da er nicht nur die energietechnischen Anforderungen erfüllt, sondern darüber hinaus extrem umweltfreundlich und äußerst flexibel ist. Außer einer geringfügigen NO_x-Bildung, die geringer ist als bei Kohlenwasserstoffen, entstehen bei der Verbrennung keine Schadstoffe und der Energieinhalt des Wasserstoffes kann wahlweise thermisch durch Verbrennung oder elektrisch mit Hilfe der Brennstoffzelle genutzt werden.

Vor dem Hintergrund der historischen Erfahrung, daß die Einführung neuer Energieträger einen sich über Jahrzehnte hinstreckenden Prozeß darstellt, ergibt sich trotz derzeit niedriger Ölpreise bereits heute die Notwendigkeit, die Einführung der Wasserstofftechnologie schrittweise vorzubereiten und voranzutreiben.

Bei der Lösung dieser Aufgabe ist neben der Energietechnik insbesondere die chemische Technik gefordert. Die DECHEMA beschäftigt sich deshalb bereits seit vielen Jahren mit Problemen der Wasserstofftechnologie. Im Rahmen der 1975 erarbeiteten Studien zum BMFT-Rohstoffprogramm Chemische Technik wurden in dem Band Elektrochemische Prozesse viele Fragen der Wasserstoffwirtschaft behandelt. Auf der ACHEMA 1979 wurden in einem Plenarvortrag Strategien zur Energieversorgung betrachtet und die Wasserstoffwirtschaft rückte im Januar 1982 mit einem speziellen Dechema-Kolloquium und einem Plenarvortrag auf der Dechema-Jahrestagung 1983 weiter in den Mittelpunkt des Interesses. Ein erstes Symposium über alle Aspekte der Wasserstofftechnologie fand 1984 statt, und in einem Plenarvortrag auf der ACHEMA 1985 wurden die Möglichkeiten zukünftiger Energieversorgungssysteme diskutiert. Im Juni 1986 wurde der Öffentlichkeit eine Dechema-Studie "Wasserstofftechnologie - Perspektiven für Forschung und Entwicklung" vorgestellt, in der mehr als 60 Fachleute aus Industrie und Hochschule den derzeitigen Stand der Technik und die sich daraus ergebenden Konsequenzen für dessen Weiterentwicklung umfassend dargestellt haben.

Die vorliegende Dechema-Monographie enthält die Vorträge des im März 1986 stattgefundenen 23. Tutzing-Symposions der DECHEMA zum Thema "Wasserstoffwirtschaft - Herausforderung für das Chemieingenieurwesen". Der interdisziplinäre Charakter der Tutzing-Symposien kam dem breit angelegten Thema Wasserstoff besonders zugute, indem sich Naturwissenschaftler und Ingenieure vieler Fachrichtungen an der Diskussion beteiligten. Das Symposium, an dem etwa 120 Fachleute aus Industrie, Hochschule und Forschung teilgenommen haben, wurde von den Dechema-Arbeitsausschüssen "Elektrochemische Prozesse" und "Prognosemethoden in der Chemischen Technik" vorbereitet.

Neben wirtschaftlichen, energie- und umweltpolitischen Gesichtspunkten hängt die Entwicklung der Wasserstoffwirtschaft hauptsächlich von der Verfügbarkeit und Reife der erforderlichen technischen Verfahren ab. Deshalb wurde auf diesem Tutzing-Symposion das Wasserstoffgebiet in seiner ganzen Breite von der Herstellung des Wasserstoffes aus fossilen Rohstoffen und durch Elektrolyse - auch thermochemisch, photochemisch und biologisch - über die Speicherung und Verteilung einschließlich der Sicherheitsfragen bis hin zu den chemischen Anwendungen und den Anwendungsmöglichkeiten als Treibstoff und im Rahmen zukünftiger Energiesysteme behandelt. Die 20 Vorträge waren in die folgenden Gebiete gegliedert:

I   Anwendungsbereiche des Wasserstoffs
    (Diskussionsleitung: G. Collin, Duisburg)
II   Erzeugung von Wasserstoff
    (Diskussionsleitung: G. Sandstede, Frankfurt; H. Wendt, Darmstadt)
III Speicherung und Transport von Wasserstoff
    (Diskussionsleitung: G. Kreysa, Frankfurt)
IV Werkstoff- und Sicherheitstechnik
    (Diskussionsleitung: E. Heitz, Frankfurt)
V   Wasserstoff als Sekundärenergieträger
    (Diskussionsleitung: G. Sandstede, Frankfurt).

Den Vortragenden des Symposiums sei an dieser Stelle herzlich für ihr Engagement und die Bereitschaft zur Abfassung der vorliegenden Artikel gedankt. Die Monographie macht deutlich, welche Herausforderungen die Wasserstoffwirtschaft an das Chemieingenieurwesen stellt. Es sei der Hoffnung Ausdruck verliehen, daß das breite Methodenspektrum und die Denkweise der Chemischen Technik neue Impulse für den technischen Fortschritt auf dem Gebiet der Wasserstoffwirtschaft anregen möge.

G. Sandstede   G. Collin

Was bedeutet Wasserstoffwirtschaft?

G. Sandstede
Battelle-Institut, Frankfurt am Main

Zusammenfassung

Die erste Anwendung des Wasserstoffs war eine physikalische und fand schon vor 200 Jahren statt, als der erste Ballonflug mit Wasserstoff gelang, der aus Metall und Säure hergestellt worden war, womit das Chemieingenieurwesen beim Wasserstoff schon begann. Heute liegt die Anwendung des Wasserstoffs vorzugsweise in der Chemie, und die Verwendung als Brennstoff und Treibstoff sowie allgemein als Energieträger wird diskutiert. Die Wasserstoffwirtschaft hat also zwei Bedeutungen: Einmal umfaßt sie die bestehenden Anwendungen und die derzeitige Herstellung des Wasserstoffs in der chemischen Technik, zum anderen aber kann sich eine Wasserstoffwirtschaft als Energiesystem entwickeln, in dem Wasserstoff den zentralen Sekundärenergieträger darstellt. Wegen der begrenzten Verfügbarkeit der fossilen Rohstoffe wird Wasserstoff sowohl als Sekundärrohstoff für die chemische und petrochemische Industrie als auch als Sekundärenergieträger eine zunehmende Rolle spielen. Geschichtliches, Eigenschaften, Erzeugung einschließlich der Primärenergiequellen sowie Anwendungen als Nichtenergie-, indirekter Energie- und direkter Energierohstoff werden kurz dargestellt unter Einschluß der wirtschaftlichen, umweltpolitischen und allgemeinen politischen Bedingungen. Wasserstoff ist das Bindeglied zur Zukunft unserer Energie- und Rohstoffwirtschaft, und das Chemieingenieurwesen mit seinem Methodenspektrum ist dabei gefordert.

Summary

The first application of hydrogen was a physical one and took place 200 years ago, when the first balloon flight was successful, using hydrogen, generated from metal and acid, marking the beginning of chemical engineering with hydrogen. Today the application lies mainly in chemistry, and the application as fuel as well as an energy carrier in general is being discussed. Hydrogen economy has two meanings: on the one hand it comprises the existing applications and the present

production of hydrogen in chemical technology, and on the other hand a
hydrogen economy may develop as an energy-system, in which hydrogen
will represent the central secondary energy carrier. Because of the
limited availability of fossil raw materials hydrogen will play an
ever increasing role both as secondary raw material for the chemical
and petrochemical industry and as energy carrier. Some historic facts,
properties, generation including the primary energy sources as well as
application as non-energy, indirect-energy and direct-energy raw
material are briefly described including economic, environmental and
political conditions. Hydrogen is the link to the future of our energy
and raw material economy and its development is a challenge to the
chemical engineering with its spectrum of methods.

Résumé
La première application d'hydrogène date de deux cents ans déjà, lorsque pour la première fois on réussit à faire voler un ballon avec de l'hydrogène produit à partir de métal et d'acide, ce qui marque le début des travaux du génie chimique avec l'hydrogène. Aujourd'hui c'est surtout en chimie que l'on utilise l'hydrogène et son application comme combustible et carburant, et généralement comme vecteur énergétique, fait l'objet de discussion. L'application de l'hydrogène a une double importance: d'une part elle comprend les applications déjà existantes et la production actuelle de l'hydrogène en technique chimique; d'autre part une économie d'hydrogène peut se transformer en système d'énergie dans lequel l'hydrogène représente le vecteur d'énergie secondaire principal. Vu les réserves limitées en matières premières fossiles, l'hydrogène est appelé à jouer un rôle de plus en plus important comme ressource secondaire pour l'industrie chimique et l'industrie pétrochimique. Quelques données historiques, les qualités, la production y compris celle des sources d'énergie primaire, de même que l'application de l'hydrogène en tant que matière première non-énergétique, énergie directe ou indirecte, sont brièvement décrites en tenant compte des conditions économiques, écologiques et de politique globale. L'hydrogène est le maillon pour l'avenir de notre économie de matières premières et énergétiques, et son développement avec tout le spectre de ses méthodes est un défi pour le génie chimique.

1. Einleitung

Wasserstoff ist sowohl Rohstoff als auch Brennstoff oder Treibstoff, genauer gesagt: er ist ein Sekundärrohstoff und ein Sekundärenergieträger, weil er aus primären Rohstoffen gewonnen wird. Der Wasserstoff hat in der Industrie schon immer eine wesentliche Rolle gespielt, und sein Verbrauch hat weltweit laufend zugenommen. Inzwischen betragen Erzeugung und Verbrauch von Wasserstoff ca. 500 Mrd. m³/a in der Welt (einschließlich ca. 150 Mrd. m³/a als Brennstoff); in Deutschland sind es allerdings "nur" ca. 16 Mrd. m³/a /12-14/; das Wachstum der chemischen Grundstoffindustrie, insbesondere der Ammoniak-Produktion, geschieht heute in den Rohstoffländern. In Deutschland ist aber ein qualitatives Wachstum zu verzeichnen, indem neue Technologien für die Herstellung und Anwendung von Wasserstoff entwickelt werden.

2. Geschichtliches zum Wasserstoff

Die erste Anwendung des Wasserstoffs war aber nicht chemischer sondern physikalischer Natur, obwohl die charakteristische Eigenschaft des Wasserstoffs, nämlich die Brennbarkeit, es war, die zu seiner Entdeckung und ersten Bezeichnung führte. Schon Boyle berichtete im 17. Jahrhundert, daß beim Auflösen von Eisen in Schwefelsäure und Salzsäure "brennbare Luft" entsteht, und Cavendish machte dann in den 70er Jahren des 18. Jahrhunderts quantitative Experimente, die 1781 zu der Entdeckung führten, daß aus "brennbarer Luft" und Luft Wasser entsteht /15/. Nachdem Cavendish die Dichte gemessen hatte und Cavallo in Italien 1781 die geringe Dichte mit Hilfe von Seifenblasen demonstriert hatte, was danach von Charles in Paris gezeigt wurde, kamen die Montgolfier-Brüder auf die Idee, daß die "brennbare Luft" einen Ballonflug ermöglichen könnte. Sie scheiterten aber an der Undichtigkeit der verwendeten Säcke aus Papier und Seide und erfanden dann sogleich den Heißluftballon, mit dem sie sich 1783 erstmals in die Luft erhoben. Währenddessen arbeiteten Charles, Faujas und die Robert-Brüder an einem Wasserstoffballon. Der Ballon wurde mit 40 m³ Wasserstoff gefüllt, der aus Eisen und Schwefelsäure hergestellt wurde, und nur 3 Monate später, am 27. August 1783, fand der erste Wasserstoffballonflug statt; man nannte den Ballon Charliere. Mit zwei erfolgreichen Flügen hat Charles sozusagen als "Projektmanager" innerhalb von 2 Jahren von der Forschung zur Entwicklung der Produktionsanlage und dann deren Investition und Aufbau sowie der Konstruktion des ersten Wasserstoffballons bis zum zweiten Start am 1.12.1783 das "Projekt" abgewickelt. Dabei hat er zugleich wesentliche Elemente der chemischen Technik und der Gasindustrie, wie Gaswäsche, Gasreinigung und Wärmetauscher, in technischer Dimension (1000 Pfund Eisen) konzipiert. Knapp 2 Jahre später kam dann Blanchard aus Paris nach Deutschland und führte hier den Wasserstoffballonflug vor, dessen 200ster Jahrestag

vor kurzem in Frankfurt mit einem Massenballonstart zelebriert wurde
/16/. Erst 1790 entstand übrigens der Name Wasserstoff (Hydrogen).

3. Entwicklung der Wasserstoffwirtschaft

Schon bei dieser ersten physikalischen Verwendung des Wasserstoffs war
also das Chemieingenieurwesen gefordert, aber die eigentliche chemische Technik des Wasserstoffs entwickelte sich erst über 100 Jahre
später. Ab wann kann man nun von einer Wasserstoffwirtschaft sprechen?
Wenn man diese Frage beantworten will, stellt man fest, daß der Begriff Wasserstoffwirtschaft eigentlich zwei Bedeutungen hat. Einmal
umfaßt er die bestehenden Anwendungen und die derzeitige Herstellung
des Wasserstoffs in der chemischen Technik, zum anderen aber kann sich
eine Wasserstoffwirtschaft als Energiesystem entwickeln, in dem Wasserstoff den zentralen Sekundärenergieträger darstellt. Die chemische
Wasserstoffwirtschaft hat etwa Anfang des Jahrhunderts ihren Ausgang
sowohl von der Kohle als auch von der Elektrolyse her genommen. Die
Kokereien haben ein Prozeßgas und ein Stadtgas erzeugt, das bis zu 60%
aus Wasserstoff bestand und in Hunderten von Gasnetzen verteilt wurde
/17/, und erst in den 50er Jahren wurde bekanntermaßen dieses "Wasserstoffgas" durch Erdgas ersetzt. Damit bestand also ein energetisches
Verbundsystem des Wasserstoffs schon sehr früh, und 1938 kam das erste
chemische Verbundsystem des Wasserstoffs hinzu. Damals begannen die
Chemischen Werke Hüls eine Wasserstoff-Pipeline zu bauen, die schon
sehr bald ihre heutige Größe und Bedeutung erreichte /18/. Sie er-
streckt sich über das Rhein-Ruhr-Gebiet und hat eine Länge von 210 km
und einen jährlichen Durchsatz von 250 Mio. m³ Rein-Wasserstoff, mit
dem 18 chemische Werke versorgt werden, die zum Teil auch Wasserstoff
einspeisen. Eine solche Wasserstoff-Pipeline wurde später auch in
Frankreich gebaut, die heute eine Länge von 350 km hat und bei einem
Druck von 100 bar betrieben wird /19/, während die deutsche Pipeline
25 bar hat. In Deutschland und anderen Ländern hat also die Erzeugung
und Anwendung von Wasserstoff eine lange Tradition, so daß man eigentlich schon seit Jahrzehnten berechtigt ist, von einer (chemischen)
Wasserstoffwirtschaft zu sprechen.

Über die Verwendung von Wasserstoff als Brennstoff im Stadtgas hinaus-
gehend, wird Wasserstoff als allgemeiner Energieträger erst seit
Anfang der 70er Jahre diskutiert. Aber schon 1955 hat Justi diese
Möglichkeit beschrieben /20-23/, und 1964 hat er dann das erste
Konzept einer solaren Wasserstoffenergiewirtschaft veröffentlicht
(Abb. 1).

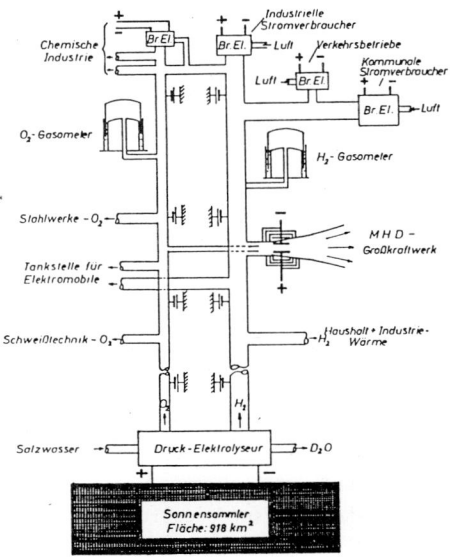

Abb. 1: Erstes konkretisiertes Blockdiagramm einer
Solar-H_2-Wirtschaft von Justi 1964

Diese Vorstellungen sowie diejenigen von Bockris haben dann dazu geführt, das Gesamt-Konzept einer ausgedehnten oder sogar globalen Wasserstoffwirtschaft (hydrogen economy) durch Bockris, Appleby, Gregory, Marchetti, Veziroglu u.a. Anfang der 70er Jahre zu entwickeln /24,25/. Diese Pioniere haben den Wasserstoff als zentralen Sekundärenergieträger in einem großen Energieverbundsystem mit Kernenergie oder Solarenergie, auch als Treibstoff, gesehen; heute schließt man die durch Hydrierung oder über die Vergasung fossiler Rohstoffe hergestellten Treibstoffe und Brennstoffe ein. In diesem umfassenden Sinne ist die Wasserstoffwirtschaft noch Zukunftsziel, und man muß sich fragen, in welchem Maße eine energetische Wasserstoffwirtschaft überhaupt erreicht werden kann. Wegen der begrenzten Verfügbarkeit der fossilen Rohstoffe wird Wasserstoff aber sowohl als Sekundärrohstoff für die chemische und petrochemische Industrie als auch als Sekundärenergieträger eine zunehmende Rolle spielen. Dabei kann er zu anderen Rohstoffen bzw. Sekundärenergieträgern, wie Methanol und Erdgas (SNG)

Konkurrent sein, wird aber andererseits zu deren Herstellung benötigt.
Die relativ niedrigen Ölpreise führen derzeit dazu, die Notwendigkeit
der langfristigen Vorbereitung der Wasserstofftechnologien zu unterschätzen; andererseits ist zu bedenken, daß ökologische Aspekte die
Einführung des Wasserstoffs beschleunigen können.

Übrigens hat man sich schon vor über 100 Jahren Gedanken darüber gemacht, daß die Kohlevorräte begrenzt sind. Jedenfalls läßt Jules Verne
in L'Isle Mysterieuse seinen Helden auf die Frage antworten, was werden soll, wenn die Kohle erschöpft ist: wir sichern die Energieversorgung durch Wasserstoff, der durch Elektrolyse aus Wasser gewonnen werden kann. Woher man die elektrische Energie dafür nimmt, hat man damals allerdings wohl noch nicht überlegt.

4. Eigenschaften des Wasserstoffs und Gesichtspunkte zu seiner Anwendung

Die Überlegungen zur Entwicklung der Wasserstofftechnologien beruhen
auf den vielen Vorteilen des Wasserstoffs, siehe Tabelle 1. Alle
Punkte dieser Tabelle kommen nicht in jedem Anwendungsfall zum Tragen;
leider können sie im Rahmen dieser Übersicht nicht einzeln diskutiert
werden; auch gibt es natürlich Nachteile, deren Kompensation im Rahmen
der jeweiligen Konzeptionen eingehend betrachtet werden muß. Insbesondere die technischen Gesichtspunkte zur Wirtschaftlichkeit der
Wasserstoffanwendung müssen für jeden Einzelfall eingehend untersucht
werden. Hier gibt es im Prinzip Marktnischen und Standortvorteile und
auch größere regionale Aspekte, die eine Ausdehnung oder Einführung
der Wasserstoffherstellung und Anwendung ermöglichen. Solch wesentliche günstige Eigenschaften des Wasserstoffs wie gewichtsspezifisch
höchster Heizwert, Speicherbarkeit, Transportierbarkeit, Flexibilität,
Kompatibilität und Vielseitigkeit können hierbei zum Tragen kommen.
Andererseits sind Speicherbarkeit, Transportierbarkeit aber auch
Probleme, wenn die mobile Anwendung ins Auge gefaßt wird; für die
Verwendung als Treibstoff müssen also die derzeitigen Lösungen noch
verbessert werden.

Der zweite Hauptpunkt in der Tabelle über die Vorzüge des Wasserstoffs
ist seine Umweltfreundlichkeit. Die Schadstofffreiheit ist eben eine
hervorstechende Eigenschaft des Wasserstoffs, und das gilt auch beim
Umsatz mit Luft, wenn man in Brennstoffzellen oder bei niedrigen Temperaturen arbeitet. Aber auch bei höheren Temperaturen kann man durch

Tabelle 1: VORZÜGE DES WASSERSTOFFS ALS SEKUNDÄRENERGIETRÄGER UND ALS SEKUNDÄRROHSTOFF

o Gesichtspunkte zur Wirtschaftlichkeit
  - Speicherbarkeit (besonders wichtig bei Solarenergie)
  - Transportierbarkeit (über größere Entfernungen billiger als Strom)
  - Flexibilität
    -- Kompatibilität mit anderen Gasen
    -- Umwandlung in andere Energieträger
    -- vielfache Kopplungsmöglichkeiten
  - Herstellung flüssiger Brennstoffe durch Hydrierung von wasserstoffärmerem Mineralöl oder Kohle

o Umweltfreundlichkeit
  - bei der Verbrennung von Wasserstoff entsteht:
    -- kein SO_2
    -- kein CO_2
    -- kein CO, keine höheren Kohlenwasserstoffe
    -- kein NO_x bei katalytischer Heizung
    -- kein NO_x bei Brennstoffzellen (Elektrizitätserzeugung, Antrieb)
    -- wenig NO_x in Verbrennungsmotoren bei bestimmten Maßnahmen
    -- nur H_2O (Dampf oder flüssig), H_2 bildet also offenen Kreislauf
  - nur bei der Erzeugung aus fossilen Rohstoffen entstehen CO_2 und SO_2, das aber zentral beseitigt werden kann
  - unterirdische Rohrleitungen statt hoher Masten und Oberlandleitungen
  - die Wasserstofferzeugung kann in entlegene Gebiete verlegt werden, wo die Abwärme noch keine Belastung ist (insbesondere bei der Nutzung von Sonnenenergie)

o Ressourcenschonung
  - Verlängerung der Vorräte an fossilen Brennstoffen
  - Verbesserung der Kohlenutzung durch Kohleveredelung
  - kein Rohstoffverbrauch, wenn die Elektrolyse mit Strom aus solarer oder potentieller Energie betrieben wird

o Engineering
  - langsam zunehmende Einführung möglich
  - keine grundsätzlich neuen Technologien
  - Flexibilität
  - Verbundsystem mit anderen Energieträgern
  - Anpassung an die vorhandene Infrastruktur
  - gewichtsspezifisch höchster Heizwert
  - billiger Sauerstoff als "Nebenprodukt"

o Technischer Fortschritt
  - Überschallflug
  - Ungiftigkeit
  - Sicherheit
  - Erschließung von Primärenergiepotentialen (Solarenergie, Kernenergie, Wasserkraft)
  - großes Substitutionspotential

o Internationale Politik
  - Rohstoffländer können auf Solarenergie umstellen
  - Entwicklungsländer können Solarenergieerzeuger werden.
  - Kooperation zwischen Ländern, in denen Wasserstoff aus Nuklearenergie oder Wasserkraft hergestellt werden kann.

bestimmte technische Maßnahmen erreichen, daß die NO_x-Emission nur
gering ist. Die Abwesenheit von Kohlenstoff bei Verwendung von Wasserstoff ist ein ganz besonderer Punkt. Auch läßt sich die Kohlendioxidmenge dadurch vermindern, daß man höher hydrierte Produkte aus Mineralöl und Kohle verwendet und darüber hinaus zu ihrer Herstellung nicht die Verbrennungswärme sondern Wärme aus Kernenergie oder Solarenergie einspeist. Schon in wenigen Jahren wird man wohl nicht umhin kommen, die weitere Steigerung des Kohlendioxidausstoßes zu unterlassen oder ihn gar zu bremsen, da sich die Argumente verdichten, daß die Welt einer Klimakatastrophe entgegengeht - und das schon in wenigen Jahrzehnten. Durch das CO_2 und andere Spurengase entsteht der sogenannte Treibhauseffekt, dem wir es zu verdanken haben, daß eine unseren Lebensbedingungen angemessene Temperatur auf der Erde herrscht. Es war schon länger vermutet und auch vielfach belegt worden, daß die Steigerung der anthropogenen CO_2-Emission zu einer weiteren Erwärmung der Atmosphäre und dadurch schließlich zu einer starken Klimaveränderung mit Schmelzen des Polareises und Entstehung von Trockengebieten usw. führt /26,27/. Aus Abb. 2 ist die Zunahme der CO_2-Konzentration in der Luft ersichtlich; sie beträgt derzeit 0,4%/a.

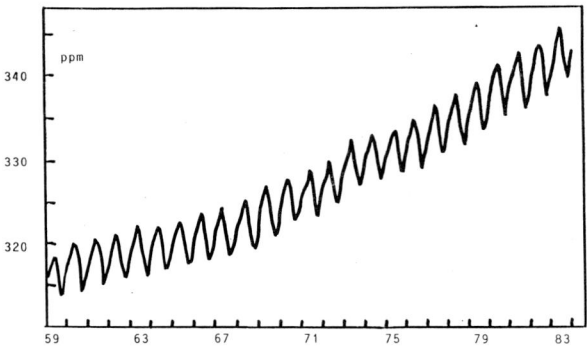

Abb. 2: CO_2-Konzentration der Luft

Kürzlich wurde nun in einem Memorandum der Deutschen Physikalischen Gesellschaft /28/ auch der eindeutige Zusammenhang zwischen CO_2-Konzentration und Temperatur bei den Eiszeiten und Warmzeiten der Erdgeschichte herausgestellt. Zwischen Eiszeit und Warmzeit liegt nur eine Temperaturdifferenz von 4°C, siehe Abb. 3. Die weitere Ent-

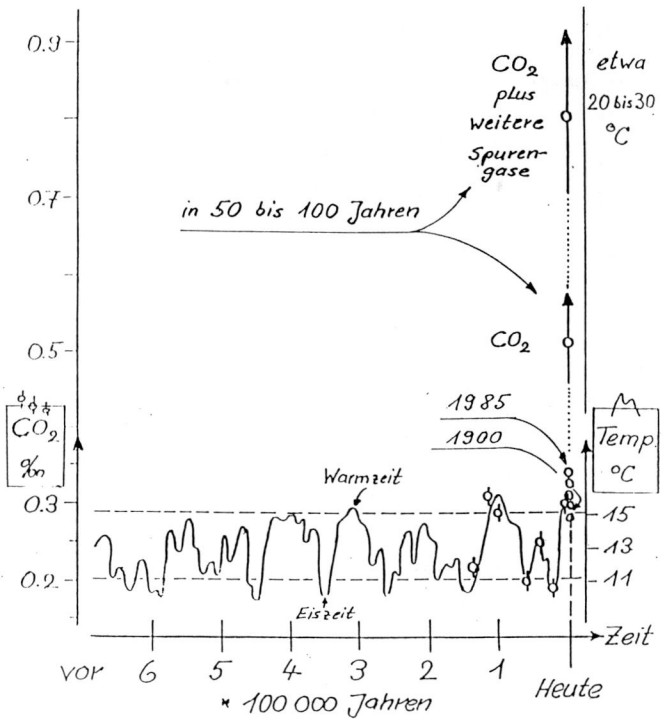

Abb. 3: Schwankungen der Temperatur und des CO_2-Gehaltes

wicklung ist also in der Tat bedrohlich, und man wird sich wohl bald auch politisch mit dieser Situation beschäftigen müssen. Immerhin sind die Arbeiten zur Klimatologie durch das Bundesministerium für Forschung und Technologie in den letzten Jahren erheblich verstärkt worden.

Der dritte Hauptpunkt in Tabelle 1, die Ressourcenschonung, soll hier nur kurz behandelt werden. Wie aus Abb. 4 hervorgeht /29/, betragen die Vorräte an Erdöl, Erdgas und Kohle ca. 1000 Mrd.tSKE, so daß bei einem Energieverbrauch von gegenwärtig 8,4 Mrd.tSKE in der Welt diese Vorräte noch größenordnungsmäßig 100 Jahre reichen. Einerseits wird

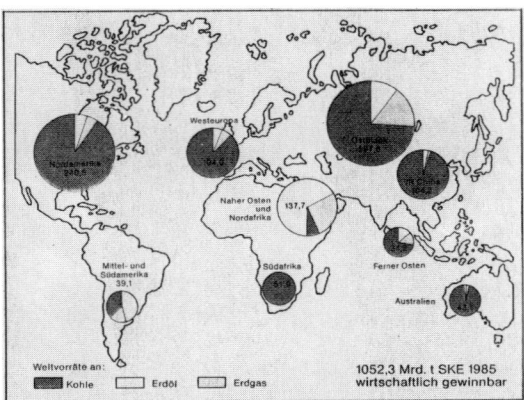

Abb. 4: Weltvorräte an Kohle, Erdöl, Erdgas

aber der Verbrauch zunehmen - sich in dieser Zeit vielleicht verdreifachen, andererseits betragen die geologischen Vorräte etwa das Zehnfache; man nennt diese auch die Ressourcen und die beim jetzigen Stand der Technik wirtschaftlich gewinnbaren Vorräte die Reserven. Mit fortschreitendem Stand der Technik wird man von den Ressourcen vielleicht etwa ein Drittel wirtschaftlich erschließen können, womit man dann bei einem Zeithorizont von etwa 200 Jahren angekommen wäre. Eine egoistische Menschheit von heute kann also feststellen, daß noch keine Eile geboten ist für den Beginn der Substitution fossiler Rohstoffe. Wenn man allerdings das Alter der zivilisierten Menschheit von größenordnungsmäßig 10000 Jahren berücksichtigt, dann müßte man aber so schnell wie möglich andere Energieträger einführen, damit die fossilen Rohstoffe wenigstens noch für einige tausend Jahre als Kohlenstoffquelle für Werkstoffe und andere Materialien reichen. In Deutschland und anderswo ist in dieser Beziehung durch Einführung der Kernenergie etwas getan worden, siehe Abb. 5. Der Anteil der Kernenergie an der Stromerzeugung in Deutschland beträgt 1985 sogar 35%, was einem Anteil von über 10% am gesamten Primärenergieverbrauch entspricht. Es ist aber unwahrscheinlich, daß die Kernenergie allein die Lösung des Energieproblems bringen wird; dabei ist es ohnehin vorteilhaft, zur Verteilung der Energie aus Kernenergie Wasserstoff zu verwenden oder wenigstens zu involvieren, wie bei dem Adam-Eva-Prozeß durch Reformieren von Methan und die Rückverwandlung des CO und H_2 /30/.

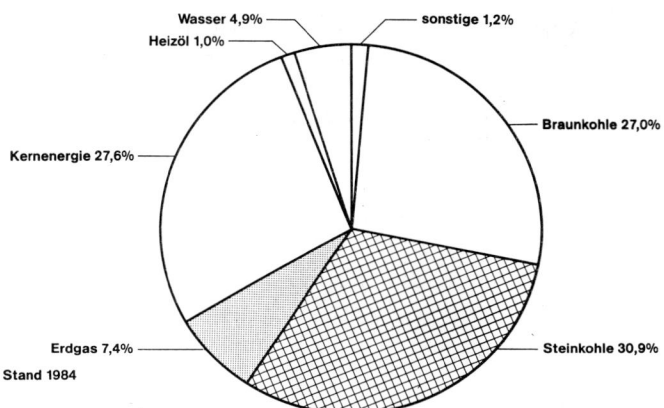

Abb. 5: Anteile der Energieträger an der Stromerzeugung der Bundesrepublik Deutschland

Was die Punkte Engineering und Technischer Fortschritt in Tabelle 1 betrifft, so muß aus thematischen Gründen hier eine nähere Betrachtung im einzelnen unterbleiben. Auf die politische Situation wird weiter unten eingegangen.

5. Primärenergiequellen und Herstellung des Wasserstoffs

Basis für ein Wasserstoff-Rohstoff- und -Energie-System ist aber natürlich die Herstellung des Wasserstoffs, die deshalb im Überblick kurz besprochen werden soll. Für die Herstellung des Wasserstoffs kann man vier Primärquellen formulieren, siehe Abb. 6.

Bei allen diesen Primärenergieträgern, wobei man zur Wasserkraft auch die Gezeiten und zur Sonnenenergie auch den Wind zählt, muß oder kann Elektrizität der Zwischenträger zur elektrolytischen Herstellung des Wasserstoffs aus Wasser sein, während die fossilen Rohstoffe, also Kohle, Öl, Gas, Teersand etc., vorwiegend durch Umsetzung mit Wasser den Wasserstoff liefern. Die Sonnenenergie kann intermediär über
        Windenergie
        Wärmeenergie
        Photovoltaik

Photolyse
Biomasse
Mikrobiologie
und Wasserkraft

in Wasserstoff umgewandelt werden. Auch Wasserkraft resultiert ja letztlich aus der Sonnenenergie.

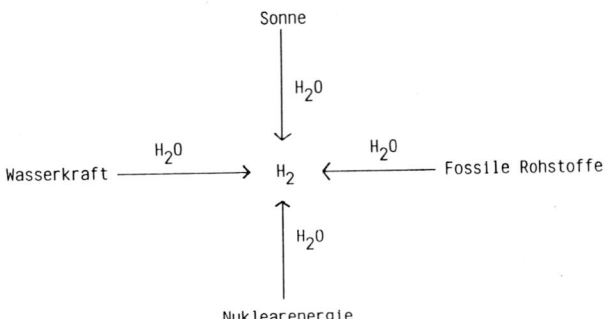

Abb. 6: Primärenergiequellen zur Wasserstofferzeugung

Auf jeden Fall wäre also Wasser der Rohstoff; und wenn die Sonne als Hauptprimärenergiequelle genutzt werden könnte, würden keine fossilen Rohstoffe und auch keine nuklearen Rohstoffe (einschließlich Fusionsenergie) mehr benötigt werden. Dies wäre dann der Endzustand der solaren Wasserstoffwirtschaft, wobei die Wahl der Zwischenenergie (s. obige Liste) von der technischen und wirtschaftlichen Reife der einzelnen Prozesse und von regionalen und lokalen Bedingungen abhängt; heute gibt man der Photovoltaik für die Zukunft die Priorität. Übrigens ist das Potential der Wasserkraft noch sehr groß, wobei man in erster Linie an Brasilien, Kanada und Grönland denken muß, siehe Tabelle 2 /31/. Hier würde also die übliche Energie sauber und preiswert zur Verfügung stehen.

Auch die Nuklearenergie kann relativ billigen Strom für die Elektrolyse liefern, so daß z.B. in Frankreich an eine Wasserstofferzeugung auf diese Weise gedacht wird. An dieser Stelle muß auch der Hochtemperaturreaktor erwähnt werden, der Prozeßwärme liefern könnte. In Deutschland ist gerade der THTR 300 in Hamm-Uentrop-Schmehausen in Betrieb genommen worden, der am Eingang des Dampferzeugers eine Temperatur des Heliums von 750°C hat. Weitere Reaktoren dieses Typs sind

Tabelle 2: Potential und Nutzung der Wasserkraft

	theoretisch zur Verfügung stehende potentielle Energie $\frac{TWa}{a}$	technisch nutzbare potentielle Energie $\frac{TWa}{a}$	tatsächlich genutzte potentielle Energie $\frac{TWa}{a}$	im Bau begriffen bzw. geplant $\frac{TWa}{a}$
Afrika	1,16	0,36	0,02	0,03
Nord-Amerika	0,70	0,36	0,13	0,07
Süd-Amerika	0,65	0,43	0,03	0,13
Asien (ohne UdSSR)	1,88	0,61	0,05	0,05
UdSSR	0,45	0,25	0,03	0,04
Europa	0,50	0,16	0,10	0,03
Ozeanien	0,17	0,04	0,01	<0,01
insgesamt auf der Erde	5,51	2,21	0,37	0,36

in der Projektierung, die dann eine Prozeßwärme von 900°C erzeugen können. Damit könnte man im Prinzip auch mit thermochemischen Kreisprozessen Wasser zerlegen, wenn die Irreversibilitäten und Materialprobleme bewältigt werden können, was noch fraglich ist. Der Einsatz des Hochtemperaturreaktors ist aber für die Kohlevergasung geplant: man kann entweder Synthesegas oder Wasserstoff oder Methan herstellen /32/. Im letztgenannten Fall wird die Kohle mit Wasserstoff zu Methan vergast, und ein Teil des Methans wird mit Hilfe der Prozeßwärme mit Wasser zu Kohlenmonoxid (und weiter zu Kohlendioxid) und Wasserstoff umgesetzt. Unter Verwendung des Hochtemperaturreaktors wäre also auch eine Kohle-Wasserstoff-Methanol- oder Kohle-Wasserstoff-Methan-Kombination möglich, womit neben Wasserstoff dann auch Methanol oder Methan als Sekundärenergieträger einsetzbar wären.

Von der vierten primären Quelle zur Wasserstofferzeugung, den fossilen Rohstoffen, soll noch kurz die Kohleveredelung erwähnt werden. Der Wasserstoff für die Ammoniaksynthese und auch Methanol wird heute hauptsächlich aus Erdgas und Erdöl gewonnen /33-35,14/. In diesem Jahr gehen aber in Deutschland zwei große Kohlevergasungsanlagen in Betrieb, nachdem schon seit einer Reihe von Jahren entsprechende Pilotanlagen betrieben wurden /36,37/. Von Rheinbraun ist in Berrenrath eine Vergasungsanlage für Braunkohle fertiggestellt worden, die nach dem Hochtemperatur-Winkler-Verfahren (HTW) arbeitet, siehe Abb. 7.

Abb. 7: Braunkohlevergasungsanlage nach dem Rheinbraun-HTW-Verfahren im Bau

Dieses Verfahren wurde aus dem Winkler-Wirbelbett-Verfahren entwickelt, das schon 1926 in Leuna angewendet wurde. Der Braunkohle-Durchsatz beträgt 55 t/h, also 440000 t/a, was einer Menge von 300 Mio m³/a Synthesegas, also Kohlenmonoxid und Wasserstoff, entspricht, das

von UK Wesseling zu Methanol verarbeitet wird. Die zweite große
Anlage, aber für Steinkohle, ist die Synthese-Anlage Ruhr, die von der
Ruhrkohle und Ruhrchemie in Oberhausen-Holten errichtet wurde. Die
Vergasung wird nach dem weiterentwickelten Texaco-Prozeß, ebenfalls
mit Sauerstoff und Wasserdampf, aber bei höherer Temperatur (1450°C)
und höherem Druck (40 bar) durchgeführt. Mit dieser Anlage sollen bei
einem Durchsatz von 250000 t/a Steinkohle 320 Mio m³/a Synthesegas und
zusätzlich 140 Mio m³/a reiner Wasserstoff erzeugt werden. Auf die
außerdem betriebenen Pilotanlagen kann an dieser Stelle nur hingewiesen werden. Noch im vorigen Jahr wurden vom Bundesministerium für
Forschung und Technologie (BMFT) Fördermittel in Höhe von 40 Mio DM
für die Kohlevergasung ausgegeben; nachdem nun die ersten beiden
Großanlagen in Betrieb gehen, wird die Förderung für alle Verfahren
auf insgesamt ca. 20 Mio DM/a reduziert.

Während in der gegenwärtigen Wasserstoffwirtschaft die chemische Er-
zeugung von Wasserstoff bei weitem überwiegt, hat beim Einsatz nicht-
fossiler Energieträger, siehe Abb. 6, die Elektrolyse die zentrale
Funktion der Wasserstoffherstellung. Gegenüber der Erzeugung aus fossilen Rohstoffen ist aber die Elektrolyse erheblich teurer - je nach
Stromkosten etwa um den Faktor 2-3. Bei einer Zellspannung von 1,9 - 2
V beträgt der elektrische Energieverbrauch 4,8 kWh/Nm³ H_2, und die
Stromdichte der konventionellen Elektrolyseure ist nur etwa 2 kA/m².
Diese Daten ergeben nicht nur einen Energiekostenanteil von 60-80%,
sondern wegen der relativ niedrigen Raumzeitausbeute, bedingt durch
die niedrige Stromdichte, deren Erhöhung auch die Zellspannung erheblich erhöhen würde, entstehen auch relativ hohe Investitionskosten.
Als wesentliche Entwicklungsziele für eine fortgeschrittene Wasserelektrolyse ergeben sich daher /38-40/: a) Verbesserung der Zellkonfi-
guration und der Diaphragmen, um die ohmschen Spannungsverluste zu reduzieren und damit die Stromdichte erhöhen zu können. b) Entwicklung
von Elektrokatalysatoren, um die anodische und kathodische Überspannung zu senken. c) Erhöhung der Temperatur auf etwas über 100°C, um
die Leitfähigkeit des Elektrolyten zu erhöhen und die Elektrodenpro-
zesse stärker thermisch zu aktivieren. Bei den Arbeitsgruppen in Darmstadt /40/, Jülich /41/, Belgien /42/ und in der Schweiz /43/ wurden
inzwischen Zellspannungen von 1,6 V und darunter bei erheblich höheren
Stromdichten erzielt. Die letztgenannte Gruppe verwendet einen festen
Elektrolyten, und zwar eine Kationenaustauschermembran, die einen sauren Elektrolyten mit Protonenleitung darstellt. Ein fester Elektrolyt
wird auch bei der Wasserdampfelektrolyse bei sehr hoher Temperatur
verwendet; es handelt sich um sauerstoffionenleitendes Zirkonoxid bei

1000°C. Diese Hochtemperaturelektrolyse hat wegen ihrer grundlegenden thermodynamischen und kinetischen Vorteile das Potential, langfristig die wirtschaftlich günstigste Herstellung des Wasserstoffs zu ermöglichen, ihre Realisierung macht aber die Entwicklung völlig neuartiger Materialtechnologien und verfahrenstechnischer Konzepte erforderlich /44/. Diese Entwicklung wird seit einer Reihe von Jahren mit einem Betrag von über 5 Mio DM/a vom BMFT gefördert.

6. Zukünftige Anwendungen des Wasserstoffs

Man kann drei große Anwendungsbereiche unterscheiden, nämlich die Verwendung von Wasserstoff als Nichtenergierohstoff, als indirekter Energierohstoff und als direkter Energierohstoff. Als Nichtenergierohstoff, also als Chemierohstoff, findet der Wasserstoff weit verbreitete Verwendung in der chemischen Technik; die Hauptprodukte sind Ammoniak und Methanol. Besonders die Methanolproduktion aus Synthesegas wird weiter zunehmen, nachdem hier in den letzten Jahren schon ein steigender Trend zu verzeichnen ist. Das Synthesegas wird hauptsächlich aus Erdgas gewonnen und neuerdings aber auch, wie schon erwähnt, durch Kohlevergasung; für die Methanolsynthese muß dann noch reiner Wasserstoff hinzugefügt werden. Auf die anderen Chemieprodukte kann hier nicht eingegangen werden, aber eine andere Anwendung soll noch erwähnt werden, nämlich in der Metallurgie. Hier bietet sich für die Zukunft die Direktreduktion mit Wasserstoff anstelle der Hochofengewinnung des Eisens an /14/.

Die Herstellung von Methanol kann teilweise schon zur Anwendung des Wasserstoffs als indirekter Energierohstoff gezählt werden. Ferner sind hier die Fischer-Tropsch-Synthese und der Mobil-Prozeß zu nennen. Aber vor allem gilt das für das Hydrocracking und das Hydrotreating und andere Hydrierungen in der Mineralölverarbeitung. Diese Verfahren sind der zweitgrößte Wasserstoffverbraucher hinter der Ammoniaksynthese /14/ und sind vor allen Dingen für die Zukunft von Bedeutung; das H/C-Verhältnis der Mineralöle nimmt langsam ab, und man braucht wasserstoffreichere Fraktionen (zum H/C-Verhältnis siehe /45/). Eine weitere Verwendung des Wasserstoffs ist die Kohleverflüssigung, die erstmalig in den 20er Jahren entwickelt wurde. Ab 1973 wurden nun neue Verfahren entwickelt, bei denen die Ausbeute beträchtlich erhöht ist /46/. Genannt sei die seit einigen Jahren von der Ruhrkohle und der Veba erfolgreich betriebene Demonstrationsanlage in Bottrop mit einer Kapazität von 200 t/d, in der aus 1 t Steinkohle 0,45 t Kohleöl hergestellt wird /36/, siehe Abb. 8.

Abb. 8: Größte Versuchsanlage zur Kohleverflüssigung in Europa

Wegen der niedrigen Ölpreise wurde jetzt die Entscheidung für die Errichtung einer Anlage für 1 Mio t/a verschoben, und die bestehende Anlage wird für die Hydrierung von Schweröl verwendet werden. Für die Weiterentwicklung der Kohlehydrierung stellt das BMFT für die nächsten Jahre Fördermittel in Höhe von 60-70 Mio DM/a zur Verfügung.

Zu der Verwendung des Wasserstoffs als direkter Energierohstoff zählt der Einsatz als Brennstoff zur Erzeugung von Prozeßwärme und Prozeßdampf (heute eine Ausweichanwendung) oder auch von Heizwärme (später in einem integrierten System möglich) und für Brennstoffzellen sowie die Anwendung als Treibstoff und schließlich als Sekundärenergieträger. Flüssiger Wasserstoff wird seit langem in der Raumfahrt eingesetzt, und hier steigt der Bedarf laufend. Und in letzter Zeit wird flüssiger Wasserstoff auch als Treibstoff für die Luftfahrt erneut diskutiert. Flüssiger Wasserstoff wird aber auch als Kraftstoff für Automobile erprobt, und zwar von der DFVLR in Zusammenarbeit mit BMW und Daimler-Benz /47/. Daimler-Benz hat auch noch einen anderen Weg beschritten, nämlich die Verwendung von Metallhydriden als Wasserstoffspeicher /48/. In den letzten zwei Jahren hat Daimler-Benz ein Flotten-Experiment in Berlin durchgeführt und dabei 5 Lieferwagen mit reinem Wasserstoffantrieb und 5 PKW mit Wasserstoff/Benzin-Mischbetrieb eingesetzt /49/; die Ergebnisse waren in vielerlei Hinsicht sehr ermutigend. An diesem Großversuch sind eine Reihe von Firmen und 2 Universitäten beteiligt. Insgesamt hat das BMFT für die Arbeiten zur Entwicklung und zum Einsatz der Hydridspeicher von 1974-1985 33 Mio DM an Fördermitteln bei einer Förderquote von 50% ausgegeben und fördert weiter mit derzeit ca. 5 Mio DM/a.

Die Brennstoffzellenentwicklung hat in Deutschland und Österreich eine lange Tradition /50-58/ und findet seit kurzem wieder verstärktes Interesse. Mit alkalischen Zellen beschäftigt man sich in Darmstadt, Erlangen, Karlsruhe, Kehlheim und Stuttgart und mit sauren Zellen in Bonn und Frankfurt. Außerdem seien noch die Hochtemperaturfestoxidzellen genannt /53,59/. Auch in den Niederlanden, Belgien und Italien sind neue Aktivitäten entstanden, nachdem die 5 MW-Anlage in Tokio, von einer amerikanischen Firma gebaut, so erfolgreich betrieben wurde. Daraufhin sind sowohl in USA als auch in Japan 10 MW-Brennstoffbatterien in Bau, und zwar vom Typ Phosphorsäure-Zelle, bei 170-200°C betrieben. Außerdem befinden sich andere Zelltypen in Entwicklung, insbesondere Hochtemperaturzellen mit Carbonatschmelze als Elektrolyten /60/, allerdings nicht in Deutschland. In Japan und USA ist das Anwendungsziel wegen des hohen Wirkungsgrades und der Umweltfreundlichkeit der Einsatz als Heizkraftwerke. Für die Verwendung als Antriebsbatterie liegt die Wirtschaftlichkeit noch in der Zukunft. In Deutschland läuft gegenwärtig keine Förderung auf dem Gebiet der Brennstoffzellen; das BMFT hat aber bis vor wenigen Jahren intensive Unterstützung gewährt /54,61/.

Mit Wasserstoff als Sekundärenergieträger hat man sich in Deutschland vor etwa 10 Jahren intensiv befaßt /61/, und in letzter Zeit lebt das Interesse wieder auf /62,63,13/, besonders auch in Verbindung mit Solarenergie /64/; in diesem Zusammenhang ist vor allem auch die EG zu nennen /65/. Bezüglich der denkbaren Ausgestaltung von solchen Energiesystemen wird auf die Artikel in dieser Monographie verwiesen. Es sollen an dieser Stelle nur noch die Aktivitäten der DFVLR zusammen mit Saudi Arabien erwähnt werden, um die Aufführung der Förderprogramme des BMFT zu vervollständigen. Das Hysolar-Programm (Kombination von Photovoltaik und Elektrolyse) in Riad und in Stuttgart wird für die nächsten 5 Jahre vom BMFT mit ca. 10 Mio DM und vom Land Baden-Württemberg ebenfalls mit ca. 10 Mio DM als 50%-Quote unterstützt. Es ist das Ziel, neue Technologien zu entwickeln und damit eine 100 kW Demonstrationsanlage zu bauen /66/. An internationalen Aktivitäten auf dem Wasserstoffgebiet seien noch der Hydrogen Industry Council in Kanada genannt, der mit einer regionalen und Nischen-Strategie die Wasserstoffwirtschaft vorantreibt /67,68/ und die International Energy Agency, die ein Programm betreut, an dem viele Nationen beteiligt sind, sowie schließlich die International Society for Hydrogen Energy, die alle 2 Jahre die World Hydrogen Energy Conference abhält.

7. Wasserstoff als Bindeglied

Die vorstehenden Ausführungen leiten über zu den allgemeinen Entwicklungstendenzen und dem Einfluß der politischen Bedingungen darauf. In Tabelle 1 ist als letzter Punkt die internationale Politik aufgeführt, die für die breite Einführung des Wasserstoffs als Energieträger sicher von Bedeutung ist, wenn man an die Förderung der nationalen Entwicklungspotentiale und die internationalen Kooperationsmöglichkeiten denkt. Als negatives Argument ist aber auch die Erpreßbarkeit im Falle der Importabhängigkeit zu nennen, wie wir es 1973 und 1978 bei den Ölkrisen erlebt haben. Andererseits ist die sogenannte internationale Verträglichkeit für Wasserstoff, insbesondere aus Solarenergie oder Wasserkraft, bei weitem nicht vergleichbar mit der machtpolitischen Empfindlichkeit der Kernenergie. Für die nationale Entwicklung der Wasserstoffwirtschaft in einem Industrieland wird nicht allein die durch technischen Fortschritt verbesserte Wirtschaftlichkeit maßgebend sein, genau so wenig wie etwa bei der Kohlewirtschaft in Deutschland, sondern es werden politische Entscheidungen eine wesentliche Rolle spielen. Die "Wirtschaftlichkeit" wird also in zunehmendem Maße von wirtschaftspolitischen (z.B. Ressourcenschonung, Strukturpolitik) und gesellschaftspolitischen (z.B. Umwelt, Akzeptanz alternativer Energien) Randbedingungen abhängen.

Heute wird der Wasserstoff zu 77% aus Erdöl/Erdgas, zu 18% aus Kohle und nur zu 4% durch Elektrolyse sowie zu 1% aus anderen Rohstoffen hergestellt /34/. Wenn man sich an eine tendenzielle Prognose wagt, so ist die Zunahme der Elektrolyse langfristig sicherlich gegeben, aber zunächst die Zunahme der Umsetzung fossiler Rohstoffe mit Wasser. Der Verbrauch als Nichtenergierohstoff (Chemierohstoff) wird langsam steigen, insbesondere für die Hydrierung wasserstoffärmeren Mineralöls; und in wenigen Jahzehnten wird der Bedarf als indirekter Energierohstoff stark zunehmen, wenn nämlich Kohlevergasung und Kohleverflüssigung sowie die Erschließung der Öl und Teersande die abnehmende Erdölproduktion substituieren müssen. In 40 Jahren könnte das eine 10 - 20-fache Produktion bedeuten, was ca. 10% unserer Primärenergie ausmachen würde /69/. Die Entwicklung der Wasserstoffanwendung als direkter Energierohstoff (also als Sekundärenergieträger) läßt sich noch schwieriger abschätzen, weil Kohle in noch wesentlich größeren Mengen vorhanden ist als Öl und Gas. Aber bei einigen Förderländern werden die Ressourcen (insbesondere Öl) schon in wenigen Jahrzehnten versiegen; insofern muß der schrittweise Ersatz der fossilen Rohstoffe durch Kernenergie und/oder Solarenergie (oder weitere Entwicklung der Wasserkraft) schon bald beginnen. Eine solare Energiewirtschaft ist ohne Wasserstoff als Speicher und Energieverteiler nicht vorstellbar, weil eine Energiewirtschaft, die ausschließlich auf Elektrizität beruht, zu kostspielig sein würde (man denke z.B. auch an den Luftverkehr). Auf alle Fälle ist der Wasserstoff das Bindeglied zur Zukunft unserer Energiewirtschaft - ob er in ganz großem Maße als solcher als Sekundärenergieträger dienen oder nur in starkem Umfang zur Herstellung flüssiger und gasförmiger Brenn- und Treibstoffe aus fossilen Rohstoffen verwendet wird, muß heute noch offen bleiben.

8. Wo ist das Chemieingenieurwesen gefordert?

Abgesehen von wirtschaftspolitischen und umweltpolitischen Bedingungen hängt der Einsatz des Wasserstoffs hauptsächlich von der Verfügbarkeit und Reife seiner Technologien ab. Um die verschiedenen Wasserstofftechnologien voranzutreiben, ist noch eine erhebliche Forschungs- und Entwicklungsarbeit zu leisten. Aus diesem Grunde hat die DECHEMA eine diesbezügliche Studie erstellt, bei der dankenswerterweise viele Experten mitwirkten. Die Studie behandelt alle relevanten Gebiete der Wasserstofftechnologie im Hinblick auf den F&E-Bedarf, siehe Tabelle 3. Ziel der Studie ist es, den Forschungs- und Entwicklungsbedarf für die derzeitigen und potentiellen Wasserstofftechnologien zu identifizieren, wobei das Gebiet der Wasserstoffwirtschaft in seiner ganzen Breite untersucht wurde. Alle Herstellungsmöglichkeiten wurden unter dem Gesichtspunkt der Grundlagen und/oder der technischen Realisierung betrachtet, und auch alle Anwendungsmöglichkeiten des Wasserstoffs sowohl als Rohstoff als auch als Sekundärenergieträger wurden behandelt. Hierbei wurde auch vor allem der Systemaspekt berücksichtigt, d.h. die Verbundsysteme mit den Primärenergien und auch die Anwendungssysteme mit ihren Infrastrukturen. Speicherungs-, Werkstoff- und Sicherheitsfragen wurden ebenfalls behandelt. Dabei wurde vor allem darauf Wert gelegt, die erkannten Probleme sowie die möglichen Forschungs- und Entwicklungsarbeiten aufzulisten.

Das Chemieingenieurwesen hat in der Wasserstoffwirtschaft heutiger Prägung schon eine lange Tradition. Fast alle Facetten der Wasserstofftechnologie sind chemische Technologien, und so war das Chemieingenieurwesen schon immer gefordert, ob es sich nun um die Herstellungstechnologien, die Werkstoff-, Sicherheits-, Speicherungs- und

Verteilungstechnologien oder um die vielen Anwendungstechnologien handelte. Bei der Weiterentwicklung der Wasserstoffwirtschaft sind aber viele Ansatzpunkte für das Chemieingenieurwesen vorhanden, sei es bei der Herstellung und Verwendung des Wasserstoffs als indirekter Energierohstoff oder bei den Einsatzmöglichkeiten als Sekundärenergieträger bei den großen Energieszenarien. Noch ca. 90% unserer Energie

Tabelle 3:   DECHEMA-STUDIE

WASSERSTOFFTECHNOLOGIE - PERSPEKTIVEN FÜR FORSCHUNG UND ENTWICKLUNG

- Grundlagenforschung zur Gewinnung von Wasserstoff
    -- Photo- und Mikrobiologie
    -- Photochemie, Photoelektrochemie
    -- Thermochemie
    -- Elektrokatalyse

- Technologische Forschung und Entwicklung
    o Herstellung von Wasserstoff
    -- Elektrolytische Wasserstoffherstellung
    -- Hybridprozesse
    -- Chemische Prozeßtechnik
    -- Trennverfahren

    o Speicherung und Anwendungstechnologie
    -- Speichertechnologie
    -- Metallhydridtechnik
    -- Brennstoffzellen
    -- Verbrennungsmotoren und Turbinen
    -- Brennersysteme
    -- Werkstofftechnik
    -- Sicherheitstechnik

- Systembetrachtungen zur Erzeugung, Verteilung und Anwendung von Wasserstoff
    -- Nichtfossile Primärenergiequellen
    -- Verkehrssysteme, einschl. Luft- und Raumfahrt
    -- Versorgungsnetze
    -- Verbrauchsstrukturen
    -- Wirtschaftlichkeitsfragen und Marktentwicklungsmöglichkeiten
    -- Systemanalyse einer zukünftigen Energiewirtschaft
    -- Internationale Aktivitäten und Zusammenarbeit

wird auf chemischem Wege erzeugt, wozu chemische Technologien notwendig sind; und auch beim Wasserstoff müssen chemische Technologien eingesetzt werden. So ist für deren Weiterentwicklung das Chemieingenieurwesen mit seinem modernen Methodenspektrum gefordert. Auch wenn die Energiesituation gegenwärtig entspannt ist, so darf die Entwicklung nicht unterbrochen werden, damit der Ariadne-Faden der Technologie nicht abreißt.

Literatur

/1/ Dechema-Studie "Chemische Technik - Rohstoffe, Prozesse und Produkte", erarbeitet von DECHEMA (D. Behrens, G. Kreysa) 9 Bände, Bundesministerium für Forschung und Technologie, 1976
/2/ Dechema-Studie "Elektrochemische Prozesse, erarbeitet von DECHEMA (G. Sandstede), Bd 3 der Studie Chemische Technik, Bundesministerium für Forschung und Technologie, 1975
/3/ G. Sandstede, E. Heitz: Chemische Industrie 100/29 (1977) 649-654
/4/ W. Häfele: Chemie-Ing.-Technik 51 (1979) 1111-1121
/5/ R. Dahlberg, R. Menning, G. Sandstede: Dechema-Kolloquium "Wasserstoffgewinnung durch Sonnenenergie als Beitrag zum Energieproblem", Frankfurt 14.1.1982
/6/ R. Dahlberg: Die großtechnische Nutzung der Sonne, Manuskript 1984 und Int. J. Hydrogen Energy 7 (1982) 121-142
/7/ G. Kaske: Entwicklungslinien der Wasserstofftechnologie, DECHEMA-Jahrestagung, Frankfurt, Juni 1983
/8/ G. Kaske, G. Ruckelshauß: Umschau 1983, S. 464-468
/9/ Dechema-Fachgespräch "Zukünftige Aussichten der Wasserstofftechnologie - Herstellung und Anwendung insbesondere im Hinblick auf das Chemie-Ingenieurwesen", (vorbereitet von G. Collin, E. Heitz, G. Kreysa, G. Sandstede, Hj. Sinn), Frankfurt, 16. u. 17.1.1984 mit Vorträgen von B. Bogdanovic, H. Gerischer, H. Gräfen, K. Hedden, A. Henglein, G. Kaske, K. Kordesch, K. Lindenmaier, H.W. Nürnberg, W. Peschka, L. Reh, J. Schulze, D. van Velzen, W. Vielstich, H. Wendt
/10/ Hj. Sinn: Möglichkeiten zukünftiger Energieversorgungssysteme, ACHEMA-Tagung Frankfurt, Juni 1985
/11/ Dechema-Studie Wasserstofftechnologie - Perspektiven für Forschung und Entwicklung, erarbeitet von einem Autorenkcllektiv unter Federführung von G. Collin, G. Sandstede, H. Wendt, DECHEMA, Frankfurt 1986
/12/ P. Häussinger, R. Lohmüller, H.-J. Wernicke: Wasserstoff, in Ullmanns Enzyklopädie der technischen Chemie, Verlag Chemie, Weinheim 1983, Bd. 24, S. 243-348
/13/ C.J. Winter, J. Nitsch: Wasserstoff als Energieträger, Springer-Verlag Berlin etc. 1986
/14/ J. Schulze, H. Gaensslen: Chemische Industrie 36 (1984) 135-140 und 202-208
/15/ Ch. Bailleux: H_2 Perspectives (Hydrogen Industry Council, Montreal) 1 (1984) 2-3

/16/ Frankfurter Allgemeine Zeitung, 30. Sept. 1985
/17/ G. Hochgesand u.a.: Kohle/Gaserzeugung aus Kohle und Kohlenwasserstoffen, in Ullmanns Enzyklopädie der technischen Chemie, Verlag Chemie, Weinheim 1977, Bd. 14, S. 357-474
/18/ G. Kaske: Chemie-Ing.-Technik 48 (1976) 95-99
/19/ G. Kaske, F.J. Plenard: Int. J. Hydrogen Energy, 10 (1985) 479-482
/20/ E. Justi: Probleme und Wege der zukünftigen Energieversorgung der Menschheit, Jahrbuch der Akad. der Wiss. und der Literatur, Mainz, Wiesbaden 1955
/21/ E. Justi: Die Energie- und Rohstoffquellen der Zukunft in "Wie leben wir morgen?" Verlag Schlummer, Stuttgart 1957
/22/ E. Justi: Leistungsmechanismus und Energieumwandlung in Festkörpern, Göttingen 1965
/23/ J.O'M. Bockris, E. Justi: Wasserstoff die Energie für alle Zeiten, Udo Pfriemer Verlag, München 1980
/24/ J.O'M. Bockris: Electrochemistry of Cleaner Environments, Plenum Press, New York 1972
/25/ J.O'M. Bockris: Energy: The Solar Hydrogen Alternative, Australia 1975, London 1976
/26/ W. Bach: Bild der Wissenschaft 1985, Heft 5, S. 94
/27/ H. Flohn: Umschau 1985, S. 157
/28/ DPG-Memorandum "Warnung vor einer drohenden weltweiten Klimakatastrophe", Deutsche Physikalische Gesellschaft, Bad Honnef 1986
/29/ Stromthemen, IZE Frankfurt 1986
/30/ H.W. Nürnberg, G. Wolff: Die Naturwissenschaften 63 (1976) 190, siehe auch: Kernforschungsanlage Jülich, Aufgaben und Ziele, 1984
/31/ G. Sperlich: Additive oder alternative Energiequellen, Energie-Verlag, Heidelberg 1983
/32/ W. Peters: Glückauf 119 (1983) 366-368
/33/ R. Lohmüller: Chemie-Ing.-Technik 56 (1984) 203-213
/34/ G. Kaske: Chemische Industrie 37 (1985) 314-318
/35/ K. Hedden: Chemrawn, Den Haag, 1984
/36/ H. Diehl, J. Jessenberger: Physik in unserer Zeit 14 (1983) 146-156 und 15 (1984) 76-83
/37/ D. Boecker, H. Teggers: Gasification of Brown Coal for Generation of Synthesis Gas and SNG, 7. ICCR-Konferenz in Pretoria Okt. 1985
/38/ H.W. Nürnberg: Proceedings of the 3rd International Seminar on Hydrogen as an Energy Carrier, Lyon, 1983, p. 16-23
/39/ G. Kreysa: Chem.-Ing.-Technik 55 (1983) 267-275

/40/ H. Wendt: Chem.-Ing.-Technik 56 (1984) 265-272
/41/ J. Divisek, P. Malinowski, J. Mergel, H. Schmitz: Dechema-Monographien 98 (1985) 389-406
/42/ H. Vandenborre, R. Leysen, H. Nackaerts, D. Van der Eecken, Ph. Van Asbroeck, W. Smets, J. Piepers: Hydrogen Energy Progress V, Vol. 2, p. 703-715, Pergamon Press, 1984
/43/ S. Stucki: Dechema-Monographien 94 (1983) 211-223
/44/ W. Dönitz, E. Erdle: Hydrogen Energy Progress V, Vol. 2, p. 767-775, Pergamon Press 1984
/45/ C. Marchetti: Int. J. Hydrogen Energy 10 (1985) 215-219
/46/ W. Jäckh : Kohle, Hydrierung in Ullmanns Enzyklopädie der technischen Chemie, Verlag Chemie, Weinheim, 1977, Bd. 14, S. 475-489
/47/ W. Peschka: Flüssiger Wasserstoff als Energieträger, Springer-Verlag Wien, New York 1984
/48/ E. Wicke: Chemie-Ing.-Technik 54 (1982) 41-52
/49/ R. Povel, J. Töpler, G. Withalm, C. Halene: Hydrogen Energy Progress V, Vol. 4, p. 1563-1577, Pergamon Press 1984
/50/ E. Justi, A. Winsel: Kalte Verbrennung - Fuel Cells, Wiesbaden 1962
/51/ W. Vielstich: Fuel Cells, Wiley-Interscience, London etc. 1970
/52/ A. Winsel: Galvanische Elemente, Brennstoffzellen, in Ullmanns Enzyklopädie der technischen Chemie Bd. 12, S. 113-136, 1976
/53/ H. Behret, H. Binder, G. Sandstede: Development of Fuel Cells - a Materials Problem, in G.G. Libowitz, M.S. Wittingham (Ed.), Materials Science in Energy Technology, Academic Press Inc., New York etc. 1979
/54/ Elektrochemische Energietechnik, Bundesministerium für Forschung und Technologie, Bonn 1981
/55/ G. Sandstede: From Electrocatalysis to Fuel Cells, University of Washington Press, Seattle 1972
/56/ H. Böhm: Dechema-Monographien 97 (1984) 169
/57/ F. v. Sturm: Elektrochemische Stromerzeugung, Verlag Chemie, Weinheim 1969
/58/ K. Kordesch: Brennstoffbatterien, Springer-Verlag, Wien etc. 1984
/59/ W. Dönitz: State of the Art and Future Developments of Solid Oxide Electrolyte Fuel Cells, Proceedings of the UNESCO workshop on Fuel Cells, June 1985
/60/ J.A.A. Ketelaar: Molten Carbonate Fuel Cell, State of the Art, Proceedings of the UNESCO workshop on Fuel Cells, June 1985
/61/ KFA-Studie "Wasserstoff" von KFA Jülich (H.G. Thissen), Teil III der Programmstudie Sekundärenergiesysteme in der Reihe Einsatz-

möglichkeiten neuer Energiesysteme, Bundesministerium für Forschung und Technologie, Bonn 1975
/62/ Deutsche Forschungs- und Versuchsanstalt für Luft- und Raumfahrt, Wasserstoff als Sekundärenergieträger, Vorschlag für ein Forschungs- und Entwicklungsprogramm, DFVLR-Mitt. 81-10, Köln-Porz 1981
/63/ L. Bölkow: Energie im nächsten Jahrhundert, Manuskript, Vortrag im Wissenschaftszentrum, Bonn 1985
/64/ H. Gerischer: Fortschrittsberichte aus Naturwissenschaft und Medizin, Verhandlungen der Gesellschaft Deutscher Naturforscher und Ärzte, 112. Versammlung Mannheim 1982, Wissensch. Verlagsges. Stuttgart, 111-132
/65/ J. Gretz: Proceedings of Summer School on Solar Energy 85, Igls, Austria, 1985, p. 115-127
/66/ F. Frisch: PM 4/1986, S. 44-54
/67/ R.D. Champagne, R.D. Hay, P. Hoffmann, R.L. LeRoy, C. Salama, J.B. Taylor: Hydrogen Energy Progress V, Vol. 1, p. 11-21, Pergamon Press 1984
/68/ R.D. Champagne: Pathways for Hydrogen in an evolving Energy Matrix, Second International Symposium on Hydrogen produced from renewable Energy, Hydrogen Industry Council, Montreal, 1985
/69/ H. Kalenda, G. Ruckelshauß: Untersuchung des künftigen Marktpotentials für die Herstellung von Wasserstoff aus Wasser, Bundesministerium für Forschung und Technologie, Forschungsbericht T 81-012, 1981

I Anwendungsbereiche des Wasserstoffs

Wasserstoff als Chemierohstoff

J. Schulze
Institut für Technische Chemie der Technischen Universität Berlin, Arbeitsgruppe Wirtschafts-
chemie

H. Gaensslen
Lurgi GmbH, Frankfurt am Main

Zusammenfassung

Es wird eine Wasserstoff-Marktstruktur für die Bundesrepublik mit Marktdaten für das Jahr 1978 dargestellt. Als Rohstoffe für die Direkterzeugung wurden Erdgas, Schweröl sowie Flüssiggas, Naphtha und Raffineriegase eingesetzt. Bei der Nebenproduktion von Wasserstoff sind die Koksgaserzeugung, die Benzinreformierung und die Chloralkali-Elektrolyse die wichtigsten Einzelprozesse. Die Gesamtmenge wurde auf knapp 16 Mrd. m_n^3 H_2 geschätzt. Über ein Viertel hiervon wurden nur als Brennstoff eingesetzt. Auf der Verbrauchsseite ist die Ammoniaksynthese am wichtigsten, es folgen die Methanolsynthese, die Oxo-Synthese, die Hydrofining-Prozesse und die Hydrocrackanlagen sowie zahlreiche chemische Einzelprozesse. Für Ammoniak ist keine wesentliche Verbrauchsausweitung im Inland in Sicht. Beim Methanol ist die Inlandsproduktion weitgehend durch Methanolimporte substituiert worden. Insgesamt ist anzunehmen, daß die konventionellen Wasserstoffverwendungen in der chemischen Industrie und Mineralölindustrie während der nächsten Jahre höchstens ein sehr mäßiges Wachstum aufweisen werden.

Summary

A market structure of hydrogen in the Federal Republic of Germany with market data for the year 1978 is given. Raw materials for the direct production were natural gas, fuel oil, LPG, naphtha and refinery gas. Within the production of hydrogen as a by-product coke oven gas production, naphtha reforming and chlorine-alkali electrolysis are the most important processes. The total amount was nearly 16 billion m_n^3 H_2. More than one quarter could be used only as heating gas. Within the consumption pattern ammonia synthesis is most important, followed by methanol synthesis, oxo-synthesis, the hydrofining processes, hydrocracking plants and numerous other chemical processes. For ammonia there is no considerable expansion of the consumption within the FRG in sight. Production of methanol has already been substituted to a large extent by imports. As a whole one can assume, that the conventional uses of hydrogen in the chemical and mineral oil industry during the coming next years will grow only at a very moderate rate.

Dechema-Monographien Band 106 – VCH Verlagsgesellschaft 1986

Résumé

La représentation porte sur une structure marchétaire de l'hydrogène
en RFA avec des données de marché pour l'année 1978. Du gaz naturel,
de l'huile lourde, du gaz liquide, du naphta ainsi que des gaz de
raffinerie ont été utilisés en tant que matière première. Lors de la
production auxiliaire de l'hydrogène, la production de gaz de coke,
le reforming de l'essence lourde ainsi que l'électrolyse à l'alcali
et chlore représentent les processus individuels les plus importants.
La quantité totale a été éstimée à presque 16 milliards m_n^3 H_2. De cette
quantité, plus d'un quart n'a été utilisé qu'en tant que combustible.
Du côté consommation, la synthèse d'ammoniac est la plus importante,
suivie par la synthèse de méthanol, la synthèse d'oxo, les procédés
d'hydrofinissage et les installations d'hydrocraquage ainsi que par des
nombreux processus individuels. En ce qui concerne l'ammoniac, aucune
augmentation considérable n'est prévisible. La production nationale de
méthanol a été largement substituée par du méthanol importé. En somme,
il peut être admis que les utilisations conventionnelles de l'hydrogène
dans l'industrie chimique et l'industrie pétrolière n'accuseront à la
limite qu'une croissance très modérée dans les années à venir.

Wasserstoff ist herstellungs- und verwendungsseitig in hohem Maße an das Synthesegas
gekoppelt, wobei als Synthesegas im technischen Sinne Gemische aus Kohlenmonoxid und
Wasserstoff aller Art bezeichnet werden. Auf diese Weise ergibt sich auch eine Kopplung mit dem Kohlenmonoxid, aus dem Wasserstoff über die Konvertierungsreaktion
(Shift-Reaktion) in äquivalenter Menge hergestellt werden kann (Abb. 1). Wegen dieser Verbundbeziehungen erfordert die Untersuchung des Wasserstoffmarktes vielfach
eine Erweiterung auf das gesamte Synthesegasgebiet. Zur Ermittlung der Wasserstoff-
Marktmengen wird der Wasserstoffanteil aus dem Synthesegas andererseits meistens
herausgerechnet.

Wasserstoff-Marktstruktur

Eine allein auf den Wasserstoff abstellende Marktstruktur ist in Abb. 2 wiedergegeben. In der oberen Hälfte des Diagramms ist die Angebotsseite oder Herstellungsseite
und in der unteren Hälfte die Nachfrage- oder Verbrauchsseite dargestellt. Beide
Marktseiten haben zahlreiche Erzeugungsverfahren bzw. Verwendungen oder Verbrauchssektoren, wie es für einen Chemiegrundstoff typisch ist. Für genauere Marktunter-
suchungen und Marktprognosen ist eine stark differenzierte Betrachtung der Marktstruktur notwendig, wobei neben den konventionellen auch die zukünftigen, potentiellen Verwendungen einzubeziehen sind. Auf der Verbrauchsseite genügt auch meistens

nicht die einstufige Untersuchung der unmittelbaren Folgeprodukte des Wasserstoffs, sondern man müßte zur besseren Beurteilung der verursachenden Faktoren der Marktentwicklungen auch deren weitere Folgeprodukte erfassen, möglichst in mehreren Vertikalstufen bis hin zu den Konsumgütermärkten, die ja für alles Wirtschaften die letzte Bestimmungsgrundlage darstellen. Wegen des enorm anwachsenden Untersuchungsaufwands muß man sich hierbei freilich Beschränkungen auferlegen. Es spielt bei dieser Betrachtung nur eine untergeordnete Rolle, wenn zwischen Angebots- und Nachfragesektoren oft keine eigentlichen Marktgrenzen bestehen, sondern mehrere Produktionsstufen bei einzelnen Herstellern integriert sind.

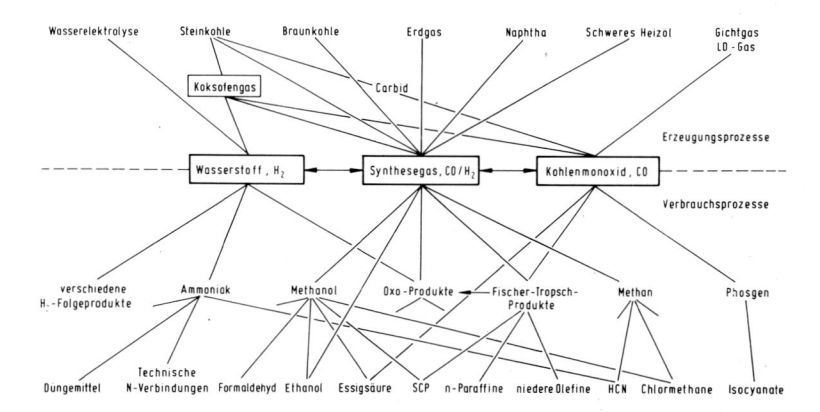

Abb. 1   Erzeugungs- und Verbrauchsstrukturen von Wasserstoff, Synthesegas und Kohlenmonoxid

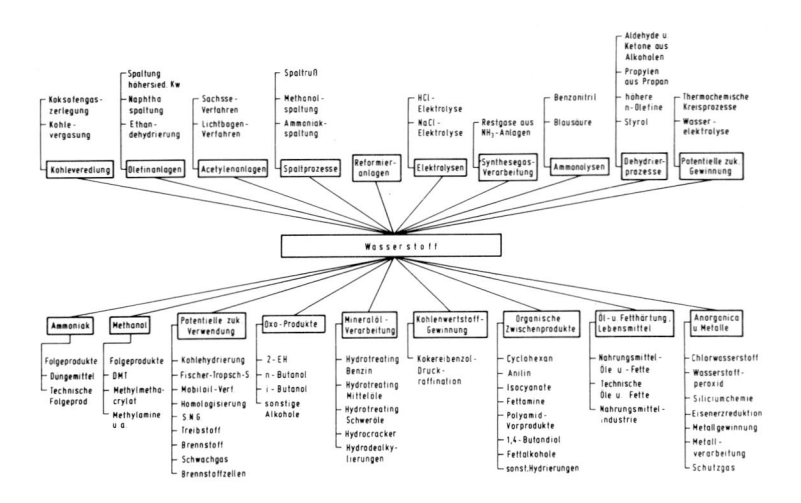

Abb. 2 Marktstruktur von Wasserstoff

Die Schwierigkeiten beginnen vor allem dann, wenn von der qualitativen zur unerläßlichen quantitativen Marktuntersuchung fortgeschritten werden soll. In Abb. 3 sind die Ergebnisse einer solchen Untersuchung für die Bundesrepublik im Jahre 1978 dargestellt. Der Gesamtmarkt wurde damals auf knapp 16 Mrd. m_n^3 geschätzt. In recht guter Übereinstimmung hiermit ergab eine andere Untersuchung für dieses Jahr 17 Mrd. m_n^3 /1/. Bei der Wasserstoff-Direkterzeugung entfielen etwa 23 % auf Erdgas, 17 % auf Schweröl und 11 % auf Flüssiggas, Naphtha oder Raffineriegase, zusammen 51 %. Bei der Nebenprodukt-Wasserstoffdarbietung sind die Koksgaserzeugung und die Benzinreformierung die wichtigsten Einzelprozesse. Auf der Nachfrageseite wurde ein Verbrauch von rund 11,5 Mrd. m_n^3 für Verwendungen hauptsächlich in der chemischen Industrie und Mineralölindustrie erfaßt, während weitere 4,3 Mrd. m_n^3 H_2 nur als Brennstoff eingesetzt werden konnten, das waren über 27 % des Gesamtmarktes.

Setzt man die chemischen und Mineralöl-Verwendungen gleich 100 %, so waren Ammoniak mit 47,5 %, Methanol mit 12,2 % und Oxo-Produkte mit 7,6 % die größten Verbraucher im Chemiebereich, die Hydrofining-Prozesse mit 14,5 % und die Hydrocracker mit 4,8 % weitere wichtige Verbrauchssektoren in der Mineralölindustrie. Sonstige Chemie und Petrochemie hatten weitere 13 % Anteil. Für eine genauere Marktanalyse sind oft die

Wasserstoff als Chemierohstoff

direkten Kopplungen zwischen einzelnen Verbrauchs- und Nachfragesektoren zu erfassen, wie man überhaupt vielfach dazu gezwungen ist, die Mengen nach einzelnen Produzenten und Verbrauchern hin differenziert zu ermitteln. In der Mineralölindustrie decken sich etwa die Erzeugungsmengen aus der Benzinreformierung und die Verbrauchsmengen für die hydrierende Raffination der Produkte, während der Wasserstoffbedarf für das Hydrocracken zusätzlich erzeugt werden muß, bislang vor allem durch Wasserdampfreformierung von Flüssiggas.

Erzeugung (Mill. $m_n^3 H_2$ / %)

	Mill. $m_n^3 H_2$	%
	15875	100,0
Chemische Industrie	1353	8,5
Petrochemie	1799	11,3
Mineralölverarbeitung (Benzinreformierung)	2407	15,2
Koksofengas	2131	13,4
Flüssiggas Naphtha	1760	11,1
Schweröl	2715	17,1
Erdgas	3710	23,4

(Nebenproduktion: Chemische Industrie bis Koksofengas; Direkterzeugung: Flüssiggas/Naphtha bis Erdgas)

Verbrauch (Mill. $m_n^3 H_2$ / %)

	Mill. $m_n^3 H_2$	%	
	15875		
Brennstoff-Verwendungen	4355	27,4	
	11520	100,0	
Chem. Industrie u.a.	746	6,5	
Petrochemie	766	6,6	
Hydrocracker	560	4,8	
Mineralölverarbeitung	1701	14,8	
Oxo-Produkte	875	7,6	
Methanol	1403	12,2	
Ammoniak	5469	47,5	

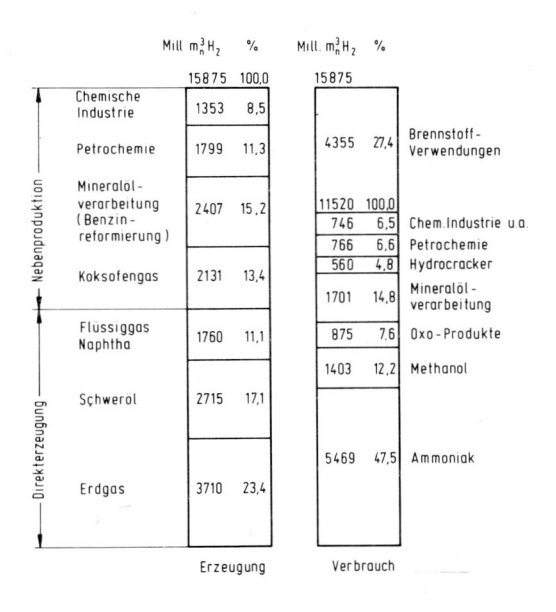

Abb. 3 Erzeugungs- und Verbrauchsstrukturen von Wasserstoff in der Bundesrepublik 1978

Beginnende Verwertung der Kohle

Bei den Direkterzeugungsverfahren wird die Rohstoffbasis Naphtha und vor allem auch Schweröl aufgrund der ungünstigen Preissituation eingeschränkt werden, während andererseits die Herstellung von Wasserstoff auf Kohlebasis bereits in greifbare Nähe gerückt ist. Die Methanolanlage bei UK Wesseling wird von der Schwerölbasis auf Braunkohle umgestellt, wobei das Synthesegas nach dem neuen Hochtemperatur-Winkler (HTW)-Verfahren hergestellt wird. Der erste Strang der Demonstrationsanlage mit 37.000 m^3/h Synthesegasleistung sollte bereits 1985 in Betrieb gehen, während der volle Ausbau mit 4 Strängen und 148.000 m^3/h Synthesegasleistung für später geplant ist /2/. Bei einem H$_2$-Anteil von 66 Vol.-% würde das einer Wasserstoffmenge von 780 Mill. m^3_n/a entsprechen, was eine Methanolproduktion von etwa 400.000 t/a ermöglichen würde.

Die erste neue Steinkohlevergasungsanlage wird nach dem Texaco-Verfahren von Ruhrkohle Oel und Gas GmbH und Ruhrchemie AG vor allem für die Oxo-Syntheseanlage bei Ruhrchemie AG errichtet, und zwar mit einer Kapazität von 700 t/d Steinkohleeinsatz und 1,2 Mill. m^3 Synthesegas/d /3/. Das entspricht rund 400 Mill. m^3 Synthesegas pro Jahr. Neben dem Wasserstoffanteil im Oxo-Gas (etwa gleicher Anteil wie CO) entsteht ein Wasserstoffbedarf für die Hydrierung der Oxo-Zwischenprodukte. Bisher wurde das Synthesegas hier auf Basis Schweröl durch partielle Oxidation erzeugt, während der Hydrierwasserstoff aus der Ringleitung im Ruhrgebiet bezogen wurde.

Die Bedeutung des Flüssiggases für die Direkterzeugung von Wasserstoff könnte noch etwas zunehmen, da Flüssiggas besonders für die Erzeugung des Wasserstoffbedarfs in Hydrocrackanlagen bevorzugt wird.

Koksofengas als Wasserstoffquelle

In Abb. 4 ist die potentielle Gewinnung von Reinwasserstoff aus Koksofengas in der Bundesrepublik dargestellt. Als Bezugsbasis ist nur die Koksproduktion der Bergbaukokereien maßgebend, da das Koksofengas der Hüttenkokereien innerhalb der eigenen Wärmewirtschaft der Hüttenwerke bereits voll integriert ist und kaum freigesetzt werden kann. Aufgrund der gemeldeten Produktionszahlen lag die spezifische Gasausbeute während der letzten Jahre bei etwa 450 m^3 Koksofengas/t Koksausbringen (Ho = 4.300 kcal/m^3_n = ca. 18.000 kJ/m^3_n), wovon bei einem Unterfeuerungsanteil von durchschnittlich 45 % etwa 248 m^3_n abgegeben werden können. Bei einem Volumenanteil von 60 % H$_2$ im Koksofengas und 81 % Gewinnungsausbeute bei Anwendung des Druckwechselverfahrens mit Molekularsieben können 0,48 m^3 Wasserstoff/m^3 Koksofengas gewonnen werden. Das potentielle Angebot betrug damit im Jahre 1982 etwa 2,3 Mrd. m^3_n Wasserstoff. Es fiel 1984 weiter auf ca. 1,6 Mrd. m^3_n H$_2$/a zurück. Die Errichtung einer Anlage mit 10.000 m^3_n H$_2$/h Leistung entspricht etwa 84 Mill. m^3_n/a, womit erst

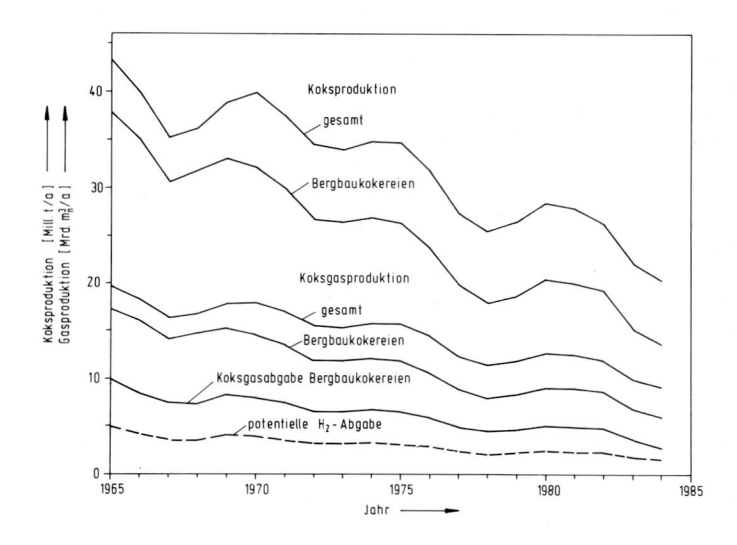

Abb. 4 Potentielle Wasserstoffgewinnung aus Koksofengas in der Bundesrepublik

5,3 % des Angebotspotentials ausgeschöpft wurden. Die Wirtschaftlichkeit des Verfahrens geht allein schon daraus hervor, daß immer häufiger auf den Kokereien Druckwechselanlagen zur Reinwasserstoffgewinnung installiert werden. Die Verwendung des Koksofengases als Heizgas läßt diese Möglichkeiten der Wertsteigerung durch die Abtrennung des Wasserstoffs ungenutzt und erscheint wirtschaftlich nachteilig. Auch moderne Verfahren der Tieftemperaturzerlegung sowie der katalytischen Wasserdampfreformierung des Methananteils kämen in Betracht.

Freilich ist in nächster Zeit mit einer weiteren Schrumpfung dieser Rohstoffquelle zu rechnen. Im Jahre 1979 war noch eine Kapazität der Hüttenkokereien von 8 Mill. t und der Bergbaukokereien von 24,2 Mill. t Koks vorhanden. Durch Kokerei-Stillegungen wird die Kapazität weiter sinken. 1984 produzierten die Bergbaukokereien nur noch 13,6 Mill. t Koks. Für den Bereich der Ruhrkohle AG wird mit einer späteren Stabilisierung der Produktion bei etwa 11 Mill. t Koks/a gerechnet.

Verfahren mit Wasserstoff-Nebenproduktion

Die weiteren Nebenprodukt-Erzeugungsquellen für Wasserstoff werden in der Zukunft kaum eine nennenswerte Angebotserweiterung bringen (Tab. 1). Der Mineralölbereich ist stagnierend. Eine bedeutende Wasserstoffquelle ist hier das Reformieren von Benzinfraktionen. Ende 1982 betrug die Kapazität der katalytischen Reformieranlagen 18,4 Mill. t/a Durchsatz (19,5 Mill. t/a im Vorjahr). Die Ausbeuten an Gasen und insbesondere Wasserstoff schwanken je nach Einsatz-Rohstoffen, geforderten Qualitätsdaten der Reformatbenzine und Verfahrensbedingungen (Druck, Temperatur bzw. Reformierschärfe) in weiten Grenzen. Die Gasausbeute liegt zwischen 5 und 15 Massen-%, der Wasserstoffanteil kann 80 % und mehr betragen, sinkt jedoch bei abnehmender Kontaktaktivität, z. B. bis auf 60 Vol.-%. Eine Auswertung von Literaturdaten ergab Wasserstoffausbeuten zwischen 133 und 408 m^3/t Einsatz. Man kann für neuere Anlagen mit einem Mittelwert von 1,8 Masse-% oder 200 m^3 H_2/t Einsatz rechnen. Bislang wurde die Wasserstofferzeugung aus der Benzinreformierung ausschließlich im Raffineriebereich für die verschiedenen Hydrofining-Prozesse eingesetzt, wobei meistens sogar

Tab. 1 Wasserstoff-Nebenproduktion in der Bundesrepublik 1978

Produkt, Verfahren	Mill. m_n^3	%
Koksofengas (potentielle H_2-Abgabe)	2131	27,7
Benzinreformierung	2407	31,3
Äthylen	1190	15,5
Acetylen, Lichtbogenverfahren	345	4,5
Ethylen Sachsse-Verfahren	264	3,4
Chloralkali-Elektrolyse	918	11,9
Blausäure	125	1,6
Pechverkokung	40	0,5
Styrol	250	3,3
Aceton aus Isopropanol	8	0,1
Methyläthylketon	12	0,2
gesamt	7690	100,0

Wasserstoff als Chemierohstoff 35

eine gewisse Überschuß-Situation bestand. Für den Betrieb von Hydrocrackanlagen ist das Angebot aus der Benzinreformierung jedoch nicht mehr ausreichend.

Im Bereich der Petrochemie fallen beträchtliche Wasserstoffmengen bei der thermischen Crackung zur Ethylen- bzw. Olefingewinnung an, die anlageintern zur Hydrierung verschiedener Spaltprodukte, als Heizgas oder anderweitig verwendet werden. Bei einer erheblichen Schwankungsbreite kann im Mittel von einem Wasserstoffanfall von 370 m^3/t Ethylen bei der Naphtha-Spaltung ausgegangen werden. Der Wasserstoffverbrauch für die Hydrierung der verschiedenen Spaltprodukte (C_3-Fraktion, C_4-Fraktion, Pyrolysebenzin, Acetylen) kann mit 180 m^3/t Ethylen angenommen werden, so daß etwa die Hälfte der Erzeugung als Netto-Abgabe in Betracht käme. Der Wasserstoff hat eine Reinheit von 70 - 95 Vol.-%, im Mittel 85 Vol.-%. Der CO-Gehalt von 0,5 - 1 Vol.-% muß bei Verwendung als Hydrierwasserstoff entfernt werden (Kontaktgift), regelmäßig durch Methanisierung.

Die petrochemische Acetylen-Produktion hat sich für eine Reihe spezieller, kleinerer Acetylenverwendungen in der Bundesrepublik offenbar stabilisiert. Der spezifische H_2-Anfall kann beim Lichtbogen-Verfahren mit 3.400 m^3/t, beim Sachsse-Verfahren der BASF mit 3.740 m^3/t angenommen werden. Der Wasserstoff-Anfall aus dem Lichtbogen-Verfahren hat zwar nur 4,5 % Anteil an der gesamten H_2-Nebenproduktion, ist jedoch für die Wasserstoffversorgung im Ruhrgebiet über die vor allem von Chemische Werke Hüls AG betriebene Verbund-Rohrleitung sehr bedeutsam. Der Wasserstoffanfall aus dem Sachsse-Verfahren wird zusammen mit dem CO als Synthesegas verwertet.

Im Bereich der chemischen Industrie stellt die Chloralkali-Elektrolyse eine recht bedeutsame Wasserstoffquelle dar. Die Salzsäure-Elektrolyse hat demgegenüber eine sehr begrenzte Bedeutung (Chlorproduktion ca. 100.000 t/a, H_2-Anfall ca. 300 m^3/t Chlor). Die Erzeugung von 918 Mill. m^3_n im Jahre 1978 deckte 11,9 % des Angebotes aus der Nebenprodukterzeugung. Chlorkapazitäten (ca. 3,5 Mill. t) und Chlorproduktion (ca. 3 Mill. t) dürften jedoch in der Bundesrepublik in der Zukunft kaum expandieren, was auf nur geringes Wachstum, Stagnation oder sogar Schrumpfung bei den meisten Chlorverbrauchssektoren zurückzuführen ist. Der in hochreiner Form anfallende Wasserstoff wird für chemische Zwecke intern verwendet oder abgegeben, u. a. über die Verbundleitung im Ruhrgebiet. Oft läßt sich der Zwangsanfall jedoch auch nur zu Heizzwecken verwerten.

Daneben liefert auch die HCN-Erzeugung aus Methan nach dem Ammoniak-Direktverfahren von DEGUSSA einen hochkonzentrierten Wasserstoff (über 96 Vol.-%), der vor allem für die Herstellung von Wasserstoffperoxid eingesetzt wird. Die weiteren Nebenprodukt-Anfallmengen werden häufig nur als Heizgas eingesetzt, wofür unzureichende Reinheit, zu stark schwankender Anfall oder mangelnde Verwendungen am Ort der Erzeugung maßgeblich sind. In den Chemiewerken wird eine zu weitgehende Kopplung zwischen wasserstofferzeugenden und -verbrauchenden Anlagen mitunter wegen möglicher Beeinträchti-

Wasserstoffverbrauch bei großen Chemie-Folgeprodukten stagnierend

In Abb. 5 sind Produktionsentwicklung und Wasserstoffverbrauch der drei wichtigsten Folgeprodukte bzw. Verbrauchssektoren im Chemiebereich, nämlich Ammoniak, Methanol und Oxoprodukte, wiedergegeben. Auf Ammoniak entfiel bislang fast die Hälfte des gesamten Wasserstoffverbrauchs, jedoch stagniert die Produktion im Bereich 2,2 - 2,6 Mill. t/a bereits seit etlichen Jahren. Die Verbrauchsprognosen im Düngemittelbereich sind bei weitgehender Marktsättigung im Inland, wachsender Exportkonkurrenz und zunehmendem Importdruck ungünstig, die Entwicklungschancen bei technischen Stickstoffprodukten sind meistens nur wenig besser. Es ist sogar zu befürchten, daß beim Ammoniak ein gewisser Kapazitätsabbau im Inland zugunsten zunehmender Importe aus Ländern mit begünstigter Rohstoffsituation stattfinden wird.

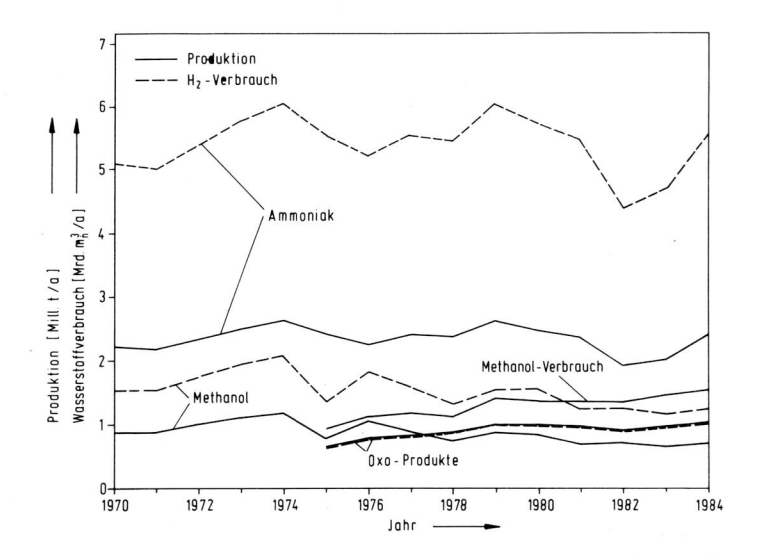

Abb. 5   Produktion und Wasserstoffverbrauch von Ammoniak, Methanol und Oxo-Produkten in der Bundesrepublik

Abb. 6 zeigt die Entwicklung der Stickstoff-Düngemittelproduktion in der Bundesrepublik, aufgeteilt nach Einnährstoffdüngern und Komplexdüngern. Man erkennt hieraus deutlich die stagnierende bzw. sogar leicht abfallende Produktionstendenz. Zuletzt wurden etwa 1,1 Mill. t N produziert.

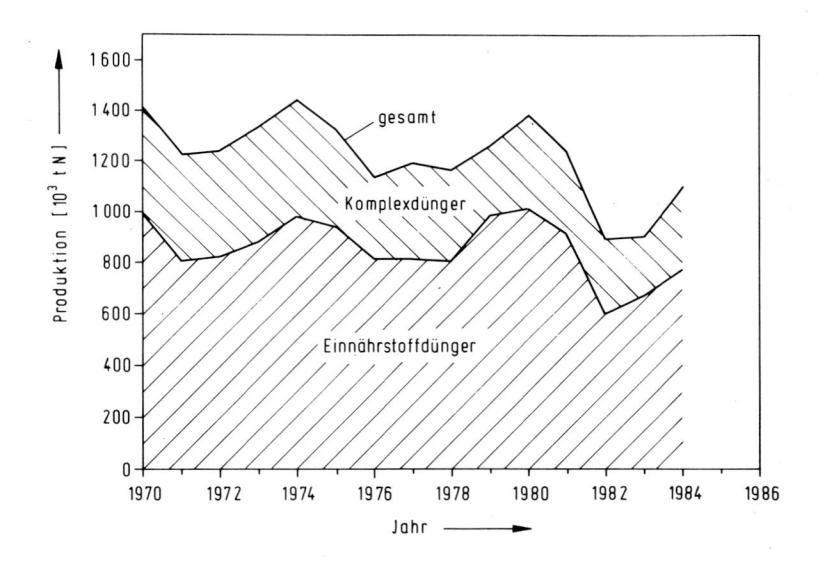

Abb. 6 Stickstoff-Düngemittelproduktion in der Bundesrepublik

Bei den technischen Stickstoffprodukten ist Acrylnitril bedeutsam, wovon schätzungsweise 300.000 t/a erzeugt werden mit einem Ammoniakverbrauch von über 150.000 t/a. Als nächstes ist Caprolactam zu erwähnen. Bei einer geschätzten Produktion von über 100.000 t/a und 0,85 t NH_3-Verbrauch/t würden etwa 85.000 t Ammoniak in diesen Sektor gehen. Ein großer Teil des Ammoniakeinsatzes wird im Nebenprodukt Ammoniumsulfat ausgebracht. Die Produktion stagniert. Adipinsäure wird durch Salpetersäureoxidation von Cyclohexanol/on-Gemischen hergestellt. Auf NH_3 umgerechnet entsteht ein spezifischer Verbrauch von 0,26 t NH_3/t Adipinsäure. Bei einer geschätzten Produktion von 150.000 t sind das rund 40.000 t NH_3-Verbrauch. Weitere große Ammoniak-Folgeprodukte sind Hexamethylendiamin für AH-Salz bzw. Nylon 6,6, Nitrobenzol (über HNO_3), Methylamine, Ethanolamine, Harnstoff und Melamin sowie zahlreiche weitere Verbindungen. Die technischen Harnstoffverwendungen betreffen vor allem die Harnstoff-Formaldehyd-Kondensationsharze, von denen die Leimharze in ihrer mengenmäßigen Bedeutung hervorragen. Auf diesem Gebiet steht die Produktion in der Bundesrepublik in der Weltrangliste an erster Stelle. Die Produktion wird vor allem von der Spanplattenindustrie aufgenommen. Zuletzt wurden etwa 6 Mill. m^3 Spanplatten/a in der Bundesrepublik erzeugt, etwa drei Viertel unter Einsatz von Harnstoff-Formaldehydharzen. Man erkennt aber aus Abb. 7, daß auch hier keine weitere Wachstumstendenz zu verzeichnen ist, sondern daß die Produktion seit Anfang der siebziger Jahre etwa auf gleichem Niveau stagniert. Die gegenüber dem Formaldehyd erhobenen umweltschutztechnischen Bedenken dürften der weiteren Entwicklung eher abträglich sein.

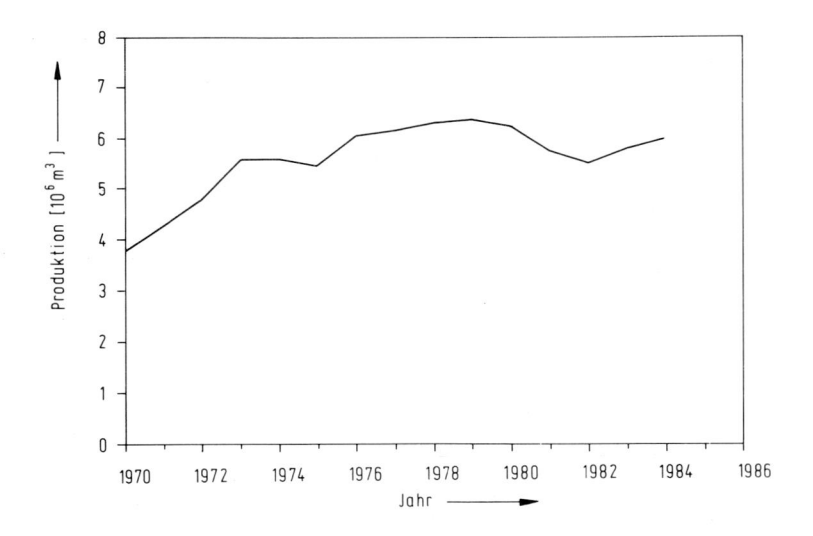

Abb. 7 Spanplattenproduktion in der Bundesrepublik

Beim Methanol ist die ungünstige Entwicklung in bezug auf zunehmende Importüberschüsse bereits eingetreten. Diese hatten zuletzt die Inlandsproduktion bereits übertroffen: Während die Methanolproduktion 1984 bei 683.500 t lag - sie hatte 1976 noch 1.052.000 t betragen -, lag der Importüberschuß bei über 879.00 t. Wenngleich beim Methanol ein Verbrauchswachstum erfolgt, und für die Zukunft müssen aufgrund

Wasserstoff als Chemierohstoff

zahlreicher neuer Verwendungen sogar erhebliche Wachstumsraten erwartet werden, führt dies nicht zu einer Ausweitung des Wasserstoffverbrauchs, wenn aufgrund zu hoher Inlandspreise bei den Rohstoffen eine zunehmende Verlagerung von der Inlandsproduktion zum Import von Methanol erfolgt. Längerfristig ist durch die Umstellung der Methanolsynthese auf Kohlebasis und durch das Abgehen von den teuren Mineralölprodukten eine gewisse Stabilisierung zu erwarten.

Tab. 2 zeigt eine Verbrauchsstruktur für Methanol in der Bundesrepublik im Jahre 1978. Etwa die Hälfte des Methanolverbrauchs entfiel auf Formaldehyd, ein altes Produkt mit kaum weiteren Wachstumsaussichten. Zu den konventionellen Verwendungen gehören weiterhin DMT, Methylamine, Methylhalogenide, Methylmethacrylat, Essigsäure. Methyltert.-butyläther ist bereits eine neuere, wachstumsintensive Verwendung. Der Methanolverbrauch ist inzwischen von 1,111 Mill. t 1978 auf 1,563 Mill. t angewachsen, d. h. um 41 %. Man rechnet längerfristig mit folgenden zukünftigen Methanolverwendungen: Homologisierung von Methanol zu Ethanol, Gewinnung von Olefinen nach dem Mobil-Verfahren, Herstellung von Glykol über Methanol, die Herstellung von SCP, Verwendungen im Kraftstoffbereich.

Tab. 2   Methanolverbrauch in der Bundesrepublik 1978

Verbrauchssektor Folgeprodukt	Folgeproduktion 1000 t	Spezif. Methanolverbrauch t/t	Methanolverbrauch 1000 t	%
Formaldehyd	458,2	1,22	559	50,3
DMT	500	0,35	175	15,8
Methylamine	70	1,40	98	8,8
Methylhalogenide	68	0,68	46	4,2
Methylmethacrylat	120	0,39	47	4,2
Essigsäure	30	0,61	18	1,6
Methyl-tert.-butyläther, MTBE	120	0,40	48	4,3
Sonstiges			120	10,8
Gesamtverbrauch			1111	100,0

Bei den Oxo-Produkten ist die Marktsituation in der Bundesrepublik günstiger. Die starke Stellung der Produzenten am Weltmarkt hat zu hohen Exportüberschüssen geführt.

Immerhin ist auch hier die Produktion während der letzten Jahre nur noch wenig vorangekommen. Aufgrund der Absatzstruktur (2-Ethylhexanol, n-Butanol, i-Butanol und sonstige Produkte) kann man annehmen, daß 1984 über 1 Mill. t Oxo-Produkte in der Bundesrepublik hergestellt wurden. Der Wasserstoffverbrauch im Oxo-Gas und Hydriergas kann auf knapp 1.000 m_n^3/t Oxo-Produkte geschätzt werden. Für das weitere Wachstum bremsend wirkt sich die Kopplung des Absatzes von 2-EH an die Weichmacher bzw. das Weich-PVC aus, das weitgehend stagniert.

Wasserstoffverbrauch im Mineralölbereich

Für die Mineralölindustrie wird seit Jahren mit einem ansteigenden Wasserstoffverbrauch gerechnet, und zwar besonders aufgrund der notwendigen Verschiebung der Produktionsstruktur zugunsten einer erhöhten Ausbringung an leichten Produkten und zu Lasten der Schwerölproduktion. Bei diesem Umstrukturierungsprozeß sind bereits beachtliche Erfolge erzielt worden. Die Entwicklung der Kapazität der Konversionsanlagen in der Bundesrepublik zwischen 1977 und 1982 ist in Abb. 8 dargestellt. Ende 1982 waren folgende Kapazitäten vorhanden /4/:

Katalytische Crackanlagen	10,5 Mill. t
Hydrocrackanlagen	1,9 " t
zusammen	12,4 Mill. t
Thermische Crackanlagen:	
Allgemein	5,5 Mill. t
Visbreakeranlagen	9,4 " t
Koker	4,3 " t
zusammen	19,2 Mill. t
Konversionsanlagen gesamt	31,6 Mill. t

Bis 1984 stieg die Kapazität der Konversionsanlagen in der Bundesrepublik nur noch geringfügig auf 34,2 Mill. t/a. Mit dem Anwachsen der Konversionskapazität verringerte sich die Ausbringung von Schwerem Heizöl (Abb. 8). Wurden von den Raffinerien aus Rohöl im Jahre 1976 noch 23,4 Mill. t Schweröl ausgebracht, so waren es 1984 nur noch 13,9 Mill. t, die Anteile am gesamten Raffinerieausstoß für den Verkauf sanken entsprechend von 25,2 auf 15,2 %. Für 1990 wird ein Rückgang des Bedarfs an Schwerem Heizöl in der Bundesrepublik auf 13 Mill. t erwartet /5/. In modernen Raffinerien mit weit ausgebauter Schwerölcrackung soll das Schwerölausbringen bis auf 4 % zurückgehen /6/.

Ein zusätzlicher Wasserstoffbedarf kommt aber praktisch nur durch die Ausweitung der Hydrocrackkapazitäten in Betracht. Im Jahre 1978 waren zwei Anlagen vorhanden. Bis Ende 1982 war die Kapazität erst auf 1,9 Mill. t gewachsen, obwohl der rasche Zubau

Wasserstoff als Chemierohstoff 41

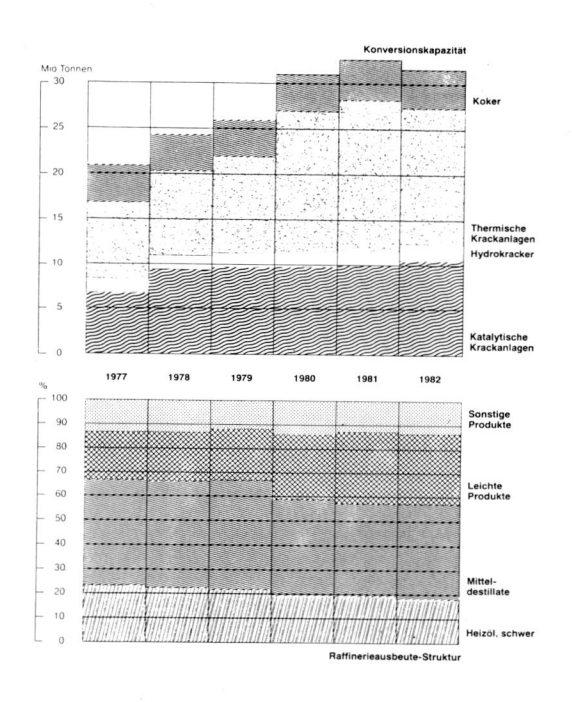

Abb. 8 Konversionskapazität und Raffinerieausbeute-Struktur
(MWV-Jahresbericht 1982)

mehrerer Anlagen erwartet worden war. Der Schwerpunkt der Ausweitung der Konversionskapazität lag dagegen bei den katalytischen Crackanlagen und den Visbeakeranlagen, was u. a. auf die erhebliche Kostenbelastung des Hydrocrackverfahrens durch den Wasserstoffverbrauch zurückzuführen ist. Der spezifische Wasserstoffverbrauch beim Hydrocracken ist abhängig von Produkteinsatz, angestrebten Endprodukten, Spaltgrad und Verfahrensbedingungen. Besonders wichtig ist der Grad der Spaltung und der Gehalt des Einsatzes an Schwefel-, Stickstoff- und ungesättigten Verbindungen. Für straight-run-Fraktionen werden Richtwerte von 250 - 370 m^3 H_2/m^3 Destillat genannt, bei schweren Catcracker-Fraktionen kommen auch Werte über 500 m^3 H_2/m^3 vor. Bei Annahme eines Mittelwertes von 400 m^3 H_2/t Einsatz wurde der Wasserstoffverbrauch im

Jahre 1978 bei etwa 1,4 Mill. t/a Durchsatz auf 560 Mill. m^3 geschätzt.

Ende 1983 wurde von Shell in Godorf nach eigenem Verfahren eine Hydrocrackanlage für VGO in Betrieb genommen, mit der jedoch zur Verbesserung der Wasserstoffökonomie nur eine vorzugsweise Abhydrierung verschiedener Verbindungen (vor allem Polyaromaten) bei möglichst geringfügiger Spaltung angestrebt wird. Die ausgebrachten höhersiedenden Verbindungen sind vorzugsweise Einsatzstoffe für die thermische Crackung auf Chemierohstoffe. Der Wasserstoffverbrauch kann dabei auf 200 - 250 m^3/t Einsatz gesenkt werden.

Ein großer Wasserstoffverbrauch entsteht bei der hydrierenden Raffination oder dem Hydrotreating von Benzin- und Mittelölfraktionen. Generalisierende Angaben zum Wasserstoffverbrauch sind wegen der zahlreichen Einflußgrößen schwierig. Neben dem chemischen Wasserstoffbedarf für die Umwandlungsreaktionen (Entfernung von Schwefel und anderen Heteroatomen, Hydrierung ungesättigter Verbindungen) entsteht ein weiterer Verbrauch durch Undichtigkeiten der Apparatur und Lösungsverluste. Für Benzinfraktionen werden etwa 20 m^3_n H$_2$ und für Mittelölfraktionen 30 - 40 m^3_n H$_2$/t Durchsatz anzunehmen sein. Hinzu kommt der Wasserstoffbedarf für die Einsatzentschwefelung der katalytischen Crackanlagen (ca. 80 m^3_n/t Einsatz) und der Koker (ca. 50 m^3_n/t Einsatz). Unter Berücksichtigung der verschiedenen Mengenströme wurde für 1978 ein Wasserstoffverbrauch von 1,7 Mrd. m^3_n errechnet, wobei die Ausnutzung für Hydrierzwecke unvollständig ist, da die Hydriergasströme oft nur bis zu Wasserstoffkonzentrationen von etwa 50 Vol.-% ausgenutzt und die Restgase meistens als Heizgas verwendet werden. Der Rohöleinsatz war damals 98,7 Mill. t, das ergab einen summarischen Wasserstoffverbrauch von durchschnittlich 17,2 m^3/t Rohöleinsatz. Im Jahre 1982 betrug der Rohöleinsatz der Raffinerien in der Bundesrepublik nur noch 78,35 Mill. t, der 1984 weiter bis auf 70,95 Mill. t abfiel, so daß man hieraus sogar auf eine gewisse Abnahme des Wasserstoffverbrauchs schließen kann. Auch für die weitere Zukunft ist nicht mehr mit einer Zunahme des Ölverbrauchs zu rechnen.

Seit langem werden auch Verfahren zur Entschwefelung von Schwerem Heizöl diskutiert. Verschiedene technische Konzeptionen wurden hierfür entwickelt, die jedoch schwierig realisierbar und kostspielig sind. Je nach Einsatz, Entschwefelungsgrad und Verfahren müßte mit Wasserstoffverbrauchszahlen von 130 - 180 m^3/t Einsatz gerechnet werden. Seitens der Mineralölindustrie in der Bundesrepublik wird jedoch die Entschwefelung von Schwerem Heizöl abgelehnt und der Weg über die Konvertierung bevorzugt.

Wasserstoff-Verbrauchsentwicklung in sonstigen konventionellen Verwendungen

In der chemischen und petrochemischen Industrie sowie in einigen anderen Industriebereichen entsteht ein weiterer Wasserstoffverbrauch für zahlreiche Verwendungen, jedoch sind die Mengen im Vergleich zu den zuvor genannten Prozessen meistens relativ

Wasserstoff als Chemierohstoff 43

gering, und es sind auch nirgends bahnbrechende Neuentwicklungen in Sicht, die zu starken Verbrauchsausweitungen führen könnten. In Tab. 3 sind Verbrauchsdaten für die Bundesrepublik im Jahre 1978 wiedergegeben. Die Verbrauchsmengen sind über die Produktionsmengen der Folgeprodukte und die jeweiligen spezifischen Wasserstoff-Verbrauchszahlen zu ermitteln, was vielfach Marktrecherchen erfordert, da die Daten in der Literatur und in der Statistik nur unzureichend verfügbar sind.

Im Bereich der petrochemischen Prozesse führen Hydrodealkylierungen, insbesondere die Hydrodealkylierung von Toluol zu Benzol zu einem Wasserstoffverbrauch (410 m_n^3 H_2/t Benzol). Die Hydrierung von Benzol zu Cyclohexan erfolgt in zwei Anlagen bei VEBA Oel AG und bei Wintershall in Lingen, wobei die Kapazitäten nur teilweise ausgenutzt wurden. Die Weiterverarbeitung erfolgt auf Polyamid-Vorprodukte. Aus dem Bereich der Kohlenwertstoffchemie ist die Wasserstoff-Druckraffination von Kokereibenzol zu erwähnen. Bei der thermischen Spaltung von Naphtha auf Ethylen entsteht ein erheblicher Wasserstoffbedarf vor allem zur Raffination des Pyrolvsebenzins. Einschließlich einiger weiterer Hydrierungen kann man mit 180 m_n^3 H_2/t Ethylen rechnen.

Bei den organisch-chemischen Zwischenprodukten ist zunächst das Anilin als Wasserstoffverbraucher zu erwähnen. Bei der Direktreduktion von Nitrobenzol mit Wasserstoff werden 800 m_n^3/t Anilin verbraucht. Ein Teil der Anilinproduktion wird jedoch immer noch über die Eisenreduktion erzeugt. Zur Herstellung von Toluylendiisocyanat werden 2,4- und 2,6-Dinitrotoluol mit Wasserstoff zu den entsprechenden Diaminen reduziert (900 m_n^3 H_2/t TDI). Bei der Gewinnung von Hexamethylendiamin wird Adipinsäuredinitril hydriert (850 m_n^3 H_2/t HMDA). Es ist Vorprodukt von Nylon 6,6 und damit stagnierend.

Die Herstellung von 1,4-Butandiol erfolgt überwiegend durch Hydrierung von 1,4-Butindiol, das seinerseits aus Acetylen und Formaldehyd erhalten wird (570 m_n^3 H_2/t 1,4-Butandiol). Die Herstellung von Sorbit erfolgt durch katalytische Hydrierung von Dextrose (155 m_n^3 H_2/t Sorbit). Methylisobutylketon (MIBK) wird durch Hydrierung von Mesityloxid erhalten (350 m_n^3 H_2/t MIBK). Bei der Gewinnung von Phenol über Cumol fällt α-Methylstyrol als Nebenprodukt an, das katalytisch zu Cumol hydriert werden kann.

Häufig genannt wird die Hydrierung von Ölen und Fetten sowie von fettchemischen Produkten etwa zur Gewinnung von Fettalkoholen. Hier ergab sich eine gewisse Expansion durch die relativ günstigen Preisentwicklungen bei den nativen Rohstoffen gegenüber den petrochemischen Rohstoffen. Die Verbrauchsmengen bleiben insgesamt begrenzt, wobei zur Wasserstoffversorgung der Fremdbezug, die Eigenerzeugung in kleinen katalytischen Reformieranlagen, gelegentlich aber auch noch in Wasserelektrolyseanlagen in Betracht kommt.

Die Gewinnung von Chlorwasserstoff aus den Elementen hat nur noch geringe Bedeutung,

Tab. 3 Wasserstoffverbrauch für chemische und sonstige Verwendungen in der Bundesrepublik 1978

Verbrauchssektor	Mill. m_n^3	%
Petrochemie:		
Benzol aus Toluol	55	3,6
Cyclohexan	116	7,7
Kokereibenzol	15	1,0
Ethylen	580	38,4
gesamt	766	50,7
Organ. Zwischenprodukte:		
Anilin	87	5,8
TDI	126	8,3
Hexamethylendiamin	64	4,2
1,4-Butandiol	40	2,6
Sorbit	9	0,6
MIBK	9	0,6
Phenol, sonst. Organica	34	2,3
gesamt	369	24,4
Öl- u. Fetthärtung, Fettchemie	89	5,9
Chlorwasserstoff	10	0,7
Wasserstoffperoxid	52	3,4
Siliciumchemie	10	0,7
Glasindustrie	6	0,4
Schutzgas	30	2,0
Eisenerz Direktreduktion	175	11,5
Sonstiges	5	0,3
gesamt	377	24,9
S u m m e	1512	100,0

Wasserstoff als Chemierohstoff

da HCl vor allem als Nebenprodukt bei Chlorierungsprozessen gewonnen wird. Eine gewisse Wasserstoffmenge wird bei der Herstellung von Wasserstoffperoxid nach dem Antrachinonverfahren verbraucht (735 m_n^3 H_2/t H_2O_2). Im Bereich der Siliciumchemie wird Wasserstoff zur Herstellung pyrogener Kieselsäure verbraucht. Siliciumtetrachlorid wird in der Knallgasflamme mit Wasserstoff und Sauerstoff umgesetzt. Weiter wird bei der Herstellung von Flachgas nach dem Floatverfahren Wasserstoff als Schutzgas eingesetzt. Im Bereich der Metallindustrie gibt es zahlreiche spezielle Verwendungen. Bei der Erzeugung von Schutzgas wird vereinzelt immer noch die Spaltung von Ammoniak angewandt, wenn der 25 %ige Stickstoffanteil nicht stört. Die früheren Erwartungen einer starken Expansion der Eisenerz-Direktreduktion haben sich nicht erfüllt. Bei Verfügbarkeit von Kokskohle dürfte der konventionelle Hochofenprozeß der Direktreduktion immer noch wirtschaftlich überlegen sein.

Vergleichszahlen für die Wasserstoffverbrauchsstruktur in den USA im Jahre 1981 sind in Tab. 4 - 6 mitgeteilt /7/.

Tab. 4   Wasserstoffverbrauch in den USA 1981

Verbrauchssektor	Mrd.m_n^3	%
Ammoniak	36,57	53
Mineralölverarbeitung	20,70	30
Methanol	4,83	7
Chemische Produkte	4,14	6
Kleinverbraucher	2,76	4
gesamt	69,00	100

Tabelle 4 bringt eine Übersicht über die wichtigsten Sektoren, während der Bereich der sonstigen chemischen Industrie und der Kleinverbrauchssektoren in den Tab. 5 und 6 weiter aufgegliedert wird.

Tab. 5 Wasserstoffverbrauch für chemische Produkte in den USA 1981

Folgeprodukt	Mill m_n^3	%
Anilin	319	7,7
Benzol aus Toluol	873	21,1
Cyclohexan aus Benzol	1242	30,0
Hexamethylendiamin	509	12,3
Chlorwasserstoff	112	2,7
Wasserstoffperoxid	128	3,1
Oxoalkohole	519	12,5
Sorbit	99	2,4
TDI	302	7,3
andere	37	0,9
gesamt	4140	100,0

Tab. 6 Wasserstoff-Kleinverbrauchssektoren in den USA 1981

Verbrauchssektor	Mill m_n^3	%
Öle und Fette, Fettchemie	430	16
Elektronikindustrie	120	4
Metallindustrie	295	11
sonstiges	1915	69
gesamt	2760	100

Die Wasserstoffwirtschaft der Zukunft

In den hier abgehandelten Verwendungen als Chemierohstoff ist für die nähere Zukunft in der Bundesrepublik kaum mit einer wesentlichen Verbrauchszunahme zu rechnen. Längerfristig wird dem Wasserstoff freilich eine bedeutsame Rolle in der Stoff- und insbesondere Energiewirtschaft beigemessen. Nach der ersten Ölkrise 1973/74 setzten

Wasserstoff als Chemierohstoff

weltweit große Entwicklungsanstrengungen ein, um die Erzeugungs- und Anwendungsmöglichkeiten des Wasserstoffs durch neue Technologien zu erweitern. Es steht außer Frage, daß dem Wasserstoff diese zentrale Bedeutung nach der Erschöpfung der fossilen Energievorräte einmal zufallen muß /8/. Wasserstoff wird dann vor allem über die Wasserelektrolyse mit Nuklearenergie oder über andere regenerative Energiequellen (z. B. Solarenergie) aus den unbegrenzten Wasservorräten zu erzeugen sein und in der Energiewirtschaft neben den elektrischen Strom treten (Abb. 9).

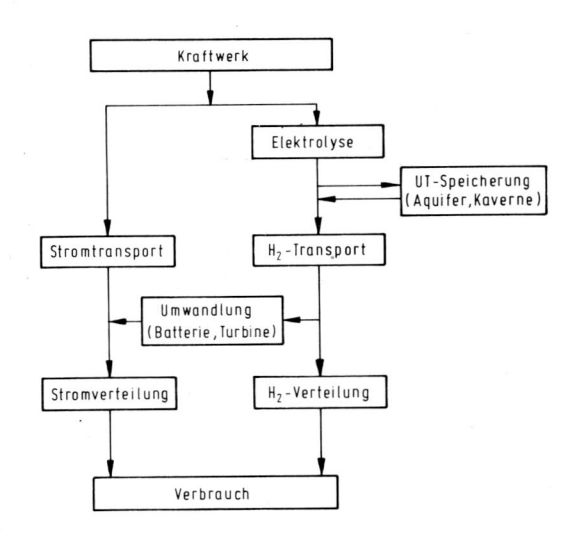

Abb. 9   Konzept für eine kombinierte Strom-Wasserstoff-Wirtschaft

Die fossilen Energievorräte, insbesondere die großen Kohlevorräte, dürften aber erst in einigen hundert Jahren zur Neige gehen, was die großen Entwicklungsanstrengungen zur Wasserstofferzeugung auf nichtfossiler Basis bereits heute schwerlich rechtfertigen kann. Die Auffassungen über die Möglichkeiten des wesentlich früheren Hineinwachsens in eine Wasserstoffwirtschaft sind zwiespältig. Mitunter wird schon wesentlich früher mit einer Realisierung dieser neuen Technologien zur Ergänzung und Streckung der Vorräte der konventionellen Energieträger gerechnet, bzw. weil letztere sehr teuer werden oder der ausreichenden Verfügbarkeit Restriktionen entgegenstehen. Schließlich wird in diesem Zusammenhang auf die wachsenden Umweltgefahren, u. a. durch zunehmende CO_2-Konzentrationen in der Atmosphäre, hingewiesen. Die willkommene Bereicherung der Energielandschaft durch elektrolytisch gewonnenen Wasserstoff wäre aber an billigen Strom gebunden, und dieser ist vorläufig nicht in Sicht.

Wir glauben daher, daß in absehbarer Zukunft, etwa während der kommenden Jahrzehnte, nur die Bedeutung des Wasserstoffs als Zwischenprodukt bei den Prozessen der Kohleveredelung stark zunehmen wird. Freilich wird hierbei der Wasserstoff nur intern erzeugt und verbraucht, während die Endprodukte nur Erdgas oder Mineralölprodukte substituieren. Einer elektrolytischen Wasserstoffgewinnung auf fossiler Rohstoffgrundlage sind dagegen aus Kostengründen kaum Chancen einzuräumen. Die von der Internationalen Energieagentur (IEA) innerhalb der OECD entwickelten Prognosen bringen diese Tendenzen recht gut zum Ausdruck /9/.

In Tab. 7 sind die Wachstumserwartungen in drei Sektoren für die Jahre 1985, 2005 und 2025 auf der Basis von 1978 für die Bundesrepublik und die Summe von 8 Ländern dargestellt. In der letzten Spalte wurden die durchschnittlichen Wachstumsraten für den 40jährigen Zeitraum zwischen 1985 und 2025 berechnet. Die Schwerpunkte des erwarteten enormen Wachstums liegen im indirekten Energiebereich und hier wiederum bei den synthetischen Energien (Synfuels Production), während die gleichfalls hierunter erfaßte Mineralölverarbeitung und die Stromgewinnung über Brennstoffzellen ganz untergeordnet sind. Für die direkten Energieverwendungen des Wasserstoffs wird überwiegend der Einsatz im Verkehrswesen (besonders der Luftfahrt), kaum dagegen für Heizzwecke als expansiv erwartet, doch dürften die Wachstumserwartungen in diesem Bereich weit überschätzt sein.

Wasserstoff als Chemierohstoff

Tab. 7   Entwicklung des Wasserstoffverbrauchs in 8 OECD-Ländern /9/

Verbrauchssektor	1978 10^6 kJ	1978 Mrd. $m_n^{3*)}$	1978 %	1985 10^6 kJ	1985 Mrd. m_n^3	1985 %	2005**) 10^6 kJ	2005**) Mrd. m_n^3	2005**) %	2025**) 10^6 kJ	2025**) Mrd. m_n^3	2025**) %	Wachstum 2025/1985 %/a	Wachstum 2025/1985 %/a
Bundesrepublik													F	
Nicht-Energiebereich	89	6,9	41	136	10,6	49	220	17	16	260	20	11	1,9	1,6
Indirekter Energiebereich	43	3,4	20	58	4,5	21	940	73	66	1800	141	73	31,0	9,0
Direkter Energiebereich	85	6,6	39	85	6,6	30	260	20	18	400	31	16	4,7	3,9
gesamt	217	16,9	100	279	21,7	100	1420	110	100	2460	192	100	8,8	5,6
8 OECD-Länder (Belgien, Kanada, Bundesrepublik, Japan, Niederlande, Schweden, Schweiz, USA)														
Nicht-Energiebereich	1042	81,3	63	1170	91,3	60	2500	195	24	4300	335	16	3,7	3,3
Indirekter Energiebereich	493	38,5	30	640	49,9	33	6300	491	61	18500	1443	68	28,9	8,8
Direkter Energiebereich	109	8,5	7	130	10,1	7	1600	125	15	4500	351	16	34,6	9,3
gesamt	1644	128,3	100	1940	151,3	100	10400	811	100	27300	2129	108	14,1	6,8

*) 10^6 kJ = PJ 10^{15} J = PJ = 7000 t = 78 · 10^6 m_n^3 H_2

**) Mittelwerte bei Bereichsangaben

Literatur

/1/ H. Kalenda, G. Ruckelshaus: BMFT-Forschungsbericht T 81-012 (1981)

/2/ H. Teggers, K. A. Theis: gwf-gas/erdgas 123 (1982), 297

/3/ Uhde baut Kohlevergasungsanlage: Europa Chemie 1983, Nr. 33, 596

/4/ MWV - Mineralöl-Zahlen 1982: Mineralölwirtschaftsverband (1983)

/5/ E. Edye: Chemie-Ing.-Technik 52 (1980), 874

/6/ J. R. Murphy: Chem. Industrie 33 (1981), 153

/7/ The changing economics of hydrogen: Chem. Week 1982, 15. 12., 42

/8/ J. Pottier: Gaswärme international 31 (1982), 271

/9/ J. H. Kelley u. a.: Chem. Eng. Prog. 78 (1982), 1, 58

Wasserstoff als indirekter Energierohstoff

G. Kaske, G. Ruckelshauß
Hüls Aktiengesellschaft, Marl

Zusammenfassung

Der auf die "indirekt-energetische" Verwendung von Wasserstoff entfallende Anteil beträgt in der Bundesrepublik Deutschland gegenwärtig etwa 20 % (3,6 Mrd. m³/a) des Gesamtverbrauchs. Darunter ist definitionsgemäß der Wasserstoffbedarf zu verstehen, der in der Mineralölindustrie für Hydrotreating und Hydrocracken entsteht (ca. 75 %). Weiterer Wasserstoff wird für Methanol verbraucht (ca. 23 %), das im KFZ-Sektor eingesetzt wird sowie für die Kohleverflüssigung in einer Versuchsanlage (ca. 2 %). Weitere "indirekt-energetische" Verwendungsmöglichkeiten für Wasserstoff sind in Zukunft die Gewinnung von Mineralöl-Produkten aus Ölschiefer, die Herstellung von synthetischem Erdgas durch Kohlevergasung und nachfolgende Methanisierung sowie die Deckung kurzfristig auftretenden Spitzenbedarfs an elektrischem Strom durch Brennstoffzellen-Kraftwerke und Wasserstoff/Sauerstoff-Dampfkraftwerke. Für diese Zukunftstechnologien dürfte auch im Jahre 1990 noch kein Wasserstoffbedarf auftreten, und innerhalb der heutigen Verwendungsgebiete werden sich nur geringfügige Verschiebungen ergeben.

Summary

The "indirectly energetic" use of hydrogen in the Federal Republic of Germany currently represents some 20 % (3.6 billion m³/a) of total consumption. By definition, this means the hydrogen requirement of the mineral oil industry for hydrotreating and hydrocracking (approx. 75 %). Hydrogen is used in addition to produce methanol (approx. 23 %) for applications in the motor vehicle sector, and for the liquefaction of coal in one experimental plant (approx. 2 %). Further possible "indirectly energetic" uses of hydrogen in the future are the winning of mineral oil products from oil shale, the production of synthetic "natural gas" by means of coal gasification and subsequent methanisation, and meeting short-term peak demand for electricity in fuel-cell power stations and hydrogen/oxygen steam power stations. Even in the year 1990 these technologies of the future will in all probability not lead to an additional requirement for hydrogen, and there will only be minor shifts within today's fields of application.

Résumé

Actuellement, la part d'hydrogène consommée en République Fédérale d'Allemagne à des fins "indirectement énergétiques" comporte environ 20 % (3,6 milliards de m³/a) de sa consommation totale. C'est par ce terme que l'on définit les besoins d'hydrogène de l'industrie pétrolière pour le hydrotreating et le hydrocracking (environ 75 %). On nécessite aussi de l'hydrogène pour la production d'alcool méthylique (environ 23 %), utilisé dans le secteur automobile, et pour la liquéfaction du charbon (environ 2 %) dans une installation d'essai. A l'avenir, de nouvelles possibilités d'emploi "indirectement énergétiques" de l'hydrogène seront la production de produits pétroliers à base de schiste bitumineux, la production de "gaz naturel" synthétique par la gazéification du charbon suivi de méthanisation, ainsi que la couverture des besoins extrêmes d'électricités de courte durée, par des centrales à cellules électrochimiques ou à vapeur à hydrogène/oxygène. Même en l'an 1990, ces technologies de l'avenir ne conduiront probablement pas vers une augmentation des besoins en hydrogène et il n'y aura qu'un décalage mineur dans les domaines d'emploi d'aujourd'hui.

1 Einleitung

Die Aufteilung der Anwendungsbereiche von Wasserstoff in "nichtenergetische", "indirekt-energetische" und "direkt-energetische" wurde unseres Wissens erstmals im Jahre 1980 in der IEA-Studie zur Abschätzung des zukünftigen H_2-Marktpotentials von 8 OECD-Ländern verwendet.

Wenngleich sich auch bei dieser Aufteilung Überschneidungen ergeben können, hat sie sich zur Darstellung des vielgestaltigen Wasserstoffmarktes als brauchbar erwiesen. Aus diesem Grunde wurde diese Art der Gliederung des Wasserstoffmarktes für dieses Symposium gewählt. Ich werde Ihnen deshalb einen Bericht zum Thema "Wasserstoff als indirekter Energierohstoff" geben. Unter "indirektenergetisch" soll definitionsgemäß verstanden werden, daß das mit Hilfe von Wasserstoff hergestellte Produkt eine energetische Verwendung findet, insbesondere im Transportwesen im weitesten Sinne, zur Elektrizitätserzeugung sowie für Heizzwecke.

Indirekter Energierohstoff 53

Die Mehrzahl der hier zu diskutierenden Verbrauchssektoren ist dadurch gekennzeichnet, daß aus kohlenstoffhaltigen Produkten mit einem kleinen H/C-Verhältnis Verkaufsprodukte mit einem notwendigerweise größeren H/C-Verhältnis hergestellt werden. Wasserstoff wird bei den zu besprechenden Prozessen weiterhin für die Entfernung störender Produktbestandteile benötigt. Am Beispiel der Spitzenstromerzeugung werden wir eine Anwendungsart vorstellen, die außerhalb des oben genannten Gesichtspunktes liegt. Im folgenden soll ausführlich dargestellt werden, welche Rolle der Wasserstoff in den einzelnen "indirekt-energetischen" Produkten spielt bzw. in der Zukunft spielen könnte.

Der Marktanteil des Wasserstoffs im Einsatzgebiet "indirekter Energierohstoff" liegt heute bei ca. 20 % des Gesamtmarktes in der Bundesrepublik Deutschland.

2 Mineralölindustrie

In der Mineralölindustrie spielt der Wasserstoff eine bedeutende Rolle, und zwar sowohl als Rohstoff wie auch als Erzeugnis.

In den vergangenen Jahren hat in der deutschen Mineralölindustrie ein erheblicher Strukturwandel stattgefunden. Während die Verarbeitungs-Kapazität im Jahre 1980 noch 150 Mio t Rohöl betrug, verringerte sich diese bis zum Jahre 1984 auf rund 105 Mio t. Gleichzeitig erhöhte sich jedoch der Anteil der Konversionskapazität im gleichen Zeitraum von 21 % auf 32,5 % (Tab. 1).

	Kapazitäten	
	Mio t	% *)
Rohöl-Destillation	105,3	
Vakuum-Destillation	35,4	33,6
Konversionsanlagen	(34,2)	(32,5)
- Katalytische Crackanlagen	10,5	9,9
- Thermische Crackanlage	19,4	18,4
- Hydrocracker	4,4	4,2
Katalyt. Reformer	16,5	15,7
Pot. H_2-Erzeugung (Mio m³)	(3 300)	
Katalyt. Entschwefelung	54,3	51,6

*) Bez. Auf Rohöl-Destillationskapazität

Tab. 1 Mineralölindustrie in der Bundesrepublik Deutschland 1984; Quelle: MWV 85

Bei insgesamt verringerter Durchsatzkapazität ist die Konversionskapazität von 31 Mio t im Jahre 1950 auf ca. 34 Mio t in 1984 angestiegen, weil

o schwere Rohöle zum Einsatz kamen,
o der Anteil der leichteren Produkte anstieg,
o mit den schwereren Ölen sich auch der spezifische Schwefelgehalt erhöhte und
o ein geringerer Schwefelgehalt in den Mineralölfertigprodukten gewünscht wurde.

2.1 Eigenproduktion von Wasserstoff

In den Raffinerien gibt es eine Reihe von Prozessen, bei welchen eine Produktion von Wasserstoff möglich ist:

Vergleichsweise "schwache" H_2-haltige Gase (10 - 20 Vol.-%) erhält man bei folgenden Verfahren:
o Visbreaking,
o Delayed Coking, Fluid coking und Flexicoking.

Bedeutende Wasserstoffproduzenten sind die katalytischen Cracker, die so gesteuert werden können, daß in der Bilanz ein Wasserstoffüberschuß resultiert (ca. 100 m³/t Rohöl) und die Reichgase mit 60 bis 85 Vol.-% Wasserstoff liefern.

Bedeutendste Quelle für Nebenprodukt-Wasserstoff sind in den Raffinerien jedoch die katalytischen Reformer. Die mittlere Wasserstoffausbeute dürfte bei 225 m³ H_2/t Naphtha liegen. "Reichgase" können ohne weitere Konzentrierung für Hydrotreatingprozesse verwendet oder zu Rein-Wasserstoff weiterverarbeitet werden.

Auch Steamcrackanlagen zur Olefinerzeugung, die häufig in Raffinerieanlagen ihren Standort haben, sind je nach Rohstoff mehr oder weniger bedeutende Wasserstofflieferanten.

Hydrocracker-Raffinerien müssen im allgemeinen eine Zusatz-Wasserstoffversorgung haben, in der Regel eine Steamreforming-Anlage auf Basis Erdgas oder leichter Kohlenwasserstoffe, der eine DWA-Anlage zur Erzeugung von hochreinem Wasserstoff (99,9 %) nachgeschaltet ist.

2.2 Zulieferung von Wasserstoff

Ergänzend soll hier erwähnt werden, daß Wasserstoffdefizite von Raffinerien mit hohem Bedarf auch durch Fremderzeugung und Zulieferung per Rohrleitung gedeckt werden. Voraussetzung ist in einem solchen Fall die räumliche Nähe eines

Indirekter Energierohstoff

geeigneten Produzenten sowie das Vorhandensein bzw. der wirtschaftliche Bau einer Versorgungsleitung.

2.3 Verbrauch beim Hydrocracken

Die Kapazität der Hydrocrackanlagen betrug 1985 in der Bundesrepublik Deutschland 4,4 Mio t/a, gegenüber 1,8 Mio t im Jahre 1977.
Trotz des Kapazitätsanstiegs ist dies im Vergleich zur Raffineriestruktur in den USA ein bescheidener Anteil. Der Grund dürfte in den sehr hohen Investitionskosten liegen.

Hydrocracker zeichnen sich durch eine hohe Flexibilität hinsichtlich der Produktstruktur, einen hohen Anteil an sog. leichten Produkten, d. h. Benzine und Mitteldestillate sowie einen niedrigen Anfall an schwerem Heizöl aus. Hydrocrack-Verfahren unterscheiden sich von den übrigen Raffinerie-Hydrierverfahren durch ihren hohen spezifischen Wasserstoffverbrauch.

Unter Hydrocracken ist ein katalytischer Crackprozeß zu verstehen, der von einem dazu parallel verlaufenden Hydrierprozeß begleitet wird. Erforderlich sind Drücke von 150 bis 170 bar und Temperaturen von etwa 430 °C. Hierdurch erklären sich die hohen Investitionskosten eines Hydrocrackers (Abb. 1).

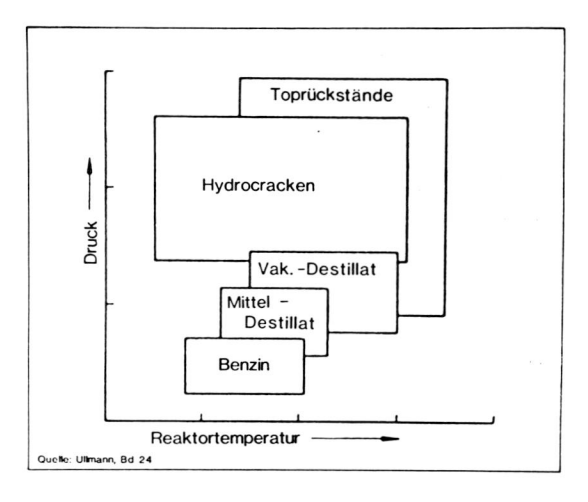

Abb. 1 Schematische Übersicht über die Reaktionsbedingungen bei Hydroprocessing-Verfahren

Beim Cracken langkettiger hochsiedender Kohlenwasserstoffe, die naturgemäß ein niedriges H/C-Verhältnis aufweisen, entstehen kurzkettige, ungesättigte Verbindungen, die durch den anwesenden Wasserstoff in gesättigte Kohlenwasserstoffe überführt werden. Als Katalysatoren verwendet man in der Regel synthetische Zeolithe, die mit entsprechenden Metallen dotiert sind.

Hydrocracker wandeln praktisch das gesamte Einsatzprodukt in die gewünschten niedrigsiedenden Produkte um, da nichtgecrackter Einsatz zurückgeführt werden kann. Der Prozeß kann ein- oder zweistufig durchgeführt werden.

Der spezifische Wasserstoffbedarf eines Hydrocrackers ist stark vom Einsatzgut abhängig. Die Werte können zwischen 200 und 400 m³/t schwanken.

Neuerdings gibt es Entwicklungen in Richtung milderer Niederdruck-Hydrocrack-Verfahren, die bei Drücken von 80 bis 100 bar und Temperaturen von 360 bis 400 °C arbeiten. Das Hydroconverting-Verfahren der Linde AG arbeitet z. B. mit Gasöl, Vakuumgasöl oder entasphaltierten Rückständen als Einsatzgut. Die wegen der milderen Bedingungen nicht konvertierten Anteile können in katalytischen Crackanlagen und Olefinanlagen eingesetzt werden.

Als wesentliche Quellen für den steigenden Bedarf an leichteren Produkten - Benzin, Düsentreibstoff, Dieseltreibstoff und leichtes Heizöl - kommen die schweren Rückstände und zukünftig auch Bitumen (Teersand-Öle) und Öle aus Ölschiefern in Frage. Zur Aufarbeitung dieser neuen Ausgangsprodukte werden eine Reihe von Prozeßkombinationen diskutiert.

2.4 Verbrauch beim Hydrotreating

Stellt das Hydrocracken in deutschen Raffinerien noch die Ausnahme dar, so wird dagegen ein anderes Hydroprocessing-Verfahren - das Hydrotreating - in jeder Raffinerie praktiziert. Hydrotreating ist - chemisch gesehen - eine Hydrierung, die hauptsächlich Schwefel-, Stickstoff- und Arsenverbindungen entfernt, die als Katalysatorgifte die Weiterverarbeitung stören würden.

Bei Benzinen und Mitteldestillaten führte die Anwendung von Hydrotreating-Verfahren nicht in nennenswertem Ausmaß zur Crackung der Kohlenwasserstoffe. Beim Hydrotreating von Destillationsrückständen treten allerdings in erheblichem Maße Spaltreaktionen auf. Die heute üblichen Hydrotreating-Verfahren der einzelnen Anbieter zeigen keine prinzipiellen Unterschiede.

Hydrotreating verbessert vor allem folgende Produkteigenschaften:

o thermische Stabilität und Lagerbeständigkeit von Düsentreibstoffen
o Verbesserung des Rußpunktes

Indirekter Energierohstoff 57

o Verminderung des Schwefelgehaltes von Mitteldestillaten
o Erhöhung der Farbstabilität
o Erniedrigung der Verkokungsneigung
o Erniedrigung der Aromatenkonzentration
o Reduzierung des Schwefelgehaltes im Heizöl S

In der Bundesrepublik Deutschland nahm die Entschwefelungskapazität von 62 Mio t im Jahre 1981 auf 54 Mio t im Jahre 1984 ab, stieg jedoch, bezogen auf die Rohöl-Destillationskapazität von 43,4 auf 51,6 % an (Tab. 1).

Der spezifische Wasserstoffverbrauch schwankt bei Hydrotreating-Verfahren zwischen 20 m³ H_2/t für Benzinfraktionen und 130 bis 180 m³ H_2/t für Heizöl S.

2.5 Mineralölprodukte aus Ölschiefer

Die Gewinnung von Schieferölen kann in der Bundesrepublik Deutschland, in Zukunft neben der heimischen Rohölgewinnung zu einer weiteren Ölquelle werden, sofern die ökonomischen Vorausetzungen erfüllt sind.

Die sicheren Vorräte des Posidonienschiefer-Vorkommens bei Schandelah in der Nähe von Braunschweig, der einzigen bedeutenden deutschen Lagerstätte, betragen ca. 100 Mio t Schieferöl. Eine Anlage mit einer Kapazität von 2,9 Mio t/a zur Gewinnung und Weiterverarbeitung des Öls würde einen Verbrauch von ca. 58 Mio t/a Ölschiefer haben, der im Tagebau gewinnbar ist. Die Anlage könnte ca. 35 Jahre lang produzieren.

Die organischen Bestandteile des Ölschiefers, genannt Kerogene, können bisher nur durch Schwelung bei Temperaturen über 450 °C zu Gas, Öl und Koks umgesetzt werden. Kerogene sind in organischen Lösemitteln unlösliches Material, welches nach Auflösen der anorganischen Bestandteile des Ölschiefers in nichtoxidierenden Säuren übrig bleibt. Die Schwelung - zum Beispiel nach dem Lurgi-Reichgasverfahren mit Ölschieferabbrand als Wärmeträger - soll nach Möglichkeit energieautark sein.

Die Hydroprocessing-Technologien, die zur Weiterverarbeitung der flüssigen Schwelprodukte am besten eingesetzt werden, richten sich nach den Eigenschaften dieser Produkte. Im Normalfall sind dies:

o Konversion des Nicht-Destillierbaren und
o Abtrennung des Schwefels, Stickstoffs sowie der metallischen Bestandteile.

Schieferöle sind infolge ihres niedrigen H/C-Verhältnisses für die vorgesehenen Verwendungszwecke noch nicht geeignet. Zunächst muß das H/C-Verhältnis vergrößert werden, d. h. es muß eine Wasserstoffanreicherung durchgeführt werden. Prinzipiell ist das auf zwei unterschiedlichen Wegen möglich:

o durch Ausschleusen von Kohlenstoff oder
o durch Zufügen von Wasserstoff.

Für welches Verfahren, bzw. für welche Kombination man sich entscheidet, muß von Fall zu Fall diskutiert werden. In der Literatur werden u. a. folgende Kombinationsbeispiele genannt:

o Delayed Coking mit anschließendem Hydrotreating
o Hydrotreating mit anschließendem Hydrocracking
o Flexicoking mit anschließendem Fluid Catalyst Cracking (FCC).

Der Wasserstoffverbrauch für Schieferöle kann mehr als 300 Nm³/h betragen.

3 Wasserstoff als Synthesegas für Methanol

Methanol wird seit 1925 großtechnisch hergestellt. Es ist üblich, von einem Methanol-Synthesegas auszugehen, in dem die Komponenten Kohlenmonoxid und Wasserstoff im molaren Verhältnis 1 : 2 vorliegen. Die verschiedenen Synthese-Technologien unterscheiden sich in der Art des Katalysators, sowie durch die angewandten Temperatur- und Druckbereiche.

Das Methanol-Synthesegas läßt sich aus allen kohlenstoffhaltigen Materialien, wie Erdgas, Erdöl und Kohlen erzeugen, die sich in ihrem Wasserstoffgehalt unterscheiden. Das Methan des Erdgases scheidet hier aus der Betrachtung aus, da es bereits das "richtige" Wasserstoff/Kohlenstoffverhältnis aufweist. Allen wasserstoffärmeren Rohstoffen muß zur Erreichung des erforderlichen Verhältnisses Wasserstoff zugeführt werden.

Neben den bekannten rein chemischen Einsatzgebieten - Formaldehyd, Dimethylterephthalat, Methylhalogenide, Methylamine, Methylmethacrylate und Essigsäure, um nur die wichtigsten zu nennen - und der Verwendung als Rohstoff für biotechnisch erzeugtes Protein (single cell protein, SCP), wird Methanol auch für energetische Zwecke eingesetzt. So findet seit etwa 10 Jahren Methanol Verwendung für die Herstellung von MTB (Methyl-tert.-butylether), das als Oktanzahlverbesserer dem Vergaserkraftstoff nach der EG-Richtlinie vom 05.12.85 bis maximal 15 Vol.-% zugesetzt werden kann. Methanol selbst, dem geeignete Stabilisatoren zuzufügen sind, darf nach diesen Richtlinien bis zu 3 Vol.-% dem Kraftstoff beigemischt werden, was ohne spezifische Systemänderungen bei den heutigen Fahrzeugen möglich ist. Wesentlich größere Einsatzpotentiale bieten die Konzepte

Indirekter Energierohstoff

M 15 und M 100, bei denen der Kraftstoff aus 15 bzw. 92,5 Vol.-% Methanol besteht. Es bleibt jedoch abzuwarten, ob sich eine Realisierung ergeben wird.

Der Vollständigkeit halber sei hier auch der Mobil-Prozeß zur katalytischen Umwandlung von Methanol zu Kohlenwasserstoffen im Benzinsiedebereich erwähnt. Dieses Verfahren ist bei Erfüllung wirtschaftlicher Voraussetzungen großtechnisch einsetzbar.

Als weitere Verwendungsmöglichkeiten im energetischen Bereich sollen hier noch erwähnt werden die Möglichkeiten der Direktverbrennung von Methanol, die Umsetzung in Brennstoffzellen sowie die Umwandlung in SNG (substitute natural gas). In diesen Fällen würde man Methanol vor allem als Energiespeicher und Transportmedium nützen.

4 Herstellung synthetischer Brennstoffe

4.1 Kohlevergasung und Methanisierung

Um auf dem Weg über die Kohlevergasung zu einem austauschbaren Energieträger zu gelangen, sind zwei Schritte erforderlich. Im ersten Schritt wird durch Kohlevergasung ein Sythesegas hergestellt, dessen Brennwert 3 bis 5 kWh/m³ beträgt. Da das üblicherweise eingesetzte Erdgas einen Brennwert von ca. 10 kWh/m³ hat, eignet sich Sythesegas nicht für den Einsatz in der öffentlichen Versorgung. Auch der hohe Anteil von Kohlenmonoxid ist aus Sicherheitsgründen bedenklich.

Aus diesen Gründen wird in einem zweiten Schritt das im Synthesegas enthaltene Kohlenmonoxid in Methan umgesetzt.

Kohlevergasung
Es sind eine Anzahl von Kohlevergasungsverfahren entwickelt worden bzw. befinden sich in der Entwicklung. Da es uns hier nur auf das Prinzip ankommt, wollen wir dieses am Beispiel der Texaco-Vergasung darstellen. Nach diesem Verfahren errichten z. Z. die Ruhrchemie und die Ruhrkohle Oel und Gas GmbH eine Kohlevergasungsanlage mit einer Kapazität von 40 000 m³/h Synthesegas.

Wie in Abbildung 2 dargestellt, werden Kohle und ggf. feste Rückstände aus der Kohlehydrierung unter Zusatz von Prozeßwasser vermahlen. Die dabei entstehende Suspension wird mit einer Pumpe zum Brennerkopf gefördert, wo Sauerstoff zugesetzt wird. Bei Temperaturen von 1 200 bis 1 600 °C und einem Druck

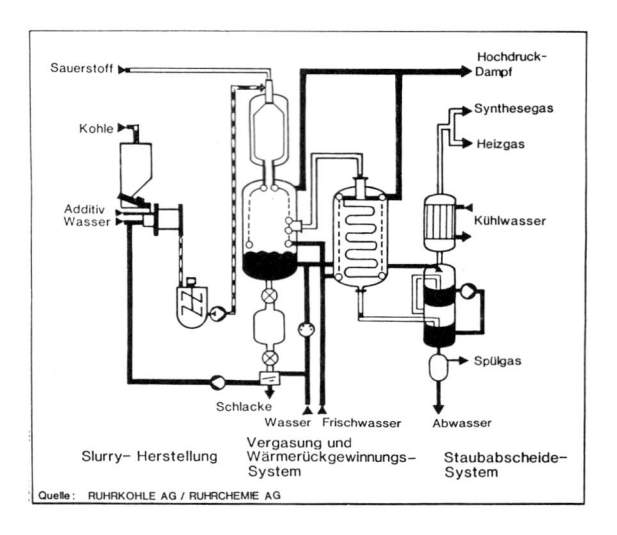

Abb. 2 Verfahrensschema der Versuchsanlage zur Kohlevergasung nach dem Verfahren von Texaco

von bis zu 40 bar erfolgt im Reaktor die Bildung von Synthesegas. In nachfolgenden Stufen wird Wärme zurückgewonnen und das Gas gereinigt.

Hierbei entsteht ein Synthesegas der Zusammensetzung der Tabelle 2.

CO	Vol.-%	54
H_2	Vol.-%	34
CO_2	Vol.-%	11
H_2S	Vol.-%	0,3
N_2	Vol.-%	0,6
CH_4	Vol.-%	0,01

Tab. 2 Typische Zusammensetzung des Trockengases aus einer Steinkohle des Ruhrgebietes; Quelle: Ruhrkohle AG/Ruhrchemie AG

Hauptkomponenten sind CO mit 54 Vol.-% und Wasserstoff mit 34 Vol.-%. Es handelt sich hierbei um Ergebnisse der Demonstrationsanlage der Ruhrkohle Oel und Gas GmbH und der Ruhrchemie AG.

Methanisierung

Die Methanisierung der Hauptkomponente des Synthesegases, des Kohlenmonoxids, erfolgt nach der bekannten Reaktionsgleichung:

$$CO + 3\ H_2 = CH_4 + H_2O;\ \Delta H = -206\ kJ/mol$$

Die Umsetzung verläuft bei 350 bis 500 °C und 20 bis 80 bar an einem Ni-haltigen Katalysator.

Für ein Mol CO werden drei Mole H_2 verbraucht. Die Reaktion ist stark exotherm, weshalb eine entsprechende Reaktionsführung erforderlich ist. Eine bekannte Lösung ist das von Thyssengas / Didier Engineering entwickelte Comflux-Verfahren, das mit einem Wirbelbett arbeitet.

Die unter Wasserstoffverbrauch verlaufende Methanisierung ist jedoch bisher nicht großtechnisch realisiert.

4.2 Kohleverflüssigung

Bei den Verfahren zur Kohleverflüssigung wird Wasserstoff sowohl in der ersten Stufe, der Kohlehydrierung, als auch in der darauf folgenden Stufe, der Kohleöl-Raffination, benötigt.

Beide Verfahrensstufen werden am Beispiel der Kohleöl-Anlage in Bottrop, über welche die Herren Jankowski und Döhler im Oktober 1984 in Innsbruck berichtet haben, beschrieben.

Kohlehydrierung

Abbildung 3 zeigt ein vereinfachtes Verfahrensschema der Hydrierung von Kohle. Gemahlene und getrocknete Kohle wird gemeinsam mit einem Hydrierkatalysator und zurückgeführtem Öl in einem Mischbehälter zu einer Maische mit einem Feststoffanteil von ca. 42 Gew.-% vermischt. Danach wird Wasserstoff mit einem Druck von 300 bar zugeführt. Maische und Wasserstoff werden erwärmt und bei 485 °C zur Reaktion gebracht. Die Reaktionstemperatur läßt sich durch direkte Zugabe von Wasserstoff in den Reaktor einstellen.

Feststoffe, wie nicht umgesetzte Kohle, Asche und Katalysator und bei Reaktionsbedingung verflüssigte Produkte werden in einem Heißabscheider abgetrennt und in einer anschließenden Vakuumdestillation in feste Rückstände und Öl aufgeteilt. Der feststoffhaltige Sumpf kann zur Wasserstoffherstellung nach dem Texaco-Verfahren eingesetzt werden. Das Öl findet als Anmaischöl Verwendung.

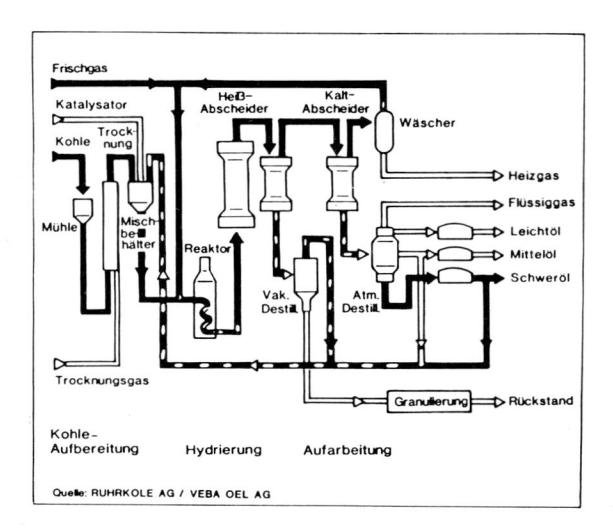

Abb. 3 Verfahrensschema der Versuchsanlage zur Kohlehydrierung

Gase und kondensierbare Flüssigkeiten trennt ein Kaltabscheider. Wasserstoff enthaltendes Kreislaufgas geht zum Reaktor zurück. Die Flüssigkeit wird in einer atmosphärischen Destillation in leichte, mittlere und schwere Kohleölfraktionen zerlegt. Wie aus Tabelle 3 hervorgeht, liegt der Wasserstoffanteil typischer eingesetzter Kohlesorten bei ca. 5 Gew.-%.

Kohlesorten			Prosper	Westerholt	Illinois No. 6
Immediatananlyse:	Wasser		6,50	7,56	11,50
(in Gew.-%)	Asche	(wf)	3,90	6,20	7,20
	Flüchtige Bestandteile	(waf)	37,40	37,90	42,70
Elementaranalyse:	Kohlenstoff	(waf)	85,74	83,91	80,75
(in Gew.-%)	Wasserstoff	(waf)	5,14	5,30	4,90
	Sauerstoff	(waf)	6,13	7,54	9,73
	Stickstoff	(waf)	1,74	1,45	1,52
	Schwefel	(waf)	1,09	1,52	3,03
	Chlor	(waf)	0,16	0,28	0,08
Maceral-Analyse:	Vitrinit	(waf)	74	67	79
(in Vol.-%)	Exinit	(waf)	14	14	10
	Inertinit	(waf)	12	19	11

Tab. 3 Eigenschaften der eingesetzten Kohlesorten; Quelle: RUHRKOHLE AG/VEBA OEL AG

Die Massenbilanz der Tabelle 4 zeigt, daß zusätzlich zu diesem Wasserstoffanteil in der Kohle 6 bis 7 Gew.-% Wasserstoff in die Massenbilanz eingehen.

Einsatz	Kohlesorten	
	Prosper	Illinois
Kohle (waf)	100,0 Gew.-%	100,0 Gew.-%
Asche	5,0	7,8
Katalysator	4,0	4,0
H_2 (chem. gebunden)	6,4	6,8
Summe	115,4	118,6
Produkte		
$C_1 \ldots C_4$-Gase	23,0	20,0
Naphtha (C_5 -200°C)	15,0	15,0
Mittelöl	35,0	37,0
Rückstand		
Öl 7,0 Gew.-%		9,6
Asphaltene 10,5 Gew.-%	35,0	9,6
Feststoffe 17,5 Gew.-%		15,8
		35,0
H_2S, NH_3, CO, CO_2, H_2O	7,4	11,6
Summe	115,4	118,6

Tab. 4 Massenbilanz der Kohlehydrierung
Quelle: RUHRKOHLE AG/VEBA OEL AG

Der Anteil des Wasserstoffs an der Reaktion wird auch durch die Energiebilanz der Tabelle 5 verdeutlicht. Der zugeführte Wasserstoff trägt zu 28 % am Gesamtenergieeinsatz bei.

G. Kaske

	Zufuhr	Energieinhalt
Kohle	8 229 kg/h	291,39 GJ/h
Wasserstoff	10 808 m³$_s$/h	134,56 "
Elektrische Energie	4 558 kW	16,41 "
Dampf	3 316 kW	11,94 "
Heizgas	9 371 kW	33,74 "
Summe		488,04 GJ/h
	Ausbeute	Energieinhalt
IBP ... 200 °C	1 113 kg/h	50,31 GJ/h
200 ... FBP	2 791 kg/h	116,66 "
Rohgas	39 694 kW	142,90 "
Vakuum-Rückstand	3 204 kg/h	87,27 "
H$_2$S	16 kg/h	0,24 "
NH$_3$	62 kg/h	1,16 "
Teersäuren	18 kg/h	0,60 "
Summe		399,14 GJ/h

$$TH = \frac{399,14}{488,04} = 81,8 \%$$

Tab. 5 Energiebilanz der Kohlehydrierung (Thermischer Wirkungsgrad)
Quelle: RUHRKOHLE AG/VEBA OEL AG

Kohleöl-Raffination

Die weitere Verarbeitung des Kohleöls kann danach in abgekoppelter oder integrierter Raffination erfolgen. Abbildung 4 zeigt das Fließschema einer abgekoppelten Weiterverarbeitung. Während das Schweröl als Anmaischöl zurückgeführt wird, gelangen Leichtöl (< 150 °C) und Mittelöl (185 bis 325 °C) in zwei getrennte Aufarbeitungswege. Über die Prozeßstufen Naphtha-Treater und Reformer erhält man aus Leichtöl Vergaserkraftstoff und über Mittelöl-Treater und atmosphärische Destillation aus Mittelöl Heizöl.

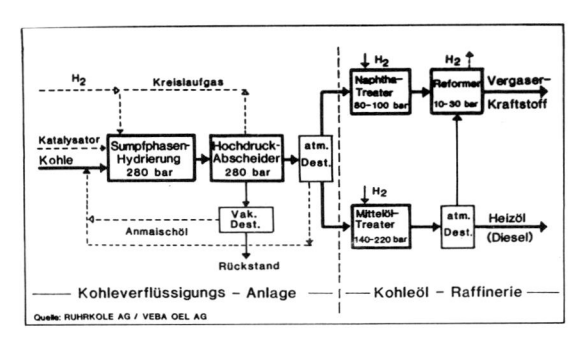

Abb 4. Fließschema der Kohleverflüssigung mit abgekoppelter Weiterverarbeitung

Indirekter Energierohstoff

Bei der in Abbildung 5 dargestellten integrierten Raffination wird die getrennte Flüssigphasenhydrierung durch eine gemeinsame Gasphasenhydrierung ersetzt. Zu diesem Zwecke wird die Temperatur des Kopfproduktes des Heißabscheiders nur soweit abgesenkt, daß in einem Hochdruckzwischenabscheider höhersiedende Ölanteile auskondensieren. Alle sonstigen Öldämpfe gelangen in die Gasphasenhydrierung und werden in einer atmosphärischen Destillation in Naphtha und Heizöl getrennt.

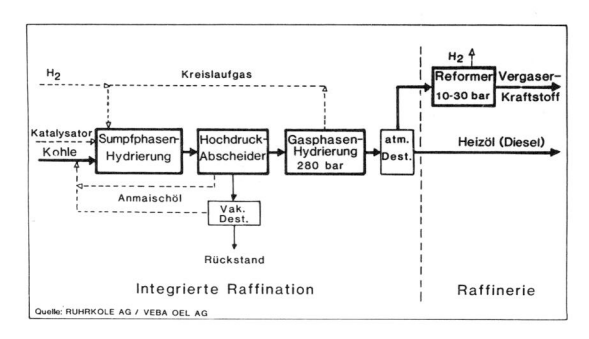

Abb. 5 Fließschema der integrierten Raffination

Die integrierte Raffination führt wegen des Fortfalls teurer Verfahrensschritte zu einer Kostensenkung der Kohleölaufarbeitung, stellt jedoch höhere Anforderungen an den Hydrierkatalysator.

Über die veränderten Ausbeuten und den Wasserstoffverbrauch informiert Tabelle 6

Ausbeuten (Gew.-%)

	Integrierte Raffination	Naphtha-/Mittelöl- Raffination
C_{5+}	98	98
Naphtha	45	53
Mittelöl	53	45
C_{4-}	3,3	1,1
H_2-Verbrauch	4,1	2,8

Tab. 6 Vergleich der Ausbeuten integrierte Raffination - Naphtha-/Mittelöl-Raffination; Quelle: RUHRKOHLE AG/VEBA OEL AG

Der Wasserstoffverbrauch steigt von 2,8 Gew.-% bei der abgekoppelten Raffination auf 4,1 Gew.-% bei der integrierten Raffination. Dies wird hauptsächlich durch Methanisierung von Kohlenmonoxid und eine tiefergehende Hydrierung der Aromaten infolge des höheren Drucks bei der Hydrierung verursacht.

5 Erzeugung von Spitzenstrom

Spitzenlastkraftwerke werden heute meist auf Öl- oder Gasbasis betrieben, ebenso als Luftspeicher, Gasturbinen- und Wasserkraft- bzw. Pumpspeicher-Werke. Solche Kraftwerke sind i. a. nur wenige hundert Stunden pro Jahr im Einsatz. Neben ihrer Aufgabe, den obersten Bereich des Lastgebirges abzudecken, können Spitzenlastkraftwerke auch eine Speicherfunktion für Elektrizität haben. Während die klassischen Spitzenkraftwerte standortgebunden sind, sind zwei neuartige Alternativen nicht vom Standort abhängig, sondern können verbrauchernah in Ballungsgebieten installiert werden: Brennstoffzellen-Kraftwerke und Wasserstoff/Sauerstoff-Dampferzeuger.

5.1 Brennstoffzellen

In galvanischen Brennstoffzellen wird durch Umsetzung eines Brennstoffs, wie zum Beispiel Wasserstoff an der Kathode und eines Oxidationsmittels, z. B. der Sauerstoff der Luft an der Anode, chemisch gebundene Energie kontinuierlich in elektrische Energie umgewandelt. Die Brennstoffzelle selbst stellt nur den Energieumwandler dar. Die Speichereinheit für den Brennstoff ist davon getrennt. Auch die Aufbereitungsanlage für den Brennstoff ist eine separate Anlage. Sie könnte z. B. ein Elektrolyseur sein, der in Schwachlastzeiten Elektrolyt-Wasserstoff herstellt.

Brennstoffzellenkraftwerke werden in Modulbauweise errichtet. Mit der Nutzung der nicht vermeidbaren Wärmeabgabe einer Brennstoffzellenanlage zur Bereitung von Brauchwasser kommt man zu Gesamt-Nutzungsgraden von 85 bis 90 %. Ein großer Vorteil der Brennstoffzelle liegt darin, daß ihr Wirkungsgrad zwischen 25 und 100 % der Nennleistung nahezu unverändert bleibt. Geplant werden 26-MW-Kleinkraftwerke in Modulbauweise.

5.2 Wasserstoff/Sauerstoff-Dampferzeuger

Als zweite Möglichkeit bieten sich Dampf- und Gasturbinenprozesse an, bei denen die chemisch gebundene Energie der Treibstoffe zunächst in Wärme umgesetzt werden muß. Ausgehend von den langjährigen Erfahrungen mit Raketentriebwerken

Indirekter Energierohstoff

wurde bei der DFVLR ein Dampferzeuger entwickelt, der innerhalb einer Sekunde von 0 auf 90 bar hochgefahren werden und dabei bis zu 25 MW_{th} Dampf erzeugen kann.

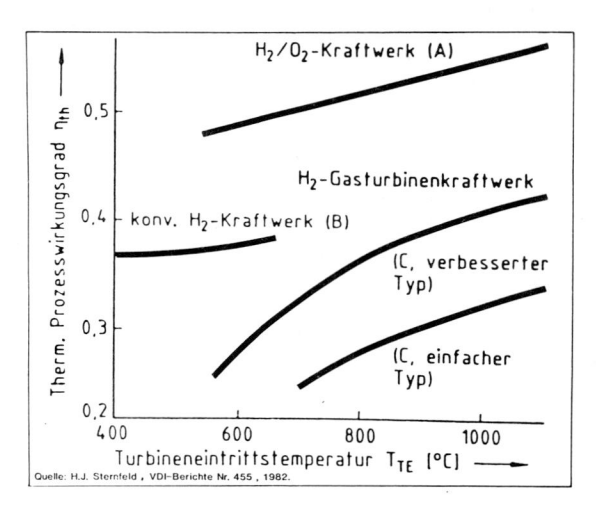

Abb. 6 Vergleich der erzielbaren thermischen Wirkungsgrade verschiedener Wasserstoffkraftwerke mit 100 MW Leistung

Wasserstoff und Sauerstoff werden in stöchiometrischen Mengen in einer Brennkammer bei 3 600 K zu Wasserdampf umgesetzt. Durch Zumischen von Wasser entsteht Wasserdampf der gewünschten Temperatur, der in einer Turbine entspannt wird. Ab 50 % Last läßt sich ein thermischer Wirkungsgrad von 99 % erreichen. Der DFVLR-Wasserstoff/Sauerstoff-Dampferzeuger ließe sich in fossil gefeuerte Grund- oder Mittellastkraftwerke als sekundenschnell verfügbare Reserve integrieren und könnte zur Aufnahme von Spitzenlast sowie zur Überbrückung von Störfällen dienen.

6 Zusammenfassung

Wir kommen nun zum Schluß und geben einen Überblick über den Bedarf an Wasserstoff in den vorgestellten Verbrauchssektoren. Es werden Verbrauchszahlen für die Jahre 1984 und 1990 genannt.

Die Tabelle 7 stellt in Kurzform die Prämissen dar, für welche die Verbrauchszahlen des Jahres 1990 ermittelt wurden.

MINERALÖLINDUSTRIE	SYNTHETISCHE BRENNSTOFFE	KRAFTWERKE
1984		
HYDROCRACKEN:	METHANOL:	BRENNSTOFFZELLEN:
AUSLASTUNG DER NENNKAPAZITÄT 75 %	VERBRAUCH F. VK (3%) U. MTBE ERFASST	ENTWICKLUNGSSTADIUM
HYDROTREATING:	KOHLEVERGASUNG:	H_2/O_2-DAMPFERZEUGER:
BENZIN- U. MITTELDESTILLAT-ERZEUGUNG BERÜCKSICHTIGT	NUR STUFE DER KOHLEVERGASUNG METHANISIERUNG (H_2-VERBRAUCH) TECHNISCH NOCH NICHT REALISIERT	ENTWICKLUNGSSTADIUM
SCHIEFERÖL:	KOHLEVERFLÜSSIGUNG:	
ENTWICKLUNGSSTADIUM	KOHLEÖL-VERSUCHSANLAGE	
1990		
HYDROCRACKEN:	METHANOL:	BRENNSTOFFZELLEN:
KEINE ERHÖHUNG D. KAPAZITÄT AUSLASTUNG 85 %	VERBRAUCH F. VK (3%) U. MTBE ERFASST	NOCH KEINE INDUSTRIELLE REALISIERUNG
HYDROTREATING:	KOHLEVERGASUNG:	H_2/O_2-DAMPFERZEUGER:
BENZIN- U. MITTELDESTILLAT-ERZEUGUNG BERÜCKSICHTIGT (VORAUSSCHÄTZUNG MWV)	METHANISIERUNG (H_2-VERBRAUCH) TECHNISCH NOCH NICHT REALISIERT	NOCH KEINE INDUSTRIELLE REALISIERUNG
SCHIEFERÖL:	KOHLEVERFLÜSSIGUNG:	
KEINE GROSSTECHNISCHE PRODUKTION (ÖLMARKTSITUATION)	KOHLEÖLVERSUCHSANLAGE (EVTL. "BIVALENTER BETRIEB")	

Tab. 7 Prämissen zur Verbrauchsentwicklung von Wasserstoff als "indirekter Energierohstoff"

Diese sind:

Hydrocracken
Kapazität bleibt unverändert. Die Kapazitätsauslastung steigt von 75 auf 85 %.

Hydrotreating
Bedarfsänderung nach Vorausschätzung des Mineralölwirtschaftsverbandes.

Schieferölverarbeitung
Keine großtechnische Nutzung.

Methanolherstellung
Bedarf bleibt für Vergaserkraftstoff mit 3 % und für MTB unverändert.

Kohlevergasung
Weiterhin kein Wasserstoffbedarf für Methanisierung.

Kohleverflüssigung
Der Bedarf für die Kohleölanlage ändert sich nicht.

Brennstoffzellen
Vorerst tritt kein Bedarf auf.

Indirekter Energierohstoff 69

H_2/O_2-Dampferzeuger
Auch hier ergibt sich kein nennenswerter Bedarf.

Aus dieser Basis wurden die Istwerte des Jahres 1984 für das Jahr 1990 extrapoliert (Tab. 8).

	MINERALÖLINDUSTRIE			SYNTHETISCHE BRENNSTOFFE			KRAFT-WERKE
	HYDRO-CRACKEN	HYDRO-TREATING BENZ. MD	SCHIEFER-ÖL	METHANOL (KFZ-BER. U.A.)	KOHLEVER-GASUNG U. METHANIS.	KOHLEVER-FLÜSSIGUNG	SPITZEN-STROM M^3/KWH
SPEZIF.VERBRAUCH NM^3 H_2/T	300	20 35	300	1 400	3 320 /TCH₄	1 300	0,51 BZW. 0,23*
1984 KAPAZITÄT BRD (MIO T/A) H_2-VERBRAUCH (MIO NM^3/A)	3,3 990	26 34 520 1190	- -	0,6 840	- -	0,06 78	- -
H_2-VERBRAUCH. GES. 3 613 MIO NM^3	990	1710	-	840	-	78	-
1990 KAPAZITÄT BRD (MIO T/A) H_2-VERBRAUCH (MIO NM^3/A)	3,75 1125	25 32 500 1120	(2,9) (900)	0,6 840	- -	0,06 78	- -
H_2-VERBRAUCH. GES. 3 663 MIO NM^3	1125	1620		840	-	78	*) VER-DICHTET

Tab. 8 Verbrauchsentwicklung von Wasserstoff als "indirekter Energierohstoff"

Dies führt zu folgenden Aussagen:

Der Wasserstoffbedarf für Hydrocracken steigt von 990 Mio Nm³/a auf 1,1 Mrd. Nm³/a an, der für Hydrotreating verringert sich von 1,7 Mrd. auf 1,6 Mrd. Nm³/a.

Der Bedarf für die Methanolerzeugung für unseren Verbrauchssektor bleibt unverändert bei 840 Mio Nm³/a, der für die Kohleverflüssigung bei 78 Mio Nm³/a.

Insgesamt erhöht sich hiernach der Wasserstoffbedarf für den Bereich "Energie indirekt" von 3,61 Mrd. Nm³ im Jahre 1984 auf 3,66 Nm³ im Jahre 1990. Dies ist ein Anstieg von 1,4 % in 6 Jahren.

Mit anderen Worten: Der Wasserstoffbedarf für den Verbrauchssektor "Energie indirekt" beträgt 3,6 Mrd. Nm³/a und verändert sich nach den genannten Randbedingungen bis zum Jahre 1990 praktisch nicht.

Wasserstoff als Energieträger

J. Nitsch, C.-J. Winter
DFVLR, Stuttgart

Zusammenfassung

Wasserstoff ist uneingeschränkt zur Wärme- und Stromerzeugung einsetzbar. Anwendungsbereiche, Status und weitere, noch erforderliche Entwicklungsaufgaben sowohl konventioneller Nutzungstechniken (Brenner, Motor) wie wasserstoffspezifischer Techniken (Brennstoffzelle, katalytischer Heizer, Dampferzeuger) werden erläutert. Auf die Möglichkeiten besonders rationeller Energienutzung wird eingegangen.

Es wird dargelegt, daß gasförmige Energieträger 40 bis 50 % des Endenergieverbrauchs industrialisierter Länder decken können. Ein entsprechendes Konzept einer Energieversorgung mit Wasserstoff als wichtigstem Energieträger ("Wasserstoffwirtschaft") wird vorgestellt. Eine Folgerung lautet, daß nichtfossile Energieversorgung für Europa immer auf den Import von Energie angewiesen sein wird.

Anhand langfristig wirksamer Randbedingungen wie wachsendem Weltenergiebedarf, zunehmenden Belastungen der natürlichen Umwelt und begrenzten fossilen Energievorräten werden die Einsatzchancen von Wasserstoff im energetischen Bereich behandelt und Einführungsmöglichkeiten erläutert. Auf die Sonnenenergie als wichtige Primärenergiequelle wird besonders eingegangen. Einige Aspekte der solaren Wasserstofferzeugung werden dargestellt. Die Autoren kommen zu dem Schluß, daß keine grundsätzlichen Probleme gegen die Herstellung großer Mengen Wasserstoff mittels Sonnenenergie sprechen.

Dechema-Monographien Band 106 - VCH Verlagsgesellschaft 1986

Summary

Hydrogen can be used without restriction for heat and electricity generation. Conventional technologies (burner, engine) as well as hydrogen-specific technologies (fuel cell, catalytic heater, steam generator) are described; their range of application, their status and further possible improvements are mentioned. Of special importance are all developments allowing the most efficient use of hydrogen.

It is shown that gaseous energy carriers are able to meet 40 to 50 % of the final energy demand of industrialized countries. A corresponding concept of an energy economy with hydrogen as the main energy carrier is presented. For the supply of European countries with non-fossil energy in any case imports of energy will be required.

Long term effective boundary conditions i.e. growing worldwide energy demand, increasing environmental damages, and limited fossil resources facilitate the energetical utilization of hydrogen; early "niches" in the energy market are described. Solar energy as an important source for hydrogen production is considered in particular. The major aspects of this concept are dealt with. It is concluded that no fundamental problems prevent the production of hydrogen in large quantities by means of solar energy.

Résumé

Hydrogène est utilisable sans limitation pour la génération de chaleur et d'électricité. Les sphères d'application, le status et les tâches futures de développement dans le domaine des techniques conventionelles (bec de gaz, moteur) aussi que de techniques spécifiques d'hydrogène (pile à combustible, chauffage catalytique, générateur de vapeur) sont expliqués. Les possibilités d'utilisation d'énergie particulièrement rationelles sont discutées. C'est montré que des porteurs d'énergie gazeux sont en mesure de pouvoir couvrir 40 à 50 % de la consommation finale d'énergie dans les pays industrialisés. Un concept y correspondant avec l'hydrogène comme porteur principal d'énergie ("économie à l'hydrogène") est présenté et, comme conclusion, qu'une alimentation d'énergie nonfossile en Europe dépenderait en tout cas de l'importation d'énergie.

A l'aide des conditions de limite effectives à long terme comme la consommation mondiale d'énergie croissante, les charges croissantes sur l'environnement naturel et les ressources limitées d'énergie fossile, les chances à appliquer l'hydrogène dans le domaine énergétique sont discutées. Comme source d'énergie primaire importante l'énergie solaire est traitée à fond. Les aspects considérables de ce concept sont présentés. Les auteurs concluent qu'il n'y existent pas de limites fondamentales qui empêcheraient une production d'hydrogène à grande quantité à base d'énergie solaire.

1. Herstellung und Verwendung von Wasserstoff heute

Wasserstoff ist gegenwärtig ein wichtiger Grundstoff für die Synthese von chemischen Verbindungen und bei Reduktionsprozessen in der Metallurgie. Er wird auch bei der Verarbeitung von Mineralöl eingesetzt. Insgesamt werden in der BR Deutschland etwa 16 Mrd Nm^3/a verbraucht. Die gegenwärtige weltweite Wasserstoffproduktion (130 Mio t SKE/a = 350 Mrd Nm^3/a) ist der einiger spezieller Energieträger vergleichbar (Tab. 1). Die eigentlichen Träger der Energieversorgung werden jedoch in der zehn- bis zwanzigfachen Menge benötigt. Soll nichtfossiler Wasserstoff eines Tages vergleichbare Bedeutung erlangen, so ist also von einem weltweiten Bedarf von einigen 1000 Mio t SKE/a auszugehen.

Tab. 1: Vergleich der weltweiten Produktionsmengen ausgewählter Mineralölprodukte und anderer Energieträger (1978).
Quelle: R.D. Champagne, 1985.

Produkt	PJ/a	Mio t SKE/a	Produkt	PJ/a	Mio t SKE/a
Wasserstoff	4150	130	Steinkohle	60730	2070
Flugtreibstoffe	4292	146	Benzin	28896	1000
Flüssiggas	5069	173	Heizöl	39676	1380
Kerosin	5295	180	Elektrizität	27710	950

Wasserstoff wird heute nahezu ausschließlich aus fossilen Rohstoffen hergestellt, was eine breite energetische Verwendung grundsätzlich ausschließt, da die fossilen Ausgangsstoffe zweckmäßigerweise direkt (Erdgas) oder veredelt (Mineralöl, Kohle) eingesetzt werden können. Der Marktanteil des elektrolytisch aus Wasser hergestellten Wasserstoffs dürfte unter 1 % liegen. Er wird hauptsächlich dort erzeugt, wo billige Wasserkraft verfügbar ist (z. B. in Norwegen) und weitgehend zur Düngemittelherstellung benutzt. Kleinere Mengen elektrolytischen und damit hochreinen Wasserstoffs werden in der Halbleiterindustrie, als Schutzgas in der Metallurgie und der Glasherstellung sowie in der Lebensmittel- und pharmazeutischen Industrie benötigt. Energetisch wird Wasserstoff heute als Abfallprodukt hauptsächlich in Form von Kokereigas in der Industrie, als Stadtgas und in dem sehr speziellen Fall für den Antrieb von Raketenmotoren benutzt. Letztere sind die größten Verbraucher von Flüssigwasserstoff.

Am kostengünstigsten wird Wasserstoff zur Zeit durch die Wasserdampfreformierung von Erdgas hergestellt /1/. Bei einem Erdgaspreis von 12 DM/GJ (1983) kostet Wasserstoff rund 22 DM/GJ* bzw. 234 DM/1000 Nm^3 (Bild 1). Die Obergrenzen der Verfahren mit fossilen Rohstoffen legt die Wasserdampfreformierung von Naphta mit 30 DM/GJ bzw. 323 DM/1000 Nm^3 fest. Dazwischen liegen die Herstellungsverfahren aus Heizöl, Steinkohle und Braunkohle. Um mit gegenwärtigen Rohstoffpreisen konkurrieren zu können, sind für die Elektrolyse Strompreise von 2 bis 4 Dpf/kWh erforderlich. Bei kurzzeitiger Auslastung der Elektrolyse, z. B. durch Nutzung von Strom aus Schwachlastzeiten (im Beispiel mit 2000 Nennlaststunden/Jahr angenommen), wird selbst bei verschwindenden Stromkosten heute keine Wirtschaftlichkeit erreicht. Elektrolysewasserstoff ist daher auf wenige Großverbraucher mit speziellen Standortvorteilen (sehr preiswerte Wasserkraft) beschränkt. Nimmt man eine reale Preissteigerung der fossilen Rohstoffe um etwa 3 %/a an, kann elektrolytischer Wasserstoff im Jahr 2000 konkurrenzfähig werden, falls dann Strom zu etwa 8 bis 10 Dpf/kWh (in Preisen zu 1984) zur Verfügung steht. Voraussetzung dafür sind fortschrittliche und gleichzeitig billigere Elektrolyseure (durch höhere Stückzahlen) und eine Auslastung der Anlage von etwa 8000 h/a. Die Nutzung von Schwachlaststrom aus Kernenergie (2000 h/a) wäre nur bei entsprechend abgesenktem Preisniveau der Elektrizität wirtschaftlich.

Frühere Marktchancen für elektrolytischen Wasserstoff hängen stark von den speziellen Gegebenheiten einzelner Länder ab und können nicht verallgemeinert werden. Neben den Wasserkraftreserven eines Landes ist der Anteil der Kernenergie an der Stromerzeugung von Bedeutung. In Frank-

---

* bezogen auf den unteren Heizwert H_u = 10760 kJ/Nm^3. Es ist eine Ausnutzung von 8000 h/a angenommen. Die Kapazität der Anlage beträgt 10^6 Nm^3/h /1/.

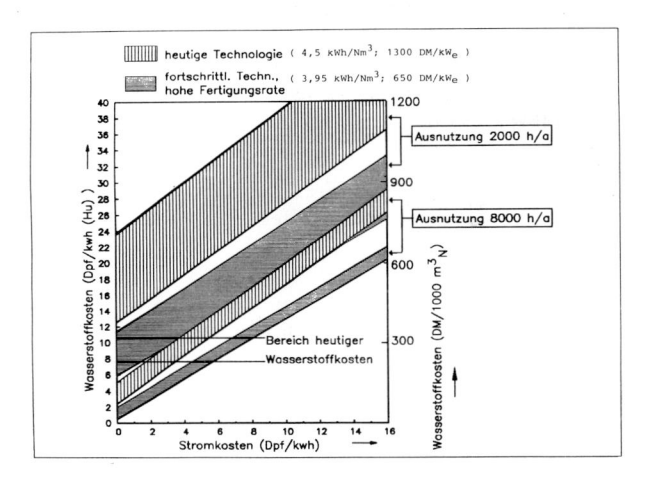

Bild 1: Kosten von Elektrolysewasserstoff. (Jeweils obere Begrenzungs-
linie: Abschreibungszeit 6 Jahre, jeweils untere: 20 Jahre;
Zinssatz 8 %, Betriebs- und Wartungskosten 4 %/a)

reich bestehen Pläne, einen Teil der um 1990 vorhandenen Kernkraftwerksleistung für die Wasserstoffproduktion einzusetzen /2/. Mit etwa
2 % der jährlich produzierten Elektrizitätsmenge könnten 10^9 Nm^3/a
(0,37 Mio t SKE/a) Wasserstoff für die Ammoniakproduktion bereitgestellt werden. Dabei wird allerdings von einem Preisniveau von 0,06
FF/kWh (2 Dpf/kWh) für Strom aus Schwachlastzeiten ausgegangen. Unter
kanadischen Randbedingungen werden hauptsächlich drei Quellen für
preiswerte Elektrizität gesehen /3/

- Schwachlaststrom aus Wasser- und Kernkraftwerken
- Strom aus Kernkraftwerken, die speziell zur Wasserstoffherstellung
  erstellt werden, jedoch bei Spitzenbedarf Strom ans Netz liefern,
  der als Gutschrift bei den Wasserstoffkosten verrechnet wird
- von Verbraucherzentren weit entfernte Wasserkraft, die kostengünstig nur mit einem gut transportierbaren Energieträger erschlossen
  werden kann.

Es wird davon ausgegangen, daß unter diesen Voraussetzungen bereits
zwischen 1990 und 1995 die Elektrolyse Wasserstoff günstiger bereitstellen kann als die Erdgasreformierung.

2. Die energetische Nutzung von Wasserstoff

2.1 Die einzelnen Nutzungstechniken

Wasserstoff kann grundsätzlich uneingeschränkt zur Wärme- und Stromerzeugung eingesetzt werden (vergleichsweise wie heute Erdgas). Seine Nutzung geschieht in hohem Maße umweltfreundlich; bei Verbrennung mit Luft entstehen neben Wasser lediglich Stickoxide. Auch sein Einsatz als Kraftstoff ist möglich.

Die meisten Technologien zur energetischen Nutzung von Wasserstoff beruhen auf Prinzipien, die seit langem in der Energiewirtschaft eingesetzt werden (Tab. 2): Flammenbrenner und Verbrennungskraftmaschine. Weiterentwicklung und Optimierung für den Wasserstoffbetrieb werden als relativ leicht lösbare Probleme angesehen; sie sind nicht zeitkritisch im Vergleich zur Entwicklung kostengünstiger Herstellungsverfahren.

Tab. 2: Eigenschaften, Status und Entwicklungsprobleme von Wasserstoffnutzungstechnologien. Quelle: Voigt /4/.

Nutzungstechnik	Flammen-brenner	Motor stat.	Motor mobil	Gasturbine stat.	Gasturbine mobil	Brennstoffzelle alkal.	Brennstoffzelle sauer	Katalyt. Brenner	Dampf-erzeuger
Laborexperiment, Demonstration	kW	–	+	+	+	+	+	+	+
Prototyp; erster Einsatz	–	–	+	–	–	+	+	+ (H_2/O_2)	+
Industrieller Einsatz	MW	–	–	–	–	+	–	–	(+)
Wirkungsgrad [1]									
– gesamt [2] bzw. Wärmeerzeugung	0.7–0.8	0.8–0.9	–	0.7–0.8	–	0.8–0.9	0.8–0.9	~0.95	~0.95
– mechanisch, elektrisch	–	~0.25	~0.30	~0.35	~0.35	0.45–0.5	~0.40	–	–
– nutzb. Abwärmetemp.(°C)	–	~200	–	>350	–	60–80	180–200		
NO_x-Emission	hoch	gering		hoch		–	–	–	–
Wesentliche Entwicklungsaufgaben	kleine Leistung	Optimierung für H_2-Betrieb – Kryotechnik		– Kryotechnik		Kostensenkung Lebensdauer Betriebserprobung		größere Leistung, Betriebserprobung	Betriebserprobung
Entwicklungsarbeiten in	Japan	Aus., D, Jap.,Kan. USA		– Japan, USA		Belg.,D, Japan, F,Japan, USA USA,A		D	D

1) bez. auf H_u=3.55 kWh/Nm³, 2) bei Wärmekraftkopplung, Abwärmenutzung

<u>Flammenbrenner</u> für (nahezu) reinen Wasserstoffbetrieb befinden sich in industriellem Einsatz; ein Entwicklungsbedarf wird für kleine Leistungen unter 10 kW (Haushalt und Gewerbe) gesehen, wobei besonders auf geringen NO_x-Ausstoß und rückschlagsicheres Brennen auch bei kleinem Gasdruck zu achten sein wird /4,5/.

Verbrennungsmotoren mit äußerer Gemischbildung sind vielfach betrieben und detailliert untersucht worden. Die NO_x-Emission fällt bei magerer Gemischeinstellung gering aus. Wegen des kleineren Gemischheizwerts tritt gegenüber Benzinbetrieb eine Leistungseinbuße zwischen 20 und 30 % ein. Wasserstoffoptimierte Motoren sollten deshalb mit innerer Gemischbildung betrieben werden, die die Leistungseinbuße weitgehend vermeidet und sich gleichzeitig durch eine sehr geringe NO_x-Emission auszeichnet /4,6/. Für den stationären Einsatz sind wasserstoffbetriebene Motoren ebenfalls gut geeignet. In Blockheizkraftwerken eingesetzt, könnten sie mit hoher Ausnutzung dezentral Elektrizität und Wärme bereitstellen.

Gasturbinen wurden gleichfalls bereits mit Wasserstoff erprobt. Wegen der äußerst sauberen Abgase kann von einer längeren Lebensdauer ausgegangen werden. Im Flugbetrieb kommen die Kühlfähigkeit und der hohe massenspezifische Energieinhalt als weitere Vorteile hinzu. Ohne Schwierigkeit ist auch ihr Einsatz im stationären Bereich (Spitzenstromerzeugung, Wärme-Kraft-Kopplung) möglich. Um möglichst geringe NO_x-Emission zu erreichen, sind allerdings noch weitere Brennkammerentwicklungen erforderlich /4/.

Von großem Interesse für eine zukünftige Wasserstoffenergiewirtschaft sind die schadstofffreien Nutzungstechniken Brennstoffzelle, katalytischer Heizer und H_2/O_2-Dampferzeuger:

Brennstoffzellen zeichnen sich durch einen hohen Wirkungsgrad der Elektrizitätserzeugung aus. Sowohl alkalische H_2/O_2-Systeme bis zu 10 kW_e Leistung als auch saure H_2/Luft-Systeme bis zu 4,0 MW_e Leistung befinden sich in Erprobung oder bereits im Einsatz. Entwicklungsarbeiten zur Erhöhung der Lebensdauer und der Leistungsdichte, zur Verbesserung des Teillastverhaltens und zur Verringerung der Anlagenkosten sind weiterhin erforderlich. Brennstoffzellen könnten sich zukünftig zu einer äußerst günstigen Technologie der dezentralen Strom- und Wärmebereitstellung entwickeln /4/.

Katalytische Heizer können sowohl mit reinem Sauerstoff als auch mit Luft betrieben werden. Da sie den oberen Heizwert von Wasserstoff ausnutzen und NO_x-frei arbeiten, stellen sie für den großen Bedarf an Nieder- und Mitteltemperaturwärme eine sehr attraktive Technologie dar. Die relativ geringe Leistungsdichte von etwa 1 W/cm² reicht für Zwecke der Raumheizung und Warmwasserbereitung aus. Selbstregelnde H_2/O_2Heizer mit etwa 1 kW Leistung, bei denen wegen einer neuartigen Katalysatorkonstruktion die Gefahr der Selbstentzündung nicht auftritt, wurden erprobt (Bild 2 /7/). Entwicklungsziel sind automatische Heizer im Leistungsbereich 1 bis 10 kW, die sowohl für Heizzwecke als auch für den Antrieb von Absorptionsmaschinen (Wärmepumpen, Kühlaggregate) geeignet sind.

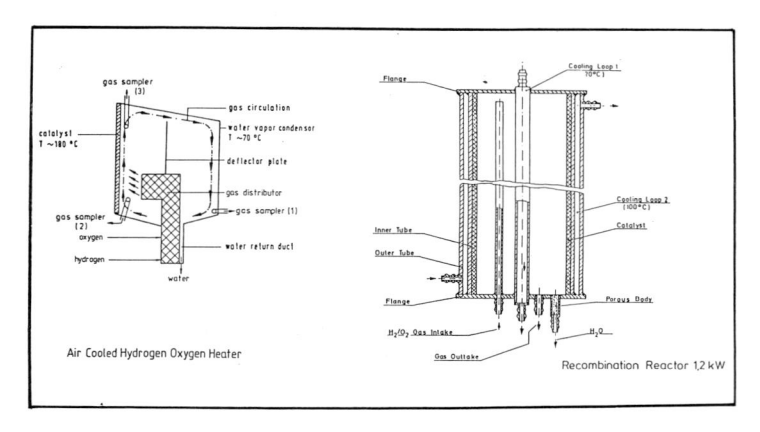

Bild 2: Schemata zweier katalytischer Heizer für Luftheizung (links) und Warmwasserbereitung (rechts). Quelle: Ledjeff /7/.

H_2/O_2-Dampferzeuger wurden aus der Raketentriebwerkstechnik abgeleitet. Mit ihnen kann Prozeßdampf mit hohem Wirkungsgrad (> 99%) in weiten Leistungs-, Temperatur- und Druckbereichen hergestellt werden. Neben einem Miniaturdampferzeuger (ca. 5 kW_{th}), der als mobile Heißdampfquelle zur Sterilisierung in der Nahrungsmittelindustrie und der Biotechnik eingesetzt werden kann, ist ein 40 MW_{th}-Prototyp für eine H_2/O_2-Momentanreserveanlage in Dampfkraftwerken entwickelt worden (Bild 3, /8/). Seine geringen Investitionskosten und die extrem kurze Anfahrzeit von etwa 1 s eröffnen günstige Einsatzchancen für eine frühe Nutzung von Wasserstoff.

2.2 Kriterien für den energetischen Einsatz von Wasserstoff

In einer künftigen Energieversorgung kann von einem gegenüber heute höheren Energiepreisniveau ausgegangen werden. Umstrukturierung in Richtung nichtfossiler Energietechniken sind mit Kostensteigerungen verbunden, da die Herstellung synthetischer Energieträger in jedem Fall aufwendiger ist, als die Aufbereitung fossiler Primärenergie. Dazu kommen steigende Aufwendungen, um Umweltschäden zu vermeiden und einen sicheren Betrieb von Nuklearanlagen zu gewährleisten.

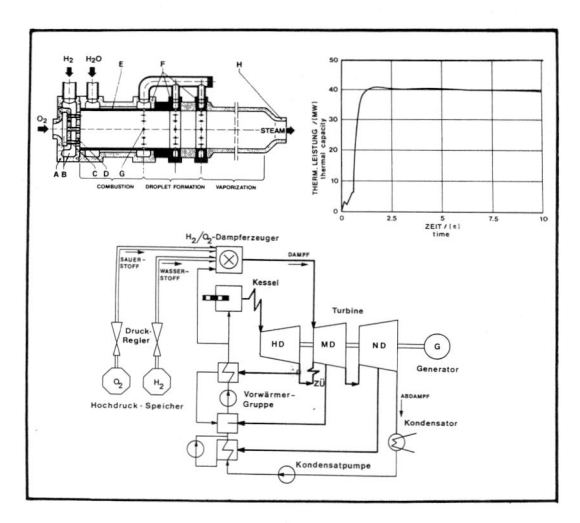

Bild 3: H_2/O_2-Dampferzeuger: Schema (oben links), Anstiegszeit bis zur Nennlast von 40 MW_{th} (oben rechts) und Einbindung in ein Dampfkraftwerk zur Bereitstellung von Momentanreserveleistung (unten). Quelle: Sternfeld /8/.

Eine sehr rationelle Nutzung aller Energieträger wird in diesem Zusammenhang von großer Bedeutung sein. Diese ist mit allen Wasserstofftechniken, insbesondere für die stationären Verbraucher erreichbar, wenn der obere Heizwert mittels katalytischer Verbrennung oder Brennwertkesseln genutzt wird und Anlagen möglichst weitgehend in Wärmekraftkopplung betrieben werden (Bild 4). Die damit verbundenen erhöhten Investitionen sind bei entsprechend hohem Energiepreisniveau wirtschaftlich. Dagegen sollte alleinige Stromerzeugung mittels Wasserstoff, etwa zur Deckung des Spitzenbedarfs, nur ausnahmsweise zugelassen werden. Über Wärmepumpen - sowohl elektrisch betriebene wie Absorptionswärmepumpen - läßt sich die Ausbeute an Niedertemperaturwärme weiter erhöhen.

Verständlich wird die Betonung effizienter Energienutzungsverfahren, wenn man die Energiebedarfsstruktur betrachtet. Dem exergetisch hochwertigen Wasserstoff steht ein großer Bedarf an Niedertemperaturwärme

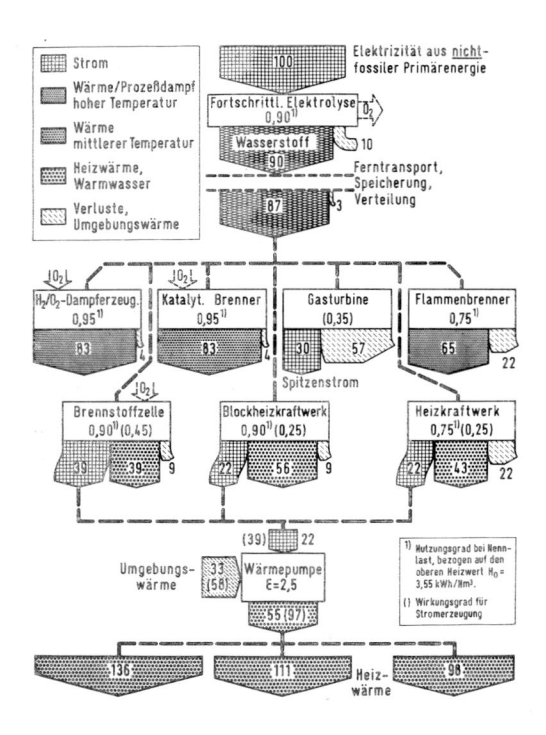

Bild 4: Energieflußdiagramme verschiedener Wasserstoffnutzungstechniken unter Einbeziehung einer Wärmepumpe zur Erhöhung der Ausbeute an Niedertemperaturwärme.

(40 % des gesamten Energiebedarfs der BR Deutschland, Bild 5) gegenüber, der energetisch optimal über Abwärmenutzung bei der Strom- oder Hochtemperaturwärmeerzeugung gedeckt werden kann [1]. Entwicklungen, die eine gewisse Dezentralisierung der Energieinfrastruktur begünstigen, erleichtern diese Optimierung, wobei das Energiepreisniveau der wesentliche Parameter ist.

---

1) Dies gilt natürlich bereits für die heutigen fossilen Energieträger. Betriebswirtschaftliche Erwägungen und infrastrukturelle Hindernisse verhindern jedoch gegenwärtig in vielen Fällen Wärmekraftkopplung und Abwärmenutzung.

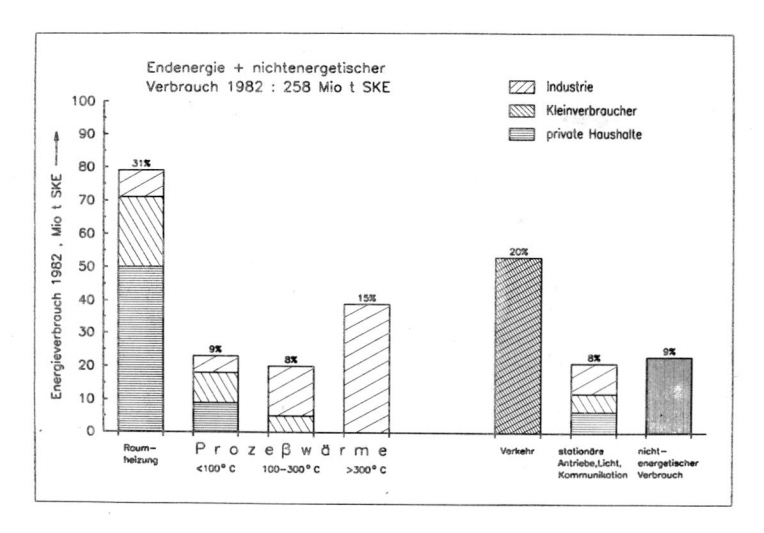

Bild 5: Energiebedarfsstruktur nach Nutzenergieart in der BR
Deutschland im Jahr 1982.

2.3 Die Einsatzchancen von Wasserstoff aus der Sicht der Energieinfrastruktur

Der Wärmemarkt, der rund zwei Drittel des Energiebedarfs ausmacht, ist für alle Energieträger zugänglich, während im Verkehrssektor flüssige Energieträger dominieren und für stationäre Antriebe, Licht und Kommunikation nahezu ausschließlich Elektrizität in Frage kommt. Wie weit kann Wasserstoff, der zunächst ein gasförmiger Energieträger ist, hier vordringen?

Die heutige Aufteilung der Energieträger entwickelte sich aus der Wechselwirkung von Verfügbarkeit, Gestehungskosten und siedlungsstrukturellen Gegebenheiten. Letztere bestimmen die Grenze, über die eine Ausweitung gasförmiger Energieträger wegen des wachsenden Verteilungsaufwands nicht sehr sinnvoll ist. Diese Grenze ist in zahlreichen Ländern noch nicht erreicht, vielmehr scheint hauptsächlich die Verfügbarkeit im eigenen Land die maßgebende Rolle zu spielen (Tab. 3). In den verdichteten Regionen der Bundesrepublik Deutschland werden heute 65 % der Endenergie auf nur 10 % der Gebietsfläche verbraucht, dort sind auch

Tab. 3: Anteil des Erdgases am Primärenergieverbrauch einiger Länder (1980).

Land	Anteil (%)	Land	Anteil (%)
Niederlande	54	BR Deutschland	17
Venezuela	42	Frankreich	12
Iran	40	Westeuropa	15
USA	30	Industrieländer	21
Mexiko	29	Entwicklungsländer	15
UdSSR	28		
Kanada	20	Welt	20

die Energieträger Gas und Fernwärme konzentriert. In Ländern mit ausgebauter Siedlungsstruktur kann der Anteil gasförmiger Energieträger langfristig Werte von 40 bis 50 % des Endenergieverbrauch erreichen (Tab. 4), wenn die Verfügbarkeit gewährleistet ist. Dies würde bei gleichbleibendem Energieverbrauch für die Bundesrepublik Deutschland etwa eine Verdopplung des heutigen Gasumsatzes auf rund 100 Mio t SKE/a bedeuten und langfristig den Übergang von Erdgas - eventuell über synthetisches Erdgas - zu Wasserstoff stark begünstigen.

Tab. 4: Anteile leitungsgebundener Energieträger (in %) am Endenergieverbrauch der BR Deutschland.

| Jahr | Verdichtete Siedlungsräume | Kleinstädte, Landgemeinden | Gesamte BRD | Aufteilung | | | Anteil flüssiger Energieträger |
				Gas	Strom	Fernwärme	
1960	27	8	20	11,5	9	0,5	23
1974	34	15	30	15	13	2	56
1982	44	23	38	19	16,5	2,5	51
2000	57	30	48	21	20	7	36
2030	70	40	60	30	22	8	15
*	85	50	75	40	25	10	

* ungefähre Grenze aus siedlungsstruktureller Sicht

Der direkte energetische Einsatz von gasförmigem Wasserstoff kann also sehr weit gehen. Man wird sorgfältig abwägen müssen, inwieweit darüberhinaus flüssige synthetische Energieträger erforderlich sind (Verkehrssektor), da deren Herstellung mit weiteren Verlusten und einem erhöhten Kohlenstoffbedarf verbunden ist.

Indirekter Energieträger 83

Eine systematisch sich in Richtung Wasserstoff entwickelnde Energiewirtschaft könnte für ein Industrieland folgendes Aussehen haben (Bild 6):

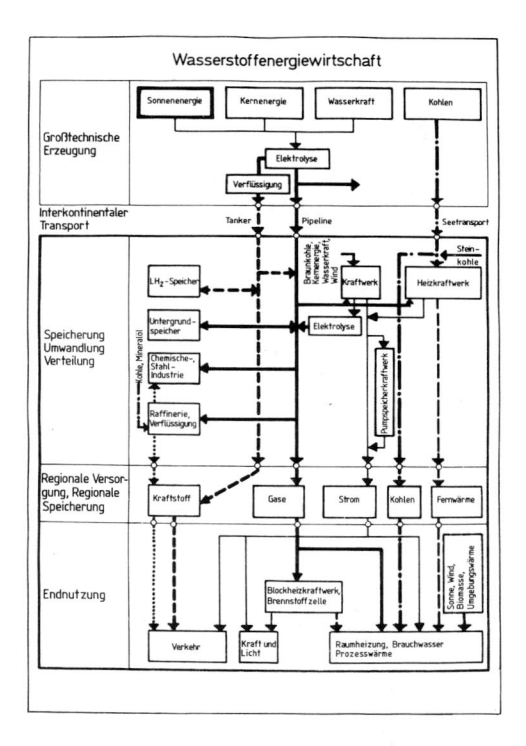

Bild 6: Struktur einer Energieversorgung, in der Erdöl und Erdgas weitgehend durch solaren Wasserstoff ersetzt sind. Elektrizität, Fernwärme, Kohle und lokal genutzte Solarenergie ergänzen das Energieträgerspektrum.

- Im stationären Nutzungsbereich ist Mineralöl und Erdgas nahezu völlig ersetzt. Fernwärme und Wasserstoff versorgen Verdichtungsräume und die Mehrzahl der weiteren Stadtregionen, im ländlichen Bereich dominieren bei der Wärmeversorgung Elektrizität und Sonnenenergie. Industriefeuerungen werden neben Wasserstoff mit Kohle betrieben. Hochwertige Nutzungstechniken sind dabei unentbehrlich.

- Der Verkehrssektor wird weiterhin mit Mineralöl oder synthetischen Kohleprodukten versorgt, ebenso die nichtenergetischen Nutzer. Wasserstoff kann auch direkt als Kraftstoff genutzt werden.

- Der Umwandlungsbereich ist durch eine starke Vernetzung gekennzeichnet. Elektrizität und Fernwärme werden mit einem hohen Anteil an Wärmekraftkopplung hergestellt. Zum Ausgleich von Belastungsschwankungen kann die Elektrolyse als zusätzlicher, beliebig zuschaltbarer Stromverbraucher betrieben werden. Wasserstoff wird weiterhin in der chemischen Industrie und der Stahlindustrie, sowie zur Veredelung der verbleibenden fossilen Primärenergieträger eingesetzt.

- Eine nichtfossile Energieversorgung für Europa bleibt auf den Energieimport angewiesen. Weder gibt es genügend akzeptable Standorte für Kernkraftwerke, noch genügend Flächen und ausreichende Einstrahlung für große Solarenergieanlagen. Die genannte Wasserstoffproduktion von 100 Mio t SKE/a mittels fortschrittlicher Elektrolyse für die BR Deutschland erfordert entweder 170 GW_e Kernkraftwerksleistung nebst entsprechender Infrastruktur oder rund 11 000 km² einstrahlungsreiche Landfläche /9/. Die heutige internationale Gastransportstruktur ist daher auch für eine Wasserstoffwirtschaft von großer Bedeutung.

2.4 Möglichkeiten des früheren energetischen Einsatzes

Generell wird Wasserstoff im direkt-energetischen Bereich auf absehbare Zeit keine Einsatzchancen haben. Umso bedeutender sind Einstiegsmöglichkeiten in speziellen Nischen einzuschätzen.

Eine Nutzung herkömmlichen (d.h. fossil erzeugten) Wasserstoffs für spezielle energetische Zwecke (außer als Raketentreibstoff) wird bereits für die nahe Zukunft gesehen. Es handelt sich dabei um die Zusatzdampfeinspeisung zur Momentanreserve in Dampfkraftwerken (siehe Abschnitt 2.1). Da diese Anlage nur wenige Stunden pro Jahr in Betrieb wäre, spielen die Brennstoffkosten neben den günstigen Zusatzinvestitionen keine Rolle. Eine solche Momentanreserveanlage kann später zu einem Spitzenlastkraftwerk erweitert werden, wenn das Kraftwerk mit einer Elektrolyse ausgerüstet wird.

Mit weiter steigenden Energiepreisen wären weitere Einsatzmöglichkeiten möglich, die es erlauben, den Umgang mit Wasserstofftechnologien im

Verteilungs- und Nutzungsbereich einzuüben und eine flächendeckende Einführung vorzubereiten. In dieser Phase sollte Wasserstoff jedoch bereits aus lokalen und regionalen nichtfossilen Primärenergiequellen erzeugt werden, wobei - speziell für den Wärmemarkt - die Konkurrenz zur energetisch günstigeren Nutzung von Elektrizität zu beachten ist. Schrittmacher können Länder mit großen Wasserkraftreserven (Kanada, Brasilien), viel Kernenergie (Frankreich) und einstrahlungsreiche Länder mit dezentralem Energiebedarf (Saudi-Arabien) sein. Es kommen folgende Einsatzbereiche in Betracht:

- Einspeisung von elektrolytischem Wasserstoff aus Schwachlastzeiten in das Gasnetz. In Ländern mit längeren Heizperioden kann dies sinnvoll nur im Sommerhalbjahr geschehen, da im Winter die Direktnutzung der Elektrizität in Speicherheizungen günstiger wäre.

- Wasserstoff zur Aufbereitung von Abfallholz zu Methanol. Gegenüber der konventionellen Methanolsynthese wird der Bedarf an Biomasse halbiert und die Zahl der Prozeßschritte und damit die Kosten verringert. Der anfallende Sauerstoff kann ebenfalls für den Prozeß genutzt werden /10/.

- Wasserstoff als Kraftstoff in ausgewählten Verkehrssektoren wie Luftverkehr, städtischen Fahrzeugen und - in Ländern großer Ausdehnung wie Kanada oder Brasilien - auch als Kraftstoff für den Schienenverkehr.

- Gekoppelte Strom- und Wärmeerzeugung mit hohen Nutzungsgraden, wenn aufgrund der Bedarfsnachfrage eine Entkopplung vom unmittelbaren Einsatz der Elektrizität erforderlich ist.

- Kopplung einer Elektrolyseanlage mit dezentralen Windkraft-, Wasserkraft- oder Solarzellenanlagen zur Langzeitspeicherung momentan nicht benötigter Energie. Vor allem letztere Kombinationen können früh in einstrahlungsreichen Ländern mit dezentraler Versorgungsstruktur eingesetzt werden, wenn darauf geachtet wird, daß der gespeicherte Wasserstoff mit hohem Wirkungsgrad (z. B. Motor oder Brennstoffzelle mit Abwärmenutzung) genutzt wird. Er kann bei größeren Leistungen oder größeren Speicherdauern mit der üblichen Batterie konkurrieren /11/.

Die genannten Bereiche sind als Marktnischen zu verstehen. Mit ihnen kann das allmähliche Eindringen nichtfossilen Wasserstoffs in die Energiewirtschaft vorbereitet werden.

Eine denkbare Entwicklung des Wasserstoffmarktes für die BR Deutschland zeigt Bild 7. Bis etwa 2010 könnte die energetische Nutzung von Wasserstoff in den genannten Bereichen zu einem Bedarf von etwa 4 bis 5 Mio t SKE/a führen. Spätestens zu diesem Zeitpunkt wäre die Entscheidung für einen deutlichen Einstieg in eine Wasserstoffwirtschaft zu fällen.

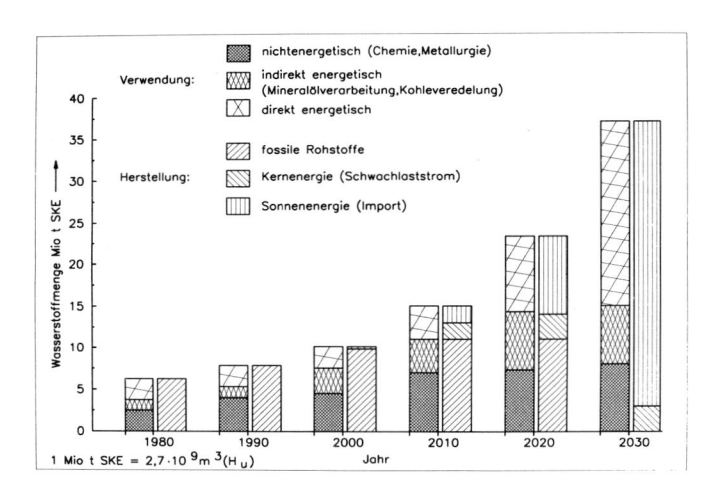

Bild 7: Angenommene Entwicklung des Wasserstoffmarktes in der BR Deutschland. Die energetische Nutzung von Elektrolysewasserstoff setzt um 2010 ein.

3. Nutzungsmöglichkeiten der Solarenergie mittels Wasserstoff

Von besonderer Bedeutung ist der Einsatz von Wasserstoff in Verbindung mit Sonnenenergie, da er den Transport gespeicherter Energie in weltweitem Maßstab erlaubt. Eine "solare" Wasserstoffenergiewirtschaft, wie sie ursprünglich von Justi /12/ vorgeschlagen und seither vielfach diskutiert wurde /u.a. 9, 13, 14, 15, 16/, ist durch zwei wichtige Eigenschaften gekennzeichnet:

- Mit ihr wird der Übergang zu einer Energiewirtschaft vollzogen, in der negative Umweltauswirkungen gegenüber heute so stark verringert sind, daß unsere natürlichen Lebensgrundlagen kaum mehr durch die Energieversorgung beeinträchtigt würden. Es entstehen bei der Energieumsetzung bis auf NO_x keine Abfallstoffe, die mit hohem technischen Aufwand permanent von Natur und Menschen ferngehalten werden müßten, um schädigende Auswirkungen zu vermeiden. Angesichts eines weiter steigenden Weltenergieverbrauchs und der Gefahr eines globalen Teibhauseffektes durch steigende Konzentrationen von Kohlendioxid und Spurengasen /17/, ist die Errichtung eines durch Solarstrahlung "angetriebenen" Energiesystems vermutlich der einzig gangbare Weg, um die weltweite Energieversorgung auf umweltverträgliche Weise langfristig zu sichern.

- Mit ihr läßt sich der Weltenergiehandel auch über die Erdöl- und Erdgasära hinaus weiterführen und auf sonnenreiche Entwicklungsländer (vor allem in Afrika), die heute ohne wesentliche Rohstoffquellen und andere Exportmöglichkeiten sind, erweitern. Für sie bietet sich die Chance, eine eigene Energieinfrastruktur auf der Basis unbegrenzter Energiequellen aufzubauen und an dem sowohl für Energielieferländer als auch für Industrieländer vorteilhaften Energiehandel teilzunehmen. Der Anteil der energieexportierenden Länder würde gegenüber heute zunehmen. Eine derartige Kooperation auf dem Gebiet der Solar- und Wasserstofftechnik wird als wichtiger Beitrag zum Abbau des Nord-Süd-Ungleichgewichts angesehen.

Die Aufwendungen für große Wasserstoffenergiesysteme auf Solarenergiebasis können heute abgeschätzt werden. Auf neuere Untersuchungen in /9/ sei besonders hingewiesen. Einige wichtige Aspekte - der Materialbedarf, die Herstellungskosten und der Landbedarf - werden herausgegriffen.

Untersucht wurden Referenzanlagen, in denen Wasserstoff elektrolytisch produziert wird. Sie repräsentieren den bei konsequenter Forschungs- und Entwicklungsarbeit um die Jahrhundertwende zu erwartenden Technologiestand (Bild 8). Die Anlagen unterscheiden sich durch die Art der Elektrizitätserzeugung: Solarzellen, Solarturm mit Speicher und Paraboloidspiegeln mit Stirlingmaschine. Die Leistung der Basiseinheit wurde mit 200 MW_e festgelegt, da für diese Leistungsklasse Entwürfe für Komponenten vorliegen und daher auch realistische Kostenschätzungen möglich sind. Eine Optimierung der Anlagenkonfiguration wurde nicht vorgenommen. Die jährliche Wasserstoffproduktion beträgt $15 \cdot 10^9$ Nm^3/a (5,5 Mio t SKE/a) bei einer Globaleinstrahlung von 2300 kWh/m²a. Je nach Option werden dafür 100 bis 200 km² Sammlerfläche oder 600 bis 800 km² Landfläche benötigt. Der Wirkungsgrad der Wasserstofferzeugung liegt zwischen 7,5 % (Solarzelle) und 16,5 % (Paraboloid), bezogen auf die Landfläche werden 60 bis 80 kWh/m²a Wasserstoff erzeugt. An Einzelelementen sind erforderlich: 10^7 Solarzellenpaneele mit 32 m² Fläche

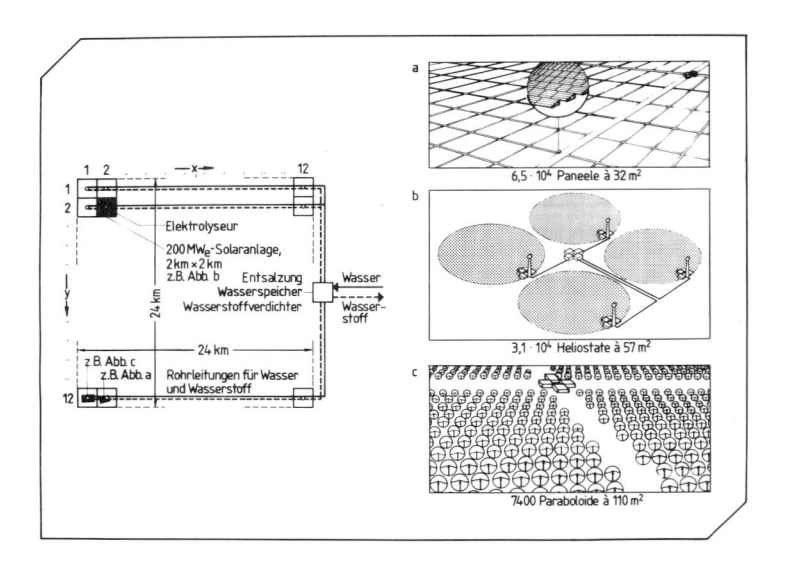

Bild 8: Solare Wasserstoffanlage (schematisch) mit einer Produktion von 5,5 Mio t SKE/a (15 Mrd Nm^3/a). Rechts die betrachteten Optionen Solarzellenanlage (a), Solarturmanlage (b) und Paraboloidspiegel (c). Die Zahl der Einheiten (12x12) und die Abmessungen (576 km² Landfläche) entsprechen der Solarzellenanlage.

oder $2,7 \cdot 10^6$ Heliostate für den Solarturm mit 57 m² oder 10^6 Paraboloidspiegel mit 110 m² Fläche. Eine vorgegebene Wachstumsfunktion für die Anlagenfertigungskapazität beschreibt den nach 2000 beginnenden allmählichen Aufbau einer Wasserstoffenergiewirtschaft (vergl. Bild 7) bis zu einem Zeitpunkt, an dem Wasserstoff 40 % des heutigen Endenergiebedarfs der BR Deutschland deckt. Der zu permanenten Aufrechterhaltung dieser Energielieferung erforderliche Materialfluß (mittlere Lebensdauer der Anlagen 30 Jahre) ist - ohne zunächst die Rezykliermöglichkeiten von Altanlagen zu berücksichtigen - in Bild 9 mit der Jahresproduktion der betreffenden Stoffe verglichen.

Der erforderliche Zuwachs liegt bei den meisten Materialien für solarthermische Systeme unter 20 %, für Solarzellensysteme unter 10 % des heutigen Verbrauchs. Eine solche Erhöhung liegt im Rahmen langfristiger volkswirtschaftlicher Veränderungen. In manchen Fällen kann die erforderliche Menge möglicherweise einen Bedarfsrückgang anderer Märkte

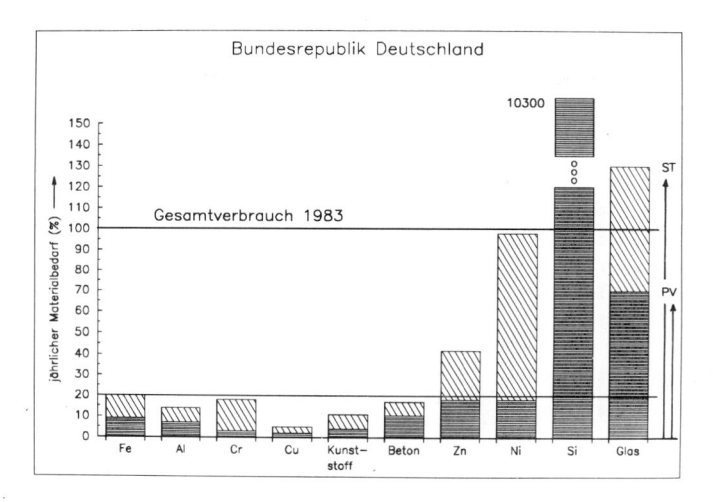

Bild 9: Jährlicher Materialbedarf in Prozent des Produktionsvolumens
der BR Deutschland für die Aufrechterhaltung einer permanenten
solaren Wasserstoffproduktion von 100 Mio t SKE/a (= 40 %
des Endenergieverbrauchs der BR Deutschland 1984).
(Mittlere Lebensdauer der Anlagen 30 Jahre, PV = Solarzellenanlage mit Elektrolyse und Transporteinrichtungen,
ST = entsprechend Solarturm mit thermischem Speicher).

auffangen. Die heutige Produktion von Nickel und Glas wäre beim Einsatz solarthermischer Systeme etwa zu verdoppeln. Für Solarzellensysteme wäre selbstverständlich der Siliziummarkt beträchtlich zu erweitern.

In den Industrieländern sind die volkswirtschaftlichen Ressourcen vorhanden, um eine solare Wasserstoffenergiewirtschaft aufzubauen. Jedoch darf nicht übersehen werden, daß neu zu erstellende Fertigungskapazitäten für einzelne Komponenten ebenso groß wie oder größer sein werden als die für vergleichbare heutige Industrieprodukte. Zum Vergleich mag dienen, daß die Fertigungsrate von Solarzellenpanelen (mit 32 m² Fläche) mit $5,56 \cdot 10^6$ Stück/a über der heutiger Fernsehgeräte mit $4,5 \cdot 10^6$ Stück/a läge; die zu produzierende Spiegelfläche bei Heliostaten der Option Solarturm wäre ebenso groß wie die der heutigen Flachglasproduktion. Für die Option Paraboloidspiegel wären $0,6 \cdot 10^6$ Stück/a Stirlingmotore zu fertigen - eine interessante Möglichkeit für die Motorenindustrie (heutige Fertigungsrate $3,7 \cdot 10^6$ Stück/a) bei sich sättigendem Automobilbedarf.

Das gegenwärtige Kostenniveau der wichtigsten technischen Komponenten einer solaren Wasserstoffenergiewirtschaft - die Solarzelle oder alternativ der Heliostat oder der Paraboloidspiegel - kann nicht zur Ermittlung von Kosten zukünftig bereitzustellender Energie benutzt werden. Die weitere Kostenentwicklung kann jedoch vom modularen Charakter der Solartechnologien profitieren. Standardisierte Komponenten, in großer Stückzahl weitgehend automatisch gefertigt, sind das Fernziel einer Solarenergienutzung in großem Umfang. Darin liegen beträchtliche Möglichkeiten der Kostenreduktion. Ferner sind bei allen Komponenten, besonders jedoch bei Solarzellen, im Laufe der weiteren Entwicklung bis zur Großserienreife durch neue oder verbesserte Herstellungsverfahren und durch Material- und Energieeinsparungen zusätzliche Kosteneinsparungen zu erwarten.

Tab. 5: Spezifische Kosten von Solarenergiekomponenten und angenommene Kostenentwicklung bis zum Jahr 2020 (in Preisen von 1984)

Komponenten	Einheitsgröße	Heutiges Kostenniveau	Kostenannahme und jährl. Fertigungsrate*)			
			2000		2020	
			DM/Bezugsgröße	Stück/a	DM/Bezugsgröße	Stück/a
Solarzellenmodul	0,5 m²	15 - 25 DM/Wp	5	$7,2 \cdot 10^6$	1	$362 \cdot 10^6$
Heliostat	57 m²	750 - 1400 DM/m²	500	$3,3 \cdot 10^4$	250	$167 \cdot 10^4$
Paraboloidspiegel	110 m²	ca. 2500 DM/m²	700	$1,1 \cdot 10^4$	300	$60 \cdot 10^4$
Stirlingmotor	30 kW$_e$		700	$1,1 \cdot 10^4$	300	$60 \cdot 10^4$
Windenergiekonverter	3 MW$_e$	ca. 8000 DM/kW$_e$	4800	$1 \cdot 10^2$	3000	$65 \cdot 10^2$
Elektrolyseur	200 MW$_e$	1000-1300 DM/kW$_e$	700	1 - 2	500	54

*) Die Fertigungsraten des Jahres 2020 beziehen sich auf eine permanente Lieferung von 100 Mio t SKE/a H$_2$ im Endausbau (mittlere Lebensdauer der Anlage 30 Jahre). Der "Markt" des Jahres 2000 entsteht durch lokale und regionale Solarenergienutzung.

Diesen Sachverhalt drücken die Zahlen der Tabelle 5 aus. Für die Solarkomponenten sind für den Referenzfall des Jahres 2000 Kostensenkungen angenommen worden, wie sie in absehbarer Zeit nach dem heutigen Erkenntnisstand erreichbar sein sollten, falls die Fertigung erprobter Komponenten in der genannten Größenordnung anläuft. Weitere Kostensenkungen bis 2020 wurden durch Übertragung von Lernkurven aus Industrien mit ähnlicher Produktionsstruktur (große Stückzahlen, weitgehend automatisierte Fertigung) abgeschätzt. Dabei geht man von der Erkenntnis aus, daß Produktionskosten eines gleichbleibenden Produkts um einen bestimmten Prozentsatz sinken, wenn sich das Produktvolumen erhöht. Die Kostenberechnung zeigt, daß das Kostenniveau der Referenztechnologie im Jahr 2000 noch nicht ausreicht, um Wasserstoff konkurrenzfähig anzubieten (Bild 10).

Indirekter Energieträger

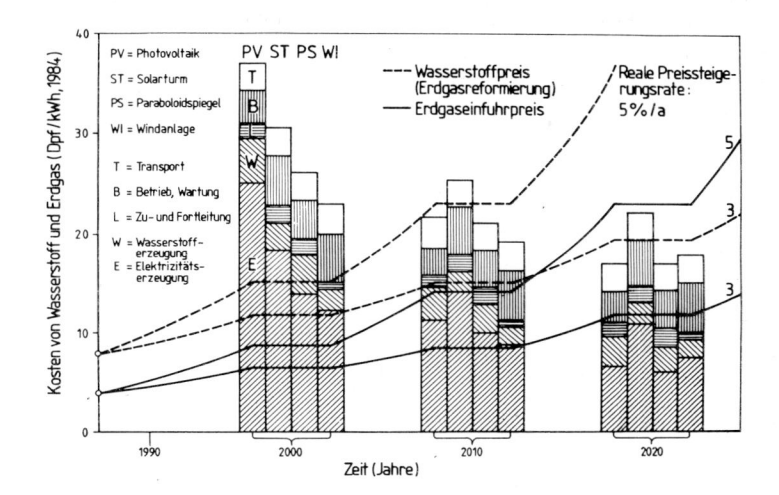

Bild 10: Wasserstoffgestehungskosten für 4 Anlagentypen und drei Zeitpunkte der Inbetriebnahme und Vergleich mit real steigenden Wasserstoff- und Erdgaspreisen.
(Zinssatz 8 %, Abschreibung 30 a, Bauzeit 4 a, Preissteigerung 5 %/a; Kosten im ersten Jahr; reale Barwertmethode)

Erst im Jahre 2010 ist unter den genannten Annahmen solarer Wasserstoff als chemischer Rohstoff konkurrenzfähig, falls der Erdgaspreis mit 5%/a steigt. Um das Jahr 2020 könnte bei der gleichen Steigerungsrate dieser Wasserstoff bei einem Energiekostenniveau von rund 0,17 bis 0,19 DM/kWh (Einfuhrpreis) energetisch eingesetzt werden.

Verändern sich jedoch Lebensdauer der Anlagen und Kapitalzins und tritt die erwartete Energiepreissteigerung nicht in dem Maße ein, so können sich die Wirtschaftlichkeitszeitpunkte deutlich verschieben. Andererseits ist natürlich eine über die Annahmen in Tabelle 5 hinausgehende Kostensenkung von Solarenergiekomponenten ebenfalls nicht auszuschließen. Die Vorhersage genauer Wirtschaftlichkeitszeitpunkte muß daher spekulativ bleiben. Das Potential, ein attraktives Kostenniveau zu erreichen, ist jedoch grundsätzlich vorhanden.

Gelegentlich wird der Bedarf an Landfläche für große Solaranlagen überschätzt. In /9/ sind die weltweit verfügbaren und für die solare

Wasserstoffproduktion geeigneten Landflächen abgeschätzt worden (Bild 11). "Gut" und "sehr gut" geeignet sind etwa 1,9 Mio km² heute ungenutzter Fläche, was 1,3 % der globalen Landfläche entspricht. Darauf könnte je nach Technik 13 400 bis 17 500 Mio t SKE/a Wasserstoff produziert werden. Für den gegenwärtigen globalen Endenergiebedarf (rund 7 300 Mio t SKE/a) würden allein die entsprechenden Flächen Nordafrikas ausreichen. Der Endenergiebedarf der BR Deutschland ließe sich auf rund 30 000 km² Landfläche decken. Der Landbedarf an sich schränkt also eine derartige Nutzung der Solarenergie nicht ein.

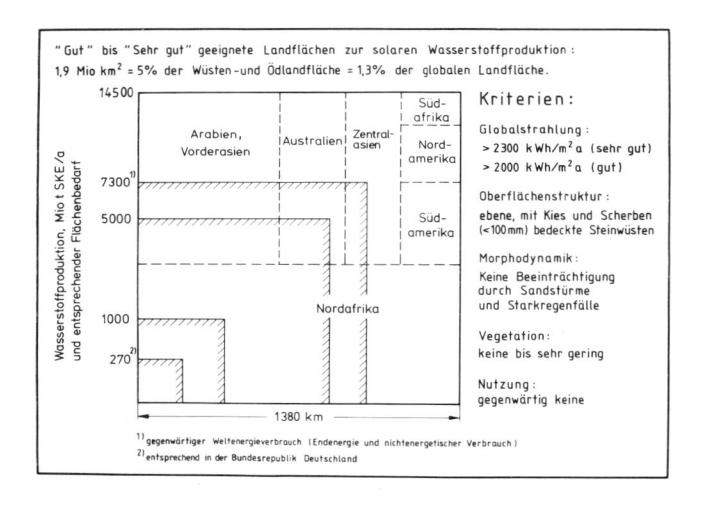

Bild 11: Geeignete Landflächen zur solaren Wasserstoffproduktion und Bedarf für verschiedene Produktionsmengen

4. Schlußfolgerungen

Wasserstoff als chemischer Rohstoff ist seit langem unentbehrlich. Mit den indirekt energetischen Nutzungsmöglichkeiten bei der Veredelung von Kohle und Schweröl wird seine Bedeutung noch wachsen. Aus Kostengründen wird Wasserstoff auf absehbare Zeit noch aus fossilen Rohstoffen hergestellt werden. Er kommt in diesem Zeitraum daher für eine breite energetische Nutzung nicht in Betracht. Elektrolytisch erzeugter Wasserstoff wird während dieser Zeit nur dort Chancen haben, wo außergewöhnlich niedrige Stromgestehungskosten anzutreffen sind.

Langfristig kann Wasserstoff jedoch neben Elektrizität <u>der</u> universell einsetzbare Energieträger einer zukünftigen nichtfossilen Energiewirtschaft werden. Er kann uneingeschränkt zur Wärme- und Strombereitstellung eingesetzt werden. Seine Nutzung kann praktisch ohne Umweltbelastung geschehen. Nutzungstechniken stehen bereits zur Verfügung oder können mit überschaubarem Aufwand weiterentwickelt und optimiert werden.

Hervorzuheben ist seine Bedeutung für die Nutzbarmachung der Solarenergie in großem Umfang. Die erforderlichen Einzeltechniken haben ihre technologische Bewährungsprobe bereits bestanden. Ihr Entwicklungspotential in Richtung wirtschaftlicher Fertigungsverfahren ist hoch; Material-, Energie-, Land- und Kapitalbedarf lassen keine Probleme erkennen, die für leistungsfähige Volkswirtschaften in Kooperation mit potentiellen Standortländern nicht bewältigbar wären. Eine wesentliche Voraussetzung ist, daß die angesprochenen Technologien zu einem möglichst frühen Zeitpunkt in anderen Bereichen der Energieversorgung ihre Konkurrenzfähigkeit und ihre Einsatzbereitschaft unter realistischen Bedingungen nachweisen. Ausschlaggebend für den eigentlichen Einstieg in eine Wasserstoffenergiewirtschaft wird jedoch der Wille potentieller Erzeuger- und Nutzerländer sein, eine derartige Entwicklung in ihren politischen Zielkatalog aufzunehmen.

5. Literaturangaben:

/1/ J. Schulze, H. Gaensslen: Chem. Ind. <u>23</u> (1984), 135.

/2/ R. Aureille, J. Pottier: 5th WHEC, Vol. 1, Toronto (1984), 279

/3/ Hydrogen, a Challenging Opportunity. Report of the Ontario Hydrogen Energy Task Force, Vol. 1, Ontario 1981

/4/ C. Voigt: Techniken der Wasserstoffnutzung, IB-444 004/86, DFVLR Stuttgart, März 1986

/5/ H.J. Sternfeld: Brennersysteme mit reinem Wasserstoff. Beitrag zur DECHEMA-Wasserstoffstudie, März 1986

/6/ W. Peschka: Die Verbrennung von Wasserstoff in der Energietechnik von Morgen. Vortragsmanuskript; DFVLR Stuttgart, März 1986

/7/ K. Ledjeff: Catalytic Hydrogen Oxygen Heater with Selflimiting Reaction. Proceed. 5th World Hydrogen Energy Conf., Toronto 1984

/8/ H.J. Sternfeld: H_2/O_2-Momentanreserveanlage - ein Einstieg in die wirtschaftliche Stromerzeugung aus Wasserstoff. VGB-Kongreß "Kraftwerke 1980" Essen, 15. Okt. 1980

/9/ C.J. Winter, J. Nitsch (Hrsg.): Wasserstoff als Energieträger. Technik, Systeme, Wirtschaft. Berlin; Springer, 1980

/10/ A.J. Petrella: Hydrogen Study. Vol. 3: Industrial Use of Electrolytic Hydrogen. Ontario Hydro, Toronto 1984.

/11/ C. Carpetis: Proc. 5th WHEC, Vol. 1, Toronto (1984), 233

/12/ E.W. Justi: Leitungsmechanismus und Energieumwandlung in Festkörpern. Göttingen: Vandenhoeck u. Ruprecht 1965

/13/ J.O.M. Bockris: Energy Options. London: Taylor u. Francis 1980

/14/ R. Dahlberg, Int. J. Hydrogen Energy 7 (1982), 121

/15/ Solar Energy Futures in a Western European Context. NASA-Studie im Auftrag des BMFT, Bonn, Februar 1982

/16/ L. Bölkow: Entscheidungen für eine langfristige Energiepolitik. Peutinger-Collegium München, März 1982

/17/ Conference Proceedings, Villach, Oct. 1985, Wiley 1986 (in Vorbereitung)

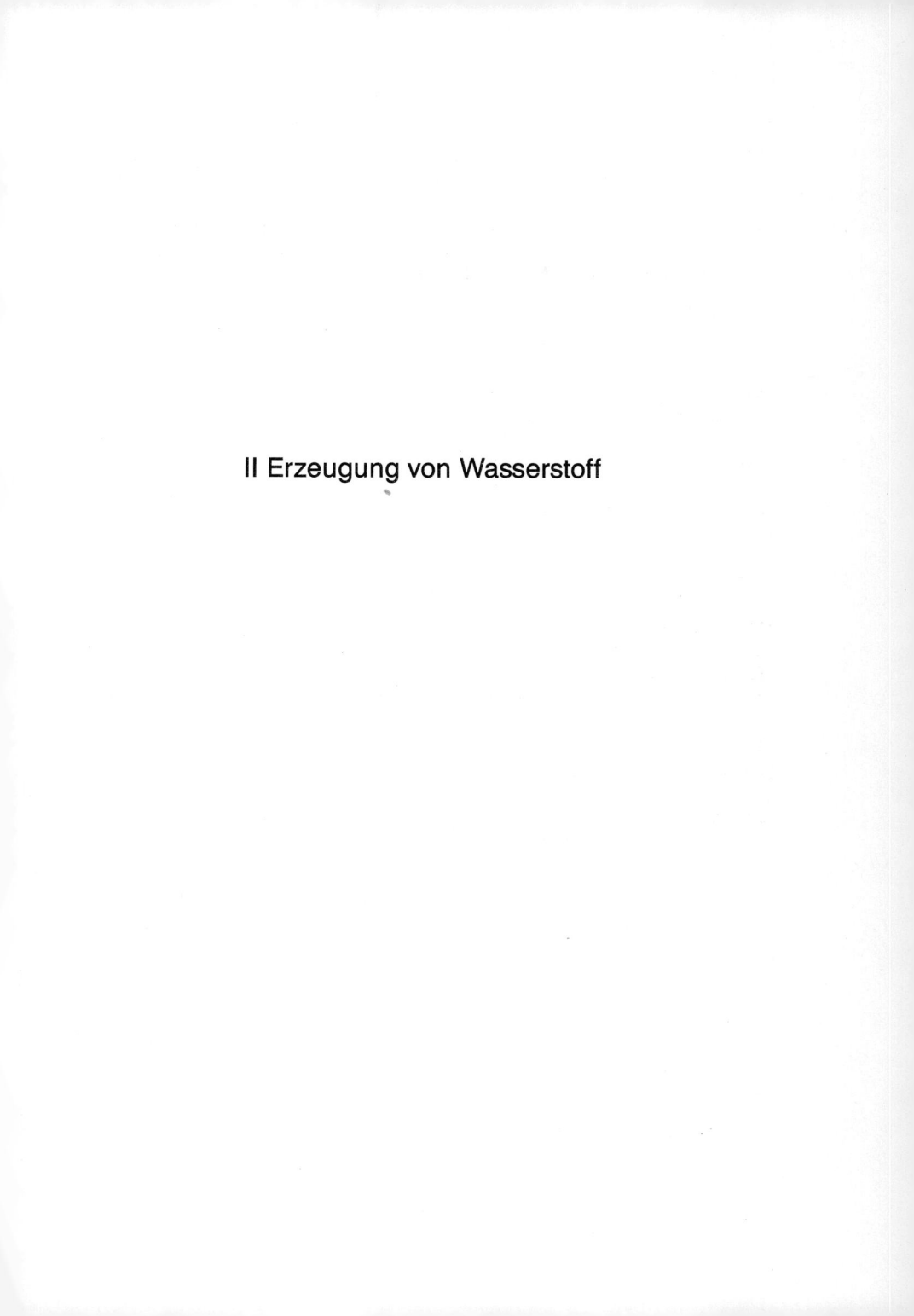

II Erzeugung von Wasserstoff

Die Erzeugung von Wasserstoff aus fossilen Rohstoffen
Stand der Technik und Entwicklungsperspektiven

R. E. Lohmüller
Linde AG, Werksgruppe Anlagenbau und Verfahrenstechnik, München

Zusammenfassung

Die derzeitige Produktion von Wasserstoff geht zum überwiegenden Anteil (90 %) von fossilen Rohstoffen aller Art aus.
Die Dampfreformierung von Erdgas und leichten Erdölfraktionen, die Partialoxidation von Kohle und Raffinerierückständen und die Pyrolyse verschiedener fossiler Rohstoffe sind die wichtigsten prinzipiellen Verfahren zur heutigen industriellen Wasserstofferzeugung.
Wasserstoffkosten sind weitgehend Rohstoff- und Energiekosten. Bei ausreichender Verfügbarkeit ist die Wasserstofferzeugung aus Erdgas durch Dampfreformierung und aus preisgünstigen Raffinerierückständen durch Partialoxidation zur Zeit bevorzugt.
Die weitere Entwicklung der heute eingeführten Verfahren betrifft vor allem Energieeinsparung und Rohstoffflexibilität.
Ein Vergleich zwischen der heutigen Produktion des Industrierohstoffes Wasserstoff mit dem für eine eventuelle Substitution anderer Energieformen benötigten Wasserstoffmengen zeigt, daß neben technischen Problemen der Wasserstofferzeugung vor allem das sozioökonomische Problem der Bereitstellung der erforderlichen Energiemenge zu lösen sein wird.

Summary

Hydrogen is currently produced to a large part (90 %) from fossile fuels of any kind.
Steam reforming of natural gas and light petroleum fractions, partial oxidation of coal and residue and the pyrolysis of various feedstocks are the principal processes for the industrial production of hydrogen.
Hydrogen costs are mainly costs of raw materials and energy. If not restricted by supply, steam reforming of natural gas and partial oxidation of residue are the choice if new hydrogen capacity is required.
The production processes are further developed to achieve energy savings and feedstock flexibility.
Comparing today's hydrogen production with what will be needed when other forms of energy are substituted by hydrogen, leads to the conclusion that not only technical problems have to be solved. Also the socio-economic question of how to provide for the necessary energy resources has to be answered.

Résumé

Hydrogène est actuellement produite au plus part (> 90 %) des combustibles fossiles de toute sorte.
Le reforming à la vapeur du gaz naturel et des fractions pétrolières légeres, de l'oxydation partielle de charbon et des résidues, et la pyrolyse des stocks d'alimentation différents sont les procédés principals pour la production industrielle d'hydrogène.
Le coût d'hydrogène est principalement un coût de matières premières et d'énergie. En cas de disponibilité suffisante, la réformation à la vapeur du gaz naturel et l'oxydation partielle des résidues sont préferées quand il y a une demande de production d'hydrogène.
En outre, les procédés de production sont développés pour obtenir des économies 'énergie et une flexibilité des stocks d'alimentation.
Une comparaison de la production d'hydrogène d'aujourd'hui avec ce qu'est nécessaire quand d'autres formes d'énergie sont remplacées par hydrogène, montre qu'il n'y a pas seulement à résoudre des problèmes techniques, mais également les questions socio-économiques concernant les dispositions des ressources d'énergie.

ROHSTOFFBASIS

Wasserstoff kann prinzipiell aus allen Kohlenwasserstoffen erzeugt werden.
Erdgas ist der wasserstoffreichste fossile Rohstoff. Seine Hauptkomponente Methan weist einen atomaren Wasserstoffanteil von 4 bezogen auf den Kohlenstoff auf.
Flüssige Kohlenwasserstoffe wie Erdöl, Schweröl oder die in besonderen geologischen Formationen gelagerten Teersände und Ölschiefer haben erheblich geringere Wasserstoffanteile. Bei den in Abb. 1 - 3 angegebenen Wasserstoffanteilen handelt es sich nur um grobe Richtwerte, die bei natürlichen Rohstoffen je nach Vorkommen erheblich schwanken. Kohlenwasserstoffe können mit drei prinzipiellen Umwandlungsverfahren, die im nächsten Kapitel näher erläutert werden, in reinen Wasserstoff umgewandelt werden:

1 die endotherme katalytische Umsetzung mit Wasser, die Dampfreformierung;

2 die exotherme bzw. autotherme Umsetzung mit Sauerstoff, die Partialoxidation;

3 die endotherme thermische Spaltung der Kohlenwasserstoffe, die Pyrolyse.

DIREKTE FOSSILE ROHSTOFFE

	H/C (MOLAR, TYPISCH)	UMWANDLUNGSVERFAHREN		
		DAMPFREFORMIERUNG	PARTIALOXIDATION	PYROLYSE
ERDGAS	4	++	+	+
ERDOEL	2,5	o	o	o
SCHWEROEL	1,5	o	o	o
TEERSAND	1,4	-	o	o
OELSCHIEFER	2,0	-	o	o

++ HAEUFIG ANGEWANDT
+ ANGEWANDT
o MOEGLICH
- NICHT DURCHFUEHRBAR

Abb. 1: Direkte fossile Rohstoffe für die Wasserstoff-Erzeugung

Erdgas ist der einzige fossile Rohstoff, aus dem großtechnisch nach allen drei Verfahren Wasserstoff erzeugt wird. Beim Erdöl ist die H2-Gewinnung durch Partialoxidation und Pyrolyse und in Ausnahmefällen sogar durch Dampfreformierung denkbar. Die bevorzugte Nutzung dieser Rohstoffe für die Erzeugung von flüssigen Kohlenwasserstoffen für den Verkehr, die petrochemische Industrie und für Heizzwecke verhindern jedoch die Anwendung dieses Verfahrens.

Statt dessen werden einzelne Fraktionen genutzt, die während der Verarbeitung anfallen. Feste, fossile und nachwachsende Rohstoffe, wie Biomasse (Holz, Müll, Ernteabfälle), Torf und Kohlen können ebenfalls in Wasserstoff umgewandelt werden (Abb. 2).

DIREKTE FOSSILE/NACHWACHSENDE ROHSTOFFE

	H/C (MOLAR, TYPISCH)	UMWANDLUNGSVERFAHREN		
		DAMPF-REFORMIERUNG	PARTIAL-OXIDATION	PYROLYSE
BIOMASSE	1,5-2,0	-	+	+
TORF	1,2	-	+	+
BRAUNKOHLE	0,9	-	+	+
STEINKOHLE	0,8	-	++	+

++ HAEUFIG ANGEWANDT   0 MOEGLICH
+ ANGEWANDT   - NICHT DURCHFUEHRBAR

Abb. 2: Direkte fossile und nachwachsende Rohstoffe für die Wasserstoff-Erzeugung

Als Prozeßwege kommen hierfür die Partialoxidation und die Pyrolyse in Betracht. Nennenswerte Wasserstoffmengen werden jedoch nur durch die Kohlevergasung und mit erheblich geringerer H2-Ausbeute durch die Verkokung von Kohlen gewonnen. Ein beträchtlicher Anteil des industriellen H2-Verbrauches wird aus indirekten fossilen Rohstoffen gewonnen (Abb. 3). Für diese Fraktionen der Erdölverarbeitung, der Kohleverkokung und anderer petrochemischer Verarbeitungsschritte stehen wiederum eine Vielzahl von Verarbeitungsverfahren zur Verfügung. Insgesamt hat die H2-Erzeugung für den industriellen Verbrauch eine äußerst breite Basis. Der Einsatz unterschiedlichster primärer und sekundärer Rohstoffe ist möglich. Die Verfahrens- und Rohstoffauswahl werden nach Verfügbarkeit, Preis und Palette möglicher Nebenprodukte getroffen.

```
INDIREKTE FOSSILE ROHSTOFFE

                              UMWANDLUNGSVERFAHREN
                    H/C       DAMPFREFORMIERUNG   PARTIALOXIDATION   PYROLYSE
                  (MOLAR,TYPISCH)

  ABGASE           3-5                +                   +              +

  LPG              2.6               ++                   +             ++

  NAPHTHA          2.3               ++                   +             ++

  GASOELE          1.5                0                   +              +

  RUECKSTANDSOELE  1.3                0                  ++              0

  KOKS             0.6                -                   +              -

  ++  HAEUFIG ANGEWANDT       0  MOEGLICH
   +  ANGEWANDT               -  NICHT DURCHFUEHRBAR
```

Abb. 3: Indirekte fossile Rohstoffe für die Wasserstofferzeugung

PROZEẞTECHNIK

Entsprechend der breiten Rohstoffbasis, entsprechend aber auch seinem vielseitigen Einsatz, werden zur industriellen Erzeugung von Wasserstoff außerordentlich unterschiedliche Prozesse angewandt. Sie können nach Reaktionstyp und Wärmetönung in drei prinzipielle Verfahren eingeteilt werden, die in Abb. 4, jeweils mit einer typischen Reaktionsgleichung für den einfachsten Kohlenwasserstoff, das Methan, vertreten sind.

DAMPFREFORMIERUNG

$$CH_4 + 2\,H_2O \Longrightarrow 4\,H_2 + CO_2$$

PARTIALOXIDATION

$$CH_4 + 1/2\,O_2 \Longrightarrow 2\,H_2 + CO$$

PYROLYSE

$$2\,CH_4 \Longrightarrow 3\,H_2 + C_2H_2$$

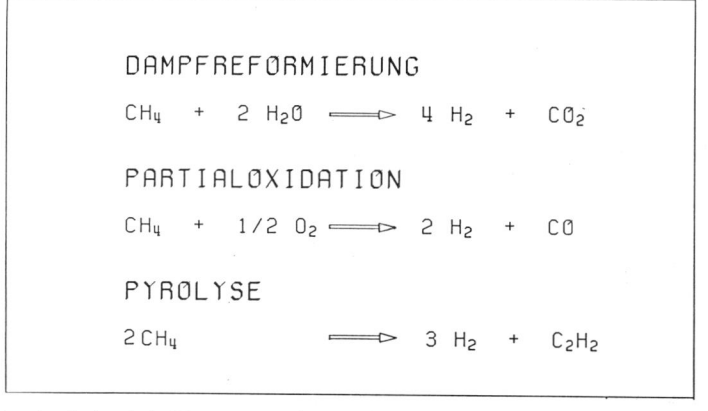

Abb. 4: Prinzipielle Produktionsverfahren für die industrielle Erzeugung von Wasserstoff aus Kohlenwasserstoffen

Industriell am bedeutsamsten für die großtechnische Erzeugung von Reinwasserstoff ist zur Zeit die katalytische Umsetzung von Kohlenwasserstoffen mit Wasser, die DAMPFREFORMIERUNG. In endothermen Reaktionsschritten reagieren Kohlenwasserstoffe mit Wasser zu Kohlenmonoxid und Wasserstoff ab. Eine allgemeine Reaktionsgleichung und einige Anwendungsbeispiele sind in Abb. 5 enthalten. Je leichter der eingesetzte Kohlenwasserstoff, desto günstiger ist das H2/CO-Verhältnis im resultierenden Synthesegas. Soll nur Reinwasserstoff erzeugt werden, so kann in einer anschliessenden exothermen Reaktion das CO noch mit Wasser (Dampf) zu CO2 und H2 umgesetzt werden (Shift-Reaktion).

Endotherme Spaltreaktionen:

Kohlenwasserstoffe:

(1) $C_nH_m + nH_2O \longrightarrow nCO + (n + m/2) H_2$

Paraffine:

(6) $C_nH_{2n+1} + nH_2O \longrightarrow nCO + (2n+1) H_2$

z.B.:

Methan (Erdgas)

$CH_4 + H_2O \longrightarrow CO + 3H_2 \quad \Delta H = 206,4 \text{ kJ/kmol}$

Propan (LPG)

$C_3H_8 + 3H_2O \longrightarrow 3CO + 7H_2 \quad \Delta H = 498,4 \text{ kJ/kmol}$

Exotherme Shiftreaktion:

(2) $CO + H_2O \longrightarrow CO_2 + H_2 \quad \Delta H = -41,2 \text{ kJ/kmol}$

Abb. 5 Grundreaktionsgleichungen der Dampfreformierung

Eine technische Anlage zur Durchführung dieser Reaktionsschritte (Abb. 6) besteht aus folgenden Prozeßschritten:

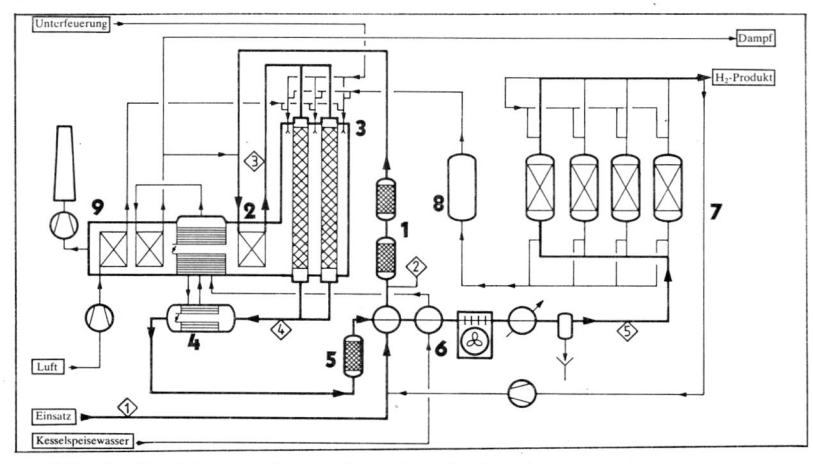

Abb. 6: Verfahrensschema einer Dampfreformierungsanlage
Bauart: LINDE AG, Werksgruppe TVT

1. Vorwärmung und Entschwefelung. Das Gas oder die flüssigen Kohlenwasserstoffe werden mit einem kleinen Anteil rückgeführten Wasserstoffs auf die für die Hydrierung schwefelhaltiger Verbindungen notwendige Temperatur gebracht. Bei geringen Schwefelmengen erfolgt die Reinigung, wie dargestellt, chemisorptiv am Zinkoxid.

2. Einsatz-Überhitzung. Das Rohgas wird mit Wasserdampf je nach verfahrenstechnischen Rahmenbedingungen im Verhältnis Dampf : Kohlenstoff = 2,5 : 1 gemischt und im Rauchgaskanal auf eine Temperatur zwischen 400 und 500 °C überhitzt.

3. Reformer. In außen beheizten, mit Nickel-Katalysator gefüllten Rohren findet die Umsetzung nach der Reaktionsgleichung in Abb. 5 statt.

4. Prozeßgaskühler. Das umgesetzte Gas, das Synthesegas, das eine Temperatur zwischen 750 und 870 °C aufweist, wird auf 350 °C abgekühlt. Die Wärme wird zur Dampferzeugung genutzt.

5. Hochtemperatur-Shift-Reaktion. An einem Hochtemperaturkontakt (Fe-Basis) wird das CO mit Wasserdampf in einem exothermen Prozeß teilweise zu CO_2 und H_2 umgewandelt.

6. Abkühlen des Gasstromes auf Umgebungstemperatur und Nutzung der Abwärme

7. Wasserstoffreinigung. Hochreiner Wasserstoff 99,5 - 99,9999 % kann mit Hilfe der Druckwechseladsorption (DWA) erzeugt werden.

8. Unterfeuerungssystem. Das Abgas der DWA wird bezüglich Druck und Zusammensetzung in einem Puffersystem vergleichmäßigt. Der Reformer wird mit DWA-Abgas, zusätzlichem Brennstoff und in der Rauchgasabhitze vorgewärmter Luft befeuert.

Aufgrund der Rohstoffsituation, nämlich der hohen Verfügbarkeit von Erdgas in den meisten Industrieländern, und aufgrund der günstigen Preise für leichte Kohlenwasserstoffe ist das Dampfreformieren zur Zeit das am häufigsten angewandte Verfahren zur Wasserstofferzeugung. Anlagen mit einer Produktionskapazität zwischen 500 Nm3/h (6.2 mol/s) und 100.000 Nm3/h (1237 mol/s) Wasserstoff werden gebaut.

Vorwiegend für die Wasserstofferzeugung aus schweren Einsätzen, Erdölrückständen und Kohle, aber auch zur gleichzeitigen Erzeugung von CO bzw. CO-reichen Synthesegasen wird die **PARTIALOXIDATION** von Kohlenwasserstoffen eingesetzt.

Die Grundreaktionsgleichungen sind in Abb. 7 aufgeführt. Neben der exothermen Umsetzung von Kohlenwasserstoffen mit Sauerstoff laufen verschiedene exotherme Prozeßschritte, wie die endotherme Reformierung, die Umsetzung von Kohlenstoff mit Wasser (Wasserdampfvergasung) und verschiedene Crack-Reaktionen ab. Die Gestaltung des Reaktionsraumes ist außerordentlich vielfältig, sie reicht von der Festbettvergasung von Kohle im Lurgi-Vergaser über Wirbelschicht-Technologie beim Hochtemperatur-Winkler-Verfahren bis zur Partialoxidation am Brenner und in nachgeschalteten Brennkammern wie bei der Texaco-Vergasung von Raffineriegas, Erdgas, Schweröl und Kohle und dem Prenflo Verfahren (Krupp-Koppers) zur Kohlevergasung.

Bruttoreaktionen bei der Partialoxydation

Oxidationsreaktionen

(8) $C_m H_n S_o + \frac{m}{2} O_2 \rightarrow m CO + (\frac{n}{2} - o) H_2 + o H_2 S$ (exotherm)

$2C + O_2 \rightarrow 2 CO$ (exotherm)

Crackreaktion

(9) $C_m H_n S_o \rightarrow (\frac{n}{4} - \frac{o}{2}) CH_4 + (m - \frac{n}{4} + \frac{o}{2}) C + o H_2 S$ (endotherm)

Wassergasreaktion

(10) $C + H_2 O \rightarrow CO + H_2$ (endotherm)

Shift-reaktion

(2) $CO + H_2 O \rightarrow H_2 + CO_2$ (exotherm)

Methanspaltung

(11) $CH_4 + H_2 O \rightleftharpoons CO + 3 H_2$

Abb. 7: Grundreaktionsgleichungen der Partialoxidation

Anlagen dieser Art erfordern eine erhebliche Infrastruktur bezüglich der Energieerzeugung, der Sauerstofferzeugung und der Aufarbeitung der Nebenprodukte. Es handelt sich daher fast ausschließlich um Großanlagen, die H2-reiche Synthesegase produzieren, aus denen dann Düngemittel (NH3, Harnstoff), chemische Zwischenprodukte (Methanol, Essigsäure) oder Ersatzstoffe der Petrochemie (Fischer-Tropsch-Synthese) hergestellt werden. Nur in seltenen Fällen dienen Anlagen dieser Größenordnung der Rein-Wasserstofferzeugung.

Ein Beispiel für die Erzeugung von Synthesegas durch Partialoxidation stellt die in Abb. 8 dargestellte 1350 Tagestonnen NH3-Anlage dar. Am Bilanzpunkt 5 tritt ein Wasserstoffstrom von 116.400 Nm3/h mit einem H2-Gehalt von 96,3 % auf. Weitere technische Daten über diese Anlage finden sich in der Literatur [2].

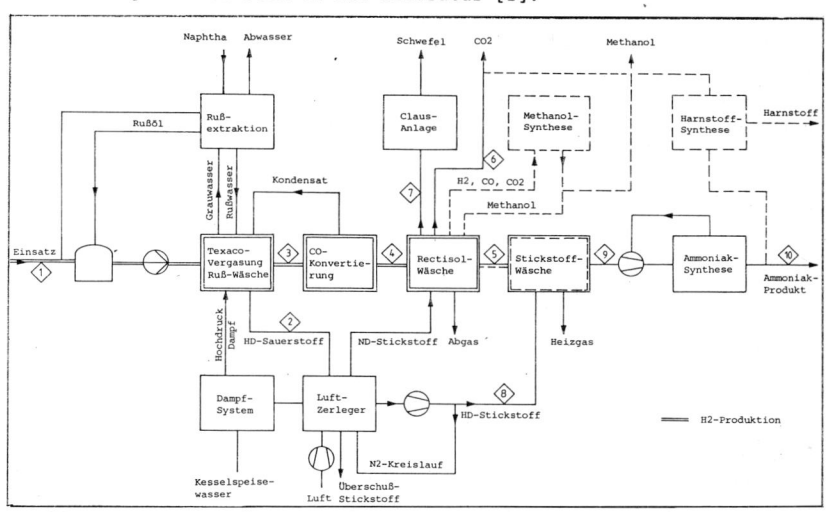

Abb. 8: H2-Produktion für eine Ammoniak-Synthese-Anlage,
Bauart LINDE AG, Werksgruppe TVT

Partialoxidations-Anlagen zur Wasserstofferzeugung sind in der Regel komplexe Großanlagen. Sie erlauben den Einsatz schwefelhaltiger, gasförmiger Brennstoffe, sowie schwefel-, metall- und aschehaltiger flüssiger und fester Kohlenwasserstoffe ohne Einschränkungen bezüglich ihrer molekularen Struktur, also auch Olefine, Aromaten, Asphaltene.

Aus diesem Grund können bei der Partialoxidation auch Rohstoffe eingesetzt werden, die weit unterhalb ihres Heizwertpreises bewertet werden. Auf diese Weise wird ein Ausgleich zu den gegenüber der Dampfreformierung weit höheren Investitions und Betriebskosten geschaffen [3].

PYROLYSEVERFAHREN dienen im allgemeinen der Herstellung von Chemierohstoffen, Ruß und Koks. Der Wasserstoff tritt dort nur als Nebenprodukt auf, jedoch von Fall zu Fall in recht erheblichen Mengen.

In Abb. 9 sind die drei hauptsächlichen Typen der Pyrolyseprozesse
zusammengefaßt.

EINSATZ	PYROLYSEVERFAHREN	HAUPTPRODUKT
ERDGAS	HOCHTEMPERATUR-CRACKEN	ACETYLEN
ERDOEL-FRAKTIONEN	STEAM-CRACKEN	OLEFINE-BTX-AROMATEN
RUECKSTANDSOELE KOHLEN	KOKEN	FLUESSIGE KW'S, KOKS

Abb. 9: Pyrolyse-Verfahren

Im endothermen Hochtemperatur-Cracken, dem BASF-Verfahren zur Erzeugung von Acetylen, enthält das Rohgas bis zu 60 % Wasserstoff. Ähnliche Verhältnisse herrschen beim Hülser Plasmaverfahren, wo das Acetylen durch die Hochtemperaturspaltung von Flüssiggas, Leichtbenzinen und Raffinerieabgasen erzeugt wird. Bedeutsam ist auch die Nebenproduktion des Wasserstoffs bei der Ethylen/Propylen-Erzeugung. Die als Rohstoff eingesetzten Kohlenwasserstoff-Fraktionen sind Ethan und Flüssiggase, Naphtha, Gasöle und teilweise auch höhere, bevorzugt paraffinische Rohstoffe.

Mit den Pyrolyseprozessen Koken, Visbreaking etc. werden vor allem Rückstandsöle und Kohle zu Koksen und flüssigen Kohlenwasserstoffen verarbeitet. Der Wasserstoffgehalt in den dabei auftretenden Koksgasen beträgt ebenfalls über 50 %.

Prozeßtechnisch sind die Verfahren völlig unterschiedlich; sie reichen von der unterstöchiometrischen Verbrennung über das Cracken in Lichtbogen bis zur Reaktion im Spaltrohr, in Fließbetten (Fluid Cracking) bis zum diskontinuierlichen Verkoken der Kohle. Die Aufbereitung der Rohgase erfordert je nach Einsatzstoff die gesamte Palette der verfügbaren Gasreinigungsverfahren [1].

Als Beispiel sei die Erzeugung von Wasserstoff aus Koksofengas erwähnt. Das Rohgas enthält hier besonders viele, teilweise sehr wertvolle Gaskomponenten. Für die Herstellung von Reinwasserstoff kommen mehrere Verfahren in Betracht, je nachdem, ob außer Wasserstoff noch sonstige Wertstoffe wie Ethan, Ethylen, Heizgase etc. gewonnen werden sollen. Ist dies der Fall, so werden die Rohgase nach vorheriger Reinigung in physikalische oder chemische Wäschen in einer Tieftemperaturanlage destillativ oder durch physikalische Wäschen bei tiefen Temperaturen aufgetrennt. Die H2- Fraktion fällt in Tieftemperatur-Kondensationsprozessen mit einer Reinheit von ca. 95 %, in Tieftemperatur-Waschprozessen hochrein an.

Wird für das Koksofengas nur eine Aufteilung der Gasströme in Reinwasserstoff und Heizgas angestrebt, so bietet sich hierfür die Druckwechseladsorption an.

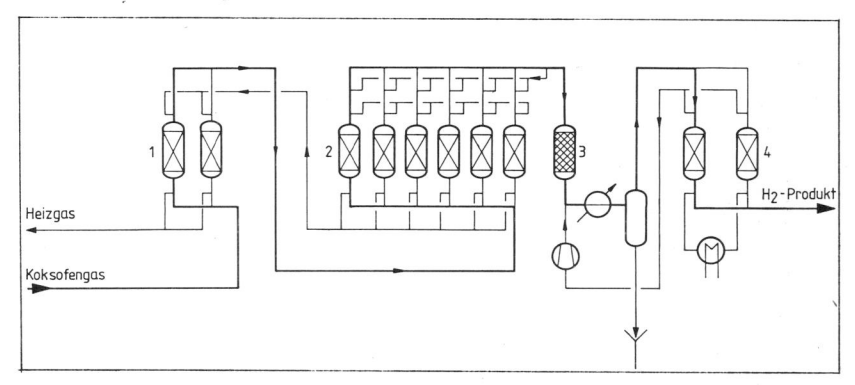

Abb. 10: Druckwechseladsorptions-Anlage zur Erzeugung von Reinwasserstoff aus Koksofengas
1 Voradsorber, 2 Hauptadsorber, 3 Deoxo-Reaktor,
4 Trockner,
Bauart LINDE AG, Werksgruppe TVT

In diesem Prozeß (Abb. 10) wird das vorgereinigte Rohgas zunächst an Voradsorbern von hochsiedenden Bestandteilen befreit. Die Hauptkomponenten werden in taktweise geschalteten Druckwechseladsorbern in Wasserstoff und Restgase aufgetrennt. Der nicht adsorbierte Sauerstoff reagiert katalytisch mit Wasserstoff zu Wasser und wird in dieser Form durch Kondensation und adsorptiv aus dem Wasserstoff entfernt. Die erzielte Produktreinheit beträgt 99,9 - 99,999 %.

WIRTSCHAFTLICHKEIT

Die Erzeugung von Wasserstoff aus Kohlenwasserstoffen ist ein sehr energieintensiver Prozeß. Die Verfahrensauswahl erfolgt daher bevorzugt unter Berücksichtigung energetischer Gesichtspunkte.

Prinzipiell benötigt man zur Gewinnung von Wasserstoff aus Kohlenwasserstoffen nur etwa ein Fünftel der Energie, die für die Wasserspaltung benötigt wird. Die theoretischen Werte, bezogen auf die endotherme Umsetzung mit Wasser und jeweils bezogen auf 1 kmol erzeugten Wasserstoff, sind in Abb. 11 dargestellt. Dabei spielt es keine Rolle, ob Wasserstoff aus Wasser elektrolytisch oder chemisch durch Kreisprozesse oder durch Hochtemperatur-Dissoziation gewonnen wird. Neben den durch die Verfahrensauswahl bedingten Rohstoff- und Energiekosten spielen noch eine Reihe anderer Faktoren, wie Anlagengröße, Standort und schließlich auch noch die Fixkosten, insbesondere die Abschreibung der Investitionen, eine wesentliche Rolle.

	ERDGAS ALS CH_4	KOHLE ALS $CH_{0.7}$	WASSER H_2O
THEORET. ENERGIE-VERBRAUCH *) KJ/KMOL H_2	41 280	57 150	242 000
NEBENPRODUKTE	CO_2	CO_2, S	O_2
AUSBEUTEN KMOL/KMOL H_2	0.25	0.43	0.5

*) BERECHNET AUS DEN BILDUNGSENTHALPIEN BEI 298 K

Abb. 11: Theoretischer Energiebedarf der H2-Erzeugung

Kaske und Ruckelshaus [4] haben Wasserstoffkosten für das Jahr 1985 bei einer Anlagengröße von 100.000 Nm3/h zusammengestellt (Abb. 12). Sie bestätigen den herausragenden Anteil der variablen Kosten, im wesentlichen gleich Energiekosten, aber auch den entscheidenden preislichen Vorteil, den die Erzeugung von Wasserstoff aus Kohlenwasserstoffen hat. Dies kann sich erst ändern, wenn sich der Preis für elektrische Energie oder Hochtemperaturwärme deutlich vom Preis für Energie aus Kohlenwasserstoffen abkoppelt.

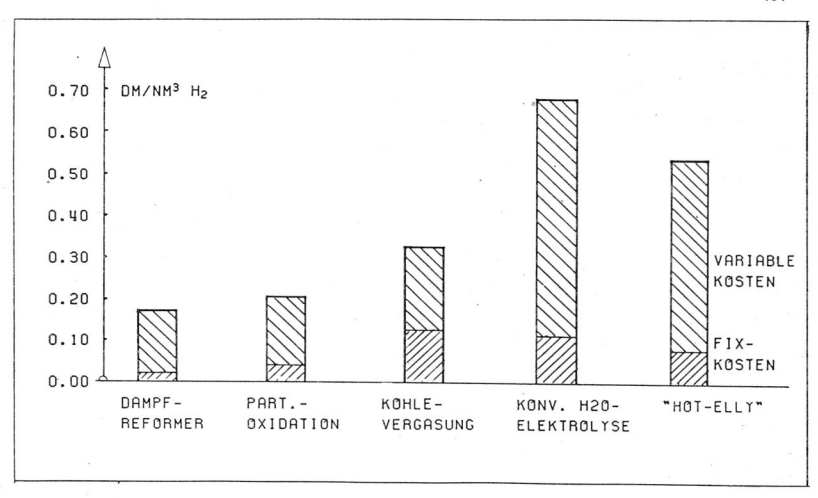

Abb. 12: Erzeugerpreis für Wasserstoff mit großtechnischen Verfahren nach [4]

Einen erheblichen Einfluß auf die Wasserstoffkosten hat auch die pro Anlage erzeugte Wasserstoffmenge. In Abb. 13 sind die Wasserstoffkosten verschiedener Erzeugungsverfahren in Abhängigkeit von der Anlagengröße dargestellt. Daneben enthält dieses Diagramm auch einen Hinweis auf die Erzeugung von Reinwasserstoff aus wasserstoffreichen Rohgasen. Dies ist immer dann interessant, wenn solche Gase zum Heizwertpreis zur Verfügung stehen. Die Art des Gasreinigungsverfahrens ist dabei von untergeordneter Bedeutung, jedoch haben sich für solche Anwendungen DWA-Anlagen weitgehend durchgesetzt.

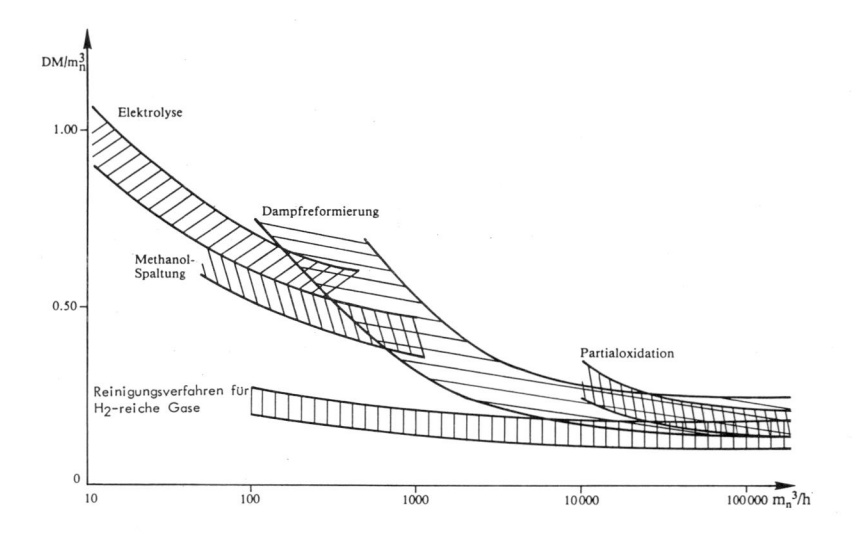

Abb. 13: Gestehungspreise für Wasserstoff in Abhängigkeit von
Erzeugungsverfahren und Anlagenkapazität [5]
Grundlagen der Preisermittlung. Investitionskosten:
1983, BRD; Erdgaspreis: 35 DM/Gcal Ho; Heizgaspreis:
35 DM/Gcal Hu; Strompreis: 0,09 - 0,15 DM/kWh; Naphtha:
650 DM/t; Elektrolyse: Grenzkurven 0,15 - 0,09 DM/kWh;
Methanolspaltung: Grenzkurven 525 - 400 DM/t;
Dampfreformierung: Grenzkurven Naphtha - Erdgas;
Partialoxidation: Grenzkurven Schweröl 300 DM/t -
Rückstand 100 DM/t.

ENTWICKLUNGSTENDENZEN

Die Weiterentwicklung der Verfahren zur Erzeugung von Wasserstoff aus Kohlenwasserstoffen betrifft insbesondere Energieeinsparungen, Rohstoff-Flexibilität und Einsatzmöglichkeit für anderweitig schwer vermarktbare Produkte. Auf dem ersten Gebiet wurden in den letzten Jahren durch aufwendige Abhitzesysteme, durch verbesserte Befeuerung und Isolierung der Öfen sowie durch ausgeklügelte Verfahrensführung noch beträchtliche Wirkungsgradverbesserungen bei Dampfreformierung und Partialoxidation erzielt. Gleichzeitig Einsatzflexibilität anzustreben ist möglich, würde jedoch zu erheblichen Investitionsaufwendungen führen, die bei der derzeitigen Versorgungsstabilität nicht gerechtfertigt sind. Die Entwicklung der Energierohstoffpreise der letzten Jahre und die kurzfristigen Tendenzen auf diesem Sektor haben dem Markt keine Impulse gegeben, aufwendigere Verfahren für die Nutzung von fossilen Rohstoffen mit einer breiten Versorgungsbasis wie Schweröl, Teersand, Kohle oder nachwachsende Rohstoffe zur Anwendung zu bringen. Demgegenüber wurden die Bemühungen, Wasserstoff aus Produktströmen zurückzugewinnen, die in Raffinerien und petrochemischen Anlagen dem Heizgasnetz zugeführt werden, verstärkt. Dabei kommen sowohl eingeführte Tieftemperaturtrennverfahren, als auch neuere Verfahren, wie insbesondere die Druckwechseladsorption zum Einsatz.

Weltweit werden große Wasserstoffmengen für den industriellen Verbrauch zu ca. 90 % aus Kohlenwasserstoffen erzeugt. Für die Deckung dieses Wasserstoffbedarfs gibt es eine breite und damit relativ krisensichere Basis. Auch eine spürbare Verknappung fossiler Rohstoffe würde daran wenig ändern.

Natürlich kommen diese Rohstoffquellen nicht mehr in Betracht, wenn Wasserstoff als universeller Energieträger eingesetzt wird. Was dies gemessen an der heutigen kommerziellen H2-Erzeugung bedeutet, sei an einem Vergleich dargestellt, der selbstverständlich fiktiven Charakter hat, und provozierend gemeint ist, vielleicht aber doch eine Vorstellung von der Größenordnung dieses Unterfangens gemessen am heutigen Wasserstoffmarkt vermittelt.

Herausgegriffen sei der Bereich
Verkehr, dessen Energiebedarf
auf Wasserstoff umgestellt
werden solle.
Der Bedarf an Energie für diesen
Sektor betrug nach Angaben der
Rheinisch-Westfälischen
Elektrizitätswerke (RWE) 1983
für die Bundesrepublik
$1,665 \times 10^{18}$ J/a (s. Abb. 14).
Dies entspricht etwa einem Viertel der insgesamt in der BRD
umgesetzten Energie. Rechnet man
diese Energiemenge über den
unteren Heizwert in eine äquivalente Wasserstoffmenge um
(19 000 000 Nm3/h), so übersteigt diese den Wasserstoffverbrauch in der BRD um das
Siebenfache.

ENERGIEVERBRAUCH FUER DEN VERKEHR	$1,665 \times 10^{18}$	J/A
ENTSPRECH. H2 MENGE (UMRECHNUNG UEBER H_u)	19 000 000.	NM3/H
ZUM VERGLEICH: H2 - VERBRAUCH INDUSTRIELL. BRD 1985	2 750 000.	NM3/H
SUBSTITUTION DURCH		
FOSSILE ENERGIE Z.B. ERDGAS	7 900 000.	NM3/H
ZUM VERGLEICH: ERDGASVERBRAUCH BRD 1983	6 600 000.	NM3/H
ELEKTROLYSE: STAND DER TECHNIK	85 000.	MW
"HOT ELLY"	65 000.	MW
ZUM VERGLEICH: KERNENERGIE IN DER BRD 1983	14 000.	MW

Abb. 14: Energie- und Wasserstoffverbrauch in der BRD 1983

Wollte man diese H2-Menge auf konventionelle Art, z. B. auf die zur
Zeit kostengünstigste Weise aus Erdgas erzeugen, so wäre der Erdgasbedarf alleine hierfür bereits höher als der Gesamtverbrauch in der
BRD. Noch utopischer wäre die Erzeugung derartiger Wasserstoffmengen
durch Elektrolyseure, selbst wenn die modernste, heute noch nicht
verwirklichte Technologie zur Verfügung stünde. Alleine 65 Kernkraftwerke mit einer Leistung von je 1000 MW elektrisch würden
benötigt, um die 1983 verbrauchte Energie für den Verkehrssektor
durch elektrolytisch erzeugten Wasserstoff zu substituieren.

Aus dem Vergleich der heute großtechnisch produzierten Wasserstoffmengen mit dem für eine Substitution im aktuellen Energieszenario nötigen Mengen kann nur gefolgert werden, daß noch tiefgreifende Änderungen auf den technischen, energie- und gesellschaftspolitischen Gebieten notwendig sein werden, bevor die Wasserstoffwirtschaft über die heutigen Anwendungen hinaus zur Herausforderung für das Chemieingenieurwesen werden kann.

LITERATUR

[1]   P. Häussinger, R. Lohmüller, H.-J. Wernicke: "Wasserstoff"
        Ullmanns Enzyklopädie der technischen Chemie,
        4. Aufl., Bd. 24, Weinheim, 1983, S. 243 - 348

[2]   R. Lohmüller: "Chem. Ing.-Techn." 56 (1984), S. 203

[3]   H. Jungfer, R. Lohmüller: "Erdöl und Kohle" 39 (1986),
        S. 188

[4]   G. Kaske: "Chemische Industrie" 37 (1985), S. 314

[5]   R. Lohmüller: "Chemische Industrie" 36 (1984), S. 147

Wasserstoffgewinnung durch Alkalische Wasserelektrolyse
Technik, Entwicklungslinien, ökonomische Chancen

H. Wendt
Institut für Chemische Technologie, TH Darmstadt

Zusammenfassung

Wasserstoff-Gewinnung durch Elektrolyse hat im Zusammenhang mit dem Ausbau der Kernenergie in Frankreich, Belgien, Kanada und Japan sowie für die autonome Kunstdüngerversorgung von rohstoffarmen Entwicklungsländern, die über Wasserkraftreserven verfügen, an Interesse gewonnen. Der Stand der Technik zeichnet sich durch sehr zuverlässige Elektrolyseure mit relativ hohem Kapitalbedarf und relativ hohem Energieverbrauch aus.

Im Rahmen von Forschungs- und Entwicklungsarbeiten der EG der EdF in Frankreich, der International Energy Agency, des US-Department of Energy und des sunshine-projects in Japan sind neue Elektrolyseur-Konzepte entwickelt worden, die gleichzeitig den investionsbedingten Anteil und den energiebedingten Teil der H_2-Gestehungskosten senken sollen. Diese Arbeiten konzentrierten sich hauptsächlich auf die weitere Entwicklung der alkalischen Wasser-Elektrolyse. Wesentliche Neuerungen sind:

a) die generelle Einführung einer "abstandsfreien" Anordnung von Elektroden und Diaphragmen,
b) eine Erhöhung der Prozeßtemperatur, die nur durch Entwicklung und Einführung neuer korrosionsresistenter Diaphragmenmaterialien erreichbar ist,
c) eine merkliche Absenkung der kathodischen und anodischen Überspannung durch Auffinden und Erproben neuer Elektro-Katalysatoren.

Diese Innovationen sind in den letzten Jahren in zunehmendem Maße in die technische Praxis eingeführt worden. Das Potential der Membranelektrolyse (von General Electric patentiert und von dieser Firma sowie von BBC weiterentwickelt) scheint eher auf dem Gebiet kleiner Wasser-Elektrolyseure (0,5 bis mehrere 100 kW) zu liegen als auf dem Gebiet der Massenerzeugung von Wasserstoff in Großanlagen.

Die auf der Verwendung von ZrO_2 als Fest-Elektrolyten beruhende Wasserdampf-Elektrolyse (bei 800 bis 900°C) scheint vorläufig noch recht weit von einer großtechnischen Anwendung entfernt.

Summary

The recovery of hydrogen by electrolysis has gained in interest in connection with the development of nuclear energy in France, Belgium, Canada and Japan, as well as in relation to the autonomous supply of commercial fertilizers by developing countries low in raw materials which have reserves of hydraulic power at their disposal. The level of technology is characterized by highly reliable electrolyzer outfits with a relatively high capital requirement and relatively high energy consumption.

New electrolyzer concepts have been developed in the course of the research and development work conducted by the EC at the EdF in France, by the International Energy Agency, the US Department of Energy, and in the Sunshine Project in Japan, which should reduce both the investment and the energy-related shares of the expenditure making up the H_2 production costs. This work has concentrated in the main on the continued development of alkaline water electrolysis. The basic new developments are:

a) the general introduction of a "no gap" arrangement of electrodes and membranes,
b) an elevation of the process temperature, which can only be achieved by the introduction of new corrosion-resistant membrane materials, and
c) an appreciable reduction of cathodic and anodic overvoltage by the discovery and trial of new electrocatalysts.

These innovations have been introduced into commercial practice to an increasing extent in recent years. The potential of membrane electrolysis (patented by General Electric and further developed by this company and by BBC) would appear to lie in the field of small water electrolyzers (0.5 to 100 kW) rather than in the field of large-scale hydrogen production in large-scale plants. The electrolysis of water vapour (at 800 to 900°C) based on the principle of using ZrO_2 as stable electrolytes would at present appear to be still very far removed from commercial application.

Résumé

La production d'hydrogène par l'électrolyse est devenue de plus en plus intéressante quant à l'utilisation extensive de l'énergie nucléaire en France et en Belgique, au Canada et au Japon ainsi que pour l'approvisionnement en engrais chimiques des pays en voie de développement pauvres en matières premières, disposant de réserves d'énergie hydraulique. Le niveau de la technique se caractérise par des électrolyseurs très fiables nécessitant un apport de capital relativement important et une consommation relativement élevée en énergie.

Dans le cadre des travaux de recherche et de développement de la CEE et de l'EDF en France, de l'International Energy Agency et de l'US Department of Energy ainsi que des projets solaires au Japon, de nouvelles conceptions d'électrolyseurs ont été développées visant à réduire tant la part des investissements que la part de la consommation d'énergie entrant dans le coût de revient du H_2. Ces travaux se sont concentrés en première ligne sur le perfectionnement de l'électrolyse alcaline de l'eau. Les principales innovations sont les suivantes:

a) L'introduction générale de la disposition " sans écart" des électrodes et diaphragmes;
b) l'augmentation de la température du cycle ce qui fut uniquement possible grâce au développement et à l'introduction de nouveaux matériaux de diaphragmes résistant à la corrosion;
c) une baisse considérable de la surtension cathodique et anodique grâce à la découverte et au test de nouveaux électrocatalyseurs.

Au cours des dernières années, ces innovations ont de plus en plus fait leur entrée dans la pratique technique. Le potentiel de l'électrolyse à membrane (brevetée par General Electric et perfectionnée par cette entreprise ainsi que par BBC) se situe apparemment plus dans le domaine des petits électrolyseurs d'eau (de 0,5 allant jusqu'à plusieurs centaines de kW) que dans le domaine de la production d'hydrogène en masse dans de grandes installations.

L'électrolyse de vapeur d'eau basée sur l'utilisation de ZrO_2 en tant qu'électrolyte solide (à 880° - 900°C) semble pour l'instant encore être loin d'une application à grande échelle.

2. Wasserspaltung durch Elektrolyse

Für die Wasserelektrolyse (Gln. (1) bis (4) - wie für Elektrolyseprozesse allgemein - wird der Mindestaufwand der elektrischen Energie durch die freie Enthalpie der Reaktion ($H_2O \rightarrow H_2 + 1/2 O_2$) bestimmt:

Kathode: $2 H_2O + 2e^- \rightarrow H_2 + 2 OH^-$ (1)
Anode: $2 OH^- \rightarrow 1/2 O_2 + H_2O + 2e^-$ (2)
$H_2O \rightarrow H_2 + 1/2 O_2$ (3)
$\Delta G^\circ = 2 F U_0$ (4)

Die theoretische Zersetzungsspannung U_0 einer Wasserelektrolyse beträgt bei 25°C und einem Druck von 1 bar mit $G^\circ_{300K} = 237 kJ/Mol$ /7/ 1,23 V.

Abbildung 1 zeigt die Temperaturabhängigkeit der Gleichgewichtszellenspannung unter Normaldruck. Es wird deutlich, daß für Elektrolyseprozesse, die bei Temperaturen oberhalb 700°C Wasserdampf elektrolytisch spalten, wegen der positiven Reaktionsentropie die aufzuwendende Zellenspannung merklich sinkt (bis auf rund 0,9 V bei 1200 K), wobei aber der durch die Entropie der Reaktion bedingte Enthalpieanteil $T \Delta S$ als Prozeßwärme, die allerdings wesentlich billiger als elektrische Energie ist, in die Elektrolyse eingespeist werden muß. Die praktisch erzielbaren Zellenspannungen liegen nach dem Stand der Technik bei kommerziellen Wasserlektrolyseuren erheblich über dem angegebenen Wert der Gleichgewichtszellenspannung U_0 und entsprechen bei den besten Elektrolyseuren mit rund 1,75 bis 1,8 V nur einer 80 bis 85%igen Energienutzung, wenn statt der freien Enthalpie der Reaktion der obere Heizwert des Wasserstoffs (ΔH°, welcher unter Standardbedingungen rund 25% größer als ΔG° ist) als Bezugsgröße der Energieausbeute gewählt wird.

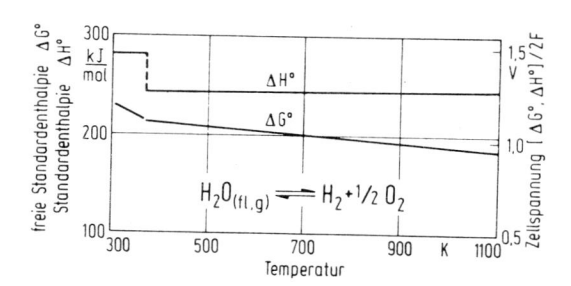

Abb. 1: Freie Standardenthalpie und frei Standardenthalpie der Wasserspaltung im Temperaturbereich 300 bis 1100 K. Der Maßstab auf der rechten Seite ($\Delta G°$ bzw. $\Delta H°$)/2F gestattet die Ablesung hypothetischer Zellspannungen ($\Delta G°/2F=U°$)

Für die elektrolytische Wasserzersetzung hat man bisher drei grundsätzlich unterschiedliche Verfahrensvarianten entwickelt:

- Die Wasserelektrolyse mit alkalischem, wäßrigem Elektrolyten, bei Verwendung eines porösen Asbestdiaphragmas zur Trennung von Kathoden und Anodenraum zwecks Verhinderung der wechselseitigen Vermischung der Produktgase Wasserstoff und Sauerstoff (Abb. 2a).

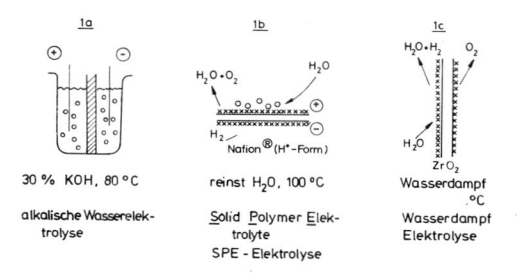

Abb.2: Schematische Darstellung der drei Verfahrensvarianten zur elektrolytischen Wasserspaltung

— Die Membranelektrolyse (SPE^R-Wasserelektrolyse), die sich einer protonenleitenden Ionentauschermembran als Elektrolyten und als die Elektrolysezelle unterteilender Membran bedient, in der das zu zersetzende Wasser keinerlei Elektrolytzusätze benötigt und ausschließlich auf der Anodenseite zugeführt wird. Die Membran-Wasserelektrolyseure wurden aus den entsprechenden Brennstoffzellen entwickelt und werden heute von General Electric bzw. Billings mit Leistungen von einigen kW$_e$ bis etwa 100 kW$_e$ angeboten (Abb. 2b).

— Die Hochtemperaturdampfelektrolyse, die bei 700 bis 1000°C arbeitet, und bei der sauerstoffionenleitende Keramik (durch Y_2O_3, MgO oder CaO stabilisiertes, kubisches ZrO_2) als Diaphragma und Elektrolyt dient. Das zu zersetzende Wasser wird auf der Kathodenseite als Dampf zugeführt, der bei der elektrolytischen Zersetzung ein Wasserstoff-Dampf-Gemisch bildet, während die durch die Keramik an die Anode transportierten O^{2-}-Ionen dort zu Sauerstoff entladen werden (Abb. 2c). Die Wasserdampfelektrolyse ist heute immer noch relativ weit von einer technischen Realisierung entfernt.

3. Konventionelle alkalische Wasserelektrolyse

Die konventionelle Wasserelektrolyse mit wäßrigem Elektrolyten unter Verwendung eines Asbestdiaphragmas bedient sich aus Gründen der Korrosionsbeständigkeit der metallischen Werkstoffe ausschließlich alkalischer Elektrolyte (30 Gew.-% KOH). Die Wasserstoffgewinnung durch Elektrolyse mit alkalischen Elektrolyten ist zwar eine wohl etablierte Technik, sie wird jedoch aus Kostengründen in der Regel nur für kleine bis mittelgroße Anlagen (0,5 bis 5 MW$_e$, entsprechend rund 100 bis 1000 m^{3}H$_2$/h) eingesetzt, und man produziert mit ihr nur in wenigen Großanlagen (z.B. in Assuan) mit Kapazitäten bis 30000 m^3_N/h Wasserstoff für die Ammoniaksynthese in sehr großen Mengen (Tab. 1). Wegen des relativ beschränkten Marktes für Wasserelektrolyseure ist die technische Entwicklung auf diesem Gebiet der Prozeß- und Anlagentechnik nur zögernd vorangeschritten.

Alkalische Wasserelektrolyse

Tabelle 1: Große Wasserstoffelektrolyse-Anlagen

Ort	Hersteller	Kapazität $m^3 H_2/h$
Nangal, Indien	DeNora	30000
Aswan, Ägypten	Brown Boveri	33000
Ryukan, Norwegen	Norsk Hydro	27900
Ghomfjord, Norwegen	Norsk Hydro	27100
Trail, Kanada	Trail	15200
Cuzco, Peru	Lurgi	4500
Huntsville, Ala. USA	Electrolyser Corp.	535*

* Diese Anlage ist keine Großanlage, sondern hat die typische Größe wie sie z.B. für Speiseölhydrierungen üblich ist.

4. Verfahrensbeschreibung /8/,/9/

Bis auf eine Ausnahme (Electrolyzer Corp. Ltd. Technology in Kanada) sind sämtliche kommerziell angebotene Elektrolyseure "bipolare" Elektrolyseure, in denen die Einzelzellen elektrisch und geometrisch (in Filterpressenanordnung) hintereinandergeschaltet sind, so daß jede metallische Trennwand, die eine Zelle von anderen trennt, auf der einen Seite eine Kathode und auf der anderen Seite eine Anode trägt (Abb. 3 a). Sogenannte "Vorbleche" tragen die als geschlitzte Planbleche oder als zweidimensional durchbrochener Flächen (Lochbleche oder Streckmetall) ausgebildeten Elektroden und bilden einen Hohlraum zwischen Elektrode und bipolarer Trennplatte, in dem das zweiphasige Gemisch aus Elektrolyt und Wasserstoff oder Sauerstoff gesammelt und geregelt abgeführt werden kann.

Abb. 3a, c, d zeigen die Details der technischen Ausführung der bipolaren Filterpressenanordnung für den drucklosen Oerlikon (BBC) Elektrolyseur und den für einen Arbeitsdruck von 30 bar ausgelegten Druckelektrolyseur von Lurgi.
Die Querschnittzeichnung wird in Abb. 3e durch eine "Explosionszeichnung" ergänzt, um deutlich zu machen, daß im Lurgi-Elektrolyseur die bipolaren Trennplatten als Waffelbleche ausgebildet sind, die Metallnetzelektroden (Nickel oder vernickeltes Eisen) tragen und sie in abstandsloser Anordnung gegen die 2 bis 3 mm dicken, sehr flexiblen Asbestdiaphragmen pressen.

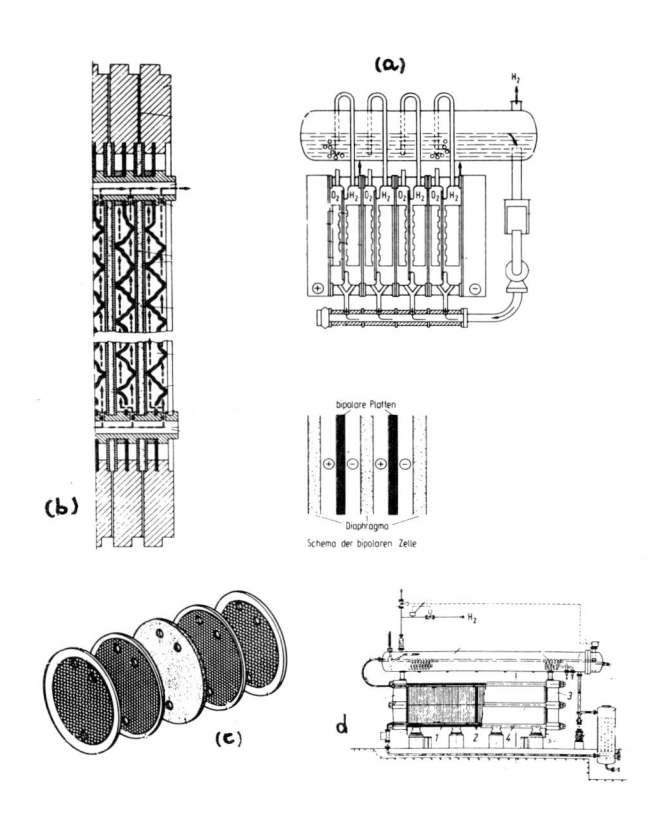

Abb.3: Bipolare Elektrolyseure: (a) BBC-Elektrolyseur, (b) Schemazeichnung, Lurgi Elektrolyseur (c) und (d) im Schnitt, (c) als "Explosions"-zeichnung. Der Durchmesser der Lurgizelle beträgt etwa 1 m, die Länge eines Elektrolyseurs etwa 6 bzw. 12 m (Doppelung).

Die Produktgas/Elektrolyt-Emulsion wird in Gaskanälen (Lurgi, Norsk Hydro), die im Zellrahmen oder Zellinnern axial verlaufen, gesammelt oder in Einzelrohren – für jede Zelle eines – (Örlikon, de Nora) gefaßt und einem sogenannten "Separator" in dem die Emulsion des Elektrolyten mit dem Wasserstoff bzw. dem Sauerstoff dank genügend langen Verweilzeiten (t>1 min) sich trennen können, zugeführt. Die Separatoren sind mit Wasserkühlern ausgerüstet und dienen gleichzeitig als Wärmetauscher zur Abfuhr überschüssiger dissipierter Stromwärme.

Der verfahrenstechnische Aufwand für die Konditionierung der – sehr rein anfallenden – Gase ist gering: Ein Gaswäscher befreit die Produktgase von mitgeführtem KOH-Aerosol, es folgt eventuell eine Gastrocknung, auf die bei Druckelektrolysen häufig verzichtet werden kann, und – falls erforderlich– sorgt zwischen Gaswäsche und -Trocknung noch ein Pt-Kontakt für die Beseitigung von Restverunreinigung (O_2 in H_2) durch katalytische Verbrennung.

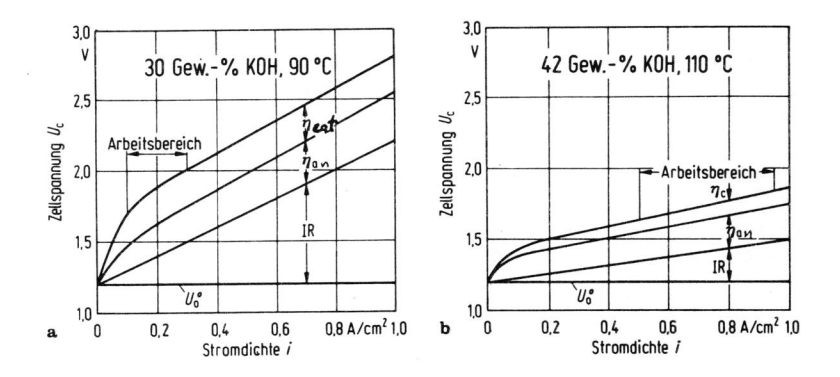

Abb. 4a,b: Schematische Darstellung der Stromdichte-Zellenspannungs-Kurven von Elektrolyseuren für die alkalische Wasserelektrolyse. a konventionelle Bauart; b fortgeschrittene Technik

Tabelle 2 faßt typische Betriebsdaten für eine Reihe von renommierten Elektrolyseuren unterschiedlicher Herkunft zusammen.

Tabelle 2 Kenndaten einiger Wasserelektrolyseure. Nach /9/

Hersteller	Electrolyzer Corp. Ltd.	BBC	Norsk Hydro	de Nora	Lurgi
Typ d. Zelle	Monopolar	Bipolar	Bipolar	Bipolar	Bipolar
Arbeitsdruck	Normaldruck	Normaldr.	Normaldr.	Normaldr.	30 bar
Arbeitstemperatur	70°C	80°C	80°C	80°C	90°C
Elektrolyt	28% KOH	25% KOH	25% KOH	29% KOH	25% KOH
Stromdichte i (kA/m^2)	1,34	2,00	1,75	1,50	2,00
Zellspannung U_C (V)	1,9	2,04	1,75	1,85	1,86
Stromausbeute	>99,9	>99,9	>98	>98,5	98,75
O_2-Reinheit	99,7	>99,6	99,3...99,7	99,6	99,3....99,5
H_2-Reinheit	99,9	>99,8	98.8...99,9	99,9	99,8....99,9
Energiebedarf ($kWh/m^3_N H_2$)	4,9	4,9	4,3	4,6	4,5 (4.6 garantiert)

Der Stand der Technik wird heute durch folgende Daten charakterisiert:

Leistungsspezifische Investitionskosten 1100 bis 1300 DM/kW$_e$ (1985), Arbeitstemperatur 80°C, Stromdichte 2 kA/m^2, Zellenspannung 1,9 bis 2 V (entsprechend einem Energieverbrauch von rund 4,8 kWh/m^3_N Wasserstoff unter Einfluß aller Verluste und zusätzlichem Energiebedarf für Pumpen und sonstige Hilfsaggregate)/1/.

Diese Daten ergeben nicht nur einen sehr hohen Energiekostenanteil (60 bis 80% unter mitteleuropäischen ökonomischen Bedingungen), sondern wegen der relativ niedrigen Raumzeitausbeute, bedingt durch die niedrigen Stromdichten, deren Steigerung die Zellspannung erheblich erhöhen würde, entstehen auch relativ zu hohe Investitionskosten.

Die Entwicklungsziele, (1) Senkung der Energiekosten und (2) Erniedrigung der Investitionskosten – die einfachste Maßnahme dazu wäre eine Erhöhung der Stromdichte – sind kontrovers, da Stromdichterhöhung immer eine Erhöhung der Zellspannung zur Folge hat.

Dies demonstriert Abb. 4a, die die Zellspannungs-Stromdichtekorrelation für konventionelle alkalische Wasserelektrolyseure wiedergeben. Die Gleichungen (5a) und (5b) teilen die Gesamtzellspannung U_c in den Ohm'schen Spannungsabfall im Elektrodenzwischenraum (iR) und die anodische und kathodische Überspannung (η_a und η_b) sowie die Gleichgewichtszellspannung U_0 auf.

$$U_c = U_0 + iR' + \eta_a + \eta_c \qquad (5a)$$

Mit der Stromdichte i, die ein unmittelbares Maß für die Raumzeitausbeute des Elektrolyseurs ist, dem flächenspezifischen Zellenwiderstand R'* (k=Wert in Ωm^2), der anodischen (η_a) und kathodischen (η_c) Überspannung, die logarithmisch mit der Stromdichte wachsen und deren Stromdichteabhängigkeit für hohe Stromdichten linearisiert werden kann: $\eta_a + \eta_c = \Delta U + iR''$ erhält man mit R"+R'=R* die lineare approximierte Beziehung:

$$U_c = U^0 + \Delta U + R^* i = U_0^{'} + R^* i. \qquad (5b)$$

Aus den Gln. 5a,b bzw. aus Abb. 4a folgen die technischen Ziele jeder Innovation in der Wasserelektrolysetechnik

(a) Erniedrigung des Zellwiderstandes durch generelle Einführung der "abstandsfreien" Zellanordnung sowie Entwicklung neuer Diaphragmen mit verringertem elektrischem Widerstand.

(b) Anhebung der Arbeitstemperatur zwecks Nutzung der verbesserten elektrischen Leitfähigkeit des Elektrolyten.

(c) Entwicklung neuer, billiger und persistenter Elektrokatalysatoren zwecks Abbau der anodischen und kathodischen Überspannung.

Hierbei besitzt die Verringerung des Zellwiderstands besondere Bedeutung, da bei Zellen der etablierten Technik mit flächenspezifischen Widerständen von rd. $10^{-4} \Omega\, m^2$ der Ohm'sche Spannungsverlust i R' die übrigen Verlustterme bei hohen Stromdichten erheblich übertrifft (Abb. 4a).

5. Innovation in der Technik der alkalischen Wasserelektrolysen[2]

Abstandsfreie (zero-gap) Zellengeometrie

Jede Verminderung des Elektrodenabstandes vermindert den inneren Zellwiderstand des Elektrolyseurs, vorausgesetzt, es kommt nicht zu einer Akkumulierung der Elektrolysegase im Elektrodenzwischenraum. Die "abstandsfreie" Elektrodenanordnung, die in modernen Wasserelektrolyseuren realisiert ist erfordert generell die Verwendung durchbrochender Elektroden, die auf das Diaphragma von beiden Seiten aufgepreßt werden, eine Technik, die bereits vor mehr als 15 Jahren von Costa und Grimes beschrieben wurde /10/ und im Lurgi-Elektrolyseur schon seit längerer Zeit realisiert worden ist /9/ Die Gase werden bei der abstandslosen Elektrodenanordnung zum größten Teil auf der Rückseite der Elektrode, also auf ihrer dem Diaphragma abgewandten Seite entwickelt. Die Stromlinien greifen also durch die Elektrodenlöcher auf die Rückseite der Elektroden.

Abb. 5 stellt das Prinzip der abstandslosen Zellengeometrie dar und macht gleichzeitig deutlich, daß der Durchmesser der Maschenlöcher der durchbrochenen Elektrode zwar möglichst gering sein soll, jedoch der mittleren Blasengröße der entwickelten Gase angepaßt werden sollte, um ein Einfangen der Gasblasen in den Löchern zu vermeiden. So werden für die Kathode zweckmäßigerweise Lochdurchmesser von rd. 0,5 mm und wegen des größeren Durchmessers der Sauerstoffblasen /2/,/11/ für die Anode Lochdurchmesser von rund 1 mm gewählt. Die in Abb. 5 gezeigte konische Aufweitung der Löcher ist gleichfalls wichtig zur Vermeidung eines Blaseneinfangs.

Neue Diaphragmenmaterialien

Das Ergebnis der Entwicklungsarbeiten auf dem Gebiet neuer Diaphragmentypen ergab, daß nur Kompositmaterialien den - teils widersprüchlichen - Anforderungen an ein Diaphragma, das den konventionellen Asbesttüchern überlegen ist, entsprechen. Außer Kompositen, die entweder eine anorganische Matrix mit einem organischen Polymeren vereinen oder aus einer organischen Polymermatrix bestehen, in die zur Hydrophilisierung anorganische Verbindungen eingelagert sind, wurden auch Komposite aus Metallen und oxidkeramischen Materialien mit Erfolg entwickelt.

Alkalische Wasserelektrolyse

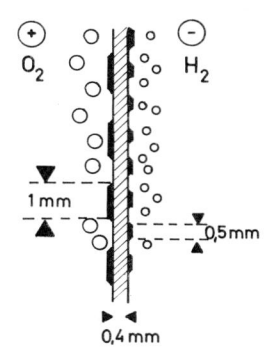

Abb. 5: Prinzip der "abstandslosen" Zellenkonstruktion. Die Elektroden sind Lochbleche mit konischem Lochprofil. Die Lochung der Anode und Kathode ist entsprechend dem mittleren Balsendurchmesser der Gasblasen des Sauerstoffs bzw. Wasserstoffs unterschiedlich.

Polymer-verstärkte Asbestdiaphragmen: Die Imprägnierung von sehr dünnem Asbestkarton (Dicke < 0,5 mm) mit hydrolphilen Polymeren (insbesondere Polyvinylidenpyridin) gestattet es, die mechanische und chemische Stabilität des Asbestkartons so weit zu erhöhen, daß er als Diaphragmenmaterial in Elektrolyseuren eingesetzt werden kann, vorausgesetzt, es wird durch Verwendung der in Abb.5 skizzierten, abstandsfreien Zellenanordnung durch die aufgepreßten Elektroden meachanisch gestützt /12/. Derartige polymerverstärkte Asbestdiaphragmen weisen bei 25°C in 30 Gew.-% KOH einen flächenspezifischen Widerstand von nur $1,6 \cdot 10^{-5} \Omega \, m^2$ auf, sind aber wegen des verwendeten Asbestkartons oberhalb 90°C im kaustischen Elektrolyten nicht stabil, können also nur in Elektrolyseuren eingesetzt werden, deren Arbeitstemperatur nicht höher ist als heute üblich.

Diaphragmen aus hydrophilisierten alkalibeständigen organischen Polymeren. Poly(phenylenether)sulfon ist (außer PTFE) einer der wenigen Polymermaterialien, die bis zu Temperaturen von 120°C in konzentrierten Laugen beständig sind. Durch Herstellen eines porösen Kompositwerkstoffs aus dem hydrophoben Polysulfon und hydrophilen, anorganischen Komponenten (wie Sb_2O_5, /13/ ZrO_2, MgO /14/ oder Kaliumhexatitanat /15/) ist es gelungen, sehr dünne (d < 0,5 mm) mikroporöse und hydrophile Diaphragmen herzustellen, deren flächenspezifischer Widerstand unter Betriebsbedingungen (1000 A/m², 120°C, 10 bis 30 Gew.% KOH) $2 \cdot 10^{-5}$ Ωm² nicht übersteigt. Die Kombination Polybenzimidazol und K-hexatitanat ist ähnlich gut geeignet für derartige Kompositdiaphragmen /16/, /17/. Der jüngste Fortschritt bei der Herstellung derartiger Materialien ist die Herstellung eines durch Einlagerung von ZrO_2- oder $Mg(OH)_2$-Partikeln hydrophilisierten Teflondiaphragmas /14/, /16/, das einen Einsatz auch bei Arbeitstemperaturen oberhalb 120°C gestatten dürfte.

Nickelnetz-verstärkte oxidkeramische Diaphragmen: Die bisher höchste Widerstandsfähigkeit gegenüber kaustischem Angriff weisen die jüngst entwickelten Diaphragmen auf, die aus einem dünnen Nickelnetz als tragende Struktur und auf das Netz aufgesinterten Schichten aus porösen, oxidischen Materialien bestehen. Die aufgesinterten Oxidkeramikschichten isolieren das Metallnetz elektrisch auf beiden Seiten und stellen das eigentliche Diaphragma dar /18/.

Eine Version dieses Diaphragmentyps verwendet für die poröse Oxidschicht reaktiv aufgesintertes Nickeloxid, das sich - auch im Kontakt mit der Kathode, bei deren Arbeitspotential es zu metallischem Nickel reduziert werden müßte - in heißer, wäßriger KOH als hinreichend stabil erweist /19/. Eine zweite Version bedient sich als keramische Komponente eines Cermets aus Nickel- und einem Mischoxid von Metallen der zweiten und vierten Gruppe /20/. Zumindest für das letztgenannte Diaphragma liegen Langzeiterfahrungen bei Betriebstemperaturen bis zu 160°C vor. Dieses Diaphragma scheint mit Herstellungskosten von rund 160 DM/m² auch das teuerste der neu entwickelten Diaphragmen zu sein. Versuche, die zum Ziel hatten, Asbestdiaphragmen durch Sinternickeldiaphragmen /21/ bzw. durch gewebte Teflondiaphragmen, die durch Propfpolymerisation hydrophiler Polymere hydrophilisiert wurden, zu ersetzen /22/, müssen als - wahrscheinlich endgültig - gescheitert gelten.

Entwicklung neuer Elektrokatalysatoren

Die Möglichkeiten, die Überspannung der Wasserstoff- und der Sauerstoffentwicklung durch Modifizierung der Elektrodenoberflächen, nämlich durch Aufbringen geeigneter Elektrokatalysatoren abzubauen, sind sehr intensiv untersucht worden und haben zu einer Reihe erfolgreicher Aktivierungsverfahren geführt. Die Resultate sind für die Kathode und die Anode jedoch recht unterschiedlich.

Die Überspannung der Wasserstoffentwicklung läßt sich zuverlässig um 150 bis 200 mV auf 100 bis 150 mV vermindern, während man bei der Sauerstoffentwicklung sich mit einer Verbesserung um etwa 80 bis 90 mV unter den oben angegebenen Arbeitsbedingungen zufrieden geben muß.

Kathodische Elektrokatalysatoren: Generell kann es als Stand der Technik gelten, daß mit Schichten feiner Nickelkristalle mit hoher spezifischer Oberfläche ein Abbau der kathodischen Überspannung möglich ist, der mit dem von Platinschwarzoberflächen vergleichbar ist. Es gibt jedoch recht verschiedenartige Techniken der Elektrodenbeschichtung, die bei sehr unterschiedlichen Prozeßkosten zu vergleichbaren Resultaten führen können. Ein relativ billiges aber vor allem für flache glatte und druchbrochene Flächen geeignetes Verfahren besteht im Aufwalzen von $NiAl_3$(Raney-Nickel)-Vorlegierungen und dem anschließenden Auslaugen des Aluminiums mit KOH /23/. Verwandt mit diesem Verfahren ist die kathodische Abscheidung von Nickel-Zink-Legierungen /24/, (Diamond Shamrock betreibt dieses Verfahren zur Kathodenaktivierung für die Chloralkalielektrolyse /25/), von Ni-Co-Zn-Legierungen sowie Fe-Zn-Legierungen /26/, aus denen das Zink mit kaustischem Elektrolyten herausgelöst wird. Die galvanische Abscheidung ist in der Anwendung nicht auf glatte, flache Elektroden beschränkt. Die Verwendung von gesinterten Nickelwhiskern wird gleichfalls empfohlen /27/. Im japanischen "Sunshine"-Projekt wurden hochporöse Elektroden aus geschäumtem Nickel entwickelt /15/. Bei Prozeßtemperaturen oberhalb 120°C verlieren derartige hochporöse Nickelschichten innerhalb einiger tausend Stunden Betriebszeit an katalytischer Aktivität, weil sie durch Rekristallisation wirksame Oberfläche verlieren. Dem kann man durch Einlagern von TiO_2 oder ZrO_2 begegnen /28/. Eine Stabilisierung der katalytischen Aktivität wird durch Einlagern von Molybdän bzw. Molybdänoxid erreicht /29/,/30/. Die Einlagerung von Molybdän ergibt – durch Bildung einer Nickel-Molybdän-Legierung mit 13% Molybdän, eine merkliche Verbesserung der katalytischen Wirksamkeit. Allerdings erscheint die Langzeitstabilität und Korrosionsbeständigkeit des Mo-dotierten Katalysators die im depolarisierten Zustand /31/,/32/,/33/ bei niedrigeren Betriebstemperaturen verbessert wird (t<70°C) oberhalb 90°C nicht mehr gesichert zu sein.

In Abb. 6 a,b,c und d werden bei unterschiedlichen Arbeitstemperaturen die Stromdichte-Potential Korrelationen von unaktivierten Nickelkathoden mit unterschiedlich aktivierten Kathoden verglichen. Die Daten lassen erkennen, daß im Stromdichtebereich von 1 bis 5 10^{-1} A/cm² (1000 bis 5000 A/cm²) die Überspannung um mehr als 200 MV abgesenkt werden können.

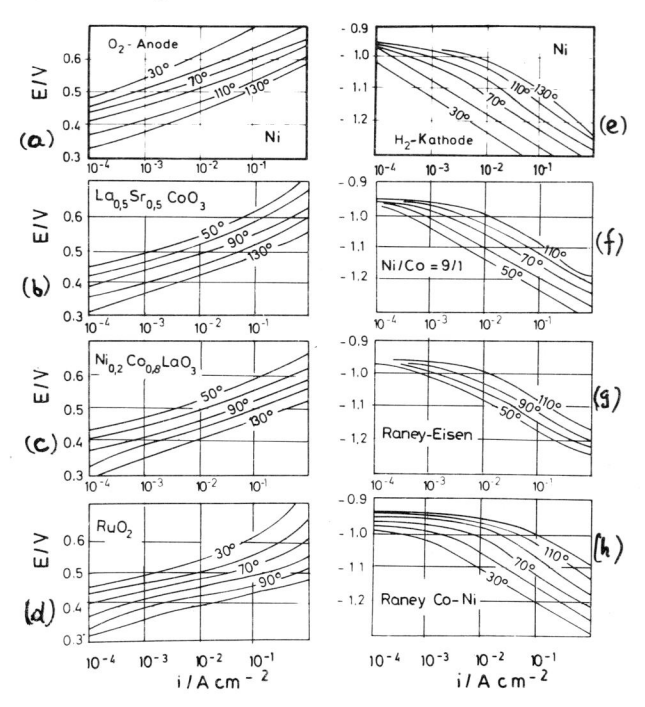

Abb. 6: a,b,c,d Stromspannungskurven der anodischen O_2-Entwicklung an Nickelanoden (a) und unterschiedlich aktivierten Anoden; e,f,g,h Stromspannungskurven der kathodischen H_2-Entwicklung; (e) für nicht aktivierte Nickelkathoden.

Anodische Elektrokatalysatoren. Es gibt nur relativ wenig langzeitstabile, billige und effektive Elektrokatalysatoren für die anodische Sauerstoffentwicklung im alkalischen Elektrolyten. Rutheniumdioxid ist zwar der wirksamste Elektrokatalysator für die anodische Sauerstoffentwicklung in alkalischen und sauren Elektrolyten, in konzentrierten Alkalilösungen sind RuO_2

-Beschichtungen jedoch sehr instabil und werden unter den Betriebsbedingungen der alkalischen Wasserelektrolyse in wenigen Stunden abgetragen /34/. Mischoxide, die Nickel und/oder Kobalt in unterschiedlichen Wertigkeitsstufen enthalten, wie Nickel-Lanthan-Perovskit ($LaNiO_3$), Lanthan-Strontium-Kobalt-Perovskit ($La_{1-x}Sr_xCoO_3$), Nickel-Kobalt-Spinell ($NiCo_2O_4$) oder Kobaltspinell (Co_3O_4) werden als Elektrokatalysatoren in der Wasserelektrolyse eingesetzt, wobei sich der Kobaltspinell als wirksamster und auch hinlänglich stabiler, anodischer Elektrokatalysator erwiesen hat /35/. Kobaltspinellaktivierte Nickelanoden, deren Kobaltbeladung nur einige 20 bis 30 g/m² beträgt, erzielen bei 10000 A/m² und einer Arbeitstemperatur von 90° C eine Verbesserung der Überspannung um 80 mV /34/,/35/.

In den Abb. 6 e,f,g,h demonstrieren Stromdichte-Potentialkurven für die anodische Sauerstoffentwicklung an unaktivierten und unterschiedlich aktivierten Nickelanoden den Effekt der Elektrokatalyse dieser stark gehemmten Reaktion. Leider eignet sich der beste Elektrokatalysator – RuO_2 – nicht für den Einsatz in der alkalischen Wasserelektrolyse, weil Rutheniumdioxid die dafür notwendige Langzeitstabilität vermissen läßt /34/. Sämtliche Beispiele in den Abb. a bis h lassen übrigens den Effekt der thermischen Aktivierung der elektrochemischen Wasserstoff und Sauerstoffentwicklung erkennen: Die Überspannungen werden durch Temperaturerhöhung deutlich vermindert.

6. Strom-Spannungs-Charakteristik neuer Hochstromelektrolysezellen

Abb. 4a stellt die typische Strom-Spannungs-Charakteristik für einen Hochstromelektrolyseur der neuen Generation /36/, dessen Konstruktion die wesentlichen Neuerungen nutz, dar. Abb. 7 vergleicht die Zellspannungs-Stromdichtekorrelationen der konventionellen und der fortgeschrittenen alkalischen Wasserelektrolyse mit den Daten der Membranelektrolyse und der Dampfelektrolyse.

Die Nullabstandsgeometrie des Apparates zusammen mit der Verwendung eines sehr dünnen und dennoch widerstandsfähigen Diaphragmas bedingten flächenspezifische Widerstände von $1{,}5 \cdot 10^{-5}$ bis $2{,}5 \cdot 10^{-5}\,\Omega\,m^2$, und die Überspannung der Sauerstoff- vor allem aber der Wasserstoffentwicklung sind merklich vermindert.

Bei 10 kA/m² ist die Betriebsspannung mit 1,8 bis 1,9 V gleich
der oder niedriger als die Zellspannung der heute auf dem Markt
befindlichen Elektrolyseure. Bei nur einem Fünftel dieser Stromdichte (2000 A/m²), wie sie dem heute gültigen Standard
entsprechen, erzielen die neuen Elektrolyseure mit 1,5 bis 1,6 V
Zellspannung energetische Wirkungsgrad von 93 bis 98%.

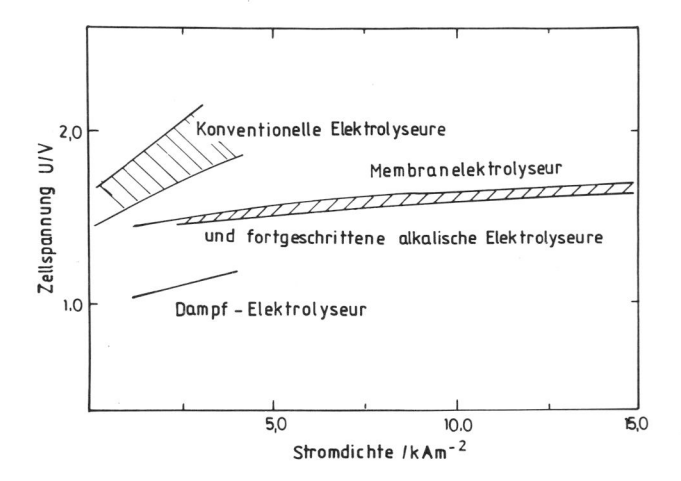

Abb. 7: Vergleich der Stromdichte-Zellenspannungs-Charakteristik
unterschiedlicher Elektrolyseverfahren

Es muß betont werden, daß bereits während der letzten beiden Jahre die verbesserten Techniken der alkalischen Wasserelektrolyse
technischer Anlagen erprobt wurden und bald Stand der Technik
sein dürfte.

7.(SPE^R)Membranelektrolyse

Die Membranelektrolyse, deren Prinzip in Abb. 2b dargestellt
ist, benutzt die hohe elektrolytische Leitfähigkeit von protonenbeladenen Nafion-Membranen, in deren beiden Oberflächen abstandslos die Elektrodenmaterialien (Rutheniumoxidhydrate für die Anode
und Pt-Metalle für die Kathode) durch ein Diffusions-
Fällungsverfahren eingebracht sind. Die Elektroden werden über
die ganze Fläche durch einen porösen Stromüberträger (Kohlefilz,
bzw. Sinternickel) kontaktiert. Die Zellen werden bipolar

geschaltet, und die Achse des Zellstapels vertikal gelagert (wobei der Anodenraum, in den das zu zersetzende Reinstwasser eingeführt wird, den oberen Teil der Zelle bildet). Abb. 7 vergleicht die typische Strom-Spannungs-Charakteristik des SPE-Elektrolyseurs mit denen anderer Elektrolyseure, um zu zeigen, welch günstiges Resultat durch Verwendung protonenbeladener Nafion-Membranen anstelle von wäßrigen Elektrolyten erzielt wird. Allerdings ist die SPE^R-Technik nicht besser als die fortgeschrittene alkalische Elektrolyse. Die SPE^R-Elektrolyse-Technik kann seit Jahren als wohlerprobt gelten. Sie scheint sich aber aus konstruktiven Gründen eher auf dem Markt für Kleinelektrolyseure durchzusetzen, als für Großelektrolyseure geeignet zu sein.

8. Wasserstoffkosten /36/

Abb. 8 veranschaulicht die Kostensituation für die unterschiedlichen konkurrierenden Verfahren der technischen Wasserstoffproduktion und korreliert für das Erdgas-Dampfreformieren als billigstem Verfahren sowie für die Elektrolyse die Kosten des produzierten Wasserstoffs mit dem Erdgas- und dem Strompreis. Bei Erdgaspreisen von etwa 12 DM/GJ, wie sie heute gelten, und Strompreisen zwischen 0,05 und 0,12 DM/kWh (entsprechend 14 bis 33,5 DM/GJ), bleibt das Reformieren des Erdgases die ökonomisch klar überlegene Technik. Das gilt auch für Wasserstoff aus Braunkohle, obwohl hier die Kostenschätzungen wegen des Fehlens von Referenzanlagen im europäischen Wirtschaftsraum geringere Verläßlichkeit besitzen als die Kosten für Dampfreformierung und für den Elektrolysewasserstoff.

Diese Analyse unterstreicht außerdem, daß nur unter bisher im europäischen Wirtschaftsbereich noch nicht obwaltenden Bedingungen (Zwang zur Verminderung des CO_2-Ausstoßes, Erschließung ungewöhnlich billiger Reserven von Hydroenergie, etwa auf Grönland, die Schaffung neuer und großer,nuklearer Elektrizitätserzeugungsanlagen sowie die eventuelle Möglichkeit der Kopplung photovoltaischer Anlagen in entfernt gelegenen Regionen mit elektrolytischen Wasserstofffabriken) die Marktchancen der Wasserelektrolyse verbessert würden. Aller Voraussicht nach bleibt jedoch in den nächsten zehn bis zwanzig Jahren das Steamreforming-Verfahren für Erdgas das Hauptverfahren für die Wasserstofferzeugung. Es ist zu erwarten, daß bei Erschöpfung der Erdgaslagerstätten, das Dampfspaltverfahren gleitend durch die drei anderen chemischen Verfahren sowie die Elektrolyse ersetzt wird, immer vorausgesetzt, daß eventuelle, noch nicht absehbare Folgen der anthropogenen CO_2-Akkumulation in der Atmosphäre nicht eine radikale Wende in der **Energie- und Chemietechnik** erzwingen.

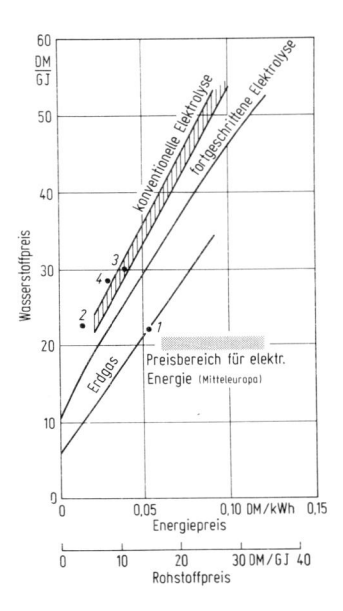

Abb. 8 Kosten für Wasserstoff nach unterschiedlichen Produktionsverfahren. Die Punkte 1 bis 4 (1 Erdags, 2 Braunkohle, 3 Schweröl, 4 Steinkohle (BBR Deutschland) entsprechen der Kostensituation Ende 1984. Energiepreise für elektrische Energie liegen zwischen 0,06 und 0,12 DM/kWh$_e$.

Günstiger liegen die Verhältnisse dort, wo Elektrolysewasserstoff in kleinen Mengen (bis zu 1000 Nm³/h entsprechend einer Leistung von 5 MW) erzeugt werden soll. Bei kleineren Mengen (1 bis 10 Nm³/h) ist Elektrolysewasserstoff dem Druckflaschenwasserstoff sogar klar überlegen.

Unabhängig von diesen Wirtschaftlichkeitsüberlegungen stellt die elektrolytische H_2-Gewinnung das wichtigste verfügbare Verfahren dar, die Energie, die aus sehr großen photovoltaischen Solaranlagen gewonnen wird zu speichern und gegebenenfalls auch zu transportieren.

Literatur

/1/ Bailleux, C.; Damien, A.; Int. J. Hydrogen Energy 8 (1983) S. 529/538

/2/ Fischer, J.; Hofmann, H.; Luft, G.; Wendt, H.; AIChE J. 26 (1980) S. 794/802

/3/ Imarisio, G.; Wendt, H.; Int. J. Hydrogen Energy 10 (1986) in Vorbereitung

/4/ Veziroglu, T.N. (ed); Hydrogen Energy Progress I-IV. Proceedings of the 3rd World Hydrogen Energy Conference, Tokyo, Japan. Pergamon, Oxford-New York-Toronto 1980.

/5/ Veziroglu, T.N.; van Vorst, W.D.; Kelley, J.H.; Hydrogen Energy Progress I-IV. Proceedings of the 4th World Hydrogen Energy Conference, Pasadena, California/USA. Pergamon, Oxford-New York-Toronto 1982

/6/ Imarisio, G.; Strub, A.S. (edts); Hydrogen as an Energy Carrier. Proc. of the 3rd International Seminar hold in Lyon 25./27. May 1983. D. Reidel Pub. Comp., Dordrecht-Boston-London 1983

/7/ Janaf, Thermochemical Tables, 2nd ed. NSRDS-N BS 37 (1971)

/8/ Tilak, B.V.; Lin, B.W.T.; Colman, J.E.; Srinivasan, S.; Electrolyte production of hydrogen, in Comprehensive Treatise of Electrochemistry (J.O.M. Bockris, B.E. Conway, E. Yeager, R.E. White, edts.), Plenum press 1981, Vol. 2, pp. 1/166

/9/ Smith, D.H.; Industrial Water Electrolysis in: Industrial Electrochemical Processes (A.T. Kuhn, ed.) Elsevier, Amsterdam 1971, pp. 127/156

/10/ Costa, R.L.; Grimes, P.G.; Electrolysis as a Source of Hydrogen and Oxygen "Chem. Engn. Progress Symps., Series 63, 45 (1967)

/11/ Wendt, H.; Seven Years of research and development on advanced water electrolysis. A review of the research in /6/ p. 81/97

/12/ Modica, M. et.al.; Int. J. Hydrogen Energy $\underline{8}$ (1983) 419/35

/13/ Vandenborre, H. et al.; Vol. I in $\underline{5}$, 107/116

/14/ Dick, R.; Faye, P.; Vol. I in $\underline{6}$, 330/338

/15/ Abe, I.; Fujimaki, T.; Matsurbara, M.; Vol. I in $\underline{5}$, 167/178

/16/ Saltzman, M.P.; Williams, C.F.; Vol. I in $\underline{5}$, 141/150

/17/ Murray, J.N.; Vol. I in $\underline{5}$, 151/158

/18/ Hofmann, H.; Wendt, H.; Luxemburger Patent, No. 79.631 v. 10.5.78

/19/ Divisek, J.; Schmitz, J.H.; DOS D.E. 3.108255, (1982) Chem. Abstracts 97, 205009 j. (1982)

/20/ Hofmann, H.; Wendt, H.; Europ. Patentanmeldung, Nr. 83 106333.4 v. 28.7.1983

/21/ Giles, R.D.; Vol. I in $\underline{5}$, 257/265

/22/ Nenner, T.; Fahrasme, A.; Vol. I in /6/, 279/290

/23/ Müller, J.; Lohrberg, K.; Wüllenweber, H.; Chem.Ing.Tech. $\underline{25}$ (1980) 435/436

/24/ Divisek, J.; Schmitz, H.; Mergel, J.; Chem.Ing.Tech. $\underline{52}$ (1980) 46

/25/ Liederbach, T.A.; Greenberg, A.M.; Thomas, V.H.; Commercial application of cathode coatings in electrolytic chlorine cells, Coulter, M.O. (ed.): Modern chloralkali technology. Chichester: Horwood 1980, pp. 145/149

/26/ Wendt, H.; Plzak, V.; Electrochim. Acta $\underline{28}$ (1983) 27/34

/27/ Vielstich, W.; Ber. Bunsenges. Phys. Chem. $\underline{84}$ (1980) 951/963

/28/ Prigent, M. et.al.; The development of new electrocatalysts for advanced water electrolysis. in /6/, 256/261

/29/ Appleby, A.J.; Crepy, G.; New development in alkaline electrolysis technology. In: Proc.Symp. on Industrial Water Electrolysis, Srinivasan, S.; Salzano, F.J.; Landgrebe, A.R.(eds.). Vol. 78-4, 150/160, The Electrochemical Soc. Proc.

/30/ Brown, D.E.; Mahmood, N.M.; European patent No. 79.301.963.9

/31/ Jaksic, M.; Electrocatalysis in H_2-evolution. Electrochim.Acta 29 (1984) 1539/50

/32/ Electrocatlysis, Practice, Theory and Further Development; Neunkirchen Symposium 1983, S. Trasatti, H. Wendt, guest editors; Electrochim.Acta 29 (1984) 1501/1611

/33/ Mahmood, M.N.; Mixed transition metal oxides and alloys as electrocatalysts for H_2-evolution and H_2-recombustion

/34/ Burke, L.D.; Lyons, M.E.; McCastley, M.;Optimization of thermally prepared ruthenium dioxide based anodes for use in water electrolysis cells. In /6/, 128 ff.

/35/ Wendt, H. et.al.; Alkaline water electrolysis at enhanced temperatures (120 to 160°C). Basic and material studies, engineering and economics. In /6/, 267 ff.

/36/ Wendt, H.; Verfahren zur Wasserspaltung in "Wasserstoff als Energieträger", C.J. Winter, J. Nitsch Herausg. Springer Verlag, Berlin, Heidelberg, New York, Tokyo 1986, p. 193/195

Nichtfossile Energiequellen für die elektrochemische Wasserstoffgewinnung

M. Fischer

DFVLR – Institut für Technische Thermodynamik, Stuttgart

Kurzfassung

Obwohl gegenwärtig die Energieversorgungssituation weltweit entspannt erscheint, werden nichtfossile Primärenergiequellen und der damit erzeugte Sekundärenergieträger Wasserstoff langfristig einen kontinuierlich ansteigenden Teil der Energieversorgung übernehmen müssen. Die einzigen nichtfossilen Energiequellen, die in energiewirtschaftlich relevantem Maßstab zur Verfügung stehen, sind Kernenergie, Solarenergie und Wasserkraft. Das Potential von Wasserstoff zur großtechnischen Nutzung der Solarenergie ist dabei von besonderer Bedeutung. Die langfristigen technischen Entwicklungs- und Einsatzmöglichkeiten photovoltaischer und solarthermischer Anlagen zur Wasserstofferzeugung und die damit verbundenen Schlüsselprobleme werden diskutiert. Der z. T. sehr unterschiedliche Stand der Technik wird dargestellt. Wesentlicher Einflußparameter ist der intermittierende Betrieb aufgrund fluktuierenden Energieangebots. Das deutsch-saudiarabische F+E-Programm HYSOLAR zur photovoltaisch-elektrolytischen Wasserstofferzeugung und -nutzung wird zusammengefaßt.

Summary

Although the world-wide energy supply situation appears to have eased at present, non-fossil primary energy sources and hydrogen as a secondary energy carrier will have to take over a long-term and increasing portion of the energy supply system. The only non-fossil energy sources which are available in relevant quantities, are nuclear energy, solar energy and hydropower. The potential of H_2 for the extensive utilization of solar energy is of particular importance. Status, progress and development potential of the electrolytic H_2 production with photovoltaic generators, solar-thermal power plants and nuclear power plants are studied and discussed. The joint German-Saudi Arabian Research, Development and Demonstration Program HYSOLAR for the solar hydrogen production and utilization is summarized.

1. Einführung

Das industrielle Zeitalter wäre ohne die Nutzung der in Kohle, Erdöl und Erdgas chemisch gespeicherten Fusionsenergie der Sonne nicht möglich gewesen. Kohlenstoff und Kohlenwasserstoffe haben wegen ihrer Doppelwertigkeit als Primärenergiebasis der Energietechnik und Kohlenstoffbasis der Chemietechnik fundamentale Bedeutung für industrielle Entwicklung und Abläufe.

Obwohl gegenwärtig die Energieversorgungssituation weltweit entspannt erscheint, werden nichtfossile Primärenergiequellen und der damit erzeugte Sekundärenergieträger Wasserstoff langfristig einen kontinuierlich ansteigenden Teil der Energieversorgung übernehmen müssen, aus folgenden Gründen:

- Wegen der Endlichkeit und Doppelwertigkeit fossiler Ressourcen.

- Veredelte und schadstoffarme Produkte von Kohlen, Schwerölen, Ölschiefer und Teersanden werden zumindest in einer Übergangsphase zu wichtigen Vektoren der Energieversorgung. Nichtfossiler Wasserstoff wird dazu in großem Maßstab benötigt und ist dabei sowohl Energieträger (die eingebrachte Wasserstoffenergie erhöht den Energieinhalt des veredelten Produkts) wie auch Reduktionsmittel (u.a. zur Abtrennung von Verunreinigungen).

- Darüber hinaus wird der Sekundärenergieträger Wasserstoff in kontinuierlich ansteigendem Maß gebraucht, um die wichtigsten Umwandlungsprodukte nichtfossiler Primärenergiequellen, thermische und elektrische Energie, neben ihrer direkten Nutzung, in großem Maßstab speicherbar, über weite Entfernungen transportierbar und überall anwendbar zu machen.

- Nichtfossile Primärenergie und Wasserstoff aus Wasser werden stetig und rasch an Bedeutung gewinnen müssen, um den CO_2-Gehalt der Atmosphäre und damit den Wärmehaushalt der Erde wieder in ein akzeptables Gleichgewicht bringen zu können. Andernfalls werden nachfolgende Generationen von Gefahren – wie beispielsweise großflächige Versteppung und Anhebung des Meeresspiegels durch Abschmelzen der Polkappen – bedroht, die nicht verantwortbar sind.

Die einzigen nichtfossilen Energiequellen, die in energiewirtschaftlich relevantem Maßstab zur Verfügung stehen, sind Kernenergie, Solarenergie und Wasserkraft. Wie bei der Kernenergie sind auch zur Entwicklung und Nutzung der Solarenergie Führungsländer erforderlich, die mit hohem technischem Know-how und mit Standorten hoher solarer Einstrahlung diese Entwicklung gemeinsam vorantreiben. Das gleiche gilt für den Sekundärenergieträger Wasserstoff. Allerdings wird der Anteil des Energieträgers Wasserstoff, erzeugt mit nichtfossilen Primärenergiequellen nur dann kontinuierlich wachsen, wenn tatsächlich ein maßgebender Beitrag langfristig möglich erscheint. Wesentliche Einflußgrößen darauf sind technische Entwicklungspotentiale, wirtschaftlicher Einsatz und Akzeptanz.

Kernkraft- und weiter ausgebaute Wasserkraftkapazitäten könnten als Schrittmacher in einer Reihe von Ländern zur elektrolytischen Produktion von Wasserstoff genutzt werden. Dies würde kontinuierlich die volle Auslastung von Kraftwerkskapazitäten durch Nutzung von Überkapazitäten während saisonaler und kurzfristiger Schwachlastperioden und die Nutzung vorhandener Netzreserven ermöglichen. Wasserstoff bietet andererseits selbst technisch neuartige Lösungen für die Bereitstellung von Momentanreservekapazitäten in Grund- und Mittellastkraftwerken und für das Spitzenlastmanagement. Langfristig wird der mit Solarenergie erzeugte Wasserstoff dominieren. Umgekehrt ist die großtechnische Nutzung der Solarenergie ohne den Energieträger Wasserstoff nicht vorstellbar.

Die langfristigen technischen Entwicklungs- und Einsatzmöglichkeiten photovoltaischer und solarthermischer Anlagen zur Wasserstofferzeugung und die damit verbundenen Schlüsselprobleme werden diskutiert. Der z.T. sehr unterschiedliche Stand der Technik wird dargestellt. Wesentlicher Einflußparameter ist der intermittierende Betrieb aufgrund fluktuierenden Energieangebots. Die Auswirkungen hängen von dem Verhältnis der gewählten Elektrolysenennleistung zur maximalen elektrischen Leistung ab.

Durch Teil- und Überlastbetrieb von Elektrolyseanlagen wird eine flexible indirekte Nutzung von Überschußkapazität in Verbundnetzen möglich sowie eine direkte Nutzung am Kraftwerk durch Einspeisen von elektrischer Energie und zukünftig eventuell auch Hochtemperatur-Prozeßwärme in Elektrolyseanlagen.

Der variable Betrieb von Elektrolyseuren - im Teillastbereich oder durch Zu- und Abschalten von Elektrolyseeinheiten - ermöglicht in einfacher Weise den Ausgleich der Lastkurven verschiedener Verbraucher.

Die Einkopplung nichtfossiler Prozeßwärme und von Elektrolyse-Wasserstoff und -Sauerstoff eröffnet neue Verfahrenswege bei der Veredelung von unkonventionellen fossilen Ressourcen wie Schwerölen, Teersanden, Ölschiefer. Diese kombinierten Verfahren lassen einen hohen Ausnutzungsgrad der eingesetzten Primärenergie erwarten bei gleichzeitiger Produktion hochwertiger Sekundärenergieträger.

2. Von nichtfossiler Primärenergie zu Wasserstoff

Entscheidende Bedeutung für einen langfristig kontinuierlichen Anstieg des Anteils nichtfossiler Primärenergie an der Energieversorgung hat die Entwicklung eines neuen chemischen Energieträgers mit folgenden Charakteristiken:

- Langfristige Speicherung thermischer und elektrischer Energie, in großtechnischem Maßstab erzeugt mit nichtfossiler Primärenergie.

- Kompatibilität mit existierenden Energieversorgungsstrukturen und -nutzungstechniken.

- Inhärent geringe Umweltbelastung.
- Sichere Herstellung, Handhabung und Nutzung.
- Potential für wirtschaftlichen Einsatz.

Wasserstoff als Energieträger befindet sich in dieser Perspektive in ausgezeichneter Position. Er ermöglicht in allen relevanten zukünftigen Energieversorgungsstrukturen den langfristig notwendigen Übergang zu nichtfossiler Primärenergie und die zunehmende Substitution heute noch billiger, jedoch nur noch mittelfristig verfügbarer fossiler Energieträger, Bild 1.

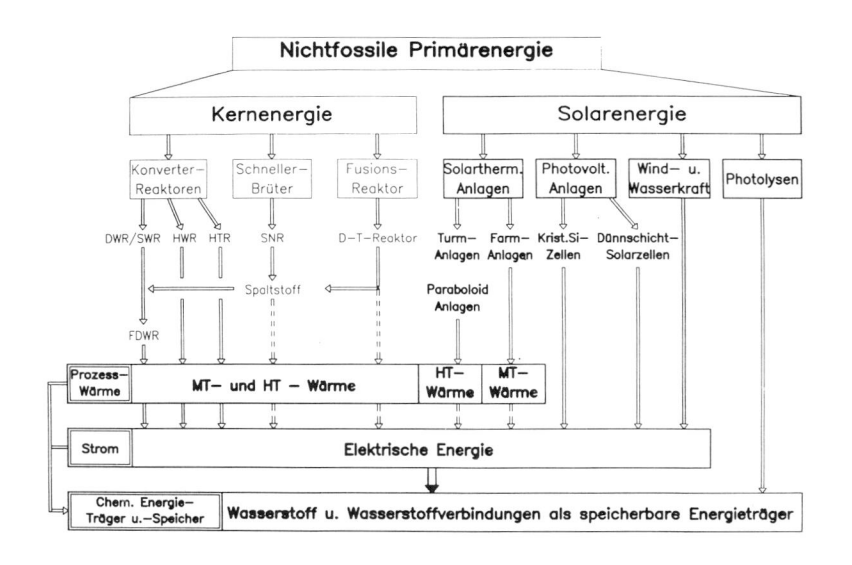

Bild 1   Relevante Pfade von nichtfossiler Primärenergie zu Wasserstoff.

Das Potential von Wasserstoff zur umfassenden Nutzung der Solarenergie ist dabei von besonderer Bedeutung, seine Realisierung gleichzeitig dazu notwendige Voraussetzung. Kernenergie und Wasserkraft können, voraussichtlich in begrenzterem Maßstab, jedoch bereits mittelfristig, wichtige Schrittmacherfunktionen für nichtfossilen Wasserstoff als Energieträger und Rohstoff übernehmen.

Zur Herstellung von Wasserstoff mit nichtfossiler Primärenergie kommen prinzipiell

Nichtfossile Energiequellen 141

eine ganze Reihe verschiedener Konversionssequenzen in Frage, Bild 2. Der Stand von Wissenschaft und Technik ist dabei jedoch stark unterschiedlich. Aus heutiger Sicht setzt die Herstellung nichtfossilen Wasserstoffs in erster Linie zunächst die Erzeugung elektrischer Energie voraus, mit nachfolgender elektrolytischer Wasserspaltung.

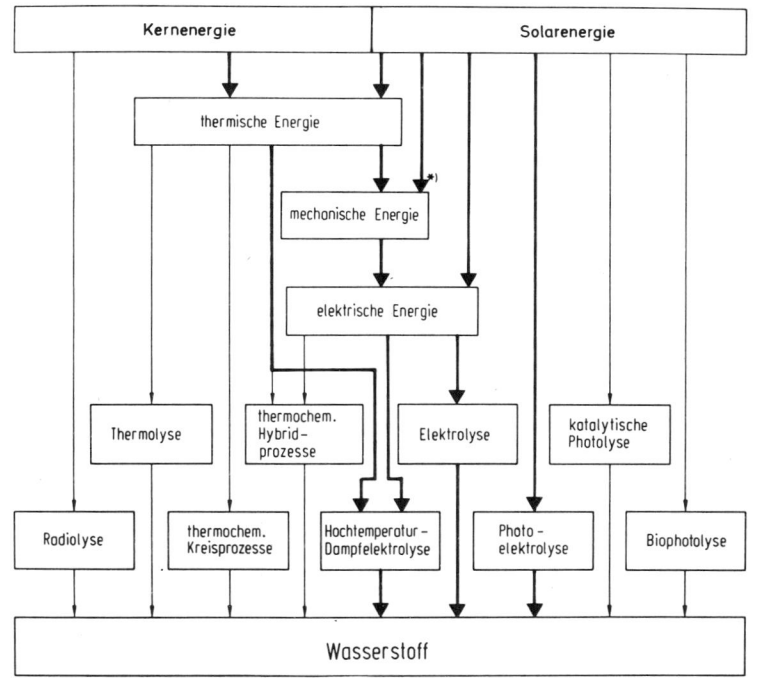

```
                    Kernenergie                    Solarenergie
                         │                              │
                         ▼                              ▼
                    ┌──────────────────────────┐
                    │    thermische Energie    │
                    └──────────────────────────┘
                              │           │ *)
                              ▼           ▼
                         ┌──────────────────┐
                         │ mechanische Energie │
                         └──────────────────┘
                                    │
                                    ▼
                         ┌──────────────────┐
                         │ elektrische Energie │
                         └──────────────────┘

  Thermolyse    thermochem.      Elektrolyse     katalytische
                Hybrid-                          Photolyse
                prozesse

 Radiolyse   thermochem.   Hochtemperatur-  Photo-    Biophotolyse
             Kreisprozesse Dampfelektrolyse elektrolyse

                         ┌──────────────────┐
                         │    Wasserstoff   │
                         └──────────────────┘
```
*) „indirekte" Solarenergie: Wind, Wasserkraft, Meereswellen

Bild 2   Konversionssequenzen zu nichtfossilem Wasserstoff.

In Bild 3 sind technisch mögliche und z.T. erprobte Konversionssequenzen dargestellt

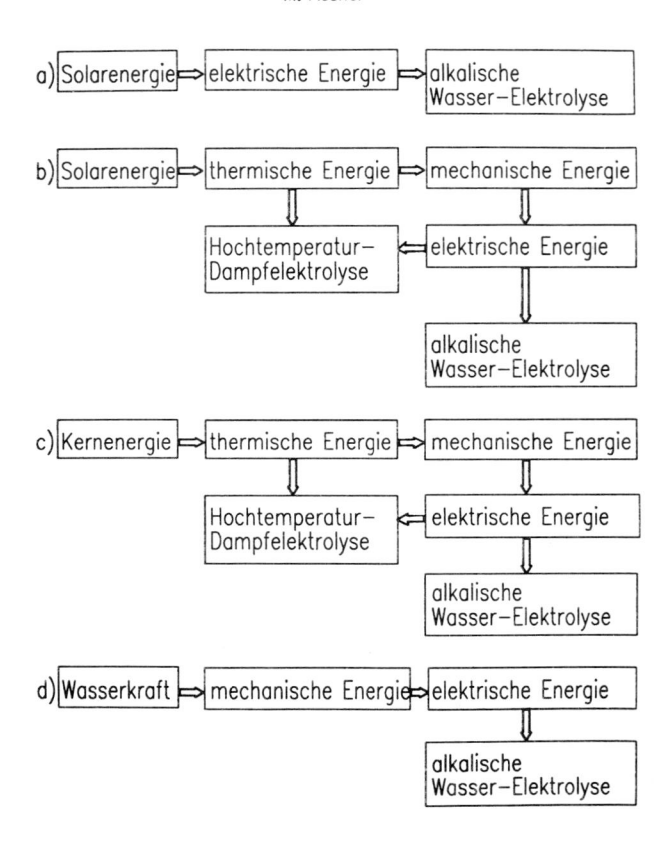

Bild 3   Technisch mögliche und z.T. erprobte Konversionssequenzen zu nichtfossilem Wasserstoff.

3. Elektrolytische Wasserstoffherstellung mit photovoltaischen Anlagen

Systeme zur elektrolytischen Wasserstoffherstellung mit photovoltaischen Solaranlagen sind charakterisiert durch die Aufteilung der Wasserstoffherstellung auf nur zwei Konversionsstufen, Bild 1 und 2: Elektrische Energieerzeugung aus direkter und diffuser Solarstrahlung mit photovoltaischen Generatoren und die elektrolytische Wasserspaltung. Markante Vorteile solcher Systeme sind einfacher Aufbau, Trennung der elektrischen Energieerzeugung von der Wasserspaltung (ein möglicherweise ausschlaggebender, inhärenter Vorteil gegenüber heute noch in der Grundlagenforschung stehenden einstufigen photoelektrochemischen und photokatalytischen Verfahren), modu-

Nichtfossile Energiequellen 143

larer Aufbau photovoltaischer Generatoren und von Wasserelektrolyseuren, welcher Variation der Leistung in weiten Bereichen und damit Anpassung an Wasserstoffverbraucher ermöglicht.

Herausragende und für eine langfristige Perspektive auch notwendige Vorteile von Photovoltaik-Elektrolyse-Systemen sind jedoch vor allem die beiden folgenden Aspekte:

a) Die Stromdichte-Spannungs-Kennlinien beider Komponenten passen hervorragend zueinander.
b) Beide Technologien haben noch erhebliche Entwicklungspotentiale.

3.1. Stand und Weiterentwicklung der photovoltaischen Stromerzeugung

Derzeit werden zur elektrischen Energieerzeugung mit photovoltaischen Anlagen für technische Anwendungen fast ausschließlich kristalline Si-Solarzellen eingesetzt, die als einkristalline Zellen aus der Serienproduktion Wirkungsgrade von 12 bis 15 % und als multikristalline Zellen Wirkungsgrade von 10 bis 12 % erreichen. Einzelne Labormuster von Dünnschichtsolarzellen erreichen heute zwar Wirkungsgrade von 10 % und mehr, bei zukünftiger Serienproduktion für energiewirtschaftliche Anwendungen werden zunächst jedoch höchstens 6 bis 8 % erwartet /1/.

Kristalline Si-Solarzellen haben heute einen hohen Grad an Stabilität. Lebensdauer von über 10 Jahren wurde bereits erreicht. Forderungen nach 20- bis 30jährigen Standzeiten erscheinen gut erfüllbar /1/. Dünnschichtsolarzellen stehen, trotz bereits erzielter beeindruckender Fortschritte - insbesondere bei amorphem Silizium - noch am Anfang ihrer Entwicklung. Hocheffiziente Solarzellen - beispielsweise aus GaAs - erfordern beim derzeitigen Stand der Entwicklung einen extrem hohen Kosten- und Energieaufwand.

Ein umfassender Überblick über Stand und Aussichten der photovoltaischen Stromerzeugung wird in /2/ gegeben.

Der Wirkungsgrad photovoltaischer Stromerzeugung wird im wesentlichen durch folgende physikalische Verlustprozesse beeinflußt, /2/:

- Reflexion von Strahlung an der Oberfläche.
- Bei Solarzellen mit einem Bandabstand E_g, d.h. einer Barriere, wird entsprechend dem verwendeten Material nur ein Teil der Photonen aus der spektralen Verteilung der Solarstrahlung absorbiert. Die Überschußenergie der Photonen $h\nu > E_g$ geht als Wärme über Thermalisierungsstöße der Elektronen an das Gitter des Halbleiters verloren. Photonen mit $h\nu < E_g$ werden nicht absorbiert.
- Verlust von Ladungsträgern durch Rekombinationsprozesse an der Oberfläche

des Halbleiters, dem Ort maximaler Erzeugung von Ladungsträgern.
- Verlust von Ladungsträgern durch Rekombination im Volumen der Absorptionszone der Solarzelle.
- Ohm'sche Verluste von Serien- und Parallelschaltungen.

Die theoretische Grenze des Wirkungsgrads von Solarzellen mit einem optischen Bandabstand E_g zeigt Bild 4, /3/.

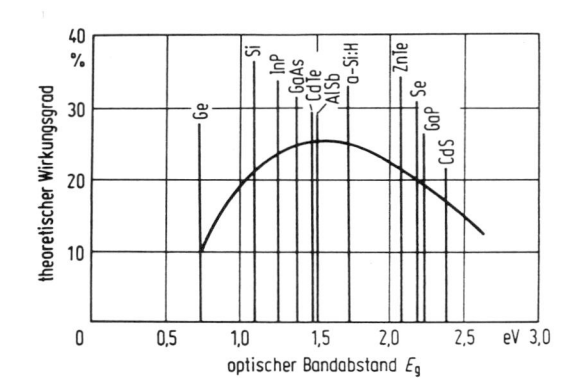

Bild 4   Theoretische Grenze des Wirkungsgrads von Solarzellen als Funktion des optischen Bandabstandes.

Annahmen bei diesen theoretischen Überlegungen waren keine Oberflächenrekombinationsverluste, optimierte Bandabstände und ideale homogene Übergänge. Danach ergeben sich für Solarzellen mit einem Bandabstand theoretische Wirkungsgrade von maximal 25 %.

Eine aussichtsreiche Möglichkeit zur Verbesserung des Wirkungsgrads photovoltaischer Generatoren besteht in der Entwicklung von Solarzellen mit unterschiedlichen Bandabständen, sogenannten Mehrbarrierensystemen. Solche Solarzellen nutzen die verschiedenen Photonenenergien der Solarstrahlung wesentlich besser aus, d.h. ein größerer Anteil der Photonen des Sonnenspektrums wird zur Ladungsträgerherstellung eingesetzt, die wärmeerzeugende Überschußenergie der Photonen reduziert und die unerwünschte Reduktion des Wirkungsgrads durch Temperaturerhöhung vermindert.

Bild 5 zeigt die spektrale Verteilung der Solarstrahlung und die ausnutzbaren Energieanteile durch Solarzellen auf dem derzeitigen Stand der Technik, nämlich mit einem Bandabstand (einer Barriere) und für ein zukünftiges Mehrbarrierensystem mit

Nichtfossile Energiequellen 145

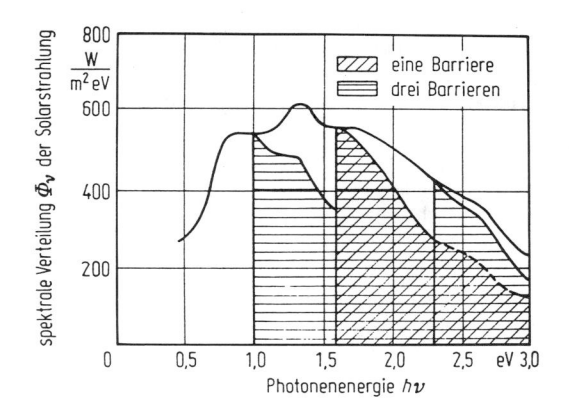

Bild 5 Spektrale Verteilung der Solarstrahlung und ausnutzbare Energieanteile durch Solarzellen /2/.

drei Bandabständen.

Mit zunehmender Zahl der Barrieren und in Abhängigkeit von den Werten der Bandabstände steigt der (theoretisch) erreichbare Wirkungsgrad von Solarzellen an, Bild 6, allerdings auch in erheblichem Maße die Komplexität von Solarzellensystemen.

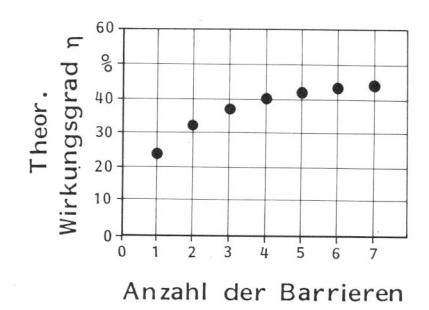

Bild 6 Erreichbare theoretische Wirkungsgrade von Solarzellen als Funktion der Anzahl der Barrieren /2/.

Die Entwicklung solcher Tandemsolarzellen (Mehrbarrierenstrukturen) sowohl mit polykristallinen wie amorphen halbleitenden Materialien oder Materialkombinationen, ist eine herausragende Aufgabe der Forschungs- und Entwicklungsprogramme. Bereits heute werden erhebliche Forschungsaktivitäten darauf konzentriert.

Solarzellen aus mono- und multikristallinem Silizium benötigen eine zur Absorption der Sonnenstrahlung notwendige Schichtdicke von mindestens 100 µm. Dünnschichtsolarzellen können aus einer Reihe verschiedener halbleitenden Materialien und Materialkombinationen hergestellt werden, mit unterschiedlichen und teilweise in weiten Bereichen einstellbaren Bandabständen.

Insbesondere die ungeordnete Struktur von amorphem hydrogenisiertem Silizium a-Si:H ermöglicht infolge eines im Vergleich zum kristallinen Silizium um den Faktor 100 höheren Absorptionskoeffizienten eine Schichtdicke von $\leq$ 1 µm.

Die Schichtdicke des Halbleitermaterials ist eine wesentliche Einflußgröße für die jeweils in Frage kommende Herstellungstechnik und damit auch für den Aufwand an Material, Energie und Kosten.

Der Bedarf an Halbleitermaterial entspricht im wesentlichen der Schichtdicke. Der Energieaufwand beträgt bei Dünnschichtsolarzellen nur ungefähr 10 % von Solarzellen aus kristallinem Silizium.

Neben der dünnen notwendigen Schichtdicke von $\leq$ 1 µm liegt beim amorphen, hydrogenisierten Silizium a-Si:H der optische Bandabstand bei ca. 1,7 eV und damit nahe dem spektralen Optimum. Außerdem können die bereits erwähnten Tandemsolarzellen oder Mehrbarrierenzellen auf der Basis von a-Si:H durch kontinuierlich verschiebbare Bandabstände in weiten Grenzen realisiert werden. Die Substitution von Si-Atomen durch C- oder N-Atome, a-$Si_{1-x}C_x$:H, ermöglicht die Verschiebung des Bandabstands E_g zu höheren Energien, Ge und Sn zu niedrigeren Energien /2/. Damit können Bandabstände im Bereich von ca. 1,0 eV bis ca. 2,5 eV in Mehrbarrierensystemen verwirklicht werden.

Wirkungsgrade von Dünnschicht-Tandemsolarzellen von ca. 15 % mit zwei Barrieren und ca. 18 % mit drei Barrieren scheinen aus heutiger Sicht erreichbar /4/.

Die lichtinduzierte Defektbildung in amorphen Si-Zellen /5/ ist ein zur Zeit noch nicht gelöstes Problem. Diese Instabilität reduziert den Wirkungsgrad von a-Si:H beim heutigen Stand der Technik um ca. 20 %. Wenn sich beobachtete Zusammenhänge zwischen Verunreinigungen beim Herstellungsprozeß und lichtinduzierten Defekten /6/ bestätigen, sollte die weitere technologische Entwicklung von Herstellungsverfahren eine deutliche Reduktion dieser Degradation ermöglichen.

3.2. Kopplung mit fortgeschrittener Wasserelektrolyse

Die langfristig in großem Maßstab geplante zentrale und dezentrale Nutzung der Solarenergie ist mit der Erzeugung von Wasserstoff aus Wasser eng verbunden. Diese langfristige Perspektive und der mittelfristig in einer Reihe von Ländern geplante Ausbau

Nichtfossile Energiequellen

der Kernenergie (z.B. Frankreich, Belgien, Canada, Japan) und der Wasserkraftnutzung (z.B. Canada, Brasilien, Länder in Afrika) haben das Interesse an der Wasserstoffgewinnung aus Wasser erneut anwachsen lassen.

Dies hat zu intensiven Forschungs- und Entwicklungsarbeiten insbesondere auf den Gebieten der alkalischen Wasserelektrolyse und der Hochtemperatur-Dampfelektrolyse geführt. Das Ziel dieser Arbeiten ist die spürbare Reduktion der Gesamtkosten der Wasserelektrolyse, d.h. der Energie- und der Investitionskosten.

Der wirtschaftliche Vergleich unterschiedlicher Wasserstoff-Herstellungsverfahren zeigt nämlich, daß der Wasserstoffgestehungspreis heute in folgender Reihenfolge ansteigt:

- Dampfreformierung von Erdgas (billigster H_2)
- Vergasen von Braunkohle
- Partielle Oxidation von Naphtha
- Vergasen von Schweröl
- Vergasen von Steinkohle
- Wasserelektrolyse

Stand der Technik ist, daß die Wasserstoffherstellung durch konventionelle Wasserelektrolyse in Mitteleuropa etwa um den Faktor 3 teurer ist als Wasserstoff aus der Dampfreformierung von Erdgas: 65 DM/GJ H_2 Gesamtkosten bei konventioneller Wasserelektrolyse gegenüber 21,8 DM/GJ H_2[1)] bei Dampfreformierung von Methan /7/.

Nur die Erschließung und Bereitstellung außerordentlich billiger (nichtfossiler) elektrischer Energie, erhebliche Verbesserungen der Elektrolysetechnik zur Senkung der Zellspannung und Erhöhung der Stromdichte und möglicherweise der Zwang zur Verminderung des CO_2-Ausstoßes kann an dieser Situation etwas ändern.

Folgende Wasser-Elektrolyseverfahren stehen im Mittelpunkt des Interesses:

- fortgeschrittene alkalische Wasserelektrolyse
- Solid Polymer Elektrolyte (SPE)-Wasserelektrolyse
- Hochtemperatur-Wasserdampfelektrolyse

Verbesserungen und Weiterentwicklungen bei der fortgeschrittenen alkalischen Wasserelektrolyse konzentrieren sich auf:

- abstandsfreie (zero-gap) Zellgeometrie
- neue Diaphragmamaterialien
- neue Elektrokatalysatoren

[1)] als Energieinhalt des Wasserstoffs wurde dabei der untere Heizwert angesetzt.

- Betriebstemperaturen 120 bis 160 °C.

Bild 7 zeigt die Stromdichte-Zellspannungs-Charakteristik, die Ohm'schen Verluste sowie die anodischen und kathodischen Überspannungen der alkalischen Wasserelektrolyse. Dabei werden gleichzeitig einige der wichtigsten Ziele für technische Neuerungen auf diesem Gebiet deutlich: Reduktion der Überspannungen und Ohm'schen Verluste bei möglichst hoher Stromdichte.

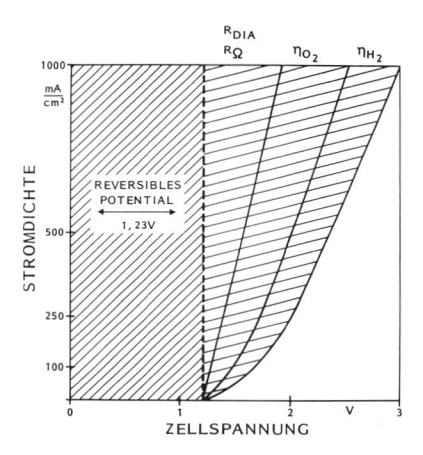

Bild 7 Reversibles Potential, Ohm'sche Verluste und Überspannungen bei der Wasser-Elektrolyse.

Bild 8 zeigt Zellspannungs-Stromdichte-Charakteristiken für konventionelle alkalische Wasserelektrolyseure, fortgeschrittene alkalische Wasserelektrolysen (A, B, D), SPE-Elektrolyse (C), Salzschmelzenelektrolyse (E) und Hochtemperatur-Dampfelektrolyse. Die Arbeiten für fortgeschrittene Elektrolysen und die Hochtemperatur-Dampfelektrolyse befinden sich noch im Laborstadium.

Durch die Beschichtung der Elektroden mit Elektrokatalysatoren werden die Überspannungsverluste der Wasserstoff- und Sauerstoffentwicklung verringert und eine wesentliche Verbesserung der alkalischen Wasserelektrolyse möglich. Zahlreiche Legierungen und Mischoxide wurden auf katalytische Aktivität bei elektrochemischen Prozessen bereits untersucht. In technischen Elektrolysen steht der Einsatz dieser Elektrokatalysatoren noch aus. Neue Elektrokatalysatoren für die Kathode auf Basis von Raney-Nickel mit stabilisierenden Zusätzen und für die Anode auf Basis komplexer Mischoxide mit Co-Zusätzen versprechen weitere Entwicklungsmöglichkeiten. Für Brennstoffzellen werden neben Raney-Nickel und komplexen Mischoxiden auch kunststoffgebundene Elektrokatalysatoren für Elektroden interessant. Diese Elektrokatalysatoren

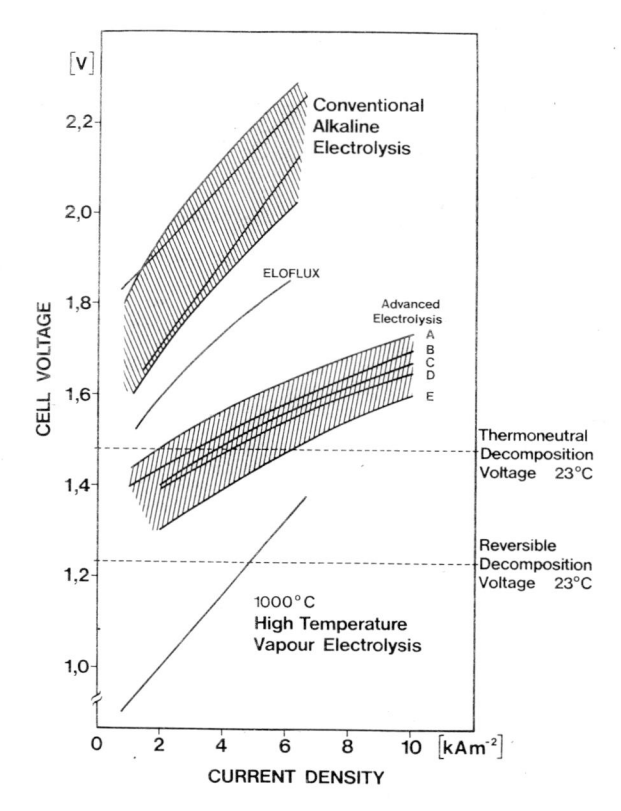

Bild 8 Zellspannungs-Stromdichte-Charakteristik konventioneller und fortgeschrittener Elektrolyseverfahren.

müssen für technische Anwendungen auf Metallelektroden aufgebracht werden. Infolge des hohen Schmelzpunktes der meisten Katalysatormaterialien sind hohe Sintertemperaturen notwendig, um gut haftende Beschichtungen zu erhalten. Hierbei können, zumal bei längeren Sinterzeiten, Phasenumwandlungen und chemische Zersetzungsreaktionen eintreten, welche die elektrochemische Aktivität beeinflussen.

Mit Hilfe des in wichtigen Elementen von DFVLR entwickelten Unterdruckplasma-Spritzverfahrens /8, 9/ (Low Pressure Plasma Spraying: LPPS) wurde es möglich, hochschmelzende Pulvermaterialien bei kurzer Verweilzeit im Plasmastrahl auf metallische oder keramische Substrate aufzubringen.

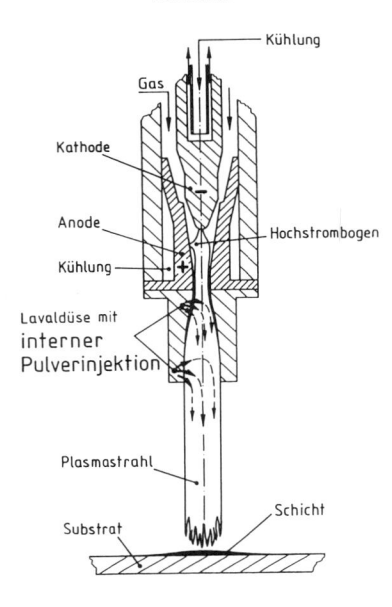

Bild 9   Brenner-Prinzip des Unterdrucksplasma-Spritzverfahrens LPPS.

Bild 9 zeigt das Brennerprinzip des Unterdruckplasma-Spritzverfahrens. Charakteristisch für den eingesetzten Plasmaspritzbrennertyp ist eine vorgesetzte Lavaldüse, ausgelegt für Mach 3 und ein Kammerdruck von ca. 50 mbar. Damit kann ein langer, paralleler und sehr schneller Plasmastrahl erzeugt und hochschmelzendes Beschichtungsmaterial je nach Bedarf auf- oder angeschmolzen werden. In dem als Lavaldüse gestalteten Brennervorsatz sind an verschiedenen axialen Stellen Pulverinjektionen angeordnet. Dadurch wird die Pulverzufuhr in unterschiedlich heiße und dichte Bereiche der Plasmaströmung ermöglicht, um den unterschiedlichen Aufschmelzeigenschaften der einzelnen Komponenten von Pulvermischungen gerecht zu werden. Das LPPS-Verfahren hat seine Qualifizierung für die Herstellung von elektrokatalytisch wirksamen Elektrodenschichten bewiesen, wobei Raney-Nickel (NiAl) und verschiedene Mischoxide auf Co-Basis (Perovskite, Spinelle) als Versuchsmaterial dienten.

Bei den herzustellenden Elektroden handelt es sich meist um dünne Schichten von 50 - 100 µm. Die Untersuchung ihrer strukturellen Qualität und ihrer Bindung stellt hohe Anforderungen an Präparation und Oberflächendiagnostik.

Über die bloße Oberflächendiagnostik hinaus gestatten XPS (x-Ray Photoelectron Spectroscopy)-Messungen durch Bestimmung der "chemischen Linienverschiebung" die Untersuchung der Bindungszustände und Wertigkeiten der Oberflächenatome.

Dies ist für die Weiterentwicklung von Elektrolyse-Elektroden von Bedeutung, um eine Korrelation mit den katalytischen Eigenschaften der Elektrodenoberflächen herstellen zu können /10/.

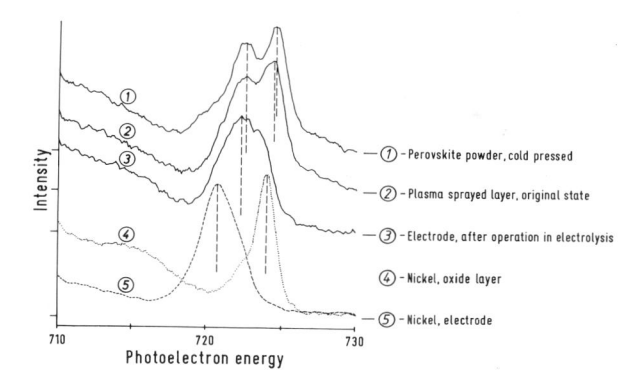

[Figure: XPS spectra plot, Intensity vs Photoelectron energy (710–730), showing curves 1–5]

① - Perovskite powder, cold pressed
② - Plasma sprayed layer, original state
③ - Electrode, after operation in electrolysis
④ - Nickel, oxide layer
⑤ - Nickel, electrode

Bild 10   XPS-Spektren[1] von Perovskit- und Nickel-Elektroden
(O - 1s-Linie)[2] /11/.

1-Perovskit-Pulver, kaltgepreßt, vor der Beschichtung
2-Perovskit-LPPS-Schicht, Originalzustand
3-Perovskit-LPPS-Schicht, nach Elektrolysebetrieb
4-Nickel-Oxidschicht)
5-Nickel-Elektrode   ) zum Vergleich

[1]) XPS: X-Ray Photoelectron Spectroscopy
[2]) O-1s-p: Oxygen-1s-peak

Bild 10 zeigt als Beispiel für den Sauerstoff-1s-Peak (O-1s-peak) das XPS-Spektrum von Perovskit-Proben vor und nach der Beschichtung mit dem LPPS-Verfahren sowie vor und nach Elektrolysebetrieb. Zum Vergleich sind die entsprechenden Spektren von Nickelelektroden aufgetragen. Ein bemerkenswertes Ergebnis ist die Ähnlichkeit der Peak-Positionen und der spektralen Verteilung vor und nach der Beschichtung mit dem LPPS-Verfahren (Spektrallinien 1 und 2). Damit zeigt sich, daß während des LPPS-Beschichtungsprozesses die Veränderungen der Bindungszustände auf der Oberfläche vernachlässigbar sind. Daher eignet sich das LPPS-Verfahren besonders gut für die elektrokatalytische Beschichtung von Elektroden. Dagegen zeigt die Spektrallinie 3 nach 100 h Elektrolysebetrieb in 25 % KOH bei bis zu 100 °C und Stromdichten $\leq$ 1 A/cm^2 beträchtliche Veränderungen der Spektralverteilung. Der zweite Peak ist verschwunden, was auf Änderungen der Bindungszustände hinweist. In /11/ werden diese Zusammenhänge im einzelnen diskutiert.

In Bild 11 ist eine mit dem Unterdruckplasma-Spritzverfahren beschichtete Lochblech-

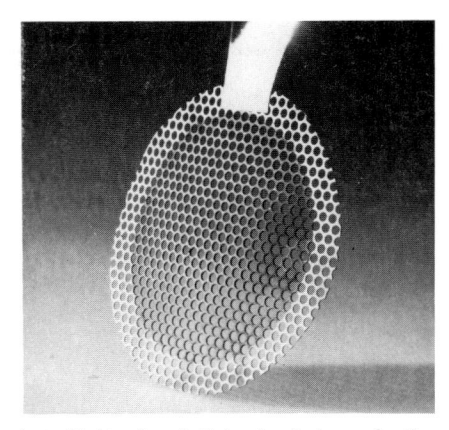

Bild 11 Perforierte Elektrode mit Unterdruckplasma-Spritzverfahren
beschichtet /12/.

elektrode dargestellt /12/.

Die Kombination von photovoltaischen Solargeneratoren mit Elektrolyseuren ist von besonderer Attraktivität. Beim direkten Zusammenschalten von photovoltaischem Solargenerator und Elektrolyseur sind die Arbeitspunkte beider Komponenten durch den Schnittpunkt ihrer Strom-Spannungs-Kennlinien festgelegt, Bild 12.

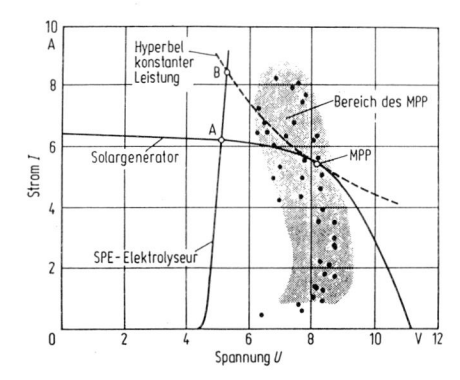

Bild 12 Prinzip der Kopplung von photovoltaischem Solargenerator
und Elektrolyseur.

Die Übereinstimmung zwischen der Elektrolysekennlinie und dem Weg des Punkts maximaler Leistungsabgabe (MPP: Maximum Power Point) der Photovoltaik-Kennlinie eröffnet die Möglichkeit, den Solargenerator bei richtiger Systemdimensionierung durch einen elektrolytischen Verbraucher stets nahe dem MPP zu belasten. Elektrolyse ist daher ein nahezu idealer Verbraucher photovoltaisch erzeugter elektrischer Energie.

Die Anpassung der Strom- und Spannungsebenen von Stromquelle und Verbraucher kann sehr genau vorgenommen werden. Die Spannungsstufen betragen dabei 0,5 V und ca. 1,8 V, entsprechend den Spannungen einzelner Solar- bzw. Elektrolysezellen. Die Stromanpassung erfolgt stufenlos durch geeignete Wahl der Zellenflächen.

Die Optimierung der Kopplung ist durch den Einsatz aktiver elektronischer Regelsysteme möglich. Damit können kurzzeitige Fehlanpassungen im täglichen Betrieb, z.B. bei Wolkendurchgängen und Schwankungen der Betriebstemperatur der Elektrolyse, aber auch Degradationseffekte von Komponenten ausgeglichen werden /2/.

Das dynamische Verhalten von Photovoltaik-Elektrolyse-Systemen ist hervorragend. Elektrolyseur und Leistungsaufbereitung sind in der Lage, raschen Änderungen der solaren Einstrahlung praktisch ohne Verzögerungen zu folgen /13/.

Auswirkungen des fluktuierenden Energieangebots auf die Korrosionsrate von Elektrolyse-Anlagenteilen, die durch Streuströme polarisiert werden, sind noch nicht genügend geklärt. Solche Korrosionsprobleme stellen sich eventuell verstärkt bei fortgeschrittenen Elektrolyseverfahren hinsichtlich Elektrodenmaterial und Stabilität der Elektrokatalysatoren /14, 15, 16/. Eine wichtige Einflußgröße ist bei intermittierendem Betrieb die gewählte Elektrolysenennleistung im Verhältnis zur temporär auftretenden maximalen elektrischen Leistung. Die Kenntnis all dieser Zusammenhänge ist gerade bei den zur Zeit entwickelten fortgeschrittenen Elektrolyseverfahren noch in den Anfängen und wird daher intensiv untersucht /17/.

4. Elektrolytische Wasserstoffherstellung mit solarthermischen Kraftwerken

Im Hinblick auf die solarthermische Kraftwerkstechnik stellt für hohe Leistungen (10 bis 100 MW_e) das Solarturmkraftwerk das technisch und wirtschaftlich günstigste Konzept dar. Für niedrige, dezentral erforderliche Leistungen (20 bis 100 kW_e) besitzt der Paraboloidspiegel günstige Voraussetzungen. Zur Stromerzeugung sind bis etwa 800 °C bei der Solarturmanlage der Rankine-Prozeß und bei Paraboloid-Konzentratoren die Stirling-Maschine nachgeschaltet. Für die elektrolytische Wasserstoffherstellung steht als Stand der Technik die erprobte alkalische Elektrolyse zur Verfügung. Fortgeschrittene Elektrolyseverfahren kommen zukünftig ebenso in Frage wie in Kopplung mit photovoltaischen Generatoren. Die Hochtemperaturdampfelektrolyse erscheint für solarthermische Kraftwerke langfristig besonders interessant wegen der Möglichkeit, elektrische Energie und Hochtemperaturprozeßwärme gleichzeitig einzukoppeln.

4.1 Stand und Weiterentwicklung der solarthermischen Stromerzeugung

Das größte gebaute und betriebene Solarturmkraftwerk ist das 10 MW_e-Pilotkraftwerk in Barstow/Kalifornien, Bild 13. Anlagen mit einer elektrischen Leistung von 100 MW_e sind in Planung.

Bild 13   Solarturmkraftwerk Solar One mit 10 MW_e in Barstow/Kalifornien.

Ein Solarturmkraftwerk ist bereits ein hochkonzentrierendes System. Es sind damit Konzentrationsverhältnisse von 1000 und mehr erreichbar, d.h. Temperaturen von 800 bis 1500 K.

Die wichtigsten Auslegungs- und Betriebsmöglichkeiten von Solarturmkraftwerken können in einem einzigen Kennfeld zusammengefaßt werden, Bild 14.

Der Kapazitätsfaktor c ist ein Maß für die Jahresenergieausbeute: $c = E_a/N_A \cdot 8760$. E_a ist die Jahresenergieausbeute (thermisch oder elektrisch) und N_A die Auslegungsleistung der Anlage. Das Solarvielfache ist das Verhältnis der thermischen Leistungen des Strahlungsabsorbers und der Turbine (oder eines anderen Nutzers) zum Auslegungszeitpunkt - im allgemeinen der 21.06., 12.00 Uhr, Ortszeit. Der Überschuß an thermischer Leistung wird einem Speicher zugeführt. Mit steigendem Solarvielfachem und wachsender Speicherkapazität erhöht sich der Kapazitätsfaktor und damit die Jahresenergieausbeute des Kraftwerks /2/.

Nichtfossile Energiequellen 155

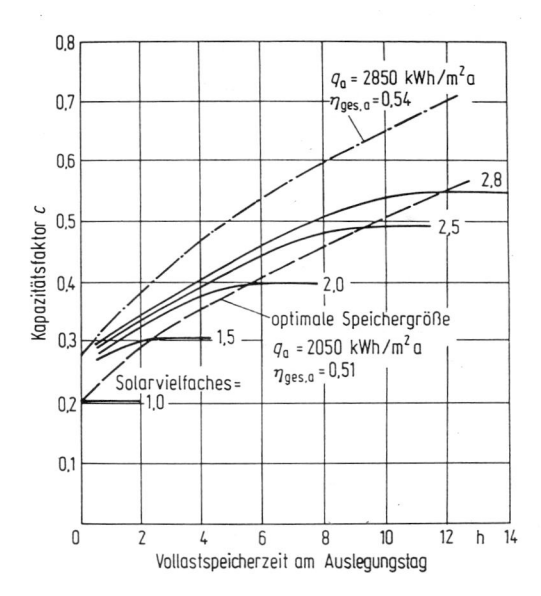

Bild 14 Jahresenergieausbeute eines Solarturmkraftwerks in Abhängigkeit von Solarvielfachem und Speichergröße.

Das in Bild 14 dargestellte Kennfeld entspricht mit q_a = 2050 kWh/m²a einem Standort an der südspanischen Küste und einem thermischen Jahresgesamtwirkungsgrad von 51 %. Ohne Speicher kann damit ein Kapazitätsfaktor (Jahresenergieausbeute) von c = 0,21 erreicht werden. Noch bessere Standortbedingungen (Nordafrika) und weiter verbesserte Technologie liegen der strichpunktierten Kurve mit q_a = 2850 kWh/m²a zugrunde.

Die Verluste und damit die Wirkungsgrade der verschiedenen Konstruktionen von Strahlungsabsorbern bei Solarturmanlagen und Paraboloidkonzentratoren sind schwierig zu ermitteln. Da keine Meßsysteme existierten, um solche Untersuchungen für gezielte Verbesserungen und Neuentwicklungen durchzuführen, wurde das mobile Meßsystem HERMES (Heliostat- und Receiver-Meß-System) entwickelt /18/.

Bild 15 zeigt das Meßsystem HERMES. Es besteht aus einer speziellen Videokamera für den sichtbaren Spektralbereich und einer modifizierten IR-Kamera mit entsprechender Datenerfassungs- und Rechnerperipherie. Bild 16 enthält die Meßgrößen und die Kenndaten von HERMES.

Die HERMES-Meßanlage ist das derzeit einzige System in der Welt, mit dem Spiegel-

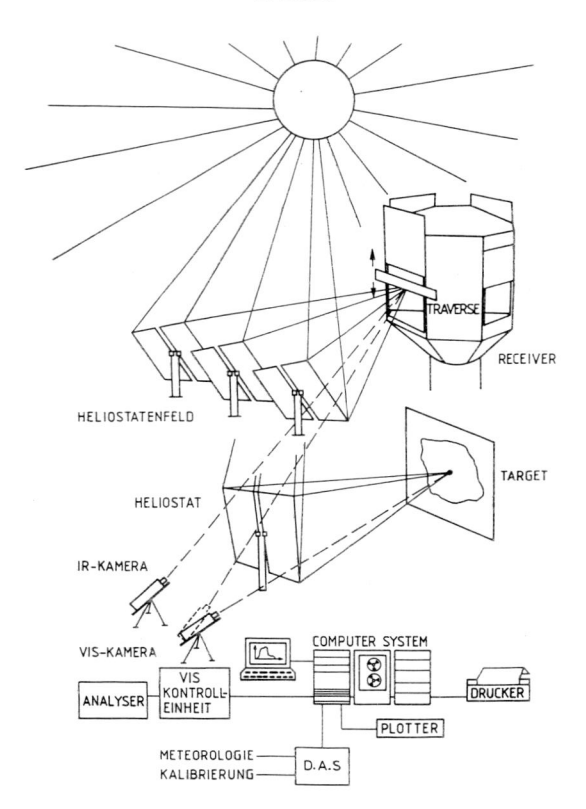

Bild 15   Schematische Darstellung der Wirkungsweise des Heliostat-
und Receivermeßsystems HERMES.

felder und Strahlungsabsorber von Solarturmanlagen ohne Störung des Betriebs genau vermessen werden können. Aufgrund der hohen Zeitauflösung ist es möglich, auch den Einfluß transienter Vorgänge auf die verwendeten Strukturmaterialien festzustellen.

Typische Meßplots der Strahlungsflußverteilung im sichtbaren Bereich in der Apertur eines Strahlungsabsorbers, /19/, zeigt Bild 17.

Die Wirkungsgrade verschiedener Strahlungsabsorber-Konstruktionen zeigt in Abhängigkeit von der eingestrahlten Leistung Bild 18. Der natriumgekühlte Sulzer-Strahlungsabsorber (Receiver) erreicht Wirkungsgrade zwischen 50 und 85 %, der Advanced Sodium Receiver ASR zwischen 70 und 90 %. Die thermischen Wirkungsgrade (Heliostat-

Nichtfossile Energiequellen

Meßgrößen von H E R M E S

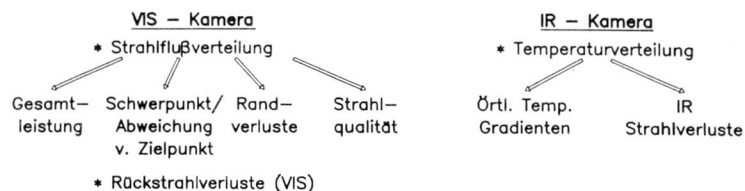

VIS – Kamera
* Strahlflußverteilung

Gesamt- / Schwerpunkt/ / Rand- / Strahl-
leistung / Abweichung / verluste / qualität
v. Zielpunkt

* Rückstrahlverluste (VIS)
* Heliostatenfeldwirkungsgrad

IR – Kamera
* Temperaturverteilung

Örtl. Temp. / IR
Gradienten / Strahlverluste

Kenndaten von H E R M E S

	VIS – Kamera	IR – Kamera
Spektraler Meßbereich	$0.3 - 1\ \mu m$	$8 - 12\ \mu m$
Intens.-/Temp.bereich	$1 - 3\ W/cm^2$	$20...800\ °C$
Detektor	1×1 cm (Si)	$50 \times 50\ \mu m$ (Hg-Cd-Te)
Auflösung (Bildpunkte)	256×256	256×256
Auflösung (Sensivität)	8 bit (256 Graustufen)	8 bit ($=$ 1 K bei 250 K Fenster)
Bildfrequenz	50 Hz	1 Hz
Räumliche Auflösung	0.05 mrad	0.25 mrad
Genauigkeit	$\leq +\ 2\ \%$	$\pm\ 3\ \%$

Bild 16   Kenndaten des Heliostat- und Receivermeßsystems HERMES.

feld und Strahlungsabsorber) der Versuchsanlage mit dem Sulzer-Strahlungsabsorber lagen zwischen 25 und 60 % /20/. Mittlere jährliche thermische Wirkungsgrade von bis zu 40 % scheinen erreichbar zu sein.

Noch höhere Strahlungsflußdichten und damit Konzentrationsfaktoren ermöglichen Paraboloidspiegel. Bild 19 zeigt die Paraboloid-Testanlage PAN der DFVLR in Stuttgart-Lampoldshausen, mit einem Spiegeldurchmesser von 17 m und einem Konzentrationsfaktor von ca. 4000.

In Bild 20 ist der Gesamtwirkungsgrad der elektrischen Energieerzeugung bei Nennlast für verschiedene solarthermische Systeme in Abhängigkeit von der oberen Prozeßtemperatur, dem Konzentrationsfaktor C des Kollektorsystems sowie dem Carnotfaktor f als Parameter dargestellt.

Als realistisch erreichbar gelten für ausgereifte solarthermische Systeme Gesamtwirkungsgrade bei Nennlast von 25 bis 30 % für Paraboloidspiegel und ca. 20 % für Solarturmanlagen – bis zur elektrischen Energieerzeugung. Damit stehen auf solarthermischer Grundlage deutlich höhere Gesamtwirkungsgrade für die Wasserstofferzeugung durch Wasserelektrolyse in Aussicht als bei Photovoltaik-Elektrolyse-Systemen.

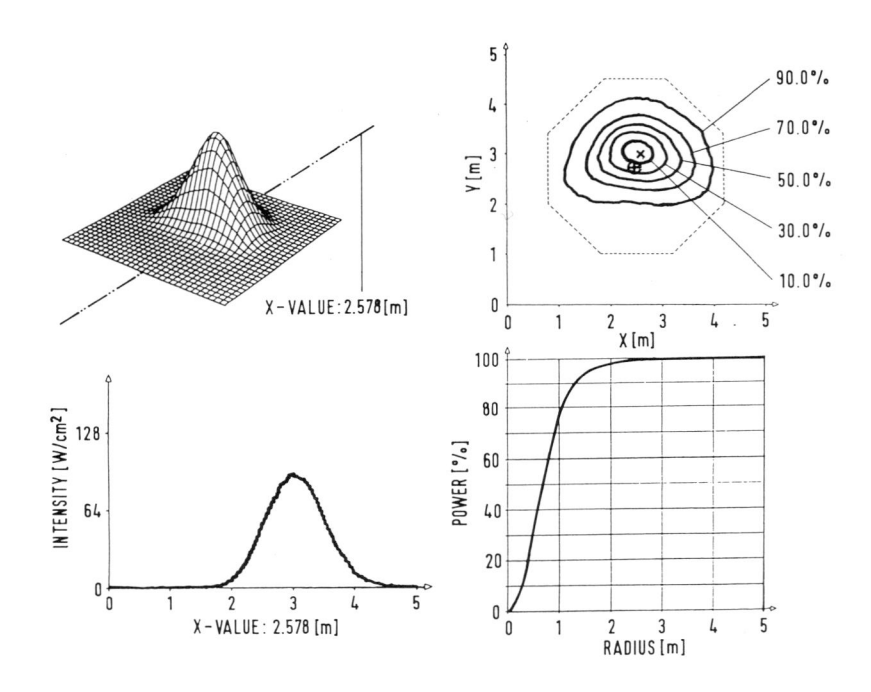

Bild 17 Typische Strahlungsfluß verteilung im sichtbaren Bereich in der Apertur eines Strahlungsabsorbers, gemessen mit HERMES.

Nichtfossile Energiequellen 159

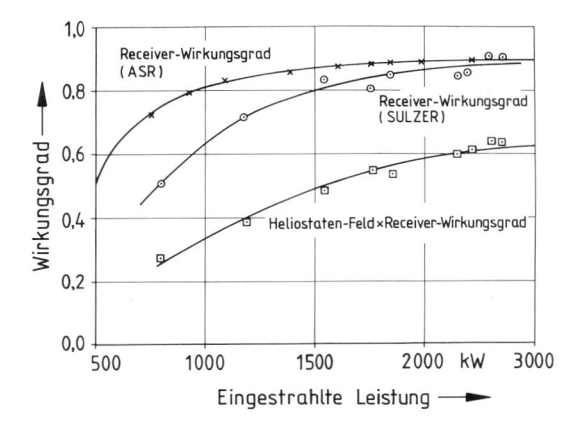

Bild 18   Receiver- und thermische Wirkungsgrade der SSPS-CRS-Pilot-
anlage in Almeria, Spanien, in Abhängigkeit von der anfallenden Strahlungsleistung bzw. direkten Bestrahlungsstärke.

Bild 19   Paraboloid-Testanlage PAN, DFVLR Stuttgart-Lampoldshausen.

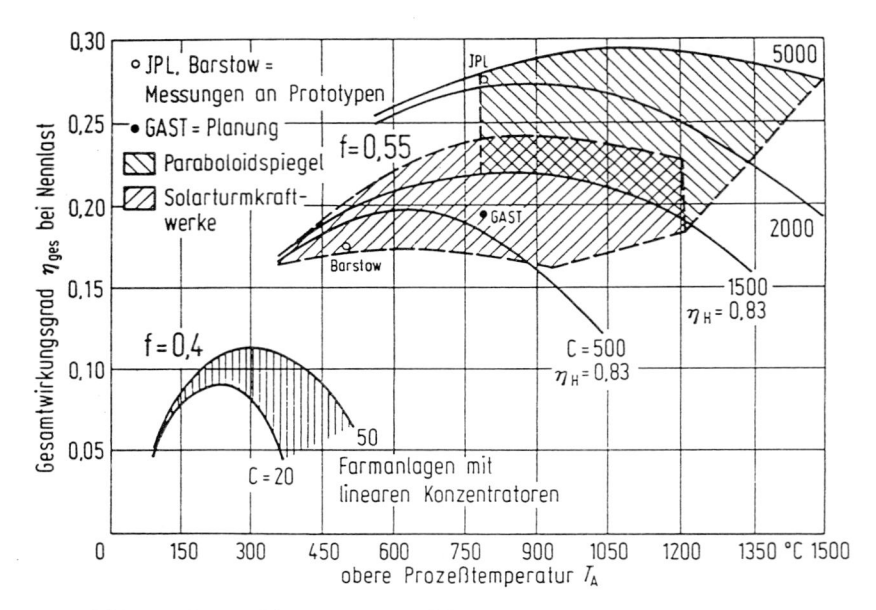

Bild 20 Gesamtwirkungsgrad der elektrischen Energieerzeugung im Auslegungspunkt für verschiedene solarthermische Systeme; Konzentrationsfaktor C und Carnotfaktor $f = \eta_{real}/\eta_{Carnot}$ als Parameter.

4.2 Kopplung mit Elektrolyseanlagen

Bei der elektrolytischen Herstellung von Wasserstoff mit solarthermischen Kraftwerken haben die, auch großtechnisch, erprobte konventionelle alkalische Elektrolyse, zukünftig fortgeschrittene Verfahren, langfristig jedoch insbesondere die Hochtemperaturdampfelektrolyse Bedeutung.

Durch den bei Solarturmkraftwerken notwendigen thermischen Pufferspeicher gehen die Anforderungen an die Leistungsaufbereitung zurück. Paraboloidspiegel mit Stirlingmaschine können ohne thermischen Speicher betrieben werden; durch Druckregelung des Arbeitsgases der Stirlingmaschine wird in Abhängigkeit von den Einstrahlungsbedingungen die Temperatur des Strahlungsabsorbers auf einem möglichst hohen Niveau konstant gehalten. Bei Gleichstrom- oder Synchrongeneratoren variabler Drehzahl steht auch die Drehzahl als Stellgröße zur Verfügung.

Bei Kopplung von Solarturmkraftwerken mit Elektrolyseanlagen reicht das in Frage kommende Leistungsspektrum vom MW-Bereich einer kleineren Turmanlage bis zu ei-

Nichtfossile Energiequellen 161

nigen 100 MW_e von mehreren großen Turmkraftwerken, die mit einem Elektrolyseur gekoppelt sein können. Die modulare Grundeinheit ist bei Paraboloidspiegelanlagen mit 10 bis 100 kW_e wesentlich kleiner und kann daher modular aufgebaut sehr flexibel an die Elektrolyse angepaßt werden /2/.

Die Hochtemperaturdampfelektrolyse ist sowohl für den Hochtemperaturreaktor wie auch für solarthermische Hochtemperaturanlagen interessant. Bild 21 zeigt das Anlagenschema eines gasgekühlten Solarturmkraftwerks im Verbund mit Hochtemperaturdampfelektrolyse und Stromerzeugung für das Netz als "Total Energy" Konzept /21, 22/. 23 % der im Strahlungsabsorber zur Verfügung stehenden thermischen Energie werden der Elektrolyse über Heißdampf zugeführt, 77 % gehen in die Stromerzeugung. Allerdings befindet sich die Hochtemperaturdampfelektrolyse noch im Laborstadium.

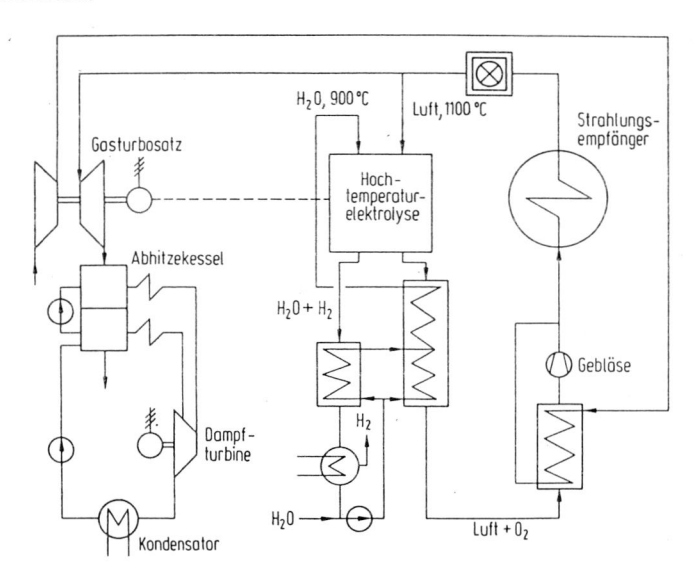

Bild 21   Anlagenschema eines gasgekühlten Solarturmkraftwerks mit Prozeßwärmenutzung über Hochtemperaturdampfelektrolyse (Dornier System).

5. Elektrolytische Wasserstoffherstellung mit Kernkraftwerken

5.1 Installierte, im Bau befindliche und bestellte Kernkraftwerkskapazität

Ende 1985 waren weltweit 355 Kernkraftwerke mit einer Gesamtleistung von

263.027 MW_e in 26 Ländern in Betrieb. In 25 Ländern sind, nach Abzug der stornierten Anlagen, weitere 163 Kernkraftwerke mit einer Gesamtleistung von 157.801 MW_e zur Zeit weltweit im Bau, 75 Blöcke mit 77.328 MW_e waren in 18 Ländern bestellt. Das heißt, daß bis Ende der 90er Jahre voraussichtlich insgesamt 593 Kernkraftwerke mit einer Gesamtleistung von etwa 498.156 MW_e in 34 Ländern in Betrieb sein werden. Gemäß der Statistik der Internationalen Atomenergie-Organisation erreichten die Ende 1985 in 26 Ländern in Betrieb befindlichen 355 Reaktorblöcke einen Anteil von 15 % an der gesamten Elektrizitätsproduktion der Welt.

Seit die ersten Kernkraftwerke zur Stromerzeugung in Betrieb genommen wurden, nämlich Shippingport, Yankee und Dresden in den USA (1957 bis 1961), Calder Hall und Chapelcross in England (1956 bis 1958), hat die Nutzung der Kernenergie in den einzelnen Ländern einen sehr unterschiedlichen Verlauf genommen.

In den USA erhöhte sich 1985 mit der Erteilung von neun Betriebsgenehmigungen die gesamte installierte Kapazität auf 84.833 MW_e in 99 Reaktorblöcken. Ohne die stornierten Anlagen waren 31 Kernkraftwerke Ende 1985 im Bau. Der nukleare Anteil an der Stromversorgung betrug in USA Ende 1985 15,5 %. In Frankreich waren Ende 1985 38 Reaktorblöcke mit Druckwasserreaktoren in Betrieb, mit einer Gesamtleistung von 37.533 MW_e. Im Bau sind derzeit 17 Reaktorblöcke mit 22.500 MW_e. Ende 1985 erreichte der nukleare Anteil an der Stromversorgung in Frankreich 70 %. In der Bundesrepublik Deutschland waren Ende 1985 16.921 MW_e in 16 Kernkraftwerken installiert und in Betrieb; der Anteil an der Stromversorgung betrug 34 %; im Bau befinden sich 7 Blöcke mit 7.293 MW_e, Tabelle 1.

Tabelle 1   Kernkraftwerk-Kapazitäten Ende 1985

	in Betrieb			im Bau*		bestellt*		in 2000 in 34 Ländern Σ
	Blöcke	MW_e	Anteil	Blöcke	MW_e	Blöcke	MW_e	
weltweit	355	263027	15 %	163	157801	75	77328	593 498156
USA	99	84833	15,5 %	31	35800			
Frankreich	38	37533	70 %	17	22500			
BR Deutschland	16	16921	34 %	7	7293			

*) ohne Stornierungen

Die weitere weltweite Entwicklung der installierten Kernkraftwerkskapazität ist schwierig abzuschätzen. Sie hängt stark ab:

-   vom zukünftigen kumulativen Energieverbrauch (die wirtschaftliche Entwicklung

Nichtfossile Energiequellen 163

in den Industrienationen ist dabei eine wesentliche Einflußgröße),
- von der wirtschaftlichen Verfügbarkeit der konventionellen Primärenergieträger Kohle, Öl und Erdgas,
- von der Einführung neuer Energietechnologien zur Nutzung regenerativer Energiequellen - insbesondere die großtechnische Nutzung der Solarenergie und
- von der Lösung der Akzeptanzproblematik in den einzelnen Ländern.

5.2 Optimale Auslastung von Kraftwerkskapazitäten durch Wasserelektrolyse

Elektrolyseanlagen stellen aufgrund ihres Betriebsverhaltens im Teillast- und im erlaubten Überlastbereich sowie durch kurzzeitige Anfahr- und insbesondere Abfahrprozeduren eine variable Last für Kraftwerke dar. Hinzu kommt, daß die Kapazität von Elektrolyseanlagen in weiten Grenzen variiert und dem zur Verfügung stehenden Energieangebot wie auch dem spezifischen Wasserstoffbedarf angepaßt werden kann.

Damit wird, wie bereits heute bei schnell zu- und abschaltbaren Nutzlasten, eine flexible Nutzung und der Ausgleich von Lastkurven von Kraftwerkskapazitäten in der Grund- und Mittellast während Schwachlastzeiten möglich. Darüber hinaus können für das elektrische Verbundnetz stets bereitzuhaltende Momentanreservekapazitäten der laufenden Kraftwerke durch Wasserelektrolyse kostenoptimiert genutzt und durch instantan abschaltbare Elektrolysekapazitäten sofort wieder bereitgestellt werden.

Primär für die Wasserstoff-Produktion gebaute und betriebene Kraftwerkskapazitäten eröffnen für die Kosten von nichtfossilem Wasserstoff günstige Voraussetzungen. Gleichzeitig können aufgrund des damit möglichen flexiblen Kraftwerksbetriebs extra notwendige Spitzenlastkapazitäten eingespart werden.

Im folgenden werden einige Möglichkeiten zukünftiger Produktion von Wasserstoff mit Kernkraftwerken angesprochen.

Nutzung temporär vorhandener Überschuß- und Reservekapazitäten:

Mittelfristig werden in Verbundnetzen mit Kernenergieanteilen nur relativ kleine Überschußkapazitäten aus Kernkraftwerkskapazitäten für Wasserelektrolyse zur Verfügung stehen. Ausnahmen sind jedoch schon heute einige Länder mit bereits hohen Anteilen an Kernenergie bei der elektrischen Stromversorgung, wie z.B. Frankreich, Belgien und Schweden.

Dennoch kann diese Phase für die Einführung nichtfossilen Wasserstoffs Schrittmacherfunktionen übernehmen. In Pilotanlagen könnten dazu Wasser-Elektrolyseure mit der Möglichkeit sofortiger Unterbrechung der elektrischen Energieversorgung und raschen Zuschaltung betrieben werden. Günstige Energiekosten und Ausgleich der Lastkurven einzelner Kraftwerksblöcke und von Verbundnetzen loten das wirtschaftliche und technische Potential dieser Betriebskombination aus und eröffnen Energieversorgungsunternehmen, über das bereits existierende Maß hinaus, die Möglichkeit, die Kraftwerksauslastung teilweise selbst vorzugeben - eine Umkehrung des Lastfolgebetriebs. Kernkraftwerke werden zum Teil bereits zur Frequenzregelung von Netzen herangezogen, indem die Durchsatzregelung im Reaktorkern (Veränderung der Kühlmittelpumpendrehzahl) als Leistungsregelung eingesetzt wird. Daraus ergibt sich bei den dafür eingesetzten Kraftwerksblöcken (heute in erster Linie Siedewasserreaktoren) eine nur ca. 95%ige Ausnutzung der Kapazität[2]. Mit Hilfe von H_2/O_2-Dampferzeugern zur sofortigen Zusatzdampfeinspeisung (stationäre Betriebsbedingungen innerhalb 1 Sekunde) /23/, könnten die entsprechenden Kraftwerksblöcke wieder zu 100 % Dauerleistung genutzt werden. Der dazu benötigte Wasserstoff und Sauerstoff könnte durch Wasserelektrolyse in Schwachlastzeiten vom betreffenden Kraftwerk selbst oder durch Entnahme aus dem Verbundnetz erzeugt werden.

In jedem großen Verbundnetz sind erhebliche Reservekapazitäten zur gesicherten Energieversorgung notwendig und vorhanden, die über sofort wieder abschaltbare Elektrolyseanlagen genutzt und dem Netz als Momentanreserve oder Spitzenleistung, und zwar als gesicherte Leistung, trotzdem zur Verfügung stehen. Daraus könnte sich ein Lastmanagement mit Hilfe der Zu- und Abschaltung großer Elektrolyseblöcke ergeben.

In einigen Ländern, z.B. Canada /24/, zeichnen sich wirtschaftliche Möglichkeiten ab, primär Wasserstoff erzeugende (CANDU-) Kernkraftwerke zu installieren, um Wasserstoff und Sauerstoff zur Veredelung von Teersanden, Ölschiefer, Schwerölen bereitzustellen. Dabei erhält der Elektrolyse-Sauerstoff ebenfalls einen bestimmten Wert, da er zur Oxidation (Entschärfung) der Rückstände benötigt wird.

Insgesamt könnte nuklear erzeugter Wasserstoff wichtige Schrittmacherfunktionen für eine nichtfossile Wasserstoffwirtschaft und -technik übernehmen, die jedoch langfristig überwiegend auf solarer Basis stehen wird.

6. Deutsch-Saudiarabisches F+E-Programm zur photovoltaisch-elektrolytischen Wasserstofferzeugung

Die Bundesrepublik Deutschland und das Königreich von Saudi-Arabien führen ein gemeinsames Forschungs- und Entwicklungsprogramm HYSOLAR (solar hydrogen) zur Erarbeitung der wissenschaftlichen und technischen Grundlagen für die zukünftige photovoltaisch-elektrolytische Herstellung von Wasserstoff und dessen Nutzung durch /17/. Das HYSOLAR F+E-Programm besteht aus 6 Teilprogrammen, Bild 22.

Die Aufgaben der 6 HYSOLAR-Teilprogramme werden nachfolgend kurz zusammengefaßt,

---

[2]) Die klassische Frequenzregelung ist z.B. das "Aufreißen" der Dampfventile von Kohleblöcken.

HYSOLAR — Sub — Programs

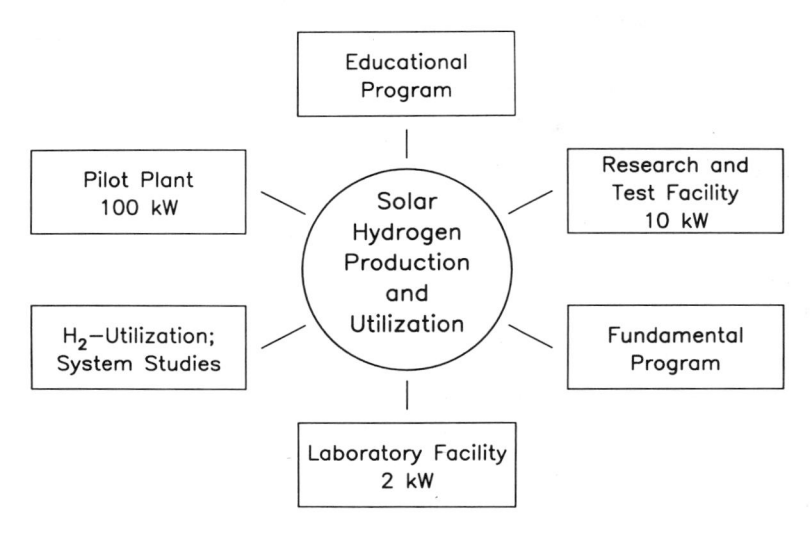

```
                    ┌──────────────┐
                    │ Educational  │
                    │   Program    │
                    └──────────────┘
                           │
┌──────────────┐      ╱─────────╲      ┌──────────────────┐
│  Pilot Plant │────╱   Solar    ╲────│ Research and     │
│    100 kW    │   │  Hydrogen    │   │ Test Facility    │
└──────────────┘   │ Production   │   │     10 kW        │
                   │     and      │   └──────────────────┘
┌──────────────┐   │  Utilization │   ┌──────────────────┐
│ H₂-Utilization;│──╲             ╱──│   Fundamental    │
│ System Studies│    ╲─────────╱     │    Program       │
└──────────────┘          │          └──────────────────┘
                    ┌──────────────┐
                    │ Laboratory Facility │
                    │       2 kW          │
                    └──────────────┘
```

Bild 22   Deutsch-Saudiarabisches HYSOLAR-Projekt.

Einzelheiten befinden sich in der entsprechenden Projektdokumentation.

1. <u>100 kW-Pilotanlage (Standort Riyadh)</u>:

    - Entwicklung eines standortspezifischen und flexiblen Pilotanlagenkonzepts.
    - Betriebserfahrungen und Leistungsdaten für weitere Komponenten- und Systemverbesserungen.
    - Auslegungskriterien für zukünftige zentrale und dezentrale solare H_2-Erzeugungsanlagen.
    - H_2-Bereitstellung für das Nutzungs-Teilprogramm.

2. <u>10 kW-Versuchsanlage (Standort Stuttgart)</u>:

    - Entwicklung und Erprobung fortgeschrittener Elektrolyseverfahren.
    - Teillast- und Überlastverhalten.
    - Ermittlung von Grenzbelastungen und Schwachstellen.
    - Dynamisches Verhalten bei verschiedenen Leistungsstufen.
    - Auslegungskriterien für größere Komponenten und Systeme.

- Simulation verschiedener Einstrahlungsbedingungen/Standorte.
- Ermittlung optimierter Leistungsanpassung zwischen Photovoltaik und Elektrolyseur.

3. 2 kW-Laboranlage (Standort Jeddah):

   - Laborversuche
   - Ausbildung

4. Grundlagen-Forschungsprogramm:

   - Wasserspaltung durch photoelektrochemische und photokatalytische Methoden.
   - Präparation und Anwendung von Elektrokatalysatoren für fortgeschrittene alkalische Elektrolyseure.
   - Aktivierte poröse Gasdiffusionselektroden mit definierter Porosität und elektrokatalytischer Struktur für Brennstoffzellen.

5. Systemstudien und H_2-Nutzungstechnologien

6. Ausbildungsprogramm für Wissenschaftler, Ingenieure, Techniker und Studenten.

Folgende Institutionen sind an der Durchführung des HYSOLAR Forschungs- und Entwicklungsprogramms beteiligt:

- Deutsche Forschungs- und Versuchsanstalt für Luft- und Raumfahrt e.V., Stuttgart, (DFVLR)
- Universität Stuttgart
- King Abdulaziz City for Science and Technology (KACST)
- King Saud University, Riyadh
- King Abdulaziz University, Jeddah
- University of Petroleum and Minerals, Dhahran.

Gefördert wird das HYSOLAR Forschungs- und Entwicklungsprogramm von

- King Abdulaziz City for Science and Technology (KACST), Riyadh
- Bundesministerium für Forschung und Technologie (BMFT), Bonn
- Ministerium für Wissenschaft und Kunst (MWK), Stuttgart
- DFVLR und Universität Stuttgart, (INSOLAR), Stuttgart

Die Umsetzung von technischer Innovation in wirtschaftlichen (und gesellschaftlichen) Fortschritt benötigt die Demonstration der Realisierbarkeit. Am Markt kann sich kein

Bedarf für eine technische Neuerung artikulieren, wenn die Möglichkeiten der Realisierung nicht demonstriert werden und damit nicht vorstellbar sind. Dies ist auch eine der Aufgaben von HYSOLAR.

7. Literatur

/1/ Maycock, P.D., Stirewatt, E.N.: Conf.Rec. 16 IEEE Photov. Spec. Conf., New York, (1982).

/2/ Winter, C.-J., Nitsch, J. (Hrsg.): Wasserstoff als Sekundärenergieträger - Technik, Systeme, Wirtschaft. Berlin: Springer, (1986).

/3/ Wysoki, J.J., Rappaport, P.: J. Appl. Phys., 31, 571, (1960).

/4/ Nakamura, G.: Proc. 4 EC Photovolt. Sol. En. Conf., D. Reidel, Dordrecht (NL), (1982).

/5/ Staebler, D.L., Wronsky, C.R.: Appl. Phys. Lett., 31, 292, (1977).

/6/ Carlson, D.E.: J. Vac. Sci. Techn., 20, 290, (1982).

/7/ Schulze, J.: Wasserstoff, Kosten und Marktentwicklung, DECHEMA-Fachgespräch 16./17.01.84, Frankfurt.

/8/ Henne, R., Schnurnberger, W., Weber, W.: Low Pressure Plasma Spraying - Properties and Potential for Manufacturing Improved Electrolyzers, Thin Solid Films, 119, 141-152, (1984).

/9/ Henne, R., Weber, W.: The Application of Low Pressure Plasma Spraying (LPPS) for Coating of Electrolyzer Components, to be published Proc. 6th WHEC, July 1986.

/10/ Bradke, M. v., Henne, R., Schnurnberger, W.: Oberflächenanalyse von gesinterten und plasmagespritzten Elektroden, DECHEMA-Monographie Nr. 102, 1986.

/11/ Bradke, M. v., Schnurnberger, W.: Surface Analysis of Electrodes for Alkaline Water Electrolysis, to be published Proc. 6th WHEC, July 1986.

/12/ Schnurnberger, W., Henne, R.: Oxygen Evolution Reaction on Plasma-Sprayed Electrodes in Alkaline Solution, to be published Proc. 6th WHEC, July 1986.

/13/ Fischer, M.: Review of Hydrogen Production with Photovoltaic Electrolysis Systems, Int. J. Hydrogen Energy, (1986).

/14/ Kuron, D., Gräfen, H.: Vermeidung von Korrosionsschäden an Wasserelektrolyseanlagen, DECHEMA-Monographie Technische Elektrolysen, Leverkusen 1984.

/15/ Brossard, L., Belanger, G., Trudel, G.: Int. J. Hydrogen Energy, 9, 67-72, (1984).

/16/ Janjua, M.B.I., Le Roy, R.L.: Int. J. Hydrogen Energy, 10, 11-19, (1985).

/17/ Steeb, H., Weiss, H.R., Koshaim, B.H.: HYSOLAR a Joint German-Saudi Arabian Research, Development and Demonstration Program on Solar Hydrogen Production and Utilization, to be published, Proc. 6th WHEC, July 1986.

/18/ Schiel, W.: 500 kW$_e$-Solarturmkraftwerk - Teil I: Meßgrößen und Meßsystem, Brennstoff-Wärme-Kraft 6/85 (1985), 266-268.

/19/ Schiel, W., Lemperle, G.: Measurements and Calculations on Heliostat Field Properties of the SSPS-CRS at Almeria/Spain, IEA-SSPS Solar Thermal Power Plants, Vol. I, Springer-Verlag (1986).

/20/ Schiel, W.: HERMES: Heliostat- und Receiver-Meßsystem, DFVLR-Jahresbericht 1985.

/21/ Doenitz, W., Schmidberger, R.: Int. J. Hydrogen Energy 7, 321-330, (1982).

/22/ Studie im Auftrag des BMFT: Gasgekühltes Sonnenturmkraftwerk GAST, Analyse des Potentials, Bonn 1985.

/23/ Sternfeld, H.J.: Hydrogen-Oxygen Steam Generator for the Peak-Load Management of Steam Power Plants, Proc. 5th WHEC, 1984.

/24/ Barnstaple, A.G., Petrella, A.J.: Hydrogen Study, Report prepared for the Ontario Hydrogen Energy Task Force, Ontario 1981.

Hochtemperatur-Elektrolyse von Wasserdampf

W. Dönitz, E. Erdle
Dornier System GmbH, Friedrichshafen

R. Streicher
Lurgi GmbH, Frankfurt

Zusammenfassung

Die effiziente Herstellung von Wasserstoff aus Wasser spielt eine Schlüsselrolle innerhalb einer Wasserstoff-Energiewirtschaft. Bei den einstufigen, d.h. elektrolytischen Prozessen besitzt die Elektrolyse von Wasserdampf bei hohen Temperaturen (900-1000°C) dafür das größte Potential für Verbesserungen, wie durch Labormessungen nachgewiesen werden konnte. Die technologischen Problemfelder und der gegenwärtige Stand der Entwicklung werden kurz umrissen. Kurzfristiges Ziel ist die Demonstration der Funktionsfähigkeit eines kompletten kleinen Elektrolyseaggregats ($\sim$ 1Nm^3 H$_2$/h), in dem zahlreiche Elektrolyserohre aus seriengeschalteten Einzelzellen integriert sind. Dieselbe Technologie kann für den umgekehrten Prozeß als Hochtemperatur-Brennstoffzelle zur Direktverstromung brennbarer Gase verwendet werden, worauf abschließend kurz eingegangen wird.

Summary

The efficient production of hydrogen from water plays a key-role within a hydrogen-based energy economy. The electrolysis of water vapor at high temperatures (900-1000°C) has the greatest potential for improvements among all single-step, i.e. electrolytic processes as could be demonstrated by laboratory experiments. The technological problems and the present status of development are briefly reviewed. Short-term goal is the operational demonstration of a complete small electrolysis aggregate ($\sim$ 1Nm^3 H$_2$/h) in which numerous electrolysis tubes out of series-connected single cells are integrated. The same technology can be used for the reverse process as a high temperature fuel cell for direct power generation from combustible gases. This will be discussed briefly at the end.

1. Einleitung

Die Herstellung von Wasserstoff aus Wasser – und nicht wie heute überwiegend aus fossilen Rohstoffen – ist für die Wasserstofftechnologie von essentieller Bedeutung. Auf der anderen Seite stellt die H_2-Erzeugung aus Wasser den wirtschaftlichen Engpaß für eine Wasserstoff-Energiewirtschaft dar. Aus diesem Grund wurde von den Firmen Lurgi und Dornier System nach neuen Möglichkeiten für die Wasserstoffgewinnung aus Wasser gesucht.

Beschränkt man sich dabei auf einstufige Prozesse, d.h. auf elektrolytische Verfahren, dann ist die einzige Alternative zur altbewährten Wasserelektrolyse die Elektrolyse von Wasserdampf bei hohen Temperaturen (900 - 1000°C).

Aus theoretischen Überlegungen ist klar, daß die Thermodynamik der Wasserspaltung mit steigender Temperatur günstiger wird. Gleichzeitig wirken sich hohe Temperaturen vorteilhaft auf die Reaktionskinetik elektrochemischer Prozesse aus. Und schließlich besteht bei hohen Temperaturen prinzipiell die Möglichkeit, die erforderliche Spaltungsenergie partiell thermisch aufzubringen, wodurch sich die Effizienz des Prozesses noch weiter steigern läßt. Das dadurch gegebene Potential für Verbesserungen veranschaulichen die in Abb. 1.1 wiedergegebenen Energieflußdiagramme, wobei angenommen ist, daß die elektrische Energie aus thermischen Kraftwerken stammt.

Da bei der Elektrolyse 70-80% der Wasserstoffkosten Stromkosten sind, ist die Hochtemperatur-Elektrolyse offensichtlich auch wirtschaftlich interessant: Man kann leicht abschätzen, daß die Energiekosteneinsparung gegenüber der konventionellen Elektrolyse größer ist, als wenn man deren Anlageninvestitionen umsonst bekäme.

Das eigentliche Problem der Hochtemperatur-Elektrolyse liegt in der dafür erforderlichen Technologie. Hierauf, sowie auf den gegenwärtigen Stand im zugehörigen Entwicklungsprojekt Hot Elly, das vom BMFT gefördert wird, wird im folgenden näher eingegangen. Abschließend werden noch weitere Einsatzmöglichkeiten dieser Technologie geschildert.

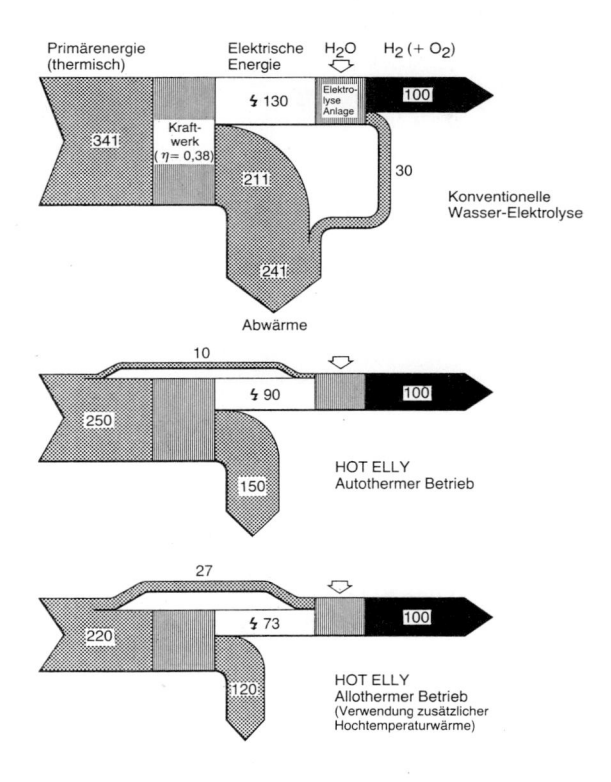

Abb. 1.1 Energieflußdiagramme von Elektrolyseverfahren

2. Technologie und Stand der Entwicklung

Schlüsselelemente der Technologie der Wasserdampfelektrolyse sind keramische Werkstoffe und Komponenten. Der Entwicklungsstand der entsprechenden Ingenieurkeramik ist deshalb wesentlich für die technische Realisierung der Hochtemperatur-Elektrolyse. Das Funktionsprinzip des Prozesses veranschaulicht das in Abb. 2.1 wiedergegebene Schliffbild einer realen Elektrolysemembran, die im Labor getestet wurde.

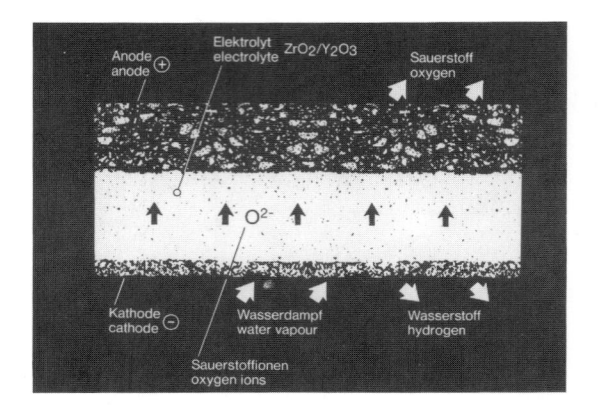

Abb. 2.1 Schliffbild einer Elektrolysemembran und
Prinzip der Hochtemperatur-Elektrolyse

Man erkennt den beidseitig mit porösen Elektroden beschichteten Festelektrolyten, an dem die Dampfspaltung stattfindet. Der derzeitige Entwicklungsstand läßt sich folgendermaßen charakterisieren: Selbsttragende Membranen aus Yttrium-stabilisiertem ZrO_2 mit Dicken von 300 µm sind zuverlässig herstellbar. Mit Dünnschichttechniken, bei denen das ZrO_2 auf porösen Substraten abgeschieden wird, kann man die Elektrolytschichtdicke und den damit verbundenen ohmschen Widerstand um eine Größenordnung auf ca. 30 µm reduzieren. Ein Beispiel für einen derartigen Dünnschichtelektrolyten ist in Abb. 2.2 wiedergegeben. Für die laufenden Entwicklungsarbeiten bei der Hochtemperatur-Elektrolyse werden allerdings selbsttragende Zellen verwendet, da der Entwicklungsstand der Dünnschichttechnik noch nicht ausreichend fortgeschritten ist.

Um hohe mechanische Festigkeit der Elektrolytmembran zu erreichen, werden rohrförmige Zellen verwendet, die in Zusammenarbeit mit der Fa. Bosch entwickelt wurden (siehe Abb. 2.3). Sie ermöglichen gleichzeitig eine einfache Gasführung und erleichtern die Dichtung der Gasräume (H_2 bzw. O_2) gegeneinander.

Hochtemperatur-Elektrolyse

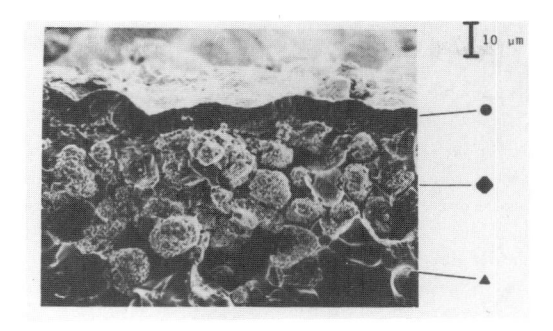

GASDICHTER YSZ-DÜNNSCHICHTELEKTROLYT (●) AUF PORÖSER
Ni-CERMET-KATHODE (⬢) UND PORÖSEM CSZ-TRÄGER (▲)

Abb. 2.2 Schliffbild einer Dünnschicht-Elektrolytmembran

Abb. 2.3 Elektrolytröhrchen

Ein weiteres technologisches Problem rührt daher, daß sich große keramische Bauteile schwer ohne großen Ausschuß herstellen lassen und lange Zuleitungen in den Elektroden vermieden werden müssen, zumal die elektrische Leitfähigkeit der Elektrodenschichten bei hohen Temperaturen begrenzt ist. Man ist also gezwungen, integrierte Zellkonzepte zu entwicklen, die von vornherein eine Serienschaltung von einzelnen Zellen beinhalten. Damit werden die Ströme begrenzt, und es wird mit hohen Spannungen gearbeitet. Das gegenwärtig verfolgte Konzept, das hierfür entwickelt wurde, veranschaulicht die Abb. 2.4. Die Nickel-Cermet-Kathode jeder Zelle wird mit der Mischoxid-Anode der nächsten Zelle über ein leitendes Verbindungsmaterial-Element elektrisch verbunden, das wie der Elektrolyt gasdicht ist und in reduzierender wie oxidierender Atmosphäre chemisch stabil sein muß.

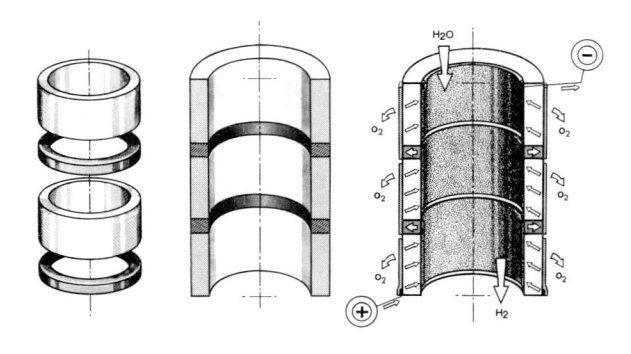

Abb. 2.4 Aufbau und Stromführung eines Elektrolyserohrs

Nachdem die Leistungsfähigkeit von Einzelzellen und von Elektrolyserohren aus seriengeschalteten Zellen mit Betriebsspannungen, die deutlich unter denen konventioneller Wasserelektrolyseure liegen, demonstriert werden konnte (s. Abb. 2.6), wird gegenwärtig daran gearbeitet, viele Zellaggregate in eine komplette (Labor-)Anlage zu integrieren (ca. 3 kW = 1 $Nm^3 H_2$/h). Dazu mußte eine eigene "Laborfertigung" keramischer Bauteile von der Herstellung der Rohrmaterialien über die Fertigung der Formteile bis zur Qualitätsprüfung aufgebaut werden. Einige der ersten Exemplare aus dieser Kleinproduktion von Elektrolyserohren sind in Abb. 2.5 gezeigt.

Hochtemperatur-Elektrolyse

Abb.2.5 Elektrolyserohre

In der Abb. 2.6 ist eine typische Kennlinie eines derartigen zehnzelligen Elektrolyserohrs wiedergegeben. Bei einer mittleren Zellspannung von 1,33 V (autothermer Betrieb) werden eine Stromdichte von über 0,35 A/cm² und ein Wasserdampfumsatz von mehr als 80 % erreicht.

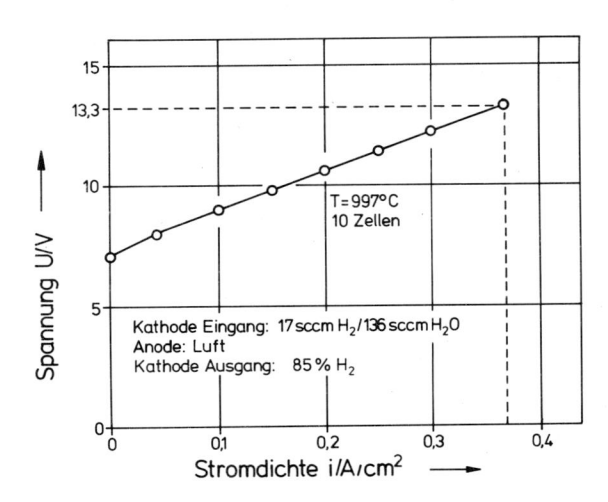

Abb.2.6 Kennlinie eines Elektrolyserohrs mit zehn seriengeschalteten Zellen

Ziel ist die Herstellung mehrerer sog. Register, die jeweils zehn dieser Elektrolyserohre tragen und nach Art der Abb. 2.7 zu einem sog. Modul verschaltet werden sollen. Die Abb. 2.8 zeigt, wie große Anlagen durch Addition derartiger Module aufgebaut werden könnten.

Abb. 2.7 Modul-Modell

Zum Abschluß dieses Kapitels sind in der Tab. 2.1 die Leistungsdaten der Hochtemperatur-Elektrolyse zusammengefaßt. Die zunächst ins Auge gefaßte autotherme Version zeichnet sich aufgrund der höheren Zellspannung (ca. 1,33 V pro Zelle) durch höhere Leistungsdichte und größere Flexibilität (es werden nur Elektrizität und Niedertemperaturdampf benötigt) als die allotherme Version aus, bei der allerdings der Wirkungsgrad des Verfahrens durch die direkte Einkopplung von Hochtemperaturwärme noch weiter gesteigert werden kann.

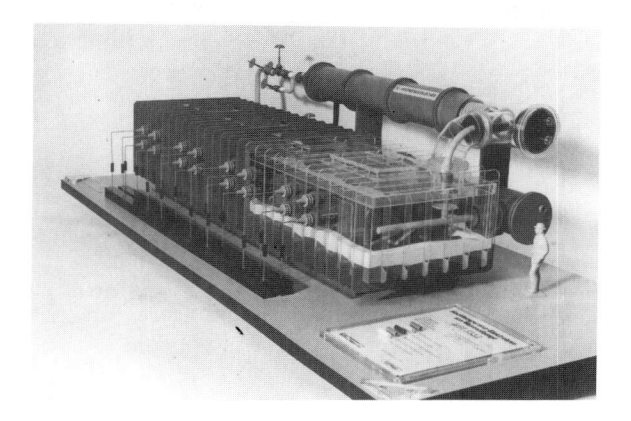

Abb. 2.8   Modell einer autothermen Hochtemperatur-Elektrolyseanlage
(1000 Nm³ H_2/h)

Tab. 2.1: Energieverbrauch und Wirkungsgrad verschiedener Elektrolyseverfahren. (Der Stromerzeugungswirkungsgrad wurde zu η_{el} = 38 % angenommen; der obere Heizwert von H_2 beträgt 3,55 kWh/Nm³.)

		HOT ELLY autotherm	HOT ELLY allotherm	KONV. ELEKTROLYSE
ELEKTRISCHE ENERGIE	(kWh/Nm³ H_2)	3,2	2,6	4,6
NIEDERTEMPERATUR-WÄRME	(kWh/Nm³ H_2)	0,6	0,6	-
HOCHTEMPERATUR-WÄRME	(kWh/Nm³ H_2)	-	0,5	-
KONVERSIONSFAKTOR	($\frac{\text{ob. Heizwert } H_2}{\text{el. Energie}}$)	1,11	1,37	0,77
WIRKUNGSGRAD	($\frac{\text{ob. Heizwert } H_2}{E_{el.}/\eta_{el.} + E_{th.}}$)	39%	45%	29%

Welche Leistungsdichte letztlich erreicht werden kann, hängt von der verwendeten Technologie und von der tatsächlichen Betriebstemperatur der Zellen ab. Dadurch werden die spezifischen Investitionskosten des

Elektrolysenmoduls wesentlich bestimmt, die im übrigen natürlich stark vom Zell- und Moduldesign sowie der Komplexität der Fertigungsschritte abhängen. Wesentlich für die Weiterentwicklung dieser neuen Technologie ist deshalb auch die Automatisierbarkeit der Fertigungsschritte einerseits und die Marktbreite sowie der Umfang ihrer Anwendungsmöglichkeiten andererseits.

3. Einsatz der Technologie als Hochtemperatur-Brennstoffzelle

Der Prozeß der elektrochemischen Wasserspaltung bei hohen Temperaturen ist reversibel, d.h. er kann direkt umgekehrt werden. Die Zellen arbeiten dann als Hochtemperatur-Brennstoffzellen (HTBZ), in denen nicht nur H_2, sondern ganz allgemein brennbare Gase direkt verstromt werden können.

Die Frage, ob es ein Zelldesign gibt, das für beide Anwendungen optimal ist, kann heute noch nicht beantwortet werden. Experimentell konnte jedoch gezeigt werden, daß sich Hochtemperatur-Elektrolysezellen für den Brennstoffzellenbetrieb eignen. Dabei wurden sowohl H_2 als auch CO sowie Mischungen dieser Gase unter Abgabe elektrischer Energie zu H_2O und CO_2 umgesetzt.

Wenn man die an einzelnen Zellen gewonnenen Laborergebnisse hochrechnet und annimmt, eine entsprechende Fertigungstechnik für große Zellaggregate wäre verfügbar, so ergibt sich z.B. für die Verstromung von Erdgas das in Abb. 3.1 gezeigte Bild.

Obwohl sich die freie Enthalpie mit steigender Temperatur leicht verringert, erreicht man mit der HTBZ offensichtlich extrem hohe Gesamtwirkungsgrade. Das liegt zum einen daran, daß die für alle Brennstoffzellen entscheidende Kinetik der elektrochemischen Umsetzung bei hohen Temperaturen begünstigt wird. Der hohe Wirkungsgrad rührt zum anderen daher, daß die produzierte Hochtemperaturwärme zur Reformierung der eingesetzten Brenngase (z.B. CH_4) verwendet werden kann. Dieser Vorteil ist deshalb nutzbar, weil sowohl H_2 als auch CO direkt und ohne Edelmetallkatalysatoren verstromt werden können.

Hochtemperatur-Elektrolyse

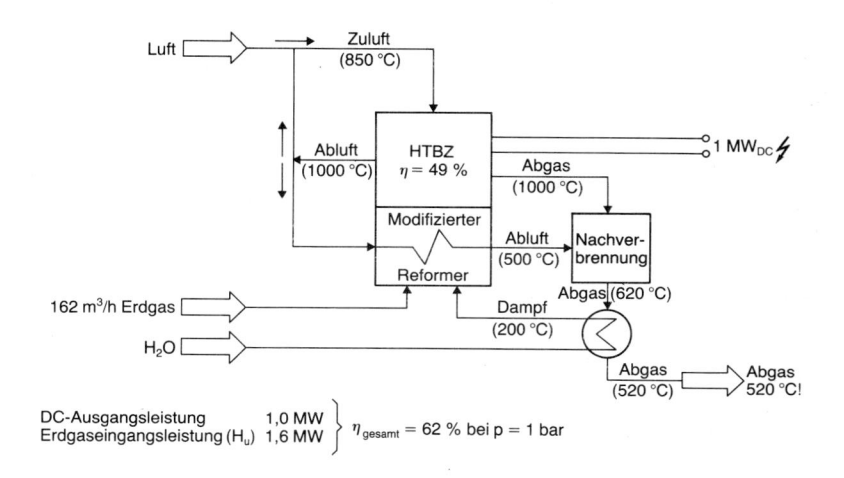

```
            Zuluft
Luft ─→  (850 °C)
              │
              ▼
    Abluft ┌─────────────┐         ┌─ 1 MW_DC
   (1000°C)│ HTBZ        │ Abgas
           │ η = 49 %    │(1000°C)
           ├─────────────┤
           │ Modifizierter│  Abluft ┌──────────┐
           │   Reformer   │─(500°C)─┤Nachver-  │
162 m³/h   └─────────────┘         │brennung  │
Erdgas ──→                  Abgas  └──────────┘
                           (620 °C)
H₂O ──→             Dampf
                   (200 °C)
                            Abgas         Abgas
                           (520 °C)       520 °C!
```

DC-Ausgangsleistung   1,0 MW ⎫
Erdgaseingangsleistung (H_u) 1,6 MW ⎬ η_{gesamt} = 62 % bei p = 1 bar

Abb. 3.1 Potential der HTBZ für die Verstromung von Erdgas
(Prozeß-Schema für kleine Leistung)

Ein Blick auf die Auswirkung bezüglich der Umweltbelastung bei dieser Art der Stromerzeugung (Tab. 3.1) zeigt, daß hier in der Tat eine zweite interessante Anwendungsmöglichkeit für diese elektrochemische Hochtemperaturtechnik gegeben ist.

Tab. 3.1 Kenndaten von einem Erdgas-BHKW mit 1 MW_{el}

	Erdgaseinsatz bei 6000 Betriebsstunden p.a.	NO_x-Ausstoß
Konventionelles BHKW mit Motoren	1.720.000 m³ (η = 35 %)	44 t
HTBZ-BHKW	972.000 m³ (η = 62 %)	2,7 t

Thermochemische Kreisprozesse

B. D. Struck

Kernforschungsanlage Jülich GmbH, Institut für Chemie 4: Angewandte Physikalische Chemie

Zusammenfassung

Aktuelle thermochemische Kreisprozesse zur Wasserspaltung aus der Familie der Schwefel-Prozesse werden dargestellt, Probleme und Problemlösungen diskutiert.

Summary

Current thermochemical cyclic processes for the decomposition of water belonging to the sulphur process group are presented, and problems and problem solutions discussed.

Résumé

Les cycles thermochimiques les plus récents pour la séparation de l'eau faisant partie de la famille des cycles du soufre seront présentés et les problèmes et résolutions de problèmes seront discutés.

Einleitung

Wasserspaltung mit Hilfe eines thermochemischen Kreisprozesses bedeutet Wasserspaltung durch direkte Einkopplung von Wärme in einen chemischen Prozeß. Dieser Prozeß besteht aus mindestens zwei chemischen Reaktionen. Um einen hohen energetischen Wirkungsgrad zu erzielen, muß die Wärme bei hohen Temperaturen eingekoppelt werden. Dies geschieht aus Hochtemperaturenergiequellen wie dem gasgekühlten Hochtemperaturreaktor oder solaren Energiequellen. Es sind aber auch schon Überlegungen für die Anbindung von thermochemischen Kreisprozessen an Fusionsreaktoren angestellt worden. Der Wirkungsgrad thermochemischer Kreisprozesse entspricht nahezu dem Carnot-Wirkungsgrad (Funk, 1977). Deshalb ist eine hohe Temperaturdifferenz zwischen der endothermen Hochtemperaturreaktion und der meist exothermen Niedertemperaturreaktion notwendig. Die Reaktionsentropie der Hochtemperaturreaktion soll groß und positiv sein, um hohe Wärmeeinkopplung bei geringem Arbeitsanfall zu gewährleisten.

Schematisch vereinfacht lassen sich thermochemische Kreisprozesse zur Wasserspaltung wie folgt darstellen, je nachdem ob in der Hochtemperaturreaktion Sauerstoff oder Wasserstoff erzeugt wird, z.B.

$XO = X + 1/2\ O_2$ Hochtemp.
$X + H_2O = XO + H_2$ Niedertemp.

$2HX = H_2 + X_2$ Hochtemp.
$X_2 + H_2O = 2HX + 1/2\ O_2$ Niedertemp.

Thermochemische Kreisprozesse im einzelnen

Eine besonders günstige Hochtemperaturreaktion ist die Methanreformierung.

$CH_4 + H_2O = CO + 3H_2$ 1200 K

Bei einer Reaktionsenthalpie von 228 kJ/mol und einer Reaktionsentropie von 254 J/(mol K) beträgt die freie Reaktionsenthalpie nur -77 kJ/mol.

Der an diese Reaktion anschließende einfache Zyklus

$CO + 2H_2 = CH_3OH$ 500 K
$CH_3OH = CH_4 + 1/2\ O_2$ 350 K

konnte aber wegen der kinetischen Hemmung der Niedertemperaturreaktion bisher nicht realisiert werden.

Als prinzipiell durchführbar, aber verfahrenstechnisch sehr aufwendig, gilt der sehr viel kompliziertere CIS-Prozeß (Sato, 1984), der am Japan Atomic Energy Research Institute bearbeitet wird. Ähnliche Prozesse wurden auch an der RWTH Aachen, Lehrstuhl für Reaktortechnik, entwickelt.

$CH_4 + H_2O = CO + 3\ H_2$ 1200 K
$CO + 2H_2 = CH_3OH$ 500 K
$CH_3OH + HJ = CH_3J + H_2O$ 400 K
$CH_3J + HJ = CH_4 + J_2$ 400 K
$SO_2 + J_2 + 2H_2O = 2HJ + H_2SO_4$ 300 K
$H_2SO_4 = SO_3 + H_2O$ 700 K
$SO_3 = SO_2 + 1/2\ O_2$ 1200 K

Dieser Prozeß schließt zwei Hochtemperaturreaktionen ein, die Methanreformierung einerseits und die Schwefeltrioxid-Spaltung andererseits. Auch die Schwefeltrioxidspaltung ist mit $\Delta H = 96$ kJ/mol,

$\Delta S = 91$ J/(mol K) und $\Delta G = -13$ kJ/mol eine für die Wärmeeinkopplung günstige endotherme Reaktion. Als Niedertemperaturreaktion läuft die bekannte Bunsen-Reaktion. Der Prozeß ist auch ein Beispiel für die Bedeutung des Schwefels und Jods in der heutigen Thermochemie.

Entsprechend versteht sich der CIS-Prozeß auch nicht als Kohlenwasserstoffprozeß, sondern als Variante des General Atomic-Prozeß (z.B. de Graaf, 1978), der ganz auf Reaktionen des Schwefels und Jods beruht und die günstige Schwefeltrioxid-Spaltung als Hochtemperaturreaktion einsetzt.

$J_2 + SO_2 + 2H_2O = H_2SO_4 + 2HJ$ 　　300 K
$2HJ = H_2 + J_2$ 　　570 K
$H_2SO_4 = SO_3 + H_2O$ 　　700 K
$SO_3 = SO_2 + 1/2\ O_2$ 　　1200 K

Der General Atomic-Prozeß steht in den USA im Mittelpunkt des Interesses. Alle Prozeßstufen sind gut untersucht worden, insbesondere auch die H_2SO_4-Spaltung unter Druck. Der Prozeß soll als Anwendung für solare Energiequellen dienen. In Atlanta haben erste derartige Versuche stattgefunden (General Atomic Technologies, 1985). Für den Prozeß wurde ein Wirkungsgrad von ca. 45 % errechnet (Norman, 1982).

Unterstützende Arbeiten zu diesem Prozeß finden auch in Deutschland statt. So ist an der RWTH Aachen, Lehrstuhl für Technische Thermodynamik, die HJ-Spaltung eingehend studiert worden (Knoche, 1984).

Eine weitere Vereinfachung von CIS- und General Atomic-Prozeß ist der sogenannte Schwefel- oder Westinghouse-Prozeß (Brecher, 1975).

$SO_2 + 2H_2O = H_2SO_4 + H_2$ 　　350 K
$H_2SO_4 = SO_3 + H_2O$ 　　700 K
$SO_3 = SO_2 + 1/2\ O_2$ 　　1200 K

Im Unterschied zu CIS- und General Atomic-Prozeß ist die Niedertemperaturreaktion eine elektrochemische Reaktion. Derartige Prozesse werden als thermochemisch-elektrochemische Hybridkreisprozesse bezeichnet. Die elektrochemischen Zellen dieses Prozesses werden bei einer Stromdichte von 200 mA/cm^2 und einer Zellspannung von 600 - 700 mV betrieben (Struck, 1980; Lu, 1983). In der Kernforschungsanlage Jülich wurde eine edelmetallfreie Elektrolysezelle entwickelt, die anodisch mit HJ als Homogenkatalysator arbeitet, kathodischer Katalysator ist Wolframcarbid (Struck, 1983). Für diesen Prozeß wurden ebenfalls Wirkungsgrade von über 40 % abgeschätzt (Broggi, 1981).

Im Zusammenhang der Schwefelprozesse ist ferner der bei EURATOM Ispra entwickelte Schwefel-Brom-Prozeß (Mark 13) zu nennen (Schütz, 1974). Er unterscheidet sich vom General Atomic-Prozeß durch den Einsatz von Brom anstelle des Jods. Ferner wird die Spaltung des Bromwasserstoffs elektrochemisch vorgenommen (Fiebelmann, 1980; van Velzen, 1982). Auch für diesen Prozeß wurde ein Wirkungsgrad von fast 40 % abgeschätzt (Broggi, 1981).

Von Martinsen und Walbeck (1985) wurde für den Schwefel-Hydridkreisprozeß ein Wasserstofferzeugungspreis von 12 DPf/kWh H_2 auf der Basis 1984 errechnet. Der vorsichtig vorausgesetzte thermische Wirkungsgrad betrug 40 %.

Probleme und Problemlösungen

In der Thermochemie spielen neben dem Optimierungsproblem wirkungsgradmindernder Vorgänge natürlich auch technische Probleme und Materialprobleme eine wichtige Rolle.

Bei den wirkungsgradmindernden Vorgängen ist für die Schwefelprozesse z.B. der Energieaufwand zur Konzentrierung der Schwefelsäure zu nennen, die Voraussetzung für die Spaltung der Schwefelsäure ist. Zur technischen Optimierung der Energiebilanz wird hier das Mittel der Rekuperation eingesetzt. Ein weiterer Lösungsvorschlag geht aber in eine ganz andere Richtung. Man kann die aus dem Niedertemperaturschritt kommende Schwefelsäure auch mit Metalloxiden als hydratwasserarme Sulfate fällen, trocknen und im Hochtemperaturschritt in Metalloxid, SO_2 und O_2 spalten. Ein Beispiel hierfür ist der in Los Alamos/USA entwickelte Wismutsulfat-Prozeß (Cox, 1980; Bowman, 1980).

$$2H_2O + SO_2 = H_2SO_4 + H_2 \qquad 350 \text{ K}$$
$$H_2SO_4 + 1/3 \, Bi_2O_3 = 1/3 \, Bi_2O_3 \cdot 3SO_3 + H_2O \qquad 350 \text{ K}$$
$$1/3 \, Bi_2O_3 \cdot 3SO_3 = 1/3 \, Bi_2O_3 + SO_3 \qquad 900 - 1200 \text{ K}$$
$$SO_3 = SO_2 + 1/2 \, O_2 \qquad 1200 \text{ K}$$

Ein weiteres Problembeispiel ist die Trennung von H_2SO_4 und HJ in der Bunsen-Reaktion beim General Atomic-Prozeß. Als Lösung wurde die Möglichkeit der Flüssigphasentrennung H_2SO_4/HJ_x gefunden (Schuster, 1977).

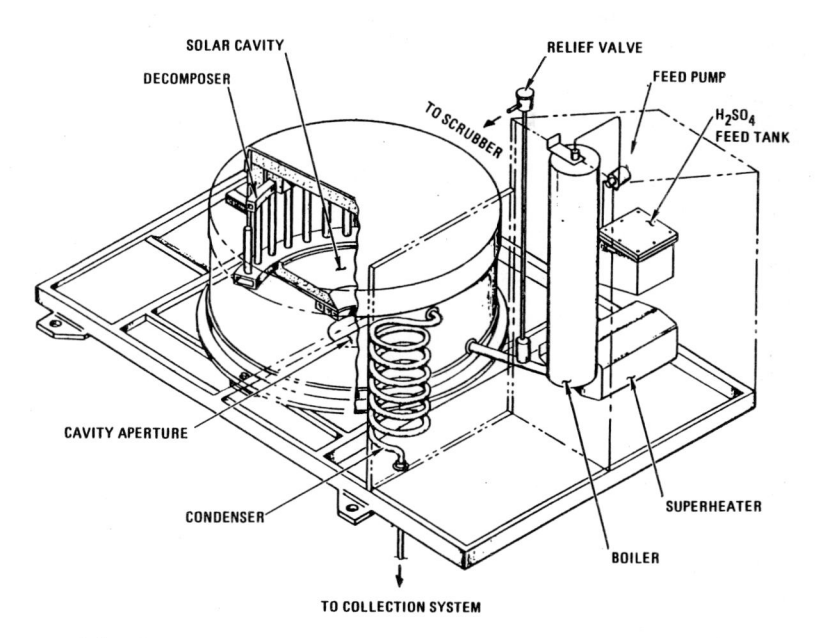

Solarthermischer katalytischer Reaktor zur H_2SO_4- Spaltung
(General Atomic Technologies, 1985)

Materialprobleme wirft die Konzentrierung, Verdampfung und Spaltung der Schwefelsäure auf. Insbesondere zur Schwefelsäure- bzw. Schwefeltrioxid-Spaltung haben bei General Atomic (General Atomic Technologies, 1985) und EURATOM Ispra (Broggi, 1982; Mertel, 1986) bereits Pilotversuche stattgefunden. Bei der Spaltung hat sich Incoloy 800H als Material bewährt (Ammon, 1982; Coen-Porisini, 1983). Für die Konzentrierung und Verdampfung werden vor allem Keramiken vorgeschlagen, z.B. SiC (Ammon, 1982). Im Labor wurde Quarz eingesetzt. Aber auch der Einsatz eines Wärmeübertragergases ist vorgeschlagen worden (Broggi, 1982). SiC ist darüberhinaus ebenfalls als Material für die Spaltung von Schwefelsäure vorgesehen (Lin, 1982).

Ausblick

Auf dem Gebiete der thermochemischen Wasserspaltung konzentrieren sich die Arbeiten weltweit auf die Schwefelprozesse. Vollständige Laborzyklen sowie Pilotversuche zum Hochtemperaturschritt der Schwefelsäurespaltung haben ihre Durchführbarkeit bewiesen. Für die schwierige materialtechnische Durchführung der Konzentrierung von Schwefelsäure im Pilotmaßstab wurden Lösungsvorschläge erarbeitet und größtenteils in Labortests erhärtet. Nach abschließender Optimierung dieses Problems steht der Durchführung eines ausgewählten Prozesses aus der Familie der Schwefelprozesse im Pilotmaßstab nichts mehr im Wege.

Literatur

Amon, R.L. (1982). Status of materials evaluation for sulfuric acid vaporization and decomposition applications. In Veziroglu, T.N., W.D. van Vorst, J.H. Kelley (Ed.), Hydrogen Energy Progress IV, Vol. 2, Pergamon Press, Oxford, pp. 623-649.

Bowman, M.G. (1980). Interfacing primary heat sources and cycles for thermochemical hydrogen production. In Veziroglu, T.N., K. Fueki, and T. Ohta (Ed.), Hydrogen Energy Progress, Pergamon Press, Oxford, pp. 335-344.

Brecher, L.E., and C.K. Wu (1975). US Patent 3,888,750.

Broggi, A., R. Joels, G. Mertel, and M. Morbello (1981). Int. J. Hydrogen Energy, 6, pp. 25-44.

Broggi, A., H. Langenkamp, G. Mertel, and D. van Velzen (1982). Decomposition of sulfuric acid by the CRISTINA-process - a status report. In Veziroglu, T.N., W.D. van Vorst, and J.H. Kelley (Ed.), Hydrogen Energy Progress IV, Vol.2, Pergamon Press, Oxford, pp. 611-621.

Coen-Porisini, F. (1983). Int. J. Hydrogen Energy, 8, 819-828.

Cox, K.E., W.M. Jones, and C.L. Peterson (198o). The LASL bismuth sulfate thermochemical hydrogen cycle. In Veziroglu, T.N., K. Fueki, and T. Ohta (Ed.), Hydrogen Energy Progress, Pergamon Press, Oxford, pp. 345-364.

de Graaf, J.D., K.H. McCorkle, J.H. Norman, R. Sharp, and G.B. Webb (1978). Engineering and bench scale studies on the General Atomic sulfur-iodine thermochemical water-splitting cycle. In Veziroglu, T.N., and W. Seifritz (Ed.), Hydrogen Energy System, Vol.2, Pergamon Press, Oxford, pp. 545-567.

Fiebelmann, P.J., and G.H. Schütz (1980). Technological aspects in HBr electrolysis development. In Veziroglu, T.N., K. Fueki, and T. Ohta (Ed.), Hydrogen Energy Progress, Pergamon Press, Oxford, pp. 1949-1963.

Funk, J.E. (1977). Thermochemical water decomposition. In Cox, K.E., and Williamson, Jr., K.D. (Ed.), Hydrogen: its Technology and Implications, Vol.I, CRC Press, Boca Raton, Florida 33431, pp. 45-57.

General Atomic Technologies (1985). Decomposition of sulfuric acid using solar thermal energy. GA-A17573 UC-62C.

Knoche, K.F., H. Engels, and J. Thönnissen (1984). Direct dissociation of hydrogen iodide into hydrogen and iodine from $HI/H_2O/I_2$-solutions. In Veziroglu, T.N., and J.B. Taylor (Ed.), Hydrogen Energy Progress V, Vol.2, Pergamon Press, New York, pp. 449-455.

Lin, S.S., and R. Flaherty (1982). Desing studies of the sulfur trioxide decomposition reactor for the sulfur cycle hydrogen production process. In Veziroglu, T.N., W.D. van Vorst, and J.H. Kelley (Ed.), Hydrogen Energy Progress IV, Pergamon Press, Oxford, pp. 599-610.

Lu, P.W.T. (1983). Int. J. Hydrogen Energy, 8, 773-781.

Martinsen, D., und M. Walbeck (1985). Private Mitteilung.

Mertel, G., H. Dworschak, A. Broggi, and G. Vasallo (1986). Int. J. Hydrogen Energy (im Druck)

Norman, J.H., G.E. Besenbruch, L.C. Brown, D.R. O'Keefe, and C.L. Allen (1982). Thermochemical Water-Splitting Cycle, Bench-Scale Investigations and Process Engineering. DOE/ET/26225-1 or GA-A16713, pp. 4-13, E-3.

Sato, S., S. Shimizu, H. Nakajima, K. Onuki, and Y. Ikezoe (1984). Studies on the nickel-iodine-sulfur process for hydrogen production. III.. In Veziroglu, T.N., and J.B. Taylor (Ed.), Hydrogen Energy Progress V, Vol.2, Pergamon Press, New York, pp. 457-465.

Schuster, J.R., J.L. Russel, Jr., J.H. Norman, T. Ohno, and P.W. Trester (1977). Status of Thermochemical Water-Splitting Development at General Atomic. GA-A1466. p 1.

Schütz, G.H., P.J. Fiebelmann (1974). CEC Comm. 3234, Luxenburg Pat. N°. 71037.

Struck, B.D., R. Junginger, H. Neumeister, and B. Dujka (1982). Int. J. Hydrogen Energy, 7, pp. 43-49.

Struck, B.D., H. Neumeister, B. Dujka, U. Siebert, and D. Triefenbach (1983). Development and scaling up of an electrolytic cell for the anodic oxidation of sulphur dioxide and cathodic production of hydrogen for the sulphuric acid hybrid cycle. In Imarisio, G., and A.S. Strub (Ed.), Hydrogen as an Energy Carrier, EUR 8651, D. Reidel Publishing Company, Dordrecht, NL, pp. 35-45 and EUR 8300.

van Velzen, D., and H. Langenkamp (1982). Int. J. Hydrogen Energy, 7, pp. 629-636.

Catalytic Generation of Hydrogen through Solar Photolysis of Water

M. Grätzel
Ecole polytechnique fédérale de Lausanne, Schweiz

Summary

Hydrogen generation from the photochemical cleavage of water in systems based on semiconductor colloids and membranes is discussed. Using colloidal titanium dioxide as light harvesting units and inorganic ions as peroxide scavengers, overall solar to chemical conversion yields of ca. 1% have been achieved. Further improvement is possible by sensitizing the TiO_2 particles to visible light. We have observed highly efficient and stable sensitization of both ultrafine TiO_2 particles and polycrystalline electrodes by derivatizing the semiconductor surface with transition metal complexes. The incident photon to current conversion efficiency is as high as 5% in the visible. In view of the fact that the chromophore used to sensitize the TiO_2 is photoactive below a threshold wavelength of 600 nm, an overall conversion efficiency of ca. 10% is feasible with such a device. In the final part of the paper we shall deal with the scaleup of the laboratory experiments. A solar reactor has been developed to test the performance of the water cleavage systems under sunlight irradiation.

Zusammenfassung

Es wird die Sauerstofferzeugung durch fotochemische Spaltung von Wasser in Systemen erörtert, die auf Halbleiterkolloiden und Membranen basiert sind. Mit kolloidalem Titandioxid als leichten Sammeleinheiten und anorganischen Ionen als Peroxidspülmittel ist eine Gesamtausbeute bei der Umsetzung von solar in chemisch von 1 % erzielt worden. Weitere Verbesserungen sind durch Sensibilisierung der TiO_2-Partikel für sichtbares Licht möglich. Wir haben äußerst wirkungsvolle und stabile Sensibilisierung sowohl von ultrafreien TiO_2-Partikeln wie von polykristallinen Elektroden durch Derivatisierung der Halbleiteroberfläche mit komplexen Übergangselementen festgestellt. Die zugehörige Umwandlungsleistung Photon in Strom liegt bei 5 % im sichtbaren Bereich.

Angesichts der Tatsache, daß das zur Sensibilisierung des TiO_2 verwendete Chromophor unter einer Wellenlängengrenze von 600 nm lichtempfindlich ist, ist eine Gesamtumwandlungsleistung von ca. 10 % mit einer solchen Vorrichtung machbar. Im letzten Teil des Vortrags befassen wir uns mit der Übertragung der Laborversuche auf Produktionsebene. Ein Sonnenreaktor ist entwickelt worden, um die Leistung der Systeme für die Spaltung von Wasser unter Sonnenlichteinstrahlung zu prüfen.

Résumé

Nous discuterons des systèmes, basées sur de semiconducteurs colloidaux et de membranes semiconductrices, effectuant la décomposition photolytique de l'eau en hydrogène et oxygène. En utilisant des colloides du TiO_2 ensemble avec un capteur de peroxides il était possible d'obtenir un rendement d'environ 1 %. Une découverte récente concernant la sensibilisation de ce semiconducteur devrait permettre d'améliorer encore la performance de ces systèmes. Un rendement d'environ 10 % devrait être possible sur la base des spectres d'absorption et le spectre d'action de ces chromophores. Des exemples seront présentés qui montreront la réalisation de la photolyse de l'eau dans un réacteur solaire.

1. Solar Economics

In the following we compare the three most important solar energy conversion systems from the economic point of view.

1.1. Domestic Solar Hot Water System

The solar flux at vertical incidence on the earth's surface is 1000 W/m^2. Averaged over 24 hours the flux varies for different regions, from 100 to 300 W/m^2. A typical domestic solar hot water system has a collector area of 2-3 m^2 and the present capital investment cost[1] is ca 900 US\$/m^2. We first calculate how much heat can be collected by unit surface in one year. Assuming an average solar energy input of 6.3x10^9 J/year.m^2, (200W/m^2) and a system conversion efficiency of 50%, one obtains Q = 3.2x10^9 J/year m^2. The commercial value of heat when derived from fossil fuels is about 5-10\$/GJ. Thus, the heat generated by unit collector surface in one year is worth between 16 and 32\$. This would correspond to a maximum of 6.4% return on the capital investment. Comparison with the cost of energy derived from the combustion of oil shows that a solar installation is competitive even in a country like Switzerland, where the solar flux is below average.[1]

1.2. Photovoltaics

We assume a conversion efficiency of 10% and use again an average insolation of 200 W/m^2. Based on an electricity price of 10 cents/kWh, one square meter of collector surface generates an annual income of 17.5 \$/m^2. Currently, a complete photovoltaic system requires a capital cost of 10-20\$ per installed peak-watt, or, at 10% efficiency 1000-2000 \$/m^2. Since maintenance and operational costs of photovoltaics are low, the commercial break even point could be reached soon.

1.3. Generation of Hydrogen by Photolytic Water Cleavage

The third process which is of particular importance in the context of the present report is the generation of a fuel by solar energy conversion. A very attractive reaction to consider is the decomposition of water into hydrogen and oxygen by sunlight:

$$(1) \quad H_2O \xrightarrow{h\nu} H_2 + \tfrac{1}{2}O_2 \qquad \Delta G^0_{298} = 237 \text{ kJ/mol}$$

Hydrogen is an energy vector with very desirable properties. First, it is a powerful fuel: the energy storage capacity is 120000 J/g as compared to 40000 for oil and 30000 for coal. Furthermore, hydrogen has the advantage over conventional (fossil) or nuclear energy sources that its combustion in a thermal engine or a fuel cell does not result in pollution of the environment. Reaction (1) requires an input of 237 kJ of free enthalpy for each mol of hydrogen produced under standard conditions. Assuming again a conversion efficiency of 10% and an average irradiance of 200 W/m^2, 66 m^3 of hydrogen can be obtained per year from each square meter of collector surface. As the current price for hydrogen is of 0.2 \$/m^3, this would represent a value of 13\$. If a ten percent return on the initial investment per year is considered to be reasonable, the expenses for the installation of the water splitting unit should be not higher than 130$/m^2. The fulfillment of this condition could well be in reach by employing systems that are based on colloidal semiconductor dispersions or polycrystalline titanium dioxide electrodes sensitized by a transition metal complex, which will be treated further below.

2. Conversion Efficiencies

The efficiency of a solar energy converter is given by the ratio of work produced to incident power. The incident power is obtained by integrating over the solar emission for which the spectral distribution is given in Fig. (1). Note that the solar emission spectrum depends on atmospheric conditions. In outer space, one observes the characteristics given by the curve labelled AM 0. Through scattering and absorption in the atmosphere, the spectrum is modified, and this is expressed by the air mass number defined by the relationship AM = 1/sin δ where δ denotes the angle between the earth's surface and the incident light beam. The sunlight's pathway through the atmosphere is shorter when $\delta = 90°$, i.e. AM = 1, and Fig. (1) shows the spectral distribution for this case.

In order to derive an expression for the efficiency of conversion of light into chemical energy, we first calculate the flux of solar photons that is absorbed by the light energy converter. The majority of endergonic photochemical reactions have a threshold wavelength, λg; photons of energy less than this value cannot be absorbed and hence cannot contribute to the energy conversion. If a semiconductor is used as a light harvesting unit, the relation between band gap energy, Eg.

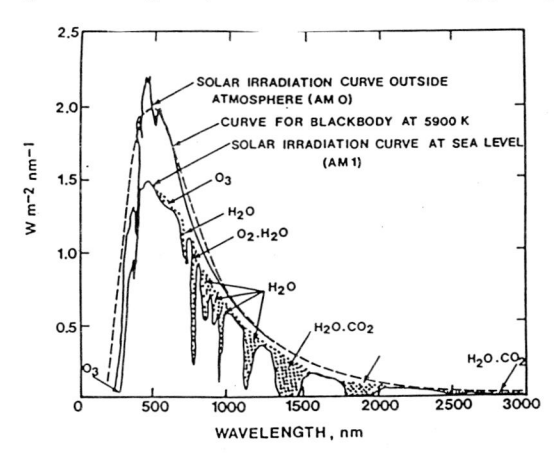

Fig. 1. The solar specturm

Solar Photolysis of Water

expressed in eV, and threshold wavelength, is λg (nm) = 1240/Eg. Let $N(\lambda)$ be the incident solar flux in the wavelength region betweeen λ and λ + d , and $\alpha(\lambda)$ the extinction coefficient of the absorber. The absorbed flux of photons is then given by:

(2) $$J_{abs} = \int_0^{\lambda_g} N(\lambda) \alpha(\lambda) \, d\lambda$$

The available solar power E (in watt/m^2) at the band gap wavelength λ_g is given by:

(3) $$E = J_e \frac{hc}{\lambda_g}$$

where h is Planck's constant and c the velocity of light. The fraction η_E of incident solar power available to initiate photochemistry, then, is:

(4) $$\eta_E = \frac{E}{\int_0^\infty E(\lambda) d\lambda}$$

where the denominator in Eq. (4) represents the total solar power, Curve I in Fig. 2 is a plot of this η_E (for AM 1.2 radiation), as a function of λ_g, for the ideal case where $\alpha(\lambda)$ = 1.0 for $\lambda \leq \lambda_g$. The η_E has a maximum value of $\sim$ 47% at 1110 nm but it is rather broad (> 45% over the wavelength range of 800 to 1300 nm. Curve 1 represents an ideal limit; in real life, there are further thermodynamic and kinetic limitations on the conversion of light energy into chemical energy. These have been examined in detail by Ross[2],[3], Bolton[4], Almgren[5], and others. Taking into account the thermodynamic limitations alone, curve II in Fig. (2), the maximum drops to about 32% at a threshold wavelength of 840 nm.

For the conversion of sunlight to electricity the thermodynamic limit may well be approached. For example, a gallium arsenide solar cell has been reported with an efficiency (AM 1.4) of 23% (λ_g = 920 nm). However, if instead of electricity production one proposes to drive an endoergic chemical reaction, such as the cleavage of water by light, the requirement of energy storage imposes additional constraints. As a result, the efficiency of solar energy conversion will be further reduced. These "kinetic" or "overvoltage" losses depend on the reaction rate as well as on the activity of the catalysts required to convert redox equivalents into fuels. For example, in the water cleavage process, electrons are used to produce hydrogen from water while the positive charge carriers perform the oxidation of water to oxygen. A transition metal such as Pt is usually employed to catalyze the reduction process and ruthenium dioxide mediates oxygen evolution. The overvoltage losses in these catalytic reactions are expected to lie between 0.4 and 0.8 V depending on the rate of water decomposition, i.e. on light intensity. If 0.8 V per absorbed photon have to be sacrificed for light energy storage, the threshold wavelength for carrying out the water photolysis is 611 nm and the maximum overall efficiency is ca 17%. Considerably higher efficiencies can be achieved with devices where two photosystems operate in series, e.g. natural photosynthesis or tandem photovoltaic cells.[4]

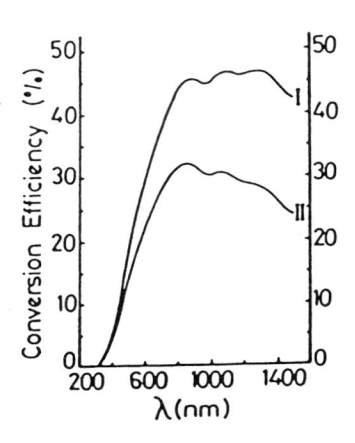

Fig. 2. Variation in the conversion efficiency with wavelength for photochemical devices with a threshold absorption wavelength λ_g. Curve I is a plot of the fraction of incident solar power (in percentages) that is available at various threshold wavelength and Curve II is a plot of the thermodynamic conversion efficiencies under optimal rates of energy conversion. (Data for AM 1.2 radiation).

3. Water Photolysis Using Semiconductor Dispersions

For several years, the main thrust of our work has been in the application of semiconductor-based systems to split water photochemically into hydrogen and oxygen. Most of these experiments have been carried out with semiconductor particles dispersed in water. Materials such as titanium dioxide can be produced in colloidal form where the particle diameter is 100-500 Å. One would expect a high catalytic activity from such small aggregates since the ratio of surface to bulk molecules is large. This has been confirmed by experimental observations. A further advantage of the colloidal particles is that, due to their small size, the dispersions are transparent. This avoids losses through light scattering and also allows the application of laser photolysis techniques to probe the nature of the chemical reactions that occur under illumination.

3.1. Water Cleavage by Band Gap Excitation of Semiconductor Particles

The principal mechanism of the operation of such a device is shown in Fig. (3). Excitation of a semiconductor particle such as TiO_2 by band gap irradiation produces electron-hole pairs:

(5) $\qquad TiO_2 \xrightarrow{h\nu} TiO_2\ (e_{cb}^- + h^+)$

The electrons are trapped by the noble metal deposit, e.g. Pt, where hydrogen is subsequently evolved:

(6) $\quad 2e_{cb}^- + 2H^+ \xrightarrow{(Pt)} H_2$

The concomitant hole reaction involves water oxidation to oxygen:

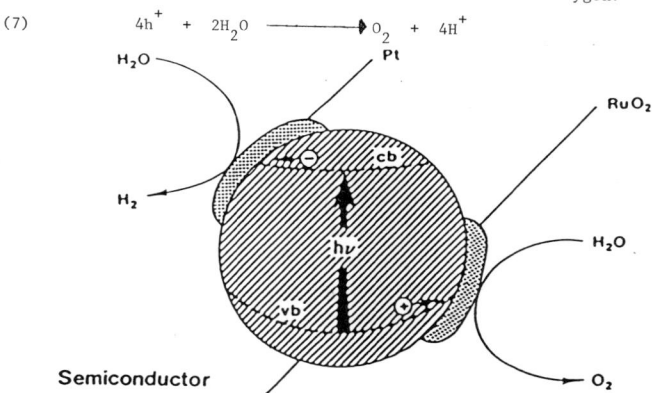

(7) $\quad 4h^+ + 2H_2O \longrightarrow O_2 + 4H^+$

Fig. 3. Catalytic water cleavage through band gap excitation of colloidal semiconductors

In some cases it is advantageous to deposit a second catalyst, i.e. RuO_2, on the semiconductor particle in order to promote the water oxidation reaction. The appearance of oxygen in the gas phase in these systems is an exception rather than the rule since O_2 is normally bound in form of a peroxide at the TiO_2 particle surface.[6] According to a recent study[7], the capacity for peroxide uptake by TiO_2 (anatase) is as high as 22 molecules H_2O_2/nm^2 surface area.

Apart from acting as light harvesting units, the colloidal TiO_2 particles, therefore, assume the role of an oxygen carrier. Consider a solar reaction for the water cleavage where we have spread out 1000 g of TiO_2 over 1 m^2 of collector surface. This would suffice to bind 5.5 moles of oxygen. In other words, 260 litres of hydrogen could be photogenerated before the capacity of the particles for oxygen storage would be exhausted. Based on an overall light-to-chemical conversion efficiency of 10%, this would correspond to roughly ten hours of operation of the device in AM1 solar radiation.

The fact that in titania based water cleavage systems peroxide can be produced in the anodic reaction instead of oxygen is advantageous, since it opens up a way to overcome the H_2/O_2 separation problem which is inherent in microheterogeneous energy conversion devices. However, there is also a disadvantage which arises from the inhibitory effect of the peroxide on the water cleavage activity of the catalyst during the photolysis, as H_2 and peroxide accumulate in the system. Fortunately, a striking improvement of the performance of the system is achieved[8] by addition of Ba^{2+} ions to the solution. We attribute the promoting effect of barium ions to the formation of insoluble barium peroxide. The solubility product of BaO_2 is so small (K = $10^{-17.5}$) that Ba^{2+} can act as a peroxide scavenger. In this way, peroxide is removed from the system allowing the catalyst to operate at an overall solar to chemical conversion efficiency of 0.8%.

Water cleavage systems that produce peroxides instead of oxygen would be without value for the solar generation of hydrogen if no methods could be found to decompose these peroxo-species in a simple and complete fashion. It was found earlier that prolonged flushing of the TiO_2 dispersion with an inert gas such as Ar or nitrogen affords at least a partial decomposition. However, once the hydrogen evolution curve approaches the plateau region, it is no longer possible to regenerate the initial catalytic activity entirely by the procedure. A very important observation was made in our laboratory during studies of the TiO_2/Pt dispersions containing barium ions. It was found that heating the catalyst for a few hours at $200°$-$300°C$ under nitrogen, entirely restored its initial water cleavage activity. Apparently, exposing the catalyst to an elevated temperature leads to complete decomposition of the peroxo-species formed concomitantly with hydrogen. If the decomposition temperature could be lowered even further, e.g. by using appropriate catalysts, the formation of peroxides could well be tolerable, and even desirable, in applied systems, where it would present a viable solution to the hydrogen-oxygen separation problem.

While peroxide is the likely oxidation product from water photolysis in TiO_2 particulate systems, concomitant formation of near stoichiometric amounts of oxygen and hydrogen has been observed in special cases. These comprise high temperature and low pressure conditions during irradiation, the use of NaOH covered TiO_2 particles and gaseous, instead of liquid, water[9], open systems where an inert gas is bubbled through the solution and the use of bifunctional catalysts[10-12]. In the latter case, ruthenium dioxide is loaded in addition to Pt onto the TiO_2 particles. The role of RuO_2 has so far not been entirely clarified. On the one hand, it could promote transfer of holes from the valence band of the semiconductor to water, and this has unequivocally been established for visible light induced oxygen evolution on CdS particles[13]. And on the other hand, when TiO_2 is used as a support, RuO_2 could also act as a catalyst for the decomposition of peroxides.

For solar applications, it is crucial to shift the wavelength response of the light absorber into the visible. So far, three different strategies have been tested. The first involves the use of semiconductor particles with smaller bandgap than TiO_2. Apart from a recent report[11] on colloidal V_2O_5, Eg = 2.7 eV, these studies have concentrated on CdS particles as light harvesting units. In this case, it becomes mandatory to use a highly active oxygen evolution catalyst, such as RuO_2

or Rh_2O_3, to promote water oxidation by valence band holes and to suppress photocorrosion. Photoinduced oxygen uptake is an undesirable side reaction in this system since it leads to oxidation of CdS to $CdSO_4$ /14/. As was suggested by Harbour et al/15/, this reaction is expected to also occur in water cleavage systems when the photolysis is performed in a closed vessel without intermittent removal of gaseous products, and it would lead to the destruction of the semiconductor.

Chromium doping of TiO_2 has been attempted to shift its wavelength response in the visible. The problem with these particle preparations, so far, has been long-term stability. Relatively high temperatures (at least 800°C) are required to introduce Cr ions in the TiO_2 lattice. Unfortunately, under these conditions, chromium catalyzes the transformation of anatase into rutile. Since TiO_2 (rutile) particles are unsuitable for water cleavage, one must avoid this transition by doping at lower temperature, i.e. 400°C. However, Cr-doped colloidal TiO_2 particles prepared in this fashion are not entirely stable and slowly release Cr ions in the aqueous solution thereby losing their visible light response.

The third approach to split water by visible light, involves dye sensitization. This has given the most promising results so far and will be discussed in more detail in the following section.

3.2. Water Cleavage Through Sensitization of Semiconductor Particles

Fig. (4) gives a schematic presentation of the elementary processes involved in the sensitization of a semiconductor particle having a large band gap. The sensitizer (S) has to be chosen such that it is strongly adsorbed at the semiconductor surface. Through light excitation it acquires the chemical potential to inject an electron in the conduction band of the particle:

(8) $\quad S^* \longrightarrow S^+ + e^-_{cb}$

In the absence of catalyst (case a in Fig. (3)), the electron is recaptured from the conduction band by the sensitizer cation (S^+).

(9) $\quad S^+ + e^-_{cb} \longrightarrow S$

This sequence does not lead to any net chemical change, light energy being converted into heat. By contrast, if the semiconductor particle is loaded with a suitable catalyst, the electron injected into the conduction band can be scavenged before it recombines with the parent sensitizer cation. In the water cleavage reaction, the role of the catalyst is to promote the reaction of the electron with water resulting in the formation of hydrogen (Eq. 5). In order to complete the cycle of water decomposition, it is necessary to reduce the sensitizer cation back to the initial oxidation state and couple this reaction with oxygen evolution:

(10) $\quad 4S^+ + 2H_2O \longrightarrow 4S + O_2 + 4H^+$

This process represents a formidable problem since it is a multistep reaction which occurs through highly reactive and energetic intermediates. The breakthrough came in 1978 when it was discovered in our laboratory[16] that ruthenium dioxide (RuO_2) in finely divided form can catalyze the oxygen evolution reaction (10).

In Fig. (5) we give a schematic illustration of the complete water decomposition process through sensitization of a semiconductor particle with the participation of Pt and RuO_2 as redox catalysts.

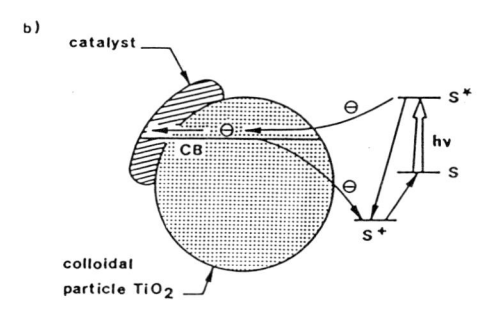

Fig. 4. Charge injection and intraparticle electron back transfer in the photosensitization of a semiconductor particle:
    a) without redox catalyst;
    b) particles loaded with catalyst.

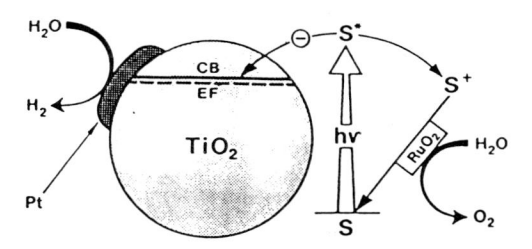

Fig. 5. Complete water photolysis scheme through sensitization of a semiconductor particle

Over the last few years, it has been possible to develop highly efficient and chemically stable sensitizers for titanium dioxide that afford water cleavage by visible light. A particularly important development in this area has been the sensitization of TiO_2 by surface derivatization with transition metal complexes[17]. For example, irradiation of acidic (pH 2) solutions of RuL_3^{2+} $2Cl^-$ (L = 2,2'-bipyridine-4,4'-di-carboxylic acid) in the presence of TiO_2 at 100°C leads to the loss of one bipyridyl ligand and the chemical fixation of the RuL_2^{2+} fragment at the surface of the TiO_2 particles through formation of Ru-O-Ti bonds. Recent investigations have shown that a redox mechanism is likely to be operative in the ligand loss process. The RuL_3^{2+} excited state undergoes oxidative quenching at the TiO_2 surface:

(11) $*RuL_3^{2+} \xrightarrow{TiO_2} RuL_3^{3+} + TiO_2 (e_{cb}^-)$

Subsequently, the Ru(III) comples releases a ligand forming the RuL_2 fragment:

(12) $RuL_3^{3+} \longrightarrow RuL_2^{3+} + L$

which is fixed at the TiO_2 surface.

These surface complexes are very stable and shift the absorption onset of TiO_2 beyond 600 nm. The reflectance spectrum shown in Fig. (6) exhibits, apart from the bandgap transition of TiO_2 below 400 nm, a pronounced absorption in the visible with a maximum at 480 nm and a tail extending beyond 600 nm. This shift of the TiO_2 action spectrum into the visible wavelength region is a crucial prerequisite to obtain higher overall light to chemical conversion yields in the water cleavage process. We recall that a system absorbing all solar photons below 610 nm can operate with an efficiency of 15% if a reasonable energy loss figure, i.e. 0.8 eV/photon is assumed.

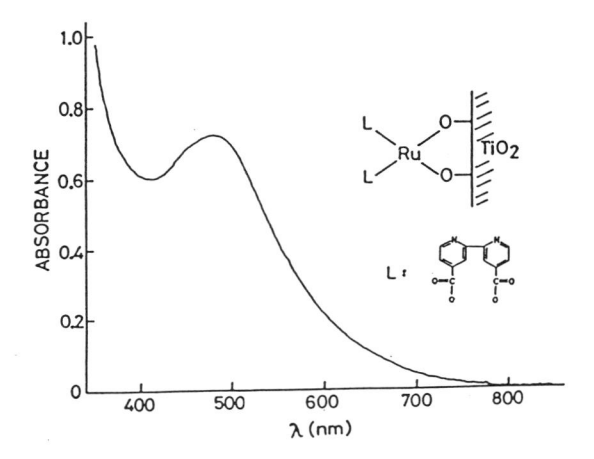

Fig. 6. Reflectance spectrum of RuL_2^{2+}-derivatized TiO_2 particles

RuL_2^{2+}-derivatized TiO_2 particles loaded simultaneously with RuO_2 and Pt are active in water photolysis by visible light. The chromophore is endurable since very little degradation was found during 500 hours of photolysis.

3.3. Water Cleavage by Semiconductor Membranes or Electrodes

Apart from semiconductor particles, it is possible to cleave water by sunlight using semiconductor electrodes or membranes. The principle of such a device is shown in Fig. (7), where we have chosen the case of an n-type semiconductor electrode as an example. When such an electrode is brought into contact with aqueous electrolyte, negative charge carriers are transferred spontaneously from the semiconductor to the solution phase resulting in the formation of a Schottky type potential barrier. As a consequence, an electrical space charge, i.e. a depletion layer, is built up underneath the surface of the semiconductor. Light is absorbed mostly in this region and the presence of an electrical field separated the electrons from the holes (the situation is analogous to that of the p-n junction in a photovoltaic cell). Holes are driven to the surface where oxidation of water to oxygen occurs, while the electrons migrate through the back contact of the electrode, where hydrogen is evolved. The energetic position of conduction and valence bands must be such that they straddle the water reduction, $E_f(H_2O/H_2)$ and oxidation,

$E_f(H_2O/O_2)$ potential. Only a few semiconducting materials, such as TiO_2 (anatase), CdS and $SrTiO_3$, satisfy this condition. An additional requirement is that the semiconductor does not decompose under illumination. While this is the case for TiO_2 /18/ and $SrTiO_3$, the bandgap of these materials is too large to allow for efficient solar energy conversion.

A way to overcome these problems has opened up only recently /19/ when it was found that polycrystalline TiO_2 electrodes could be sensitized with high efficiency. These studies employed ruthenium tris (2,2'-bipyridyl-4,4'dicarboxylate, $Ru(bipy(COO^-)_2)_3^{4-}$ as a sensitizer. In acidic aqueous solution the latter is strongly adsorbed onto the surface of TiO_2. This chemisorption is undoubtedly brought about by the strong interaction of the carboxylate groups of the sensitizer with the positively charged TiO_2 surface.

Occurence of efficient charge injection from $Ru(bipy(COO^-)_2)_3^{4-}$ into the conduction band of TiO_2 was observed. Photoelectrochemical investigations employed a polycrystalline anatase electrode. Strikingly high photocurrents under visible light excitation were obtained with such electrodes. Monochromatic incident photon to current conversion efficiencies exceeding 50% were obtained at the wavelength of maximum absorption in the presence of 10^{-3} M hydroquinone as supersensitizer.

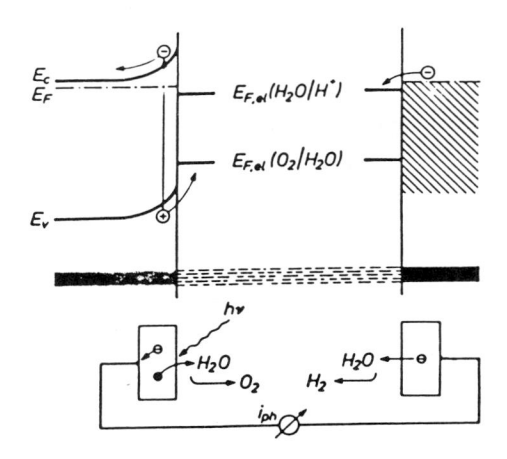

Fig. 7. Photoelectrolysis of water by using an n-type semiconductor electrode

Apart from strong adhesion and efficient charge injection, this effect must be attributed to the roughness of the electrode surface. On a smooth surface, the sensitizer employed absorbs only ca. 1% of 470 nm light at monolayer coverage. However, the surface of the electrode employed here is rough and porous, the roughness factor being around 200, Fig. (8). Such an electrode adsorbs a considerably larger amount of sensitizer than a smooth surface. Combined with the fact that the pores act as light traps through multiple reflections, this might lead to a practically total absorption of incident 470 nm light by the chromophore. The coupling of sensitization of TiO_2 by $Ru(bipy(COO^-)_2)_3^{4-}$ to water oxidation using heterogeneous (RuO_2) and homogeneous oxygen evolution catalysts is presently being investigated.

Fig. 8. Scanning electron micrograph of the electrode surface employed in the photochemical studies

4. Scale-up Experiments Performed with Sunlight

A solar reactor was recently developed in our laboratory to test the performance of the water cleavage systems discussed above under sunlight irradiation, Fig. (9). It consists of a parabolic mirror of 1 m^2 size which reflects the incident sunlight on a cylindrical tube mounted in its focal line. This set-up achieves a 10-fold concentration of sunlight. We have confirmed with this reactor the occurence of watercleavage under solar light irradiation. The most recent results will be presented concerning efficiency and long-term performance achieved with such a system.

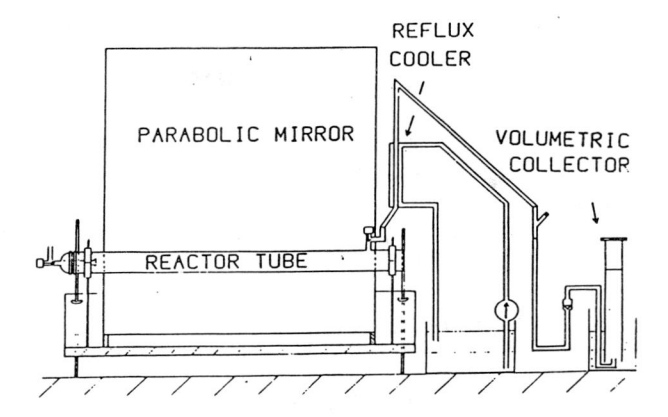

Fig. 9. Outline of the solar reactor for hydrogen generation developed at the Swiss Federal Institute of Technology in Lausanne.

Acknowledgment

This work has been supported by grants from the Swiss National Science Foundation, the Gas Research Institute, Chicago (sub-contract with the Solar Energy Research Institute) and Nukem GmbH, Hanau, West Germany.

Literature References

/1/ Heizung Klima: 3, p. 3 ff (1984).
/2/ R.T. Ross: J. Chem. Phys. 45, 1 (1966).
/3/ R.T. Ross, M. Calvin, Biophys. J. 7, 595 (1967).
/4/ J.R. Bolton, Science 202, 705 (1978).
/5/ M. Almgren, Photochem. Photobiol. 27 603 (1978).
/6/ K. Kalyanasumdaram, M. Grätzel, E. Pelizzetti, Coord. Chem. Rev., in press.
/7/ J.R. Harbour, J. Tromp, M.L. Hair, Can. J. Chem. 63, 204 (1985).
/8/ B. Gu, J. Kiwi, M. Grätzel, Nouv. J. Chim. 9, 539 (1985).
/9/ S. Sato, K. Yamaguti, Abstract A-40, Proceedings, Fifth Int'l Conference on Photochemical Conversion of Solar Energy, Osaka, Japan, August 26-31, 1984.
/10/ E. Gorgarello, J. Kiwi, E. Pelizzetti, M. Visca, M. Grätzel, Nature 284, 158 (1981); J. Am. Chem. Soc. 103, 6423 (1981).
/11/ S.A. Naman, S.M. Aliwi, K. Al-Emara, Abstract B-27, Proceedings Fifth Int'l Conference on Photochemical Conversion of Solar Energy, Osaka, Japan, August 25-31, 1984.
/12/ G. Blondeel, A. Harriman, D. Williams, Sol. Energy Mat. 9, 217 (1983).
/13/ N.M. Dimitrijevic, S. Li, M. Grätzel, J. Am. Chem. Soc. 106, 6565 (1984).
/14/ D. Meissner, R. Memming, S. Li, S. Yesodharan, M. Grätzel, Ber. Bunsenges. Phys. Chem. 89, 121 (1985).
/15/ J.R. Harbour, R. Wolkow, M.L. Hair, J. Phys. Chem. 85, 4026 (1981).
/16/ J. Kiwi, M. Grätzel, Angew. Chem. Int. Ed. 17, 860 (1978) ibid 18, 624 (1979).
/17/ D. Duonghong, N. Serpone, M. Grätzel, Helv. Chim. Acta 67, 1012 (1984).
/18/ A. Fujishima, K. Honda, Nature 283, 37 (1972).
/19/ J. Desilvestro, M. Grätzel, L. Kavan, J. Moser, J. Augustinski, J.A. Chem. Soc. 107, 2988 (1985).

Wasserstoff-Produktion durch biologische Systeme

G. Gottschalk
Institut für Mikrobiologie, Göttingen

Zusammenfassung

Die Freisetzung von molekularem Wasserstoff durch Mikroorganismen kann über zwei Enzyme erfolgen, über Hydrogenase oder über Nitrogenase. Im Verein mit elektronenliefernden Enzymen sind sie die Katalysatoren der H_2-Produktion durch intakte Organismen bzw. durch immobilisierte biologische Systeme. Bei dieser lassen sich vier Prozeßarten unterscheiden:

1. H_2-Produktion durch gärende Bakterien aus organischen Substraten.
2. Photoproduktion von H_2 aus organischen Substraten durch Bakterien.
3. Photoproduktion von H_2 durch Grünalgen.
4. H_2-Produktion durch Biophotolyse des Wassers mit immobilisierten Chloroplasten und Hydrogenasen.

Diese Prozesse werden vorgestellt und die Schwierigkeiten diskutiert, die insbesondere durch die Hemmeffekte des Sauerstoffs hervorgerufen werden.

Summary

The evolution of molecular hydrogen by microorganisms can be the result of the action of two enzymes, of hydrogenase or of nitrogenase. Together with the appropriate electron-donating enzymes they represent the catalysts for H_2-production by intact organisms or by immobilized biological systems. Four kinds of processes can be distinguished:

1. H_2-production from organic substrates by fermentative bacteria.
2. Photo-production of H_2 from organic substrates by bacteria.
3. Photo-production of H_2 by algae.
4. H_2-production by bio-photolysis of water with immobilized chloroplasts and hydrogenases.

These processes will be explained and the problems will be discussed which result from the inhibitory effects of oxygen.

Molekularer Wasserstoff ist gleichermaßen Produkt und Substrat des bakteriellen Stoffwechsels. Gebildet wird er im Zuge von Gärungsvorgängen, wobei es Brenztraubensäure und Ameisensäure sind, die von einigen Gärern unter H_2-Produktion weiter umgesetzt werden /1,2/:

$$CH_3CO-COOH \xrightarrow{CoA-SH} CH_3CO-SCoA + CO_2 + H_2 \quad (1)$$

$$HCOOH \longrightarrow CO_2 + H_2 \quad (2)$$

Nur bei extrem niedrigem H_2-Partialdruck können bestimmte anaerobe Bakterien H_2 auch aus reduzierten Coenzymen wie NADH bilden /3/:

$$NADH + H^+ \longrightarrow NAD^+ + H_2 \quad (3)$$

An den Umsetzungen in Gleichung 1 bis 3 sind mehrere Enzymsysteme beteiligt: Pyruvat:Ferredoxin-Oxidoreduktase + Hydrogenase (Gleichung 1), Formiat-Hydrogenlyase (Gleichung 2) und NAD^+:Ferredoxin-Oxidoreduktase + Hydrogenase (Gleichung 3).

H_2 entsteht außerdem als Nebenprodukt bei der N_2-Reduktion zu Ammoniak. Etwa jedes vierte Elektronenpaar wird von dem Enzym Nitrogenase nicht auf das Stickstoffmolekül sondern auf Protonen übertragen /4/:

$$N_2 + 8 H^+ + 8 e^- \longrightarrow 2 NH_3 + H_2 \quad (4)$$

Der so in der Natur produzierte Wasserstoff wird im anaeroben Milieu wieder verbraucht, einmal im Zuge der Methangärung

$$4 H_2 + CO_2 \longrightarrow CH_4 + 2 H_2O \quad (5)$$

und weiterer H_2-abhängiger Gärungsprozesse (z. B. der Reduktion von CO_2 zu Essigsäure), zum anderen auch durch bestimmte phototrophe Bakterien. Im aeroben Milieu sind es die wasserstoffoxidierenden Bakterien, die den dorthin gelangenden Wasserstoff umsetzen. Sie führen eine "biologische Knallgasreaktion" durch und gewinnen so Stoffwechselenergie für den Aufbau ihrer Zellsubstanz aus CO_2 als C-Quelle /5/. So ist der H_2-Kreislauf geschlossen, und die Mengen H_2, die aus Wasser und Boden in die Atmosphäre diffundieren, sind vergleichsweise gering. Massive Wasserstoffproduktion ist nur unter bestimmten Bedingungen zu erreichen.

H_2-Produktion aus Biomasse durch Gärungsprozesse

Kohlenhydrate lassen sich unter H_2-Entwicklung vergären, wobei neben H_2 immer eine Reihe von weiteren Produkten entstehen. Clostridium butyricum bzw. C. sphenoides setzen Hexosen etwa nach folgenden Gleichungen um /1,6/:

$$\text{Glucose} \longrightarrow 2{,}3\ H_2 + 0{,}45\ \text{Acetat} + 0{,}75\ \text{Butyrat} + 2\ CO_2 \tag{6}$$

$$\text{Glucose} \longrightarrow 0{,}5\ H_2 + 1{,}6\ \text{Acetat} + 0{,}25\ \text{Ethanol} + 2\ CO_2 \tag{7}$$

Es liegt auf der Hand, daß diese Gärungsprozesse unter dem Gesichtspunkt der H_2-Gewinnung uninteressant sind, da es keine sinnvolle Verwendung für die Kulturbrühe mit hohen Butyrat/Acetat- bzw. Ethanol/Acetat-Konzentrationen gibt. Von Interesse sind aber die Hydrogenasen der Clostridien und anderer Anaerobier. Diese setzen H_2 aus reduziertem Ferredoxin frei /7/:

$$Fd_{red} + 2\ H^+ \longrightarrow Fd_{ox} + H_2 \tag{8}$$

Das Enzym aus C. pasteurianum hat ein Molekulargewicht von 60 KD und enthält Eisen-Schwefel-Zentren, welche an der Elektronenübertragung auf die Protonen mitwirken. Im Unterschied zu den Hydrogenasen, die die H_2-Aufnahme in Bakterien wie Alcaligenes eutrophus oder Methanobacterium thermoautotrophicum katalysieren, enthalten die Clostridien-Hydrogenasen kein Nickel /8/. Große Anstrengungen sind unternommen worden, stabile immobilisierte Präparate der Hydrogenase von C. pasteurianum herzustellen /8/. Ein besonderes und bisher nicht befriedigend gelöstes Problem stellt dabei die O_2-Empfindlichkeit der Hydrogenasen dar. So führen alle bisher angewendeten Immobilisierungsverfahren zu Präparaten mit dieser Empfindlichkeit. Ihre Stabilität ist für einen Einsatz zur H_2-Entwicklung aus reduziertem Ferredoxin oder aus reduzierten Farbstoffen wie Methylviologen noch lange nicht gut genug.

Photoproduktion von H_2 aus Biomasse mit Hilfe der Nitrogenase

Seit 1949 ist bekannt, daß eine Reihe von phototrophen Bakterien, z. B. Rhodopseudomonas capsulata, im Licht organische Verbindungen wie Lactat, Malat oder Succinat zu H_2 und CO_2 umsetzen /9/. Voraussetzung dafür ist, daß die phototrophen Bakterien in Gegenwart von niedrigen Konzentrationen stickstoffhaltiger Verbindungen gewachsen sind und molekularer Stickstoff nicht zugegen ist. Diese Randbedingungen sind verständlich, da die Nitrogenase als das für die H_2-Produktion verantwortliche Enzymsystem identifiziert worden ist. Die Synthese dieses Enzyms bleibt in Gegenwart von NH_4^+ in den Zellen reprimiert. Nur bei einem gewissen N-Mangel wird es von den Mikroorganismen produziert. Ist dann N_2 vorhanden, dann wird dieses natürlich fixiert, und die Zellen vermehren sich; nur in Abwesenheit von N_2 wird die Nebenaktivität der Nitrogenase zur Hauptaktivität, und die verfügbaren Reduktionsäquivalente werden unter ATP-Verbrauch in Form von H_2 freigesetzt (Abb. 1). In vielen Laboratorien, namentlich in Japan, wird daran gearbeitet, wirtschaftliche Verfahren für eine Photoproduktion von H_2 aus hochbelasteten Abwässern zu entwickeln /10,11/. Voraussetzung ist ein hohes C/N-Verhältnis, damit die dort wachsenden phototrophen Bakterien eine hohe Nitrogenase-Aktivität besitzen. Weiterhin sind anaerobe Bedingungen für das Ablaufen der bakteriellen Photosynthese erforderlich. Der Stoffabbau wird daher durch Gärungsprozesse eingeleitet, und es sind dann Gärungsprodukte, die durch die phototrophen Bakterien weiter zu CO_2 und H_2 umgesetzt werden. Die Steuerung der Prozesse gestaltet sich als schwierig. Nur zusammen mit dem Ziel der Abwasseraufbereitung erscheint eine damit verbundene Photoproduktion von H_2 interessant. Vorteile gegenüber der Produktion von Biogas sind in unseren Breiten nicht ohne weiteres erkennbar.

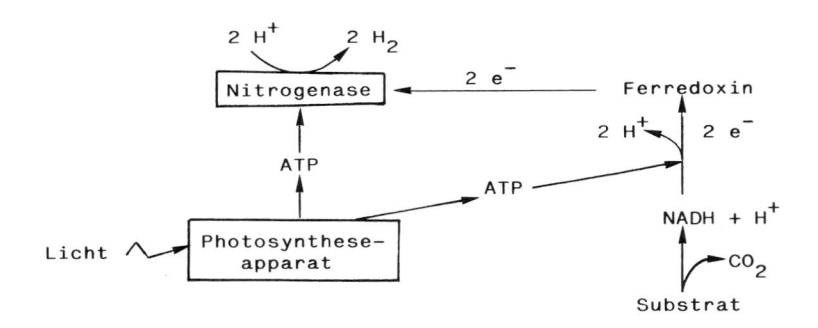

Abb. 1. Photoproduktion von H_2 durch Bakterien. Die Photosynthese liefert die Energie, damit Ferredoxin ($E'_o \sim -400$ mV) von NADH ($E'_o = -320$ mV) reduziert werden kann. ATP wird weiterhin für die Reduktion der Protonen zu N_2 durch die Nitrogenase benötigt.

In diesem Zusammenhang soll erwähnt werden, daß auch heterocystenbildende Cyanobakterien zu einer H_2-Entwicklung befähigt sind. Heterocysten werden von fädigen Cyanobakterien wie den Anabaena- und Nostoc-Arten gebildet; es sind Spezialzellen für die N_2-Fixierung. Sie enthalten also Nitrogenase und darüber hinaus einen Teil des Photosyntheseapparates (das Photosystem I). So können

Biologische Systeme 209

sie die Lichtenergie für die Bereitstellung von ATP ausnutzen. Ihnen fehlt jedoch das Photosystem II, so daß Wasser nicht gespalten werden kann. Die äußerst O_2-empfindliche Nitrogenase bleibt deshalb aktiv. Allerdings müssen Zucker aus den Nachbarzellen aufgenommen werden, damit Reduktionsäquivalente für die N_2-Reduktion zur Verfügung stehen. Wie bei den phototrophen Bakterien können auch diese Reduktionsäquivalente bei N_2-Mangel unter bestimmten Bedingungen in Form von H_2 freigesetzt werden (Abb. 2) /12,13/.

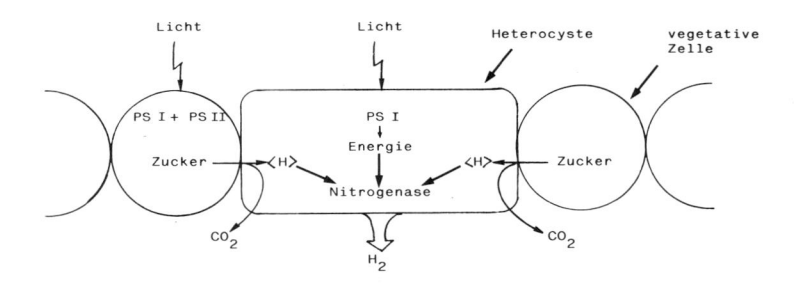

Abb. 2. H_2-Produktion durch Heterocysten der Cyanobakterien. PS I und PS II, Photosystem I und II. In Gegenwart von N_2 kommt es zur Bildung von Ammoniak und zur Versorgung der vegetativen Zellen mit Stickstoff in Form von Glutamat.

H_2-Produktion durch Algen

Grünalgen wie Chlamydomonas reinhardii bilden oder aktivieren eine Hydrogenase, wenn sie unter anaeroben Bedingungen inkubiert werden /14,15/. Mit Hilfe dieser Hydrogenase kommt es dann zu einer schwachen H_2-Entwicklung, gekoppelt mit einer Oxidation endogener Substrate. Durch Licht wird diese H_2-Produktion stark stimuliert - allerdings nur für kurze Zeit, da der gebildete Sauerstoff dann die äußerst empfindliche Hydrogenase inaktiviert.

Es hat nicht an Bemühungen gefehlt, dieses System zu einem H_2-Generator zu optimieren. Wenig aussichtsreich scheint es zu sein, Wasser durch die beiden Lichtreaktionen in Sauerstoff und Reduktionsäquivalente zu spalten und aus letzteren mit Hilfe der Hydrogenase H_2 freizusetzen. Die rasche Inaktivierung der Hydrogenase durch Sauerstoff steht dem entgegen. Das Photosystem II und damit die Wasserspaltung lassen sich aber durch DCMU (3-(3,4-Dichlorphenyl)-1,1-dimethylharnstoff) hemmen. Mit der Energie aus dem Photosystem I und aus endogenen Kohlenhydraten als NADH-Lieferanten ist dann eine H_2-Entwicklung möglich (Abb. 3) /16,17/. Ein Zweistufenprozeß wäre denkbar: 1. Anhäufung von Kohlenhydraten durch C. reinhardii im Zuge der Photosynthese; 2. Inkubation unter anaeroben Bedingungen zur Hydrogenasebildung und H_2-Produktion aus den Kohlenhydraten im Licht in Gegenwart eines Hemmstoffs des Photosystems II.

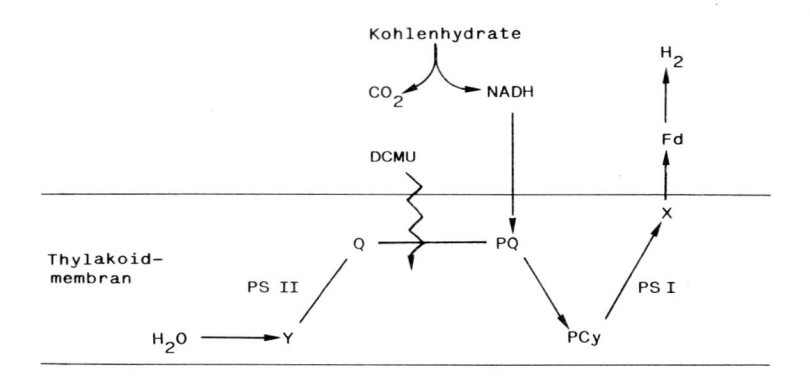

Abb. 3. H_2-Produktion aus Kohlenhydraten durch Chlamydomonas reinhardii. Das Photosystem II ist durch DCMU gehemmt, so daß es nicht zu einer O_2-Bildung kommt. Y und Q, Carrier des PS II; PQ, Plastochinon; PCy, Plastocyanin; X, Carrier, von dem Elektronen auf Fd, Ferredoxin, übertragen werden (/17/, modifiziert).

H_2-Produktion durch Biophotolyse des Wassers

Der interessanteste Prozeß zur Produktion von H_2 durch ein biologisches System wäre bestimmt die Spaltung von Wasser in O_2 und H_2 mit Hilfe von Chloroplasten der grünen Pflanzen und einer Hydrogenase aus anaeroben Bakterien. Die Verwirklichung eines solchen Prozesses ist aber noch nicht in Sicht. Dabei liefern die Chloroplasten unter Ausnutzung der Lichtenergie einerseits O_2 und andererseits Reduktionsäquivalente, welche normalerweise für die CO_2-Reduktion zu Zellsubstanz bzw. Stärke verwendet werden. Bisher gelingt es aber nicht, diese Reduktionsäquivalente über eine Hydrogenase in wirtschaftlicher Weise als H_2

freizusetzen. Werden immobilisierte Chloroplasten, immobilisierte Hydrogenase und Elektronenüberträger belichtet (Abb. 4), so ist eine H_2-Entwicklung nur für etwa 2 bis 4 Stunden meßbar, wobei die Raten bei 10 bis 30 μmol . mg^{-1} Chlorophyll . hr^{-1} liegen /8/. Gründe für das rasche Absinken der Aktivität dieser Systeme liegen wohl in der bereits erwähnten O_2-Empfindlichkeit der Hydrogenase, aber auch des Photosyntheseapparates und in der Autoxidation von Elektronenüberträgern. Auch verlieren Chloroplastenmembranen bei Dauerbelichtung schnell ihre wasserspaltende Aktivität. Offenbar werden vom Photosystem II unter diesen Bedingungen einige essentielle Polypeptide abgespalten /8/. Durch Einbetten der Chloroplasten in Agar oder Calciumalginat kann ihre Aktivität über einen längeren Zeitraum erhalten werden /18/. Das größte Problem stellt aber doch wohl der Sauerstoff dar. Das ganze System ist O_2-gesättigt, und O_2 reagiert mit den reduzierten Elektronenüberträgern unter Bildung von Superoxid und Wasserstoffperoxid, welche dann ihrerseits zur weiteren Schädigung des Gesamtsystems beitragen.

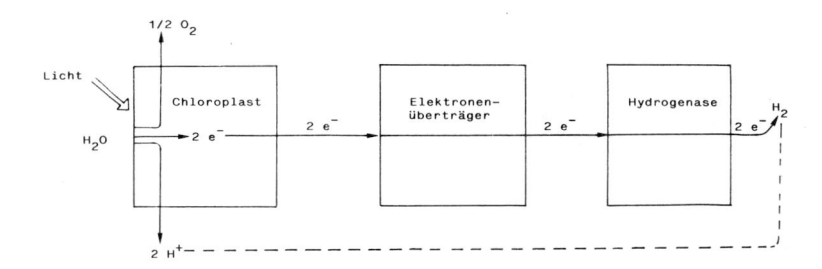

Abb. 4. Komponenten eines H_2-Photoreaktors. Chloroplast und Hydrogenase liegen immobilisiert vor.

Schlußbemerkung

Eine wirtschaftliche H_2-Produktion durch ein biologisches System ist noch lange nicht in Sicht. Jedoch gibt es eine Reihe von interessanten Ansatzpunkten dafür. Zu denken ist dabei in erster Linie an Prozesse, bei denen in einer ersten Phase unter Ausnutzung der Lichtenergie Kohlenhydrate gebildet und diese dann in einer zweiten Phase ebenfalls lichtgetrieben zu H_2 und CO_2 umgesetzt werden.

Der Autor dankt Herrn Prof. Dr. A. Trebst, Bochum für wertvolle Diskussionen und Hinweise.

Literatur

/1/ G. Gottschalk: Bacterial Metabolism. Springer-Verlag New York, Berlin, Heidelberg, Tokyo (1986), 230

/2/ G. Gottschalk, J.R. Andreesen: In: International Review of Biochemistry (J.R. Quayle, Ed.) 21 (1979), 85

/3/ R. Thauer, K. Jungermann, K. Decker: Bacteriol. Rev. 41 (1977), 100

/4/ L.E. Mortenson, R.N.F. Thorneley: Ann. Rev. Biochem. 48 (1979), 387

/5/ B. Bowien, H.G. Schlegel: Ann. Rev. Microbiol. 35 (1981), 405

/6/ K. Tran-Dinh, G. Gottschalk: Arch. Microbiol. 142 (1985), 87

/7/ M.W.W. Adams, L.E. Mortenson, J.S. Chen: Biochim. Biophys. Acta 594 (1981), 105

/8/ R. Cammack, D.O. Hall, K. Rao: In: Microbial Gas Metabolism. Society for General Microbiology (1985), 75

/9/ H. Gest, M.D. Kamen: Science 109 (1949), 558

/10/ J.D. Kin, H. Yamauchi, K. Ito, H. Takahashi: Agric. Biol. Chem. 46 (1982), 1469

/11/ R. Bollinger, H. Zürrer, R. Bachofen: Appl. Microbiol. Biotechnol. 23 (1985), 147

/12/ J.R. Benemann, K. Miyamoto, P.C. Hallenbeck: Enzyme Microb. Technol. 2 (1980), 103

/13/ A. Daday, A.H. MacKerras, G.D. Smith: J. Gen. Microbiol. 131 (1985), 231

/14/ H. Kaltwasser, T.S. Stuart, H. Gaffron: Planta 89 (1969), 309

/15/ H. Bothe: Experientia 38 (1982), 59

/16/ D. Godde, A. Trebst: Arch. Microbiol. 127 (1980), 245

/17/ D. Godde, E. Neumann, A. Trebst: In: Energy, Report Eur. 9530 EN, Commission of the European Communities (1984), 1

/18/ D.O. Hall, D.A. Affolter, M. Brouers, D.-J. Shi, L.-W. Yang, K.K. Rao: Ann. Proc. Phytochem. Soc. Eur. 26 (1985), 161

III Speicherung und Transport von Wasserstoff

Metallhydridtechnik

O. Bernauer
HWT Ges. f. Hydrid-u. Wasserstofftechnik mbH, Mülheim a.d. Ruhr

B. Bogdanović
Max-Planck-Inst., Mülheim a.d. Ruhr

J. Hapke
Universität Dortmund

M. Groll
I K E, Stuttgart

Zusammenfassung

Die Metallhydridtechnik erhält einen steigenden Stellenwert, wenn es um Fragen der Speicherung, der Reinigung und der Kompression von höchstreinem Wasserstoff geht. Schwerpunktmäßig wurden dabei in den letzten Jahren Magnesiumhydride, Hydride der 3 d-Übergangsmetallreihe und die Hydride auf Basis der seltenen Erden im Hinblick auf ihr thermodynamisches Verhalten, ihre Reaktionskinetik und ihr Verhalten gegenüber Fremdgasbestandteilen im Wasserstoff untersucht. Hierbei hat sich herausgestellt, daß Metallhydride dann technisch sinnvoll und wirtschaftlich einsetzbar sind, wenn die Reaktion der Metalle mit Wasserstoff nicht allein zur H_2 - Speicherung dient , sondern zusätzliche Funktionen mit den Systemen erfüllt werden können.

Summary

Increasing importance is being attached to the metal hydride method with respect to questions of the accumulation, purification and compression of maximum purity hydrogen. Investigation in this field in recent years has centered on magnesium hydrides, hydrides of the 3 d-transition metal series and the rare earth based hydrides with respect to their thermodynamic behaviour, their reaction kinetics and their behaviour towards foreign gas components in the hydrogen. It has proved to be the case here that the use of metal hydrides is technically appropriate and economical where the reaction of the metals with hydrogen serves the purpose not only of H_2 accumulation, but where additional functions can be performed with the systems.

Résumé

La technique des hydrures métalliques gagne en importance
lorsqu'il y va des questions d'emmagasinage, de purification
et de compression d'hydrogène pur. La dominante des analyses
effectuées au cours des dernières années fut celle des
hydrures de magnésium, des hydrures de la série des métaux
transitoires 3 d, et des hydrures à base des terres rares
du point de vue de leur comportement thermodynamique,
de leur cinétique de réaction et de leur comportement
envers les composants de gaz tiers contenus dans l'hydrogène.
Il s'est avéré que l'utilisation des hydrures métalliques
n'est judicieuse et rentable que si la réaction des métaux
avec de l'hydrogène ne repose pas seulement sur l'emmagasinage
de H_2 et qu'à condition que d'autres fonctions supplémentaires
puissent être remplies avec les systèmes.

1. Einleitung

Die Untersuchungen /1,2,3/ des Hydrierverhaltens von Metallen und Metallegierungen auf Basis von Mg, Mg-Ni, Ti-Fe, Ti-Cr-Mn und Ti-V-Mn zeigen, daß eine technische Nutzung von Wasserstoff speichernden Legierungen möglich ist. Wenn die Speicherung, die immer mit einer Wärmereaktion verbunden ist, im Temperaturbereich von 0° C bis 200° C stattfindet, eignen sich vor allem die Legierungen auf Basis von Ti-V-Mn. Im Temperaturbereich über 200° C kann die höhere Speicherfähigkeit des Mg-Hydrids für technische Anwendungen ausgenutzt werden. Gegenüber Fremdgasen im Wasserstoff erweisen sich alle Hydride empfindlich, wenn die Fremdgaskonzentration vor allem von oxidierenden Gasbestandteilen groß ist. Gleichzeitig eröffnet die hohe Reaktionsfähigkeit gegenüber Fremdgasbestandteilen im Wasserstoff die Möglichkeit, Wasserstoff in ultrareiner Form darzustellen. Die Reaktionskinetik gegenüber reinem

Wasserstoff ist in den Temperaturbereichen, bei denen das Material einen H_2 - Absorptionsdruck von über 1 bar aufweist, immer so schnell, daß der die Reaktionsgeschwindigkeit des Gesamtsystems bestimmende Schritt die Wärmeleitung im Hydridbett ist. Dies führte dazu, daß in den zurückliegenden Jahren von verschiedenen Arbeitsgruppen /4, 5, 6/ die Fragen der Wärmeleitung verstärkt behandelt wurden, um die Nutzung von Hydridsystemen für chemische Wärmepumpen bzw. Wärmetransformatoren zu ermöglichen.

Eine weitere Voraussetzung für die technische Nutzung von Hydridspeichern ist, eine Speicherkonzeption zu entwickeln, die eine hohe Betriebssicherheit über die gesamte Lebensdauer gewährleistet.

2. Hydridentwicklung

Prinzipiell ist es möglich, Wasserstoff in Gashochdruckbehältern ($\sim$ 200 bar), in flüssiger Form bei $\sim$ 20 K oder in Hydridbehältern zu speichern. Wenn Fragen der Sicherheit und der Gasreinheit eine entscheidende Bedeutung für den Einsatz des Systems haben, dann kann die Speicherung des Wasserstoffs in Form von Metallhydriden technisch und wirtschaftlich sinnvoll durchgeführt werden.

Im Temperaturbereich bis etwa 200° C haben sich besonders Hydride mit Lavesphasenstruktur auf Basis von Titan, Ferrovanadium und Mangan bewährt, während im Temperaturbereich über 200° C Magnesiumhydride technisch interessante Aspekte eröffnen.

2.1 Tieftemperaturhydride auf Basis von Ti V Mn

Die Untersuchungen /1/ des Hydrierverhaltens von Metall-Legierungen auf Basis Ti, Fe, Ti, Cr, Mn und Ti V Mn zeigen, daß die Wasserstoffaufnahme durch die Valenzelektronenkonzentration und insbesondere durch die d-Elektronenkonzentration (DEK) bestimmt wird. Die H_2 - Aufnahme von kubischen und hexagonalen Legierungssystemen können in guter Näherung durch die Beziehung

$$H/M = 5 - DEK$$

abgeschätzt werden.
Hierin bedeuten

H: = Anzahl der eingelagerten Wasseratome
M: = Anzahl der Metallatome
$$DEK: = \frac{\text{Summe der 3 d-Elektronen}}{\text{Anzahl der Metallatome}}$$

Die Legierungen der 3 d-Übergangsmetalle lagern solange Wasserstoff in das Metallgitter ein, bis das 3 d-Band halb gefüllt ist.

Die Hydridcharakteristik folgt einem Schema, wie es in Abbildung 1 wiedergegeben ist. Liegt die durchschnittliche d-Elektronenkonzentration der Legierung unter 4, so steigt der H_2-Druck mit der Beladung an, entsprechend einer Löslichkeitskurve (α -Bereich)

Bei weiterer Beladung steigt der H_2-Absorptionsdruck nicht oder nur wesentlich schwächer an, bis die durchschnittliche d-Elektronenkonzentration 5 erreicht ist (α + ß-Bereich). Dies deutet auf die Ausbildung einer Hydridphase hin. Bei weiterer Beladung steigt der Druck dann schnell an (ß-Bereich).
Am Beispiel der Proben
$Ti_{0,8}$ $Zr_{0,2}$ Cr Mn   Ti V Mn und Ti $V_{1,5}$ $Fe_{0,4}$ $Mn_{0,1}$
kann dieses Hydrierverhalten experimentell aufgezeigt werden (Abb. 2, Abb. 3, Abb. 4).
Die d-Elektronenkonzentration von
$Ti_{0,8}$ $Ze_{0,2}$ Cr Mn   beträgt 4,
die von Ti V Mn 3,33 und die von Ti $V_{1,5}$ $Fe_{0,4}$ $Mn_{0,1}$ 3,13.

Entsprechend zeigt das Hydrierverhalten von $Ti_{0,8}$ $Zr_{0,2}$ Cr Mn praktisch nur einen Plateaubereich (α + ß-Bereich), während der α -Bereich über
Ti V Mn   nach   Ti $V_{1,5}$ $Fe_{0,4}$ $Mn_{0,1}$ stetig größer wird.

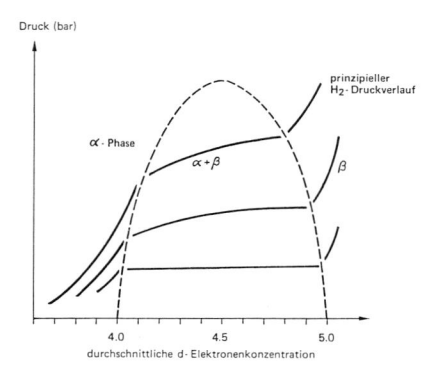

Abb. 1   Phasendiagramm und Prinzipieller H_2-Dissoziationsdruck im System (C14) Ti - V - Mn - H

Metallhydridtechnik

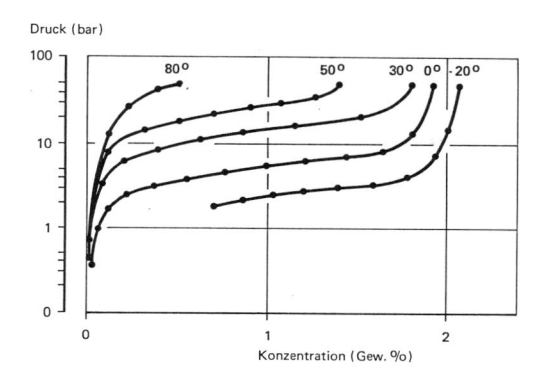

Abb. 2 Druck-Konzentrations-Isothermen
$Ti_{0,8} Zr_{0,2} CrMn-H$

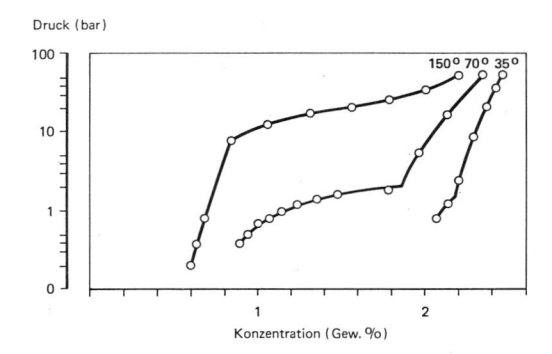

Abb. 3 Druck-Konzentrations-Isothermen
Ti - V - Mn - H

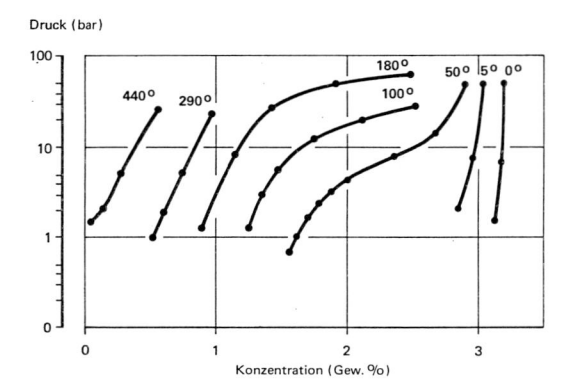

Abb. 4 Druck-Konzentrations-Isothermen
$TiV_{1,5} Fe_{0,4} Mn_{0,1}$ - H

Während die Aufnahmekapazität der Legierungen der 3-d-Übergangsmetalle recht gut durch die durchschnittliche d-Elektronenkonzentration abgeschätzt werden kann, ist zur Abschätzung des zu erwartenden Plateaudrucks bei gegebener Temperatur die Kenntnis des Wirtsgitters notwendig, wobei das freie Zellvolumen und die Bindungsstärke des Trappingzentrums (Ti, Zr usw.) entscheidenden Einfluß auf die Wasserstoff-Metallbindung und damit den H_2-Ab- bzw. Desorptionsdruck haben.

Die durchgeführten Untersuchungen zeigen, daß bei hexagonaler C 14-Struktur der Plateaudruck bei Temperaturen von -20° C dann noch deutlich über 1 bar (absolut) liegt, wenn das freie Zellvolumen bei V_o = 160 - 165 A liegt, wie es bei den Zusammensetzungen Ti Cr Mn, $Ti_{0,9} Zr_{0,1}$ und Cr Mn und $Ti_{0,8} Zr_{0,2}$ Cr Mn der Fall ist (Abb. 5).

Die Substitution von Titan durch Zirkon führt zu einer Vergrößerung des freien Zellvolumens und damit zum Absenken des Plateaudrucks bei gleicher Temperatur (Abb. 5). Entsprechend kann eine Legierung auf eine Anwendung hin zugeschnitten werden, wenn die Bedingungen Tankdruck, Temperatur beim Betanken des Systems, Entladedruck und Temperatur beim Entladen bekannt sind.

Metallhydridtechnik 219

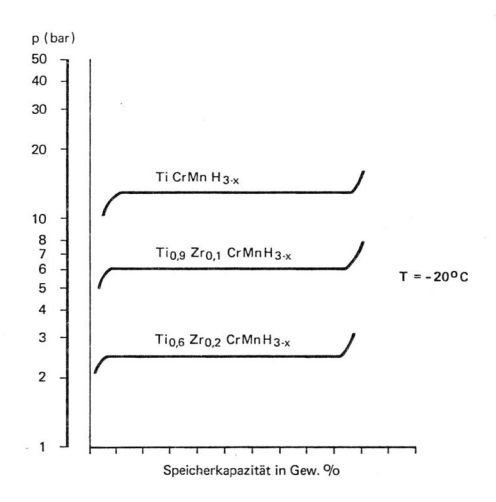

```
p (bar)
50
40
30
20
        Ti CrMn H₃₋ₓ
10
 8
 7      Ti₀,₉ Zr₀,₁ CrMnH₃₋ₓ
 6                               T = -20°C
 5
 4
 3      Ti₀,₆ Zr₀,₂ CrMnH₃₋ₓ
 2

 1
        Speicherkapazität in Gew. %
```

Abb. 5   Druck-Konzentrations-Isothermen des Systems
$Ti_{1-a} Zr_a CrMnH_{3-x}$

3. Sauerstoffgehalt und großtechnische Herstellbarkeit

Eine wichtige Voraussetzung für die Einsetzbarkeit von Hydridsystemen ist die großtechnische Herstellbarkeit der Legierungen. Zu diesem Zweck wurde der Einfluß von Sauerstoff auf die Gefügeausbildung und das Hydrierverhalten untersucht. Hierbei konnte auf Arbeiten aufgebaut werden, die am Brookhaven National Laboratory durchgeführt wurden /7/.

Hierbei zeigt sich, daß der Sauerstoffgehalt der Legierung die Gefügeausbildung dann negativ beeinflußt, wenn sein Gehalt über 0,03 Gew.% steigt. Für die Lavesphasen auf Basis der 3 d-Übergangsmetallreihe muß sogar ein Grenzwert von 100 ppm unterschritten werden, um nahezu homogene Gefügeausbildung zu erreichen. Um diese Werte zu erzielen, ist die Zugabe von Desoxidationsmitteln beim eigentlichen Schmelzprozess erforderlich. Als Desoxidationsmittel kommen solche Elemente und Legierungen in Frage, die bei Lösung in der metallischen Phase nicht selbst die homogene Phasenausbildung beeinflussen. Als besonders geeignet erwiesen haben sich Lanthan und Mischmetall.

Die Abbildung 6 zeigt den Sauerstoffgehalt und die Gefügeausbildung von desoxidierten Schmelzen, bei denen das Vormaterial technischen Standard aufwies. So lag der Sauerstoffgehalt der Ausgangsstoffe über 0,2 %, während die Sauerstoffanalysenwerte nach der Schmelze unter

100 ppm lagen.

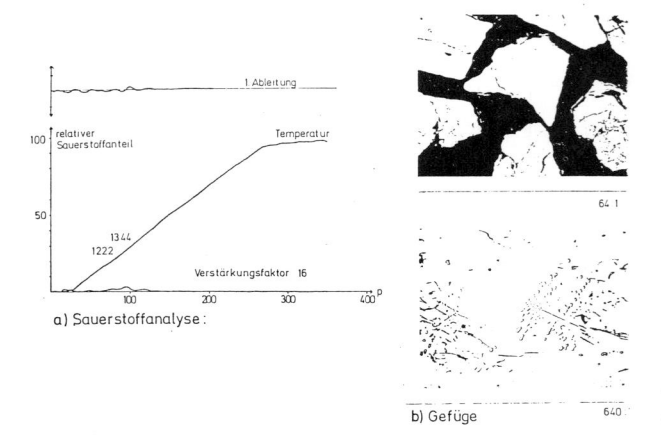

Abb. 6 Materialeigenschaften von
$Ti_{0,98}\ Zr_{0,02}\ V_{0,43}\ Fe_{0,08}\ Cr_{0,05}\ Mn_{1,49}$
(GfE LOT 3)

Weiteres wichtiges Kriterium für die großtechnische Herstellbarkeit ist die Verfügbarkeit der Vormaterialien und deren Preis. Als wirtschaftliches Vormaterial erweist sich die Legierung Ferro-Vanadium mit 80 bis 90 Gewichtprozent Vanadium und 20 bis 10 Gewichtprozent Eisen.

Die Abbildung 7 zeigt das Hydrierverhalten der Legierung

$Ti_{0,98}\ Zr_{0,02}\ V_{0,43}\ Fe_{0,09}\ Cr_{0,05}\ Mn_{1,5}$ /8/

Dieses Material wird gegenwärtig in 3 Projekten eingesetzt, wobei die gesamte Legierungsproduktion sich auf 30 Tonnen belief. Bei der großtechnischen Herstellung erreicht das Material bis zu 90 % der Qualität, die vorausgegangene Laborversuchsschmelzen erreichten.

Abb. 7 Konzentrations-Druck-Isothermen

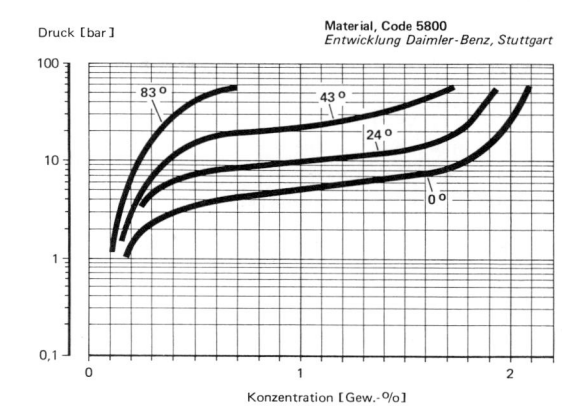

$$Ti_{0,98}\ Zr_{0,02}\ V_{0,43}\ Fe_{0,09}\ Cr_{0,05}\ Mn_{1,5}-H$$

4. Hochtemperaturhydride auf Basis von Magnesium und Magnesium-Nickel-Legierungen

Bedingt durch seine hohe spezifische H_2-Speicherfähigkeit stellt das Magnesium-Hydrid eines der interessanten Metallhydridsysteme dar, wenn der Temperaturbereich, in dem die Be- und Entladung des Hydrids stattfindet, über 200° C liegt.

Für einen technischen Einsatz bieten sich gegenwärtig vor allem ein vom Max-Planck-Institut für Kohleforschung in Mülheim entwickeltes Magnesium-Hydrid /2/ sowie Magnesium-Nickel-Legierungshydride an /9/.

Voraussetzung für die technische Einsatzmöglichkeit war, die Kinetik der Wasserstoff-Metallreaktion entweder durch katalytische Hydrierung des Magnesiums zu beschleunigen, oder aber Magnesiumlegierungen zu entwickeln, die im Temperaturbereich zwischen 200° C und 350° C bei genügender Kinetik mit gasförmigen Wasserstoff reagieren.

In Anlehnung an die katalytische Hydrierung von Lithium /2/ erhält man durch die Umsetzung von Magnesium und Anthracen (oder Magnesiumanthracen) insbesondere mit Chrom-, Titan- oder Eisenhalogeniden in Tetrahydrofuran Hydrierungskatalysatoren, die unter milden Bedingungen wirksam sind. Die Hydrierung läuft durch speziell entwickelte Katalysatoren in 1 - 2 Stunden /10/ ab, und im Gegensatz zu Magnesiumhydrid, das bei hohen Temperaturen aus den Elementen hergestellt wurde, erweist sich das katalytisch gewonnene Magnesiumhydrid als sehr reaktionsfreudig und bietet sich als Wasserstoffspeicher und für folgende Anwendungen an:

- Abtrennung von H_2 aus Gasgemischen
- Reduktions- und Trockenmittel
- Träger für heterogene Katalysatoren
- Reinigung von Stickstoffbestandteilen aus Wasserstoff.

Die Druck-Konzentrations-Isothermen des Magnesiumhydrid-Systems zeigt die Abb. 8. Die nutzbare Kapazität liegt in der Größenordnung von 7 Gewichtsprozent bezogen auf die Magnesiumhydrid-Einwaage. Unter welchen milden Bedingungen eine solche Reaktion abläuft, zeigt das folgende Beispiel:

Auch bei Temperaturen von 230 °C und unter 1 bar Wasserstoff ist ein schneller Wasserstoffaustausch von über 6 Gew.% H_2 möglich /2/.

Um die Anwendung von katalytisch hergestelltem Magnesiumhydrid als H_2-Speicher in der Praxis zu testen, wurden Hydridspeicherrohre mit verpreßtem Material gefüllt und Dauerdrucktests (60 - 70 Zyklen) erprobt. Hierbei konnten ähnliche Ergebnisse erzielt werden wie in den bereits erwähnten Laborversuchen /2/.

Parallel zu dieser Entwicklung wurde durch Optimierung des Mg-Mg_2Ni-Systems eine Mg-Ni-Legierung entwickelt, deren Kinetik bei höheren Wasserstoffdrücken und Temperaturen von über 250 °C für technische Anwendungen als ausreichend erscheint. Die Konzentrations-Druck-Isothermen entsprechen denen des elementaren Magnesiums (Abb. 8).

Die nutzbare H_2-Kapazität liegt bei 6 bis 7 Gewichtsprozent bezogen auf die Legierungseinwaage.

Die technische Darstellbarkeit der Legierungen wurde zusammen mit einem kommerziell arbeitenden Schmelzunternehmen /11/ nachgewiesen.

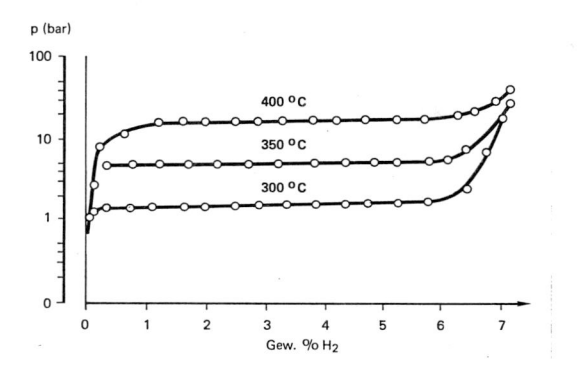

Abb. 8 Druck-Konzentrations-Isothermen von Mg-H

5. Speicherentwicklung

Der Einsatz von Hydridspeichern im technischen Betrieb setzt voraus, daß der Behälter sowohl in konstruktiver als auch in werkstofftechnischer Hinsicht keine die Sicherheit des Systems gefährdende Einrichtung darstellt. Um diese Bedingung einzuhalten, muß der Speicher mindestens über die Betriebszeit der Anlage die anfallenden Be- und Entladungen ohne Beeinträchtigung der Sicherheit überstehen. Um diese Beanspruchung zu simulieren, wurden an Testspeichern zwischen 500 und 1500 Be- und Entladezyklen bei gleichzeitiger mechanischer Beanspruchung durch Rütteln auf einem Prüfstand untersucht. Das für die technische Anwendung vorgesehene Hydridmaterial

$Ti_{0,98}$ $Zr_{0,02}$ $V_{0,49}$ $Fe_{0,09}$ $Cr_{0,05}$ $Mn_{1,5}$ H_3

zerfällt bei der Be- und Entladung des Wasserstoffs bis auf Korngrößen von unter 1.10^{-6}m. Die Feinheit des hydrierten und dehydrierten Pulvers stellt für den technischen Aufbau des Speichers ein Problem dar, weil relativ kleine Gasströmungen innerhalb des Speichers zu Pulverversatz und damit zu unterschiedlichen Schüttdichten im Speicher führen können. Der Kornzerfall wird durch die Gitteraufweitung während der H_2-Beladung hervorgerufen. Diese Aufweitung kann bei der eingesetzten Legierung bis etwa 22 % bezogen auf die Anfangsdichte betragen (Abb. 9) /12/.

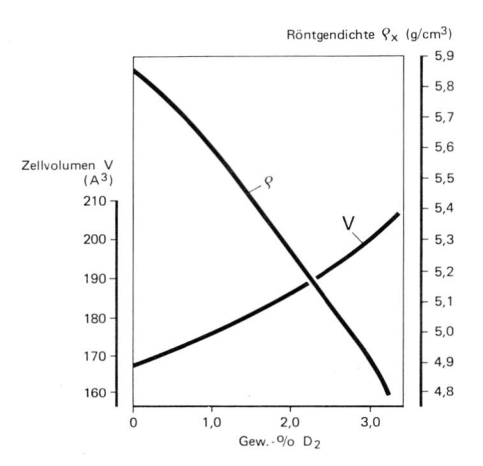

Abb. 9 Änderung der Volumina und der Röntgendichten im System $TiV_{0,8}Mn_{1,2}-D_x$

Die Größe der Volumendehnung macht deutlich, daß eine Pulververlagerung im Speicher mit anschließender Volumenvergrößerung der Körner zu einer unkontrollierten Dehnung des Behälters führen kann, wenn das Korn keinen freien Raum zur Verfügung hat. Die Abbildung 10 zeigt das Dehnverhalten eines Hydridspeicherrohres mit einer Anfangsschüttdichte von 3,2 g/cm³. Schon nach wenigen Zyklen werden Dehnungen an der Hülle von mehr als 8 % bezogen auf den Durchmesser festgestellt. Ein solches Verhalten ist darauf zurückzuführen, daß sowohl die Volumendehnung bei der Erstbeladung nicht konstruktiv berücksichtigt wurde als auch gegen eine Pulververlagerung bei der weiteren Zyklisierung keine Maßnahmen ergriffen wurden.

Folgende Kriterien müssen also erfüllt sein, wenn ein Speicher technisch nutzbar sein soll:

- Die Volumenänderung der Hydridmasse mit der Be- und Entladung darf nicht auf die Hülle des Behälters durchschlagen.
- Die Be- und Entladung des Speichers darf nicht zu einer Pulververlagerung im Speicher führen.
- Der eingesetzte Hüllwerkstoff darf keine Veränderung seiner werkstofftechnischen Daten bei der Zyklisierung erfahren.

Unabhängig voneinander wurden drei Konstruktionskonzepte bei Daimler-Benz (DB), den Mannesmannröhren-Werken (MRW) und der Universität Dortmund entwickelt, die der Erfüllung der genannten Kriterien sehr nahe kamen. Alle Konzepte berücksichtigen die Volumendehnung des Materials bei der Beladung, indem das Material bei der ersten Beladung in einen Freiraum hineinwachsen kann. Bei der MRW-Konstruktion geschieht dies axial, während bei den anderen Konstruktionen das Material sowohl radial als auch axial wachsen kann (Abb. 11 bis Abb. 12). Alle Konzepte erreichten Standzeiten von 1500 Zyklen, wobei die maximale Dehnung der Behälter unter 3 % lag. Für die zwei ersten technischen Anwendungen wurde die MRW-Konzeption ausgewählt und in insgesamt 50 Speichern mit 80 kg aktiver Masse sowie in einem 10 Tonnenaggregat verwirklicht. Die bisherigen Erfahrungen während der Erprobung weisen keine Probleme mit der Speicherkonstruktion auf. Die Abbildung 12 zeigt den Aufbau eines Speicherrohres , wie es in einem Kraftfahrzeug eingesetzt wird (BMFT-Förderung).

Beachtenswert ist die Verwendung radial gerichteter Lamellen aus wärmeleitendem Metall (z.B. Aluminium), die gegen das zentral angeordnete Gasführungsrohr und ebenso gegen die Innenfläche des Speicherrohres abschließen. Sie übernehmen die folgenden Funktionen:

- Die Lamellen intensivieren den Wärmetransport von der Rohrwandung in die pulverförmig angelagerte Speichermasse hinein und umgekehrt und ermöglichen damit grundsätzlich den konstruktiven Einsatz größerer Rohrabmessungen. Sie unterstützen einen schnellen Wasserstoffaustausch.

- Die Lamellen verhindern eine Umverteilung von Speichermaterial durch die Strömung von Wasserstoff über den Abstand zweier Lamellen hinaus.

- Die Verwendung von Lamellen in Kombination mit vorgefertigten Tabletten (Presskörpern) ermöglicht durch eine gezielt gleichmäßige Befüllung der Speicherrohre die präzise Einhaltung der Fülldichte, so daß bei sachgemäßer Auslegung die Betriebsfestigkeit über die Lebensdauer des Speichers gewährleistet werden kann.

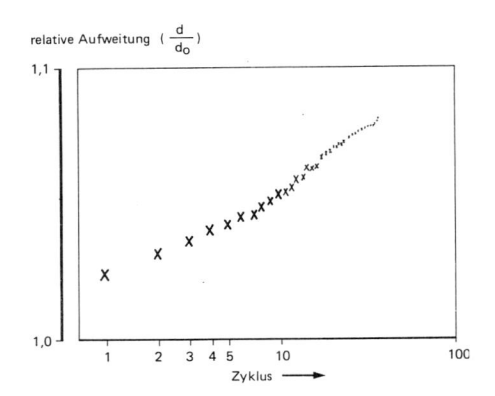

Abb. 10   Aufweitung eines geschütteten Hydridspeichers (Schüttdichte 3,2 g/cm³) mit der Be- bzw. Entladungszahl

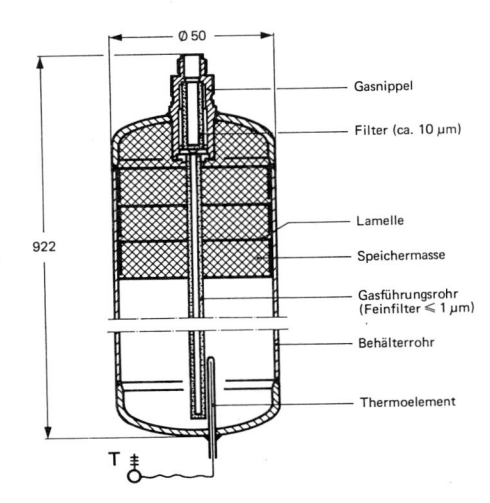

Abb. 11   KFZ-Speicherbehälter

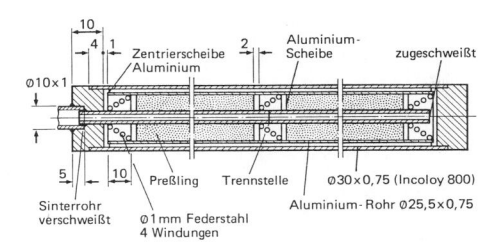

Abb. 12   Aufbau von DB-Hydridspeicherrohren

Einen erwähnenswerten Entwicklungszustand verzeichnet das zentral angeordnete Gasführungsrohr. Bei einer Filterfeinheit von < 1 µ verhindert es einerseits den Austrag von Speicherpulver beim Ausströmen des Wasserstoffs. Zum anderen bewirkt es beim Beladen eine gleichmäßige Verteilung des Gasstroms in die radial angeordnete Speichermasse über die Gesamtlänge eines Speicherrohres und vermeidet örtlich hohe Strömungsgeschwindigkeiten.

Ferner ist an dieser Stelle auf die Anordnung von Füllkörpern hinzuweisen, die den hydraulischen Querschnitt des durchströmenden Wärmetauschmediums im Hinblick auf den geforderten Energieaustausch wirkungsvoll eingrenzen. Mit Speichern dieser Bauart wird erreicht, daß die im Einbauzustand geforderten Eckwerte bezüglich

- Schnellbeladung in ca. 10 Minuten
- Vollastbetrieb des Wasserstoff-Motors aus zwei Modulen (1.600 cm³ H_2/Minute)
- Kaltstart bei vollem Speicher bis -20 °C

erreicht werden.

Die Abbildung 13 zeigt eine kürzlich fertiggestellte Wasserstoffanlage mit 10 000 kg Hydridmaterial zur industriellen Bereitstellung von Reinstwasserstoff (EG-Förderung). Der konstruktive Aufbau ist vergleichbar dem der Kraftfahrzeugspeicher, wobei die Rohrdurchmesser erweitert und die Gassammlertechnik modifiziert wurde. Insgesamt können 2000 Nm³ in 1 Stunde be- und entladen werden, wenn die Energiezufuhr für Kühlung und Heizen der Anlage genügend ausgelegt ist.

Abb. 13   Hydridgroßspeicher

6. Wasserstoffreinigung mit Hydriden

Zur Wasserstoffreinigung einsetzbare Tieftemperatur-Hydride absorbieren bis zu 1.8 Gewichtsprozent H_2 bezogen auf die Metallmasse. Gleichzeitig reagieren diese Metalle mit bestimmten im Wasserstoff enthaltenen Fremdgasbestandteilen, indem diese Bestandteile an der Oberfläche des Metalls chemiesorbiert werden. Speziell wird Sauerstoff mit hoher Bindungsenergie sorbiert und bei einer nachfolgenden H_2-Desorption nicht mehr abgegeben. In abgeschwächter Form geschieht das auch mit Gasen wie CH_4, CO_2, N_2 und H_2O. Demgegenüber gehen die hydridbildenden Metalle mit Edelgasen wie He, Ar usw. keine Reaktion ein. Diese Effekte können dazu genutzt werden, Wasserstoff in technisch einfacher Weise zu reinigen. Das kann am Beispiel eines technischen Wasserstoffs mit den Fremdgasbestandteilen

	100	vpm	N_2
	20	vpm	CO/CO_2
	30	vpm	Ar
	5	vpm	H_2O
und	5	vpm	O_2

erläutert werden:

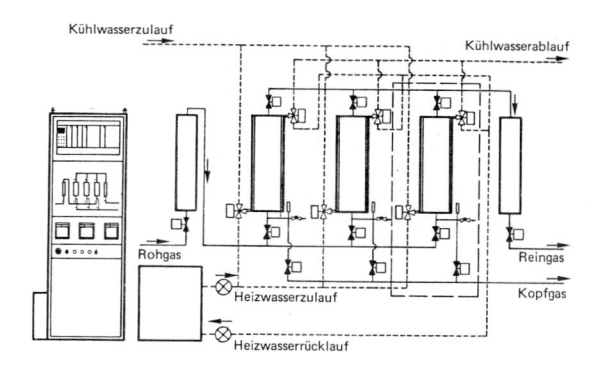

Abb. 14 Wasserstoffreinigungsanlage
(Bilderläuterung)

1	Vorreinigung (kontinuierlich)
2a - 2c	Zwischenreinigung (diskontinuierlich)
3	Ultrafeinreinigung (kontinuierlich)
4	Steuer- und Überwachungseinheit
4a	Freiprogrammierbare Steuerung
4b	Flußbild mit Betriebszustandsanzeige
4c	Druck- und Temperaturüberwachung
4d	Bedienungselemente
4e	Pneumatikschaltschrank
5	Druckluftaufbereitung
6	Heizwasserreservoir mit Thermostat
7	Heizwasserpumpen
8	Thermoelemente
9 u. 10	Drucksensoren / Überdruckventil

Zur Reinigung von O_2 und CO/CO_2 auf Werte kleiner 0,1 vpm muß das Gas durch eine Hydridschüttung geleitet werden. Die Masse des einzusetzenden Hydrids ergibt sich aus dem insgesamt zu reinigenden Gasvolumen.

Nach Durchlaufen der Hydridschüttung wird das Gas in einem Hydridspeicher eingelagert, der den Wasserstoff absorbiert und die restlichen Fremdgasbestandteile im Kopfgas über dem Hydrid behält. Dieses Kopfgas kann mit 5 % des eingelagerten Wasserstoffs wieder zurückgespült werden. Die restlichen 95 % der eingesetzten Gasmenge besitzen eine Reinheit von besser als 99,9999 %.

Die notwendige Hydridmasse richtet sich nach dem benötigten H_2-Volumenstrom.

Soll die Reinheit noch weiter gesteigert werden, dann durchläuft der H_2-Strom eine weitere Hydridschüttung, die dafür sorgt, daß die maximal auftretenden Verunreinigungen in Summe 0.1 vpm nicht überschreiten.

Wie in der Abbildung 14 deutlich wird, arbeitet die Zwischenreinigungsstufe im Wechselbetrieb. Während der Speicher 2 a beladen wird, desorbiert der Speicher 2 b und umgekehrt. Zur Desorption wird Energie benötigt, deren Betrag sich nach H_2-Volumenstrom und H_2-Druckniveau richtet. Zur Entladung von 1 Nm³ H_2 wird ein Energiebedarf von $\sim$ 1600 kJ benötigt.

Die Vorreinigung und die Ultrafeinreinigung haben keinen Energiebedarf. Das Temperaturniveau, auf dem die Speicher 2 a bzw. 2 b aufgeheizt werden müssen, richtet sich nach dem notwendigen H_2-Betriebsdruck am Ausgang der Leitung. Bei einem geforderten Betriebsdruck von beispielsweise 6 bar liegt das obere Temperaturniveau bei einstufiger Ausführung bei 100 °C.

7. Nutzung des Wärmeumwandlungsprozesses

Metallhydridsysteme sind aufgrund der hohen Reaktionsgeschwindigkeit bei der Festkörper-Gas-Reaktion grundsätzlich geeignet, als Arbeitsmedien in periodisch arbeitenden Absorptionswärmepumpen, Wärmetransformatoren und Kühlsystemen eingesetzt zu werden. Durch sie kann ein weiter Temperaturbereich durch Einsatz besonders geeigneter Hydridpaare abgedeckt werden. Wie bereits in vorangegangenen Kapiteln angedeutet, stellt die Wärmeleitung im Hydridbett die geschwindigkeitsbestimmende Größe für die Auslegung von periodisch arbeitenden Systemen dar.

Um Systeme zu entwickeln, deren Taktzeiten bei 2 - 5 Minuten liegen, wurden verschiedene Techniken und Einbauformen des Hydridmaterials auf ihre Eigenschaften hin untersucht /6, 13 /. Die Ergebnisse zeigen, daß mit verpreßtem Material gegenüber einer losen Schüttung bis zu 1,8 mal schnellere Reaktionszeiten möglich sind, wenn der Arbeitsdruck des Wasserstoffs bei 6 bis 8 bar liegt / 6 /. Demgegenüber kann jedoch der größere Strömungswiderstand des verpreßten Materials bei niedrigen Arbeitsdrücke ($<$ 2 bar) zu umgekehrten Ergebnissen führen. Gute Taktzeiten werden auch mit Reaktionsbetten erzielt, die Aluminiumschaum zur besseren Wärmeleitung enthalten. Das typische Aufheizverhalten bei der radialen Beladung eines Hydridbetts zeigt Abbildung 15, während die Abbildung 16 das Abkühlverhalten bei der radialen Entladung zeigt. Beide Ergebnisse zeigen, daß eine weitere Optimierung der Be- und Entladezeit und der Nutzung eines solchen Systems möglich ist, wenn Gasfluß- und Wärmestromrichtung parallel verlaufen.

Zusammenfassend ist zu vermerken, daß die Speichertechniken und die Speicherkonstruktionen so weit entwickelt sind, daß bezüglich der Zeit optimal arbeitende Systeme möglich sind. Demgegenüber erweisen sich die heute verfügbaren Hydridsysteme für den Temperaturbereich bis 200 °C als zu gering in ihrer spezifischen H_2-Speicherkapazität. Eine entsprechende H_2-Kapazität bei gleichbleibenden thermodynamischen und kinetischen Eigenschaften könnte die Systeme noch attraktiver machen.

8. Katalytische Reaktionen von Hydridsystemen

Die Eigenschaften der Hydridsysteme für katalytische Reaktionen wurden bisher nicht verstärkt untersucht. Als ein Beispiel sei hier auf die Eigenschaft von Hydriden hingewiesen CO in CH_4 vollständig oder auch in partielle CH_x Radikale umzuwandeln, wenn CO durch eine Hydridschüttung mit unterschiedlichen H_2-Beladungsgraden geleitet wird. Diese für die Analysentechnik speziell bei der Massenspektrometrie interessante Eigenschaft kann möglicherweise weitere chemische Anwendungsfälle finden.

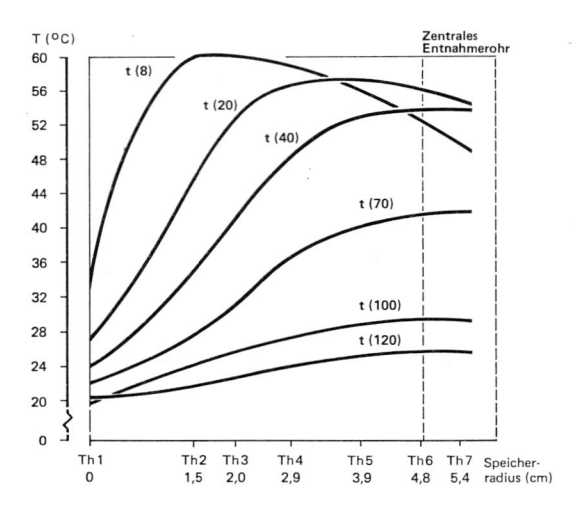

Abb. 15   Temperaturverlauf in einem Hydridspeicher
          bei der Beladung (bar)

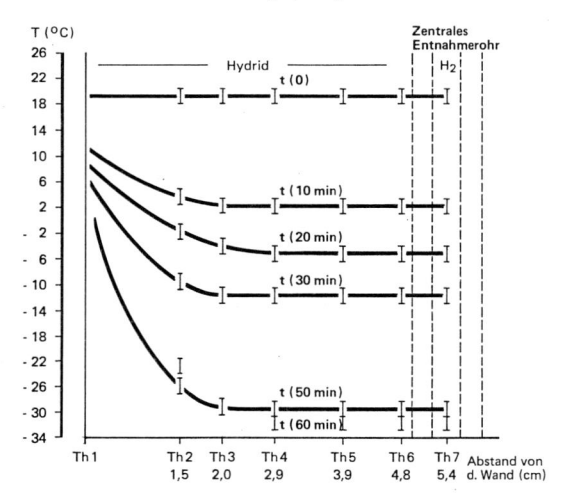

Abb. 16   Temperaturverlauf über dem Radius
          bei der Entladung eines Hydridspeichers
          (1 Stunden Entladung)

9. Schlußbemerkung

Die zurückliegenden Entwicklungen auf dem Gebiet der Hydridtechnik haben dazu geführt, daß heute Systeme angeboten werden können, die einen hohen Grad der Reife und Sicherheit in ihrer Funktion erreichen. Spezielle Anwendungen im Bereich der

H_2-Reinigung
H_2-Kompression
sowie der H_2-Speicher

zeichnen sich gegenwärtig ab.

Demgegenüber sind auf dem Gebiet der periodisch arbeitenden Hydridsysteme (Wärmepumpen, Wärmetransformatoren etc.) noch Entwicklungen notwendig, um die Hydridsysteme auf diese Anwendung hin zu optimieren.

Literaturverzeichnis

/1/	O. Bernauer, J. Springer, K. Ziegler	Deutsches Patent P 3023770 (1980)
/2/	B. Bogdanović	Angewandte Chemie 97 (1985), S. 253-264
/3/	J.J. Reilly	International Symposium on Hydrides for Energy Storage, Geilo, Norway, (1977)
/4/	B. Luxenburger	BWK Bd. 37 (1985) Nr.7-8
/5/	H. Hapke, F. Wahl, E. Schmidt-Ihn	Bau- und Erprobung eines stationären Hydridspeichers, EG-Kontrakt, EHC-44-015-D (1984)
/6/	M. Groll, W. Supper, V. Mayer, A. Nonnenmacher	Proceedings of the 5th World Hydrogen Energy Conf. Toronto, Canada (1984) Int. Association for Hydrogen Energy
/7/	G.D. Sandrock, C.J. Trozzi	BNL-3524102 Final Report (1977)
/8/	O. Bernauer, K. Ziegler	Deutsches Patent P 3151712 (1981)
/9/	H. Buchner, O. Bernauer, W. Strauß	Proceedings of the 2nd World Hydrogen Energy Conf., Zürich, Switzerland, (1978) Int. Association for Hydrogen Energy
/10/	V. Westeppe	Dissertation Universität Bochum (1985)
/11/	J.M. Töpler, H. Buchner	2. Technischer Bericht zum Forschungsvorhaben "Wasserstofftechnologie" BMFT-Vertrags-Nr.TV 7861/8
/12/	H.W. Mayer, K.M. Alasafi, O. Bernauer	Strukturuntersuchungen an $TiMe_{1.87}$ u. $TiMe_{1.87}D_{2.36}$ mittels Neutronenbeugung Journal of the Less-Common Metals (1982)
/13/	M. Groll, A. Nonnenmacher	17th IECEC, Los Angeles, USA (1982)

Flüssiger Wasserstoff – Stand der Technik und Anwendungen

W. Peschka
DFVLR, Stuttgart

Zusammenfassung

Wasserstoff wurde von Sir James Dewar im Jahre 1898 erstmals verflüssigt. Danach wurde er mehr als ein halbes Jahrhundert lang nur in kleinen Mengen für Laborversuche hergestellt. Zu den ersten Anwendungen gehörte hier vor allem die Erzeugung tiefer Temperaturen, die Messung der spezifischen Wärmen von Festkörpern sowie der freien Energie chemischer Verbindungen herab bis zu tiefstmöglichen mit Wasserstoff erreichbaren Temperaturen von etwa 12 K.

Summary

Hydrogen was first liquefied by Sir James Dewar in the year 1898. Following that it was produced only in small quantities for laboratory experiments for over fifty years. The initial applications here included primarily the generation of low temperatures, the measurement of the specific thermal capacities of solids and of the free energy of chemical compounds down to the lowest possible temperatures obtainable with hydrogen of around 12 K.

Résumé

L'hydrogène fut liquéfié pour la première fois en 1898 par Sir James Dewar. Pendant plus d'un demi siècle, il fut ensuite produit en petites quantités seulement pour des essais de laboratoire. Parmi les premières applications comptaient la réalisation de basses températures, la mesure de chaleurs spécifiques de corps solides ainsi que de l'énergie libre de composés chimiques, en allant jusqu'aux températures les plus basses réalisables au moyen de l'hydrogène, soit environ 12 K.

Lange Zeit stellte die Erklärung des Verhaltens der spezifischen Wärmen des Wasserstoffs bei tiefen Temperaturen ein Problem dar. Heute weiß man, nicht zuletzt aufgrund der Arbeiten Heisenbergs zur Quantentheorie, daß dies auf zwei Modifikationen des Wasserstoffmoleküls, dem Ortho-Wasserstoff mit parallelen Kernspins und dem Parawasserstoff mit antiparallelen Kernspins der beiden das Molekül bildenden Atome beruht. Obwohl Heisenberg den Nobelpreis für seine Arbeiten zur Quantentheorie erhielt, ist immerhin bemerkenswert, daß deren Anwendbarkeit zur Erklärung der Eigenschaften des Wasserstoffs in der Begründung zur Verleihung des Nobelpreises ausdrücklich enthalten ist. Für die praktische Anwendung von flüssigem Wasserstoff hat der große Unterschied in der inneren Energie zwischen Ortho- und Para-Wasserstoff erhebliche Konsequenzen, weil während des Verflüssigungsprozesses mit Hilfe geeigneter Katalysatoren die Einstellung des Ortho-Para-Gleichgewichts im Interesse der Vermeidung hoher Abdampfverluste bei anschließender Speicherung erzielt werden muß.

Im Jahre 1952 erstellte das National Bureau of Standards im Auftrag der U.S. Atomenergiekomission ein Labor in Boulder, Colorado, um große Mengen an flüssigem Wasserstoff herzustellen und intensive Versuchsprogramme mit dem Ziel technischer Anwendung durchzuführen. Dazu gehörten die Wasserstoff-Blasenkammern für die Kernforschung, deren erste 1959 am Lawrence Radiation Laboratory erstellt wurde, sowie die Verwendung von flüssigem Wasserstoff für nukleare und chemische Raketenantriebe /1/. Nukleare Antriebe wurden in den Jahren zwischen 1960 und 1970 intensiv untersucht, haben aber das Experimentalstadium nicht verlassen, während flüssiger Wasserstoff mit flüssigem Sauerstoff als Raketentreibstoff intensiv weiterentwickelt wurde. Der erste erfolgreiche Start einer Wasserstoff-Sauerstoffrakete in Form der oberen Stufe einer NASA-Centaur mit einer ATLAS als Booster am 27.11.1963 war nicht zuletzt Anlaß zum NASA-APOLLO- und Space Shuttle-Programm. Im wesentlichen sind es diese Projekte, welche innerhalb kurzer Zeit in den USA zur großtechnischen Anwendung von flüssigem Wasserstoff geführt haben.

Im Rahmen der U.S.-Raumfahrtprogramme wurden bisher insgesamt mehr als 150 000 t flüssiger Wasserstoff produziert und verwendet, wobei die monatliche Produktionsrate zeitweise 4000 t erreichte. Flüssiger Wasserstoff hat dabei innerhalb einer Zeit von nur zehn Jahren in den USA das Laborstadium verlassen. Ähnliche Entwicklungen in Europa sind bisher nicht zu verzeichnen. Zu erwähnen sind die von LINDE bzw. SULZER 1958 erstellten und in Betrieb genommenen Anlagen zur Darstellung von Deuterium mittels fraktionierter Destillation aus flüssigem Wasserstoff, womit erstmals in Europa die großtechnische Handhabung von flüssigem Wasserstoff - allerdings innerhalb einer geschlossenen Anlage - demonstriert wurde /2/.

Im Rahmen der weltweiten Aktivitäten zur Einführung von Wasserstoff als Sekundärenergieträger werden dem flüssigen Wasserstoff infolge seiner günstigen Speicherungseigenschaften in Zukunft weitere Anwendungsbereiche erschlossen werden. Neben seiner Verwendung als "Standardtreibstoff" in der Raumfahrt ist der Einsatz als Sekundärenergieträger in zukünftigen Energiesystemen einschließlich der Anwendung als Kraftstoff in der Luftfahrt und im bodengebundenen Verkehr von Bedeutung /3/.

Verflüssigung von Wasserstoff

Zur Verflüssigung muß das zuvor entsprechend gereinigte Gas zunächst von Umgebungstemperatur bis zum Taupunkt kontinuierlich abgekühlt, die Kondensationswärme entzogen und die Umwandlungswärme der Ortho-Para-Konversion abgeführt werden.

Daten für die minimale Verflüssigungsarbeit sind für verschiedene Gase in Tab.1 angegeben. Während bei Stickstoff der Anteil zur Abkühlung des Gases auf die Siedetemperatur klein ist im Vergleich zum Anteil der Kondensationswärme, sind diese Anteile bei Wasserstoff von gleicher Größenordnung, während beim Helium der Anteil zur Abkühlung des Gases bei weitem überwiegt.

Tabelle 1. Minimale Abkühlungs- bzw. Verflüssigungsarbeit für Stickstoff, Wasserstoff und Helium (in kWh/kg)

Temperatur (K)	N_2	H_2 1)	H_2 2)	He
77,3	0,053	0,60	0,62	0,265
65		0,68	0,86	0,310
20,4		1,60	2,21	0,75
4,2				1,92
Flüssigkeit am Siedepunkt	0,212	3,26	3,92	2,34

1) Normal-Wasserstoff 2) Im Ortho-Para-Gleichgewicht

Zur Verflüssigung von Wasserstoff finden Varianten des LINDE- Verfahrens und des CLAUDE-Prozesses großtechnische Anwendung. Während beim LINDE-Prozess die gedrosselte Expansion von Hochdruckwasserstoff (Joule-Thomson-Effekt) als Kühlprozeß benutzt wird, findet beim großtechnisch nahezu ausschließlich benutzten CLAUDE-Prozeß Abkühlung des Wasserstoffs und der Arbeitsleistung in einer Expansionsmaschine - Kolbenexpander, Turbinen - statt.

Nach heutiger Erkenntnis und absehbaren Entwicklungstendenzen von Großanlagen ist dabei ein Energieaufwand von etwa 10 - 11 kWh/kg zur Verflüssigung erforderlich. Dabei handelt es sich um Großverflüssigungsanlagen mit einer Tageskapazität von ca. 30 t, wovon in den USA z.Zt. etwa acht in Betrieb sind. Flüssiger Wasserstoff enthält je nach Herstellungsverfahren des Rohwasserstoffs zwischen 25 bis 40 % der eingesetzten Primärenergie (bei Elektrolyse über Elektrizität aus Wasserkraft ca. 70 %) und entspricht damit durchaus den fossilen Kraftstoffen (Synfuels).

Tabelle 2: H_2-Großverflüssigungsanlagen

Ort	Hersteller, Betreiber	Kapazität	Inbetriebnahme
Mississippi, Test Fac.	Air Products	36 t/Tag	1960
Long Beach, Calif.	Air Products	30 t/Tag	1958
Ontario, Calif.	Union Carbide, Linde Div.	30 t/Tag	1962
Sacramento, Calif.	Union Carbide, Linde Div.	60 t/Tag	1966*
Frais-Marais, France	L'Air Liquide	1,3 t/Tag	

Die großen U.S.-Kapazitäten ergaben sich aus den Raumfahrtprogrammen, während der Nachholbedarf Europas offensichtlich ist. Die einzige hier verfügbare größere Anlage für flüssigen Wasserstoff befindet sich in Frankreich und ist im wesentlichen durch den Bedarf für die Triebwerkentwicklung im Rahmen französischer Raumfahrtprojekte entstanden /3/.

Nach heutiger Erkenntnis und der absehbaren Entwicklungstendenz von Großanlagen läßt sich die Verflüssigungsarbeit nicht wesentlich unter die heute erreichbaren Werte (10.6 kwh/kg H_2, ca.36%) senken. Die technische Grenze ist im wesentlichen durch die Verluste in den einzelnen Anlagenkomponenten gegeben /3,9/. Tabelle 3 zeigt, daß der Hauptanteil der Verluste durch die Kompressoren, Expander und Wärmetauscher repräsentiert wird. Entscheidende Verbesserungen sind hier nicht mehr möglich, es sei denn, es lassen sich Verflüssigungsverfahren realisieren, welche die Verwendung einiger dieser Komponenten nicht erfordern /3,10,11,12/.

Tabelle 3. Irreversible Verluste an den Komponenten von H_2 Verflüssigungsanlagen

W_{min} = 3,92 kWh/kg W_r = 10,8 kWh/kg	$W_r - W_{min}$ ≐ 7,0 kWh/kg
Kreislaufkompressor	29,35 %
Speisekompressor	8,61 %
Turbinen	12,96 %
Wärmetauscher	12,65 %
o-p-Konversion	4,08 %
LN_2-Refrigerator	25,02 %
Summe	92,67 %

Speicherung, Transport und Verteilung

Die Speicherung großer Mengen an flüssigem Wasserstoff ist aufgrund der Raumfahrtprogramme Stand der Technik. Großbehälter für flüssigen Wasserstoff haben bezogen auf die gespeicherte Energiemenge um den Faktor 30 kleinere Kosten gegenüber Druckgas- oder Hydridspeichern /4/. Dies hat zur Folge, daß bei energietechnischen Anwendungen ab einer leistungsbezogenen Speicherkapazität von etwa 50 kWh/kW die Speicherung in flüssigem Zustand die wirtschaftlichste Alternative darstellt (Langzeitspeicherung, Jahresspeicherung), weil die sehr niedrigen kapazitätsabhängigen Kosten der Speichertanks die höheren Investitions- und Betriebskosten für die Verflüssigungsanlagen überkompensieren.

Für den Straßentransport von flüssigem Wasserstoff sind in den USA Tankfahrzeuge mit ca. 30 m^3 bzw. 57 m^3 sowie für den Eisenbahntransport Tankwagen von 105 m^3 Fassungsvermögen mit Abdampfraten von weniger als 0,2 % je Tag im Einsatz. Die große Druck- aufbauzeit dieser Behälter läßt Transporte bzw. Standzeiten bis zu zwei Wochen ohne Wasserstoffabgabe an die Umgebung zu. Der Wasserstofftransport in flüssiger Form ist im Vergleich zu den Alternativen wirtschaftlicher und mit geringstem Gewichtsaufwand verbunden. Dies ist einzusehen, wenn man bedenkt, daß beim Transport mittels Druckflaschen oder Hydridspeichern der Wasserstoffanteil nur etwa 1 bis 1,5 % des Speichergewichts beträgt. Demzufolge wird in den USA flüssiger Wasserstoff in erheblichem Umfang von der Westküste, wo sich die großen Verflüssigungsanlagen befinden, bis in den Raum Chicago transportiert und an die Kunden geliefert, welche im wesentlichen Bedarf an Niederdruckgas haben. Zu erwähnen ist ferner, daß im Rahmen des APOLLO-Programms flüssiger Wasserstoff in Behältern bis zu 1000 m^3 auch per Schiff transportiert wurde und die dabei gesammelten Erfahrungen eine Weiterentwicklung von LNG- zu LH$_2$-Großtankern bei entsprechendem Bedarf durchaus zulassen. Hinsichtlich des französisch-deutschen ARIANE-Projektes ist festzustellen, daß der Bedarf an flüssigem Wasserstoff für die ARIANE-Starts in Kourou (Franz. Guayana) mittels Schiffstransport aus den USA gedeckt wird.

Vergleicht man die gegenwärtigen Kosten für flüssigen Wasserstoff so ergeben sich Werte, die einerseits noch über denjenigen für fossile Energieträger liegen, andererseits jedoch nicht derartig hoch sind, um energetische Anwendungen auszuschließen, insbesondere, wenn Umweltaspekte zu berücksichtigen sind.

Hinsichtlich der Kosten für flüssigen Wasserstoff in Europa bleibt festzustellen, daß hier aus Mangel entsprechender Projekte kein Markt, jedoch erheblicher technischer Nachholbedarf besteht. Den LH$_2$-Kosten für die USA (siehe Tabelle) entsprechen Werte von 0,8 US-$ pro Gallone wie sie in Großverflüssigungsanlagen (30 t pro Tag) anfallen. Den Kosten in der Bundesrepublik Deutschland liegen Werte für die einzig kommerziell betriebene kleine Anlage (LINDE, München-Lohof) zugrunde.

Eine einzigartige Chance von Technologietransfer und Schließung einer technologischen Lücke böte sich im Rahmen des französisch- deutschen ARIANE-Projektes. Hier könnte der zur Erprobung des H$_2$/O$_2$-Zweitstufentriebwerks (DFVLR in Lampoldshausen) erforderliche Bedarf von flüssigem Wasserstoff über eine von der Gasindustrie zu erstellende Großverflüssigungsanlage gedeckt werden, welche später nahezu die gesamte dezentrale Wasserstoffversorgung in der Bundesrepublik Deutschland übernehmen könnte, da es auch hier wesentlich sinnvoller wäre, anstelle von Druckgas in schweren Stahlflaschen den Wasserstoff in flüssigem Zustand zu transportieren und in ähnlicher Weise wie flüssigen Stickstoff oder flüssigen Sauerstoff mittels "Kaltvergasern" beim Kunden in das vorwiegend benötigte Niederdruckgas umzuwandeln /3/.

Flüssiger Wasserstoff als Kraftstoff

Wasserstoff allgemein hat als Kandidat unter den verschiedenen Alternativkraftstoffen langfristig gesehen reelle Chancen einer sukzessiv steigenden Anwendung. Neben den Sicherheitsaspekten und den Problemen der Infrastruktur ist die Speicherung an Bord des Fahrzeuges von primärer Bedeutung. Während sich für den bodengebundenen Verkehr je nach Anwendungsbereich sowohl die gewichtsmäßig mit der Druckgasspeicherung vergleichbare Hydridspeicherung als auch die Flüssigspeicherung eignen, kann im Schienenverkehr, in der Luftfahrt und in der Seefahrt Wasserstoff nur in flüssiger Form sinnvoll eingesetzt werden /3,6/.

Luftfahrt

In einer Zeit absehbarer Energieverknappung wird sich der zukünftige Luftverkehr vorwiegend auf einen Geschwindigkeitsbereich optimaler Wirtschaftlichkeit, d.h. den oberen Unterschallbereich konzentrieren, für den sich durchaus Anwendungsmöglichkeiten für Wasserstoff abzeichnen.
Nach heutiger Erkenntnis gestattet flüssiger Wasserstoff bei Großraumflugzeugen bereits im Unterschallbereich gegenüber Kohlenwasserstoffen eine erhebliche Verringerung des Startgewichtes bei gleicher Reichweite und Nutzlast. Erste Versuche mit positivem Ergebnis wurden bereits 1956/57 von der NASA mit einer umgerüsteten zweistrahligen B 57 Canberra unternommen. Ferner liefen damals bereits bei Lockheed und bei Pratt & Whitney Untersuchungen für Überschallflugzeuge einschließlich Triebwerkstests /1,3,8/.
Die Probleme liegen weniger im fliegenden Gerät als in den Fragen einer wirtschaftlichen Wasserstoffherstellung, in der Schaffung der erforderlichen Infrastruktur an den internationalen Flughäfen und in der Überbrückung eines notwendigerweise längeren Einführungszeitraumes. Weitere zu untersuchende Bereiche betreffen die Unterbringung der im Vergleich zu Kerosin voluminöseren Kraftstofftanks, die Triebwerktechnologie, die Entwurfsaerodynamik sowie die Möglichkeit, mittels kryogener Grenzschichtkühlung (Laminar Flow Control) den Luftwiderstand und damit den Kraftstoffverbrauch zu verringern.

LH_2 im bodengebundenen Verkehr

Die Verwendung von Wasserstoff für Verbrennungsmotoren ist nicht neu. Erste Anwendungen wurden beim Zeppelin Luftschiff LZ 127 versucht, wobei während der Fahrt abzublasendes Wasserstofftraggas zusätzlich als Kraftstoff verwendet werden sollte. Obwohl auf Grund der Untersuchungen von Ricardo und Erren in den dreißiger Jahren und infolge der während des Krieges wieder aufgenommenen intensiven Suche nach Alternativkraftstoffen dem Wasserstoff weiteres Interesse gewidmet wurde, erfolgte eine Aufnahme von Aktivitäten auf breiter Basis erst innerhalb der vergangenen zehn bis fünfzehn Jahre und zwar in den USA, insbesonders im Zusammenhang mit dem Bestreben, schädliche Motoremissionen zu verringern oder gänzlich zu vermeiden. Eines der wesentlichen zu lösenden Probleme war die Speicherung des Kraftstoffes an Bord von Kraftfahrzeugen. Erste Versuche, flüssigen Wasserstoff zu verwenden, gehen in die siebziger Jahre zurück, gefolgt von einer Anzahl von Versuchsfahrzeugen in den USA, Japan und der Bundesrepublik Deutschland /3,6,13/.

Die Speicherung, Verteilung und Handhabung von flüssigem Wasserstoff in kleinen Mengen (einige hundert Liter), wie sie für Anwendungen im Kraftfahrzeug typisch sind, wird heute zwar im Labor gehandhabt, ist jedoch noch nicht in öffentlichem Einsatz. Derzeit laufende Demonstrations- und Entwicklungsprojekte mit Versuchsfahrzeugen für flüssigen Wasserstoff in Kooperation zwischen der DFVLR und der Bayerischen Motorenwerke AG sowie der DFVLR und der Daimler-Benz AG haben gerade dies zum Ziel /5, 6, 7/. Dabei ist davon auszugehen, daß bodengebundene Fahrzeuge auch in Zukunft überwiegend Verbrennungsmotoren benutzen werden. Sie bieten den bestmöglichen Kompromiß zwischen Herstellungskosten, Kraftstoffökonomie, Leistungsgewicht, Fahrverhalten und Lebensdauer und besitzen darüber hinaus ein großes Entwicklungspotential insbesonders in Kopplung mit computergesteuertem Funktionsablauf (digitale Motorelektronik). Elektrische Antriebsverfahren mit WasserstoffLuft-Brennstoffbatterien und Batteriefahrzeuge hingegen werden stets speziellen Anwendungsbereichen vorbehalten bleiben /3/.

Verbrennungsmotoren sind grundsätzlich für Wasserstoff geeignet. Ottomotoren können bei Wasserstoffbetrieb auch im Teillastbereich die gleiche Kraftstoffökonomie wie Dieselmotoren ohne deren typische Schadstoffemission aufweisen. Als Schadstoffe werden bei Wasserstoffbetrieb praktisch nur Stickoxide produziert, welche infolge der Möglichkeit sehr magerer Verbrennung ohne aufwendige Katalysatortechnik weit unter der Stickoxidemission vieler Kraftstoffe gehalten werden können. Tabelle 4 gibt zur Illustration charakteristische Daten des BMW-DFVLR 745i Versuchsfahrzeuges.

Tab. 4. BMW-DFVLR 745i Versuchsfahrzeug

Speichersystem:	LH_2-Tank 130 l Benzinäquivalent 40 l
Motor:	Ottomotor 3.5 l äußere Gemischbildung, Magerkonzept Abgasturboaufladung kennfeldgesteuerte Wassereinspritzung Leistung 120 kW bei 5000 rpm wahlweise Benzinbetrieb (170 kW)
Emissionen:	Wasserdampf Stickoxide 0.27 g/ECE Benzin: 3.91g/ECE, (2.5 g/ECE 1987).
Reichweite:	ca. 400 km mit Wasserstoff.

Hieraus ist ersichtlich, daß bei diesem Versuchsfahrzeug die NO_x Emission auf Werte gesenkt werden konnte, die bei 10% der in Zukunft vorgeschriebenen Werte liegen.

Flüssiger Wasserstoff als Kraftstoff entspricht bezüglich Gewicht, Reichweite und Sicherheitsaspekten dem Benzin. Speichertanks mit Abdampfraten von etwa 1,7 % je Tag für Kraftfahrzeuge sind im Einsatz, solche mit 1 % je Tag, d.h. Speicherdauern von bis zu drei Monaten, sind technisch realisierbar /6,7/. Die Fahrzeugbetankung ist in ähnlicher Weise wie bei Benzinbetrieb in sicherheitstechnisch befriedigender Weise auch vom technischen Laien durchführbar und mittels mikroprozessorgesteuerter Betankungseinrichtungen auch bereits demonstriert worden /3/.

Das bordseitige Kraftstoffversorgungs- und Aufbereitungssystem hat in Abhängigkeit von der Art der Gemischbildung verschiedene Bedingungen zu erfüllen. Während bei äußerer Gemischbildung die Kraftstofförderung zum Motor mittels Überdruck im Fahrzeugtank durchgeführt werden kann, ist im Falle innerer Gemischbildung, d.h. Direkteinspritzung in den Brennraum, Wasserstoff unter erhöhtem Druck erforderlich. Bei Einspritzbeginn wie beim konventionellen Dieselmotor (etwa $5°$ voT) sind hierbei Drücke von etwa 80 bis 150 bar erforderlich. Die technische Lösung besteht in der Verwendung einer kleinen kryogenen Kolbenpumpe für flüssigen Wasserstoff, mit deren Entwicklung bei der DFVLR begonnen wurde.

Im Gegensatz dazu ist das bordseitige Kraftstoffversorgungssystem für äußere Gemischbildung praktisch Stand der Technik /3,7,13/. In Abhängigkeit vom Druckniveau im Tank wird dabei kryogener Wasserstoff entweder aus der flüssigen Phase oder aber aus der Gasphase entnommen, über einen vom Kühlwasser des Motors beaufschlagten Wärmetauscher auf Umgebungstemperatur aufgewärmt und dem Motor zugeführt.

Frühe Anwendungen für Fahrzeuge mit flüssigem Wasserstoff können sich im öffentlichen Nahverkehr, vorzugsweise in Ballungsgebieten mit hohem Verkehrsaufkommen und starker Umweltbelastung, insbesonders für Flottenfahrzeuge mit geringen Infrastrukturanforderungen bezüglich der LH_2-Versorgung ergeben.

Forschungs- und Entwicklungsarbeiten sind dabei im Rahmen von Kooperationen zwischen der DFVLR und Automobilherstellern im Gange, nämlich mit der Bayerischen Motorenwerke AG und der Daimler Benz AG. Die Entwicklungsziele sind dabei gekennzeichnet durch die Anwendung digitaler Motorelektronik, kryogener äußerer und innerer Gemischbildung, Demonstration von LH_2 Versuchsfahrzeugen, sicherer Handhabung von LH_2, der Entwicklung des Kraftstoffversorgungssystems, sowie entsprechender anwendungsnaher Betankungseinrichtungen mit Steuerung über Mikroprozessoren. Hierbei ist beabsichtigt, die LH_2 Technik innerhalb der nächsten zehn Jahre anwendungsnah für die Belange des Kraftfahrzeuges zur Verfügung zu haben.

Die Entwicklungsanforderungen in der heutigen Kraftfahrzeugtechnik nähern sich immer mehr denjenigen der Luft- und Raumfahrttechnik. So ist es verständlich, daß die ursprünglich für diese Belange entwickelte Technologie des flüssigen Wasserstoffs Eingang in die Kraftfahrzeugtechnik gefunden hat. Die hier gesammelten Erfahrungen insbesondere in der Handhabung und Speicherung kleiner Mengen flüssigen Wasserstoffs können nunmehr in Umkehrung des ursprünglichen "Technologietransfers" wiederum in der Raumfahrt Anwendung finden, und zwar bei der Energieversorgung von Raumstationen, wo Speicherung elektrischer Energie stets ein vordringliches Problem war und ist. Wasserstoff, als Sekundärenergieträger in flüssiger Form gespeichert, wird bei den in Zukunft zu entwickelnden orbitalen Großstationen infolge seiner Kompatibilität mit Elektrizität über Elektrolyse und Brennstoffbatterien die bisher benutzten Batterien weitgehend ersetzen können /14/.

Literatur

1. R.B. Scott — Technology and Use of Liquid Hydrogen. Pergamon Press 1964.

2. W. Baldus — Heavy Water Production by Cryogenic Processing. Adv.Cryog.Eng. Vol 20, pp. 450-445, New York, Plenum Press 1974.

3. W. Peschka — Flüssiger Wasserstoff als Energieträger. Springer Wien, New York 1984.

4. C. Carpetis — Technoeconomic Comparisons of Leading Hydrogen Storage Options. Proc. 18th IECEC, paper 839284 (1983).

5. W. Peschka — Liquid Hydrogen for Automotive Vehicles - Status and Development in Germany. in: "Cryogenic Processes and Equipment", ASME, New York (1984), Libr.of Congr. Cat.No. 85-72999.

6. W. Peschka — Liquid Hydrogen - Cryofuel in Ground Transportation. Proc. CEC-Conf. Boston, Mass. (1985).

7. W. Peschka — Das Fahrzeugkonzept mit Wasserstoff-Flüssigspeicherung. in: "Alternative Kraftstoffe und ihre Bedeutung im Verkehrssektor". Symp. Techn. Akademie Esslingen (1985).

8. J.L. Sloop — Liquid Hydrogen as a Propulsion Fuel. The NASA History Series, NASA-SP-4404, TL. 785S58, Stock No. 033-000-00707-8 (1978).

9. R. Barron — Cryogenic Systems. New York, McGraw-Hill 1966.

10. G.V. Brown — Magnetic Heat Pumping Near Room Temperature. J.Appl.Phys. 47, 3673-3680 (1976).

11. J.A. Barclay — Can Magnetic Refrigerators Liquefy Hydrogen at High Efficiency. ASME-Paper 81-HT-82, 20th Joint ASME/AIChE Nat. Heat Transfer Conf., Milwaukee, Wisc., Aug. 1981.

12. J.A. Barclay — A 4 to 20 K Rotational-Cooling Magnetic Refrigerator Capable of 1 mW to 1 W Operation. Los Alamos Sci. Lab. Rep. LA-81111 (1980).

13. W. Peschka — Flüssiger Wasserstoff als Kraftstoff-Stand der Technik und Entwicklungsziele. VDI- Ber., VDI Tagung Darmstadt 1986.

14. W. Peschka — Neue Energiesysteme für die Raumfahrt 214p, Goldmann, 1972, ISBN 3-442-65005.

IV Werkstoff- und Sicherheitstechnik

Werkstoffverhalten in Wasserstoff

H. Gräfen, D. Kuron
Bayer AG, Leverkusen

Zusammenfassung

Bei der Erzeugung, Transport und Lagerung von Wasserstoff treten die metallischen Konstruktionswerkstoffe in Wechselwirkung mit gasförmigem, flüssigem und elektrolytisch erzeugten atomarem Wasserstoff und können durch $\bar{\text{H}}$-induzierte Korrosion geschädigt werden.

Es werden Mechanismen und Schäden vorgestellt, die in Gegenwart von Wasserstoff auftreten können, wobei beim gasförmigen Wasserstoff zwischen Druckwasserstoffangriff bei Temperaturen < 200 und > 200 °C unterschieden wird. In den einzelnen Kapiteln wird, wenn nötig, auch auf Prüfverfahren eingegangen.

Summary

Under the conditions of production, transport and storage of hydrogen the metallic constructional materials are in interaction with gaseous, liquid and electrolytic generated atomic hydrogen and can be damaged by hydrogen induced corrosion.
Mechanisms and failure modes occuring in presence of hydrogen are described. The attack of pressured hydrogen is divided in such of below 200 °C and higher than 200 °C.

If necessary the test methods are explained in the different chapters.

1 Einleitung

Bei Erzeugung, Transport und Lagerung von Wasserstoff werden metallische Werkstoffe eingesetzt. Die Wechselwirkung von gasförmigem, flüssigem, wie auch elektrolytisch erzeugtem Wasserstoff mit den jeweiligen Konstruktionswerkstoffen ist daher für die gesamte Wasserstofftechnik von großer Bedeutung. Dies gilt insbesondere für die Sicherheit von Anlagen, da es bei Vorliegen kritischer Bedingungen in Gegenwart von Wasserstoff zu einer Beeinträchtigung der Werkstoffeigenschaften kommen kann mit der Folge eines unvorhersehbaren Bauteilversagens, meist ohne äußere Korrosionserscheinungen. Die Werkstoffschäden durch Wasserstoff werden stets durch diffusiblen atomaren Wasserstoff hervorgerufen.

Elektrolytisch erzeugter Wasserstoff liegt bei seiner Entstehung in atomarer Form vor, seine Eindiffusion wird sehr oft von Promotoren (Stimulatoren) bzw. Antipromotoren (Inhibitoren) beeinflußt.

Im Rahmen der Wasserstofftechnologie ist eine besondere Aufmerksamkeit der Wechselwirkung von metallischen Werkstoffen - insbesondere der Stähle - mit molekularem Wasserstoff bei Umgebungstemperatur zu widmen, da hiermit Probleme, welche die Lagerung und den Transport von Wasserstoff betreffen, verbunden sind.

Die zu einer H-induzierten Schädigung (Versprödung, Rißbildung) in gasförmigem molekularem Druckwasserstoff notwendigen Teilschritte sind:

Adsorption an der Metalloberfläche, Dissoziation des Wasserstoffs an reinen aktiven Oberflächenbereichen, Absorption des entstehenden atomaren Wasserstoffs im Metallgitter, Transport des atomaren Wasserstoffs in der Matrix zu sensiblen Orten (z. B. Zone vor einer Kerb- bzw. Rißspitze) und Schädigungsreaktion (Versprödung, Innenrißbildung, Rißwachstum).

Für den Ablauf eines solchen Schädigungsprozesses ist die
Dissoziation des molekularen, adsorbierten Wasserstoffs an
der Metalloberfläche von besonderer Bedeutung, da dies einen
Chemisorptionsvorgang voraussetzt, der nur an einer sauberen
aktiven Oberfläche stattfinden kann, wie sie beispielsweise
bei plastischer Verformung entsteht. Für die Praxis bedeutet
dies, daß eine Dissoziation des Wasserstoffs an Stahloberflächen nur an Kerben und Rißspitzen möglich ist, an denen infolge wechselnder Beanspruchungen wiederholte plastische Verformungen auftreten.
Von besonderer Bedeutung für die Möglichkeit solch eines
H-induzierten Rißwachstums sind anzusehen: Höhe und Art der
Schwellbeanspruchung, die Frequenz, die Oberflächenrauhigkeit
(wachstumsfähige Rißkeime), der H_2-Druck, die Temperatur und
die Festigkeit des Stahles.

Von Bedeutung ist ferner der Reinheitsgrad des Wasserstoffs, da
Verunreinigungen (z. B. O_2 und H_2O) als Inhibitoren wirken können (Konkurrenzadsorption).

Eine bei höherer Temperatur (> 200 °C) an unlegierten und niedriglegierten Stählen beobachtete Schädigung durch Druckwasserstoff
beruht auf einer thermischen Dissoziation des adsorbierten Wasserstoffs zu atomarem und führt zu einer Entkohlung verbunden mit
Methangasbildung, die wiederum zu Hohlräumen, Innenrissen und
-blasen führt, wodurch in Zusammenwirkung mit mechanischen Beanspruchungen schließlich Bauteilversagen durch Makrorißbildung
eintritt.

Der absorbierte atomare Wasserstoff kann im Metall gelöst vorliegen (krz-Werkstoffe besitzen eine geringere Löslichkeit als
kfz-Werkstoffe), wobei er sich interstitiell auf Zwischengitterplätzen einlagert, oder sich in sogenannten Fallen oder Senken
(traps) sammelt. Er kann mit dem Werkstoff reagieren und Metalloide (Hydride) bilden, z. B. mit Ti, Zr, Nb, Ta, V, Pb oder er
kann an speziellen Fehlstellen zu molekularem Wasserstoff rekombinieren und dort, im Gleichgewicht mit dem gelösten Wasserstoff,
hohe Drücke (10^3 bis 10^5 bar) aufbauen.

Bei Stählen ist die bei RT auf Zwischengitterplätzen eingelagerte
Wasserstoffkonzentration weitaus geringer als die in Fallen (Hohlräume, Versetzungen, Gitterfehler, Grenzflächen) angesammelte Menge.

Im Gitter diffundierender Wasserstoff stammt demnach sowohl
aus Konzentrationsänderungen des im Gitter gelösten Wasserstoffs als auch aus der Dissoziation des z. B. in den Poren
befindlichen molekularen Wasserstoffes, ein Vorgang, der durch
plastische Verformung begünstigt wird.

Neben den bereits erwähnten Schadensvorgängen, Versprödung durch
Hydridbildung und Erzeugung von Blasen und Werkstofftrennungen
(Innenrisse) an Stellen mit erhöhtem H_2-Druck, werden durch
Wechselwirkungen des absorbierten Wasserstoffs mit Versetzungen,
sonstigen Gitterfehlern, Spannungsfeldern und inneren Grenzflächen bei Vorliegen von statischen oder zeitlich wechselnden
mechanischen Zugspannungen entweder Rißbildungen ausgelöst oder
vorhandene Anrisse zum Rißfortschritt veranlaßt. Hierzu zählen
beispielsweise die Schadensarten wasserstoffinduzierte Spannungsrißkorrosion und der verzögerte Bruch.

Die zugrundeliegenden Mechanismen sind metallphysikalischer Art,
diskutiert werden neben der obengenannten Drucktheorie, die nur
bei Eisenwerkstoffen geringerer Festigkeit Gültigkeit besitzt,
die Adsorptionstheorie (Abnahme der Oberflächenenergie durch Anlagerung von H-Atomen an eine Rißspitze), die Versetzungstheorie
(Anreicherung von Wasserstoff in Bereichen hoher Versetzungsdichte
mit Behinderung der Versetzungsbewegung) und die Dekohäsionstheorie
(Herabsetzung der Bindungskräfte der Metallatome im Gitter durch
atomaren Wasserstoff) (Abb. 1).

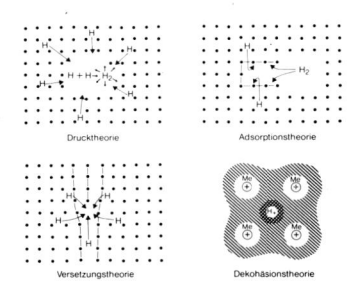

Abb. 1 Hypothesen zur Schädigung durch Wasserstoff

Auch bei flüssigem Wasserstoff müßten die gleichen Teilschritte, wie beim gasförmigen Wasserstoff beschrieben, ablaufen, wenn eine Werkstoffschädigung eintreten soll. Jedoch ist bei den tiefen Temperaturen der Handhabung von flüssigem Wasserstoff keiner dieser Vorgänge möglich. Daher reduzieren sich hier die Werkstoffprobleme auf das Zähigkeitsverhalten bei tiefen Temperaturen.

2 Werkstoffverhalten

2.1 In gasförmigem Wasserstoff

Die bei der Handhabung von molekularem Wasserstoff aufgetretenen Schäden ereigneten sich an Transportbehältern, Rohrleitungen und Armaturen, die einer größeren Anzahl von niederfrequenten Wechselbeanspruchungsvorgängen unterlagen, beispielsweise durch das häufige Füllen und Entleeren von Druckgasflaschen oder den ständig wechselnden Innendruck von H_2-Pufferbehältern und die auf der mit Wasserstoff beaufschlagten Oberfläche wachstumsfähige Kerben und Riefen besaßen.

Die Wirkung diffusiblen Wasserstoffs wird auch sichtbar beim Reißen eines wasserstoffbeladenen Bauteils. Auf der Bruchfläche hinterläßt der aus "Hohlräumen" ausdiffundierende atomare Wasserstoff - bei nicht zu hoher Ausbreitungsgeschwindigkeit der Risse - rund um die ursprüngliche mit molekularem Wasserstoff gefüllte Fehlstelle eine helle Diffusionszone, die man mit Fischauge bezeichnet und Sprödbruchcharakter aufweist, wie z. B. auf den Abb. 2 und 3 an Rundzugproben aus wasserstoffhaltigem Schweißgut zu erkennen ist.

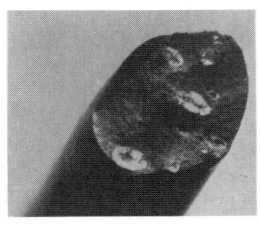

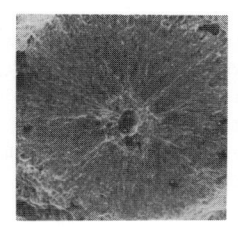

Abb. 2 Fischaugen in der Bruchfläche einer Schweißgutzugprobe aus unlegiertem Stahl

Abb. 3 Fischauge in der Bruchfläche der Schweißnaht eines unlegierten Stahls

Die Abb. 4 und 5 zeigen Schäden ausgelöst durch Druckwasserstoff von > 200 °C.

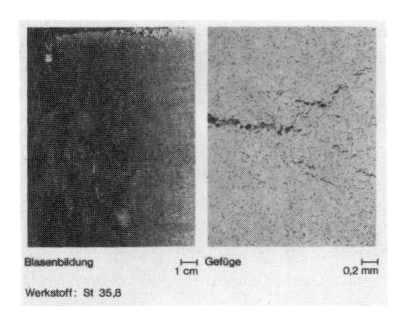

Abb. 4 Druckwasserstoffangriff
Temperatur 290 °C
H_2 Partial-Druck: 78 bar

Abb. 5 Druckwasserstoffschädigung im unlegierten Stahl aus einer Ammoniakanlage

Das Phänomen des Druckwasserstoffangriffs ist bei unlegierten Stählen durch Entkohlung, Blasen- und Rißbildung gekennzeichnet. Der Gefügebestandteil Zementit (Fe_3C) wird bei ausreichend hohen Temperaturen durch atomaren Wasserstoff angegriffen.

$$Fe_3C + 4 H \longrightarrow 3 Fe + CH_4$$

In den durch den Entkohlungsprozeß entstehenden Fehlstellen bauen sich durch die Bildung des im Stahl unlöslichen Methans hohe Drücke auf, die auch ohne äußere Kräfte zu meist interkristallinen Werkstofftrennungen führen und sich makroskopisch in Gestalt verformungsarmer Brüche manifestieren. Die Inkubationszeit für diese Prozesse nimmt mit zunehmender Temperatur rasch ab. Sie ist abhängig vom Wasserstoffdruck und der Legierungszusammensetzung der Stähle. In Abb. 6 sind Nelson Kurven, Beständigkeitsgrenzen zusammengestellt die zeigen, daß mit zunehmend stabilerer Bindung des Kohlenstoffs (Cr, Mo) auch die Grenzlinie (Grenztemperatur) zu höheren Werten verschoben wird, was bedeutet, daß die Inkubationszeit länger ist als die jeweilige technische Lebensdauer. Mit Hilfe dieser fortwährend aktualisierten Kurven kann durch Einsatz

entsprechend legierter Stähle der Angriff durch Druckwasserstoff
bei Temperaturen > 200 °C technisch beherrscht werden.

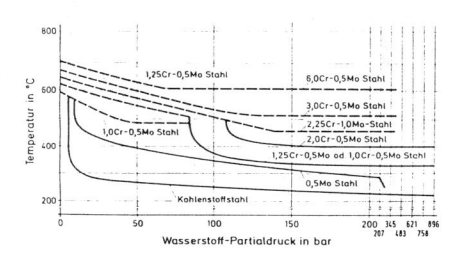

Abb. 6 Beständigkeitsdiagramm für Druckwasserstoffangriff

Da zur Auslösung von Schäden durch molekularen Wasserstoff eine
plastische Verformung des Werkstoffes notwendig ist, dienen zur
Untersuchung hauptsächlich zwei Untersuchungsmethoden; das ist
einmal der langsame Zugversuch (CERT) in Wasserstoffatmosphäre,
der Informationen über kritische Dehngeschwindigkeit, kritische
Temperaturbereiche, den Einfluß der Oberflächenbeschaffenheit, der
Gasreinheit - Vorliegen von inhibierenden Gasen wie O_2, SO_2, CO, NO,
N_2O - und des Gasdruckes gibt. Zum anderen werden bruchmechanische
Untersuchungsmethoden zum wasserstoffbedingten Rißwachstum eingesetzt. Gerade bruchmechanische Kenngrößen, wie der Spannungsintensitätsgrenzwert K_{IH}, bei dessen Erreichen oder Überschreiten Anrisse unterkritisch wachsen, oder die Ausbreitungsgeschwindigkeit
von Ermüdungsrissen da/dN in Abhängigkeit von dem an der Rißfront
wirksamen zyklischen Spannungsintensitätsfaktor Δ K und der Frequenz, lassen eine Voraussage über das Bauteilverhalten zu.

Der Adsorptionsvorgang an normaler, ungereinigter Metalloberfläche
unter dem Einfluß rein elastischer Dehnungen in trockenem molekularem Wasserstoff bei normalen Umgebungstemperaturen liefert
keine nennenswerte Konzentration an atomarem, diffusions-

fähigem Wasserstoff, da das Gleichgewicht - wie im unbelasteten Zustand - praktisch völlig auf der H_2-Seite liegt. Eine merkbare Dissoziation tritt nicht ein.

Beim langsamen Zugversuch werden die Beladungseffekte erheblich verstärkt, wenn beim plastischen Verformen von Stählen an der Oberfläche aktive, blanke Stellen entstehen und sich bildende und wandernde Versetzungen mit reinem Wasserstoff in Wechselwirkung treten können. Auf diese Weise gelingt es, schon bei niedrigen Wasserstoffdrücken verhältnismäßig viel Wasserstoff in die randnahen Schichten eines Stahles zu transportieren. Dies wird zum Beispiel durch die Verminderung der Einschnürung bei Stählen und der Bildung zahlreicher Anrisse ersichtlich. Beim Auftreten plastischer Verformungen steigt die Versetzungsdichte sehr stark an, und zwar besonders in Bereichen mit stärkeren Gleitvorgängen.

Bild 7 beschreibt den Einfluß der gewählten Dehngeschwindigkeit auf den Verlust an Einschnürung Z (Wert an Luft: gestrichelte Linie) bei Einwirkung von H_2 mit 100 bar Überdruck auf Proben mit unterschiedlicher Oberflächenrauhigkeit. Die glattere Werkstoffoberfläche (geschliffen mit Schleifpapier der Körnung 600) reagiert im allgemeinen etwas weniger kritisch und führt zu einer recht großen Streubreite. Die rauhere Oberfläche (Körnung 80) bewirkt eine größere Abnahme der Einschnürung und eine wesentlich geringere Streuung. Bemerkenswert ist, daß bei den angewandten sehr unterschiedlichen Dehngeschwindigkeiten ein Versprödungsmaximum zwischen 10^2 und 10^3 mm/h auftritt. Man kann daraus schließen, daß zwischen der Geschwindigkeit der Versetzungsbildung und -bewegung und der Dissoziation des Wasserstoffs und seinem Transport ins Metall eine Wechselwirkung besteht, die bei optimalen Bedingungen zu einem Versprödungsmaximum führt.

Neben der Oberflächenrauhigkeit haben Kerben und ähnliche Oberflächenverletzungen einen deutlichen Einfluß auf die Wasserstoffschädigung. In Abb. 8 ist der Einfluß von Drehriefen bei Rundzugproben wiedergegeben. Der Verlust an Einschnürung (Z) wird mit steigender Rauhigkeit und Riefigkeit der Oberfläche größer.

Werkstoffverhalten in Wasserstoff

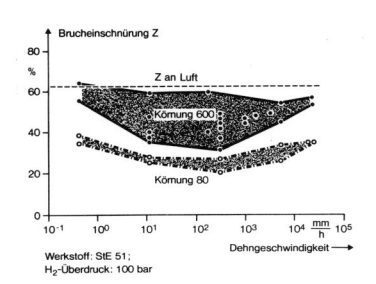

Abb. 7 Einfluß der Dehngeschwindigkeit und der
Oberflächenrauhigkeit
auf die Einschnürung in
Wasserstoff-Umgebung

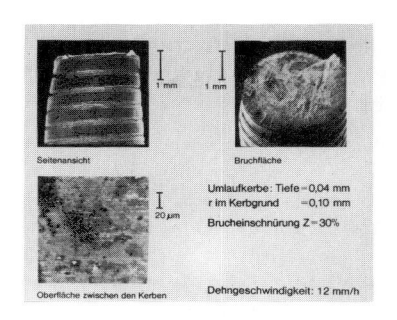

Abb. 8   StE 51
Zugstab mit Umlaufkerbe,
unter 100 bar
Wasserstoff zerrissen

Abb. 9 gibt für zwei Feinkornbaustähle die Einwirkung von Wasserstoff bei elastischer und plastischer Verformung wieder. Erste leichte Versprödungseffekte treten erst im Bereich zwischen Streckgrenze und maximaler Belastung auf; ein deutlicher Einfluß, kenntlich an der starken Verminderung der Brucheinschnürung, wird zwischen Maximallast und Bruch gefunden. Ähnliche Ergebnisse findet man auch bei einer Beanspruchung in trockenem H_2S.

Abb. 9 Einfluß von Wasserstoff
im elastischen und im
plastischen Bereich auf
die Brucheinschnürung

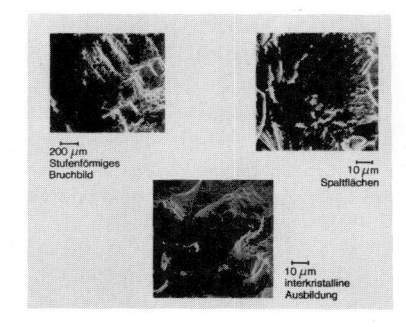

Abb. 10 REM-Aufnahmen von Bruch-
flächen wasserstoff-
induzierter Risse

Rasterelektronenmikroskopische Untersuchungen (Abb. 19) zeigen, daß je nach Stahlart spaltflächige bzw. interkristalline Brüche entstehen, wobei häufig auch Stufen festgestellt werden, die das schrittweise Vordringen der Rißfront widerspiegeln. Die interkristalline Ausbildung beobachtet man vorzugsweise an Vergütungsstählen.

Ergebnisse bruchmechanischer Untersuchungen sind in den Abb. 11 bis 15 wiedergegeben. Die typische Rißwachstumskurve für einen Ermüdungsriß ohne spezifischen Umgebungseinfluß läßt sich in drei Bereiche aufteilen. Im Bereich I wird Rißwachstum experimentell nachweisbar, wenn ein bestimmter Schwellenwert ΔK_o überschritten wird. Dieser Wert hängt bei Stählen nicht so sehr vom Werkstoff, sondern hauptsächlich vom zyklischen Spannungsverhältnis R (K_{min}/K_{max}) ab. Für den Bereich II beschreibt die bekannte Paris-Beziehung den Zusammenhang zwischen da/dN und ΔK (da/dN = C $\cdot \Delta K^n$). Im Bereich III findet beschleunigtes Rißwachstum statt. Der Riß wächst überkritisch, wenn K_{max} den Wert für die Rißzähigkeit des Werkstoffes erreicht hat.

Im Bereich II kann sich bei einem wasserstoffspezifischen Umgebungseinfluß die Rißausbreitung bei statischer Belastung beschleunigen, wenn der maximale K-Wert an der Rißspitze einen bestimmten werkstofftypischen Schwellenwert K_{IH} überschreitet. K_{IH} ist eine materialspezifische Größe, die in erster Linie von der mechanischen Festigkeit des jeweiligen Werkstoffs abhängt. Mit zunehmender Festigkeit nimmt der K_{IH}-Wert sehr schnell ab, so daß unterkritisches Rißwachstum schon bei relativ kleinen Fehlern möglich wird. In vielen Systemen gibt es auch einen zyklischen Schwellenwert, bei dessen Überschreitung die Rißausbreitung in H_2 beschleunigt wird. Dieser zyklische Schwellenwert $K_{IH}^{zykl.}$ liegt niedriger als der bei statischer Beanspruchung gefundene Schwellenwert K_{IH} wie Abb. 9 zeigt. Er ist weniger abhängig von der Festigkeit und hat bei CrMo-legierten Stählen immer zu einem Wechsel in der Rißmorphologie (transkristallin ⟶ interkristallin) geführt.

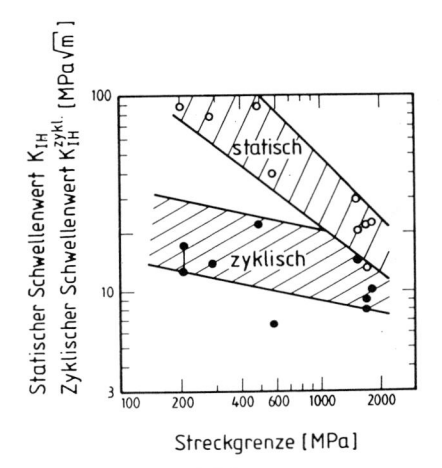

Abb. 11   Schwellwerte K_{IH}, $K_{IH}^{zykl.}$

Der Einfluß von Wasserstoff auf das Rißwachstum ist in Abb. 9 wiedergegeben, wobei auch zu erkennen ist, daß eine Wärmebehandlung

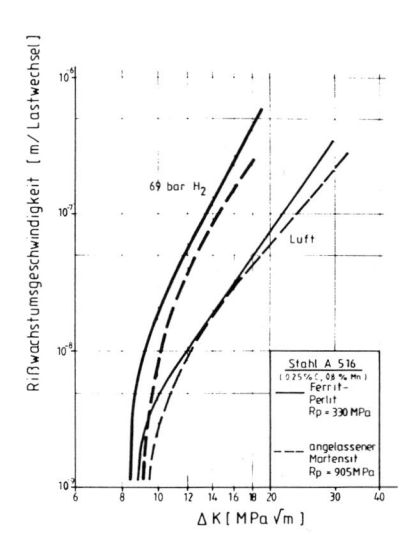

Abb. 12   Ermüdungsrißwachstum

- deutliche Erhöhung der Streckgrenze - nur einen unwesentlichen
Einfluß hat. Abb. 10 zeigt die Ergebnisse von Messungen, die mit
verschiedenen Druckbehälterstählen in 150 bar Wasserstoff und
einer Lastwechselfrequenz von 1 Hz durchgeführt wurden. Für den
Bereich mittlerer Δ K-Werte kann man aus diesen Ergebnissen die
folgende empirische Beziehung für die Ermüdungsrißgeschwindigkeit
in Druckwasserstoff aufstellen

$$da/dN = 7,5 \cdot 10^{-10} \Delta K^{2,52} \text{ (m/LW)}$$

und mit $\Delta K = \Delta \sigma \cdot Y \sqrt{\pi \cdot a}$ $\Delta \sigma$ = Amplitude der Wechselbeanspruchung
y = Geometriefaktor
a = Fehlertiefe

die für einen bestimmten Rißfortschritt ($a_1 \rightarrow a_f$) erforderliche
Lastwechselzahl N abschätzen.

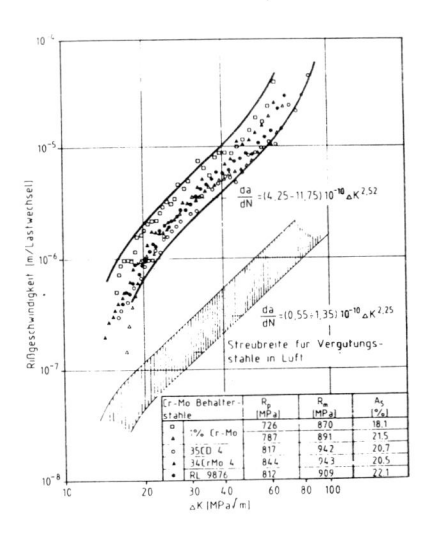

Abb. 13   Rißwachstumskurve in 150 bar H_2

Der Einfluß der Frequenz in H_2 auf das Rißwachstum angeschwungener Proben ist in Abb. 14 wiedergegeben und der Einfluß unterschiedlicher Atmosphären - u. a. H_2S - ist in Abb. 15 zusammengestellt.

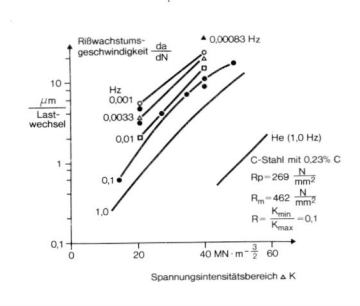

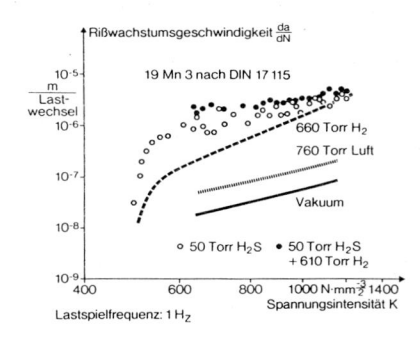

Abb. 14 Einfluß der Frequenz auf die Rißwachstumsgeschwindigkeit in Wasserstoff-Umgebung bei -1000 bar und Raumtemp.

Abb. 15 Rißwachstum bei Wechselbeanspruchung in H_2S und in H_2-Umgebung mit H_2S-Zusatz

Der wesentliche Befund ist, daß in H_2- und H_2S-Atmosphäre feine Anrisse bei zyklischer mechanischer Belastung niedriger Frequenz weiter wachsen können, während dies in Luft nicht eintritt.

Die technische Bedeutung dieser Untersuchungen besteht darin, daß Stahloberflächen mit herstellungsbedingten Kerbstellen in einer H_2-Atmosphäre dann ein kritisches Verhalten im Hinblick auf das Auftreten wasserstoffinduzierter Sprödbrüche zeigen können, wenn eine niederfrequente Wechsellast einwirkt. Dies könnte z. B. ein schwankender Druck sein oder ein wiederholter langsamer Füll- und Entleerungsprozeß.

2.2 Elektrolytisch erzeugter atomarer Wasserstoff

Elektrolytisch erzeugter Wasserstoff z. B. aus Korrosionsreaktionen führt bei Vorliegen mechanischer Spannungen zur H-induzierten Spannungsrißkorrosion (HSCC), wobei der gelöste diffusible atomare Wasserstoff mit Spannungsfeldern, Ausscheidungszonen, Versetzungen und sonstigen Gitterfehlern in Wechselwirkung tritt. Die Wasserstoffaufnahme wird durch plastische Verformung und insbesondere bei Anwesenheit von Promotoren (Stimulatoren) wie H_2S, HCN, CO, As- und Se-Verbindungen begünstigt. Auch hier ist die Oberflächenbeschaffenheit und die Festigkeit von Bedeutung. Bei $R_{p0,2} \geq 1200$ N/mm² reicht z. B. bereits eine statische, rein elastische Beanspruchung zur Schädigung durch Wasserstoff aus. Die H-induzierte Korrosion kann durch Inhibitoren (Antipromotoren) wirkungsvoll bekämpft werden. Kfz-Werkstoffe wie z. B. Cu und Al besitzen keine bzw. eine geringere Anfälligkeit zur H-induzierten Korrosion als krz-Werkstoffe.

Die Abb. 16 zeigt schematisch die Zusammenhänge der H-induzierten Rißbildung und Abb. 17 veranschaulicht Bildung, Absorption und Rekombination des atomaren diffusiblen Wasserstoffs.

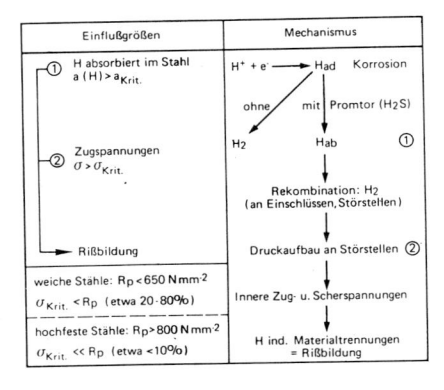

Abb. 16 H-induzierte Rißbildung

Werkstoffverhalten in Wasserstoff 261

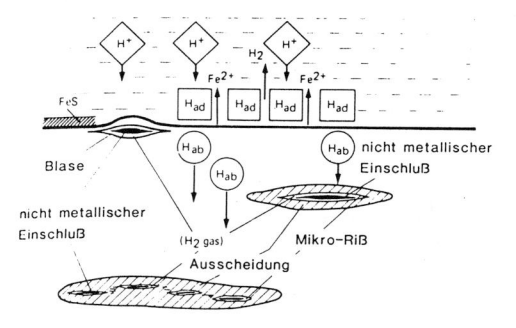

Abb. 17 Schematische Darstellung der Blasen- und Rißbildung

Bei der H-induzierten Spannungsrißkorrosion wird durch die Absorption von Wasserstoff die Verformungsfähigkeit eines Stahles verringert, was, wie in Abb. 18 zu ersehen, durch eine deutliche Erniedrigung der Einschnürung und Dehnung im Zugversuch, welche mit steigender Festigkeit und Härte der Stähle immer ausgeprägter wird, ersichtlich ist. Das Erscheinungsbild der durch Wasserstoffaufnahme eintretenden Schäden ist nicht einheitlich. Es werden, wie Abb. 17 verdeutlicht, Blasen, Poren sowie transkristalline Risse festgestellt, die sich vorwiegend zeilig ausbreiten und häufig in Form von Treppenstufen von Zeile zu Zeile springen. Besonders häufig werden diese Erscheinungen (Treppenstufenrisse) im Bereich zeilig angeordneter Sulfideinschlüsse beobachtet.

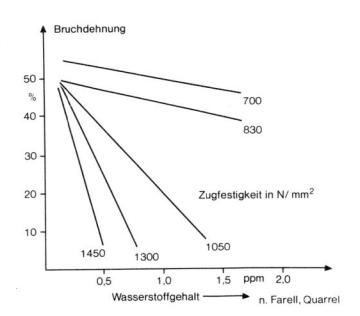

Abb. 18 Einfluß des Wasserstoffgehaltes und der Zugfestigkeit auf die Bruchdehnung eines legierten Vergütungsstahls

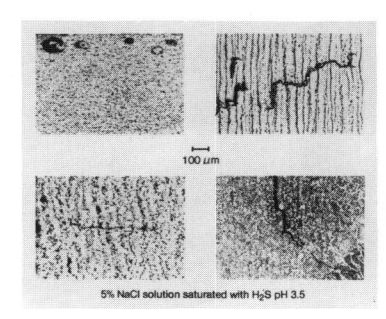

Abb. 19 Typische Wasserstoffschäden (Röhrenstahl X 60)

Weitere Schäden durch H-induzierte Spannungsrißkorrosion mit typischer Rißbildung zeigen die Abb. 20 bis 23.

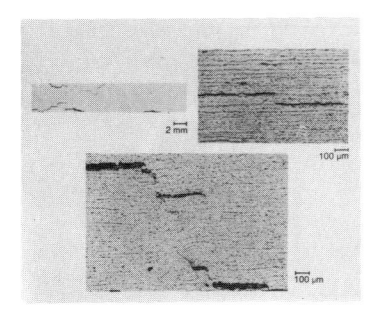

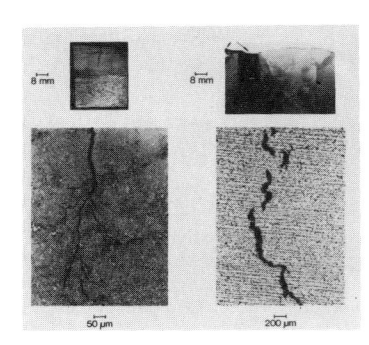

Abb. 20 Wasserstoffinduzierte Risse in einem unlegierten Stahl

Abb. 21 Wasserstoffinduzierte Spannungsrißkorrosion in einem CO_2-Absorber mit H_2S- und HCN-Spuren

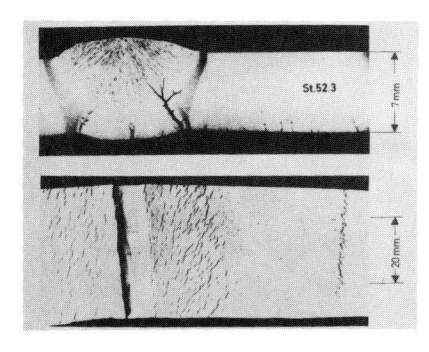

Abb. 22 H-induzierte Spannungsrißkorrosion Ferngasleitung

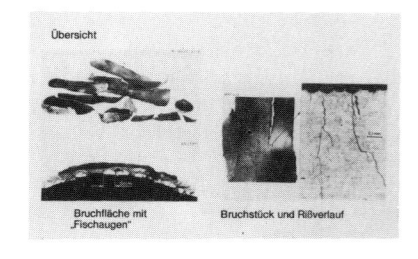

Abb. 23 Zerknallte CO-Leichtstahlflasche aus Mn-Vergütungsstahl (Streckgrenze 840 N/mm²)

Der Korrosionszeitstandversuch bei RT (bei Temperaturen oberhalb 70 °C wird bei Stählen in der Regel keine Schädigung durch Wasserstoff mehr beobachtet) in Standard-Lösungen (NACE-Lösung) ist eine

derzeit oft angewendete Methode der Prüfung auf Empfindlichkeit
zur H-induzierten Rißbildung. Der Ablauf der Stahlschädigung
(vgl. Abb. 24) verläuft in mehreren Stufen. Zunächst tritt eine
reversible Beeinflussung der mechanischen Eigenschaften ein, die
nach der Desorption (Effusion) wieder verschwindet. Mit zunehmender Beladungszeit erfolgt eine irreversible Schädigung, die bis
zum Bruch führt, wenn die Belastungsspannung ausreichend hoch ist.

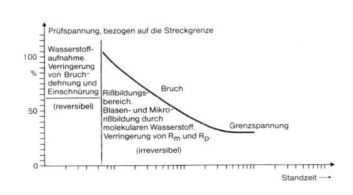

Abb. 24 H-induzierte Schädigung
bei Stählen mit niedriger Festigkeit
(schematisch)

Abb. 25 Statische Ermüdungsgrenze
scharf gekerbter Proben

Im Gegensatz zu den weichen Stählen wirkt sich bei den hochfesten
Stählen ein 3-achsiger Spannungszustand bei Wasserstoffbeanspruchung
durch Eintritt einer sogenannten statischen Ermüdung mit einer ausgeprägten Ermüdungsgrenze aus. Bemerkenswert ist, daß der Verlauf
solcher Ermüdungskurven denjenigen ähnelt, die im Dauerschwingversuch erhalten werden (vgl. Abb. 25). Die Lage der Ermüdungsgrenze
ist außer von der Festigkeit vom Wasserstoffgehalt und von der
Kerbschärfe abhängig. Das Rißwachstum erfolgt stufenweise. Für
jeden Wachstumsschritt muß sich erst wieder eine genügende Menge
Wasserstoff durch Diffusion am Punkte des größten 3-achsigen Zugspannungszustandes im Übergang von der plastischen Verformungszone
an der Rißspitze zum elastisch beanspruchten Kern anreichern, damit
sich ein innerer Anriß ausbilden kann, der mit dem eigentlichen Riß
dann zusammenwächst (Abb. 26).

Für die Praxis von besonderer Bedeutung ist die Frage, mit welcher Geschwindigkeit sich unter H-Absorptionsbedingungen Risse entwickeln und in Abhängigkeit vom Spannungsintensitätsfaktor K_I fortpflanzen. Abb. 27 zeigt bei bruchmechanischer Versuchsanordnung die Abhängigkeit der mittleren Rißwachstumsgeschwindigkeit vom Spannungsintensitätsfaktor, wobei mit 30, 50 und 85 % des K_{IC}-Wertes an Luft belastet wurde. Erst unterhalb von etwa 10 % des K_{IC}-Wertes wird das wasserstoffinduzierte unterkritische Rißwachstum technisch ausreichend klein.

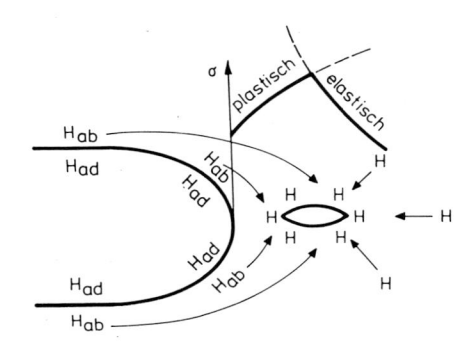

Abb. 26 Rißentstehung nach der Dekohäsionstheorie

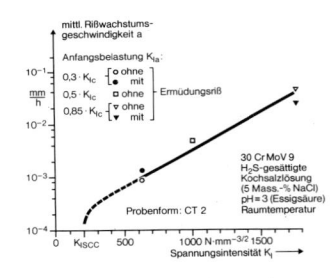

Abb. 27 Abhängigkeit des wasserstoffbedingten Rißwachstums von der Spannungsintensität

Abb. 28 gibt ein Beispiel für einen verzögerten Bruch wieder. Nach Phosphatierung einer Schraube aus C-Vergütungsstahl und sofortigem Einbau und Verschraubung trat ein Bruch im Gewinde nach mehreren Stunden auf.

Werkstoffverhalten in Wasserstoff 265

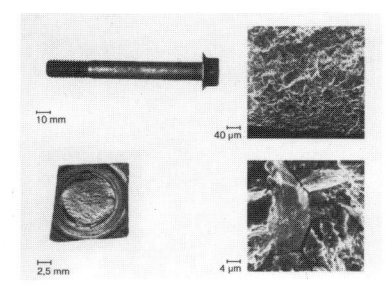

Abb. 28 Verzögerter Bruch einer phosphatierten Schraube aus C 22 im einsatzvergüteten Zustand

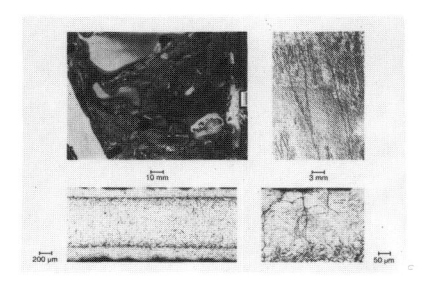

Abb. 29 Versprödung eines Titanbleches durch Hydridbildung

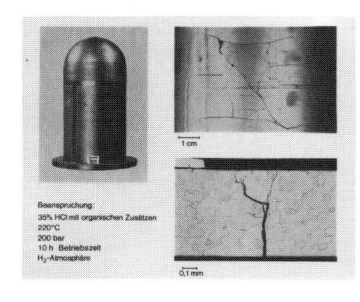

Abb. 30 Wasserstoffversprödung an Tantal

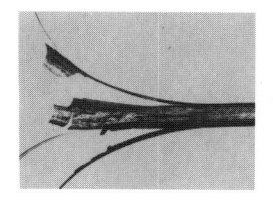

Abb. 31 Tantalrohr nach Betriebseinwirkung (H_2 versprödet)

Zum Abschluß sollen die Abb. 28 bis 31 die katastrophale Wirkung von atomarem Wasserstoff hinsichtlich der Versprödung der refraktären Metalle zeigen. Diese Beispiele weisen eindrücklich aus, daß geringste Mengen an absorbiertem Wasserstoff, wie sie beispielsweise bei Korrosionsreaktionen in sauren Angriffsmitteln selbst bei unbedeutenden Massenverlusten auftreten, zu einer enormen Versprödung führt.

Literatur

Wasserstoff und Korrosion, Bonner Studienreihe Bd. 3, Hrsg. D. Kuron, Verlag I. Kuron, Bonn 1, Kölnstr. 193

Wasserstoff als Energieträger eines sauberen Energiebereitstellungssystems mit direkter und indirekter Sonnenenergie. Konzept eines Pilotprojektes.

J. Gretz

Gemeinsames Forschungszentrum der Kommission der Europäischen Gemeinschaften, Ispra (VA), Italien

Zusammenfassung

Einige thermodynamische und energetischen Eigenschaften der Solarstrahlung und der Wasserkraft werden erörtert. Die Energiedichte an der Sonnenoberfläche von 62600 kW/m^2 erlaubt terrestrische Hochtemperaturumwandlung durch Konzentration bei mehreren tausend Grad. Die hydrologische Zyklusleistung der Sonnenenergie beträgt 23 % der terrestrischen Solarstrahlung, i.e. $4 \cdot 10^{16}$ Watt $\triangleq 350 \cdot 10^6$ TWh/J. Das technisch nutzbare, topologische Potential liegt bei etwa dem dreißigfachen des Elektrizitätsverbrauches der EG.
In dem vorgeschlagenem Konzept eines Pilotprojektes wird mit Wasserkraft als Primärenergiequelle Wasserstoff über Elektrolyse erzeugt und in einer exothermen Reaktion an Benzol zu Zyklohexan angelagert. Das Zyklohexan wird in Tankern nach Europa transportiert wo es als Flüssigkeit gespeichert wird. Bei Bedarf wird der Wasserstoff von seinem Trägermolekül durch endotherme Dehydrogenisierung abgekoppelt. Die aufzuwendene Wärme kann aus dem Wasserstoff selbst oder durch solarthermische Umwandlung aufgebracht werden. Das Benzol kann mit dem gleichen Flüssigkeitstanker zur Wasserstoffproduktionsstätte zurücktransportiert werden mit dem das Zyklohexan von dort wegtransportiert wurde, da Zyklohexan und Benzol Flüssigkeiten mit ähnlichen spezifischen Gewichten sind; Tankerreinigung erübrigt sich.

Summary

Several thermodynamic and energetic properties of solar radiation and water power are discussed. The energy density at the surface of the sun of 62,600 kW/m^2 permite terrestrial high-temperature conversion by concentration at several thousand degrees. The hydrological cycle power of the solar energy amounts to 23 % of terrestrial solar radiation, i.e. $4 \cdot 10^{16}$ Watt $\triangleq 350 \cdot 10^6$ TWh/J. The commercially exploitable, topological potential is equivalent to approximately thirty times the electricity consumption of the EEC. The proposed pilot project concept involves the use of water power as the primary energy source in the generation of hydrogen by electrolysis, whereby the hydrogen is attached to benzol in an exothermic reaction to form cyclohexane. The cyclohexane is transported to Europe in tankers, where it is stored in liquid form. The hydrogen is uncoupled from its carrier molecule as required by endothermic dehydrogenization. The heat required can be obtained either from the hydrogen itself or by means of solarthermal conversion. The benzol can be transported back to the hydrogen production plant in the same tanker in which the cyclohexane was brought, since cyclohexane and benzol are liquids with similar specific weights; the tanker need not be cleaned.

Quelques propriétés thermodynamiques et énergétiques du rayonnement solaire et de la force hydraulique seront discutées. La densité énergétique à la surface du soleil de 62600 kW/m^2 permet une conversion à haute température terrestre par la concentration à plusieurs milliers de degrés. La puissance cyclique hydraulogique de l'énergie solaire s'élève à 23 % du rayonnement solaire terrestre, c'est-à-dire à $4 \cdot 10^{16}$ Watt $\triangleq 350 \cdot 10^6$ TWh/J. Le potentiel topologique techniquement exploitable s'élève à environ 30 fois la consommation en électricité de la C.E. Le concept proposé porte sur un projet pilote destiné à produire de l'hydrogène par électrolyse en tant que source d'énergie primaire. L'hydrogène obtenu sera fixé sur du benzène pour former du cyklohexane dans une réaction exotherme.
Le cyklohexane transporté en Europe dans des navires-citernes peut être stocké en tant que liquide. En cas de besoin, l'hydrogène est découplé de sa molécule-porteuse par déshydrogénation endotherme. La chaleur à apporter peut être obtenue soit à partir de l'hydrogène même ou par une conversion solarthermique. Le benzène peut être retransporté avec le même navire-citerne pour liquide à destination du lieu de production d'hydrogène déjà utilisé pour le transport du cyklohexane étant donné que le cyklohexane et le benzène sont des liquides à densité spécifique semblable; un rinçage de citerne des navires n'est pas nécessaire.

Einleitung

Herrscht Übereinstimmung unter den meisten Experten über Wasserstoff als zukünftigen Energieträger eines sauberen Energiebereitstellungssystems, so ist die Frage des Zeitpunktes offen. "Post 2000" trifft zwar auf Konsensus, sagt aber wenig aus.

Die Kriterien des Übergangs von Holz zu Kohle, zu Öl, zu Gas und zu Kernenergie als Primärenergie, mit einhergehender Abnahme des Verhältnisses von Kohlenstoff zu Wasserstoff, verbildlicht z.B. im Proportionalbereich der Volterra-Lotka Gleichungen /1/, waren in erster Linie bessere und bequemere Handhabung und somit geringere Systemkosten. Diese Kurven sagen jedoch Nichts über den Einstiegszeitpunkt aus und solange numerisch erfassbare Wirtschaftlichkeit der ausschlaggebende Parameter ist, zeichnet sich angesichts des billigen und reichlichen Öls und der ausgebauten Infrastruktur der Kohlenwasserstoffbrennstoffe ein Einstieg des Wasserstoffs in diesem Jahrhundert und noch einige Jahrzehnte darüber hinaus nicht ab.

Jedoch tritt mit diesem Jahrzehnt eine neue Bestimmungsgrösse auf, die in ihren Auswirkungen noch nicht absehbare, numerisch schwer erfassbare Umweltverschmutzung. In Abwesenheit richtig erkannter und nachgewiesener Mechanismen und Einflüsse auf Bio- und Ecosphäre kann es jedoch nur richtig sein, jedwede Energieumwandlung so spurlos wie möglich vorzunehmen. Zeit kann in diesem Zusammenhang ein wertvoller Rohstoff sein.

Wasserstoff, hergestellt aus Wasser und Sonnenenergie ist ein ausgezeichneter Vektor zur Speicherung, des Transports und der Nutzung von Sonnenenergie. Als Brennstoff oxydiert er potentiell zu Wasser als Verbrennungsprodukt und ist somit in einem kohlenstoff-freien, natürlichen Zyklus ein Vektor sauberer und reichlicher Energie. Diese Eigenschaften des Wasserstoffs ermöglichen ein potentiell sauberes, in sich geschlossenes Energiebereitstellungskonzept: Primärenergie, in Form von Wasserkraft oder Sonnenenergie aus den sonnenreichen Gegenden, kann in Form von Wasserstoff nach Europa transportiert werden um dort sauber in Kraftwerken, Industrieanlagen, Haushalten und Automobilen verbrannt zu werden.

1. Sonnenenergie

1.1 Solarstrahlung

1.1.1 Allgemeines

Die Sonne strahlt eine Leistung von

$$P_s = S_o 4\pi \, AU^2 = 3,8 \cdot 10^{23} \text{ kW}$$

ab, mit einer Leistungsdichte von

$$P'_s = P_s / 4\pi \, R^2 = 62\,600 \text{ kW/m}^2,$$

mit S_o = Solarkonstante = 1353 W/m^2
AU = astronomische Einheit = 149·10^9 m
R = Sonnenradius = 6,95·10^8 m.

Damit ist die Schwarzkörpersonnenoberflächentemperatur

$$T_S = \sqrt[4]{P'_S/\sigma} = 5760 \text{ K}$$

mit σ = Stefan-Boltzmann Konstante = $5,67 \cdot 10^{-8}$ W/m²K⁴.

Auf dem Niveau der Stratosphäre erhält die Erde eine Strahlungsleistung von

$$P_L = S_0 \pi r^2 = 173 \cdot 10^{12} \text{ kW,}$$

wovon etwa 47% auf die Erdoberfläche durchdringen, also

$$P_E = 0,47 \cdot P_L = 81 \cdot 10^{12} \text{ kW,}$$

wobei r = Erdradius = $6,37 \cdot 10^6$ m ist.

Die Sonne gibt ihre Strahlung an die Erde mit der Leistungsdichte von P'_S = 62 600 kW/m² unter einem Raumwinkel von 2π ab, während die Erde ihre Einstrahlung unter dem sehr kleinen Raumwinkel von $7 \cdot 10^{-5}$ st mit einer Leistungsdichte an der Stratosphäre von $S_0 = P'_S \frac{R^2}{AU^2} = 1,353$ kW/m² erhält; die Erdabstrahlung erfolgt unter einem Raumwinkel von 2π, s. Bild 1.

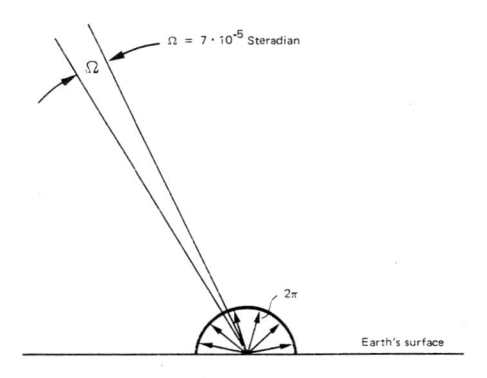

Bild 1. Geometrie der Solarstrahlung.

Durch Diffusion und Absorption in der Lufthülle wird die Leistungsdichte an der Erdoberfläche auf $\sim$ 1 kW/m² reduziert, was einer Schwarzkörperoberflächentemperatur von $\sim$ 90°C entspricht. Mit der durch Vergrösserung des Strahlungsempfangswinkels hervorgerufenen Konzentration von max. P'_S/S_0 = 46 200 können wiederum Temperaturen von etwa 95% der Sonnenoberflächentemperatur von 5760 K erzeugt werden.

Wasserstoff als Energieträger   271

Die Energieausbeute in sonnenreichen Gegenden liegt bei

$E = 1 \text{ kW/m}^2 \cdot 7/24 \text{ h/Tag} \cdot 280/365 \text{ Sonnentage/Jahr} \cdot 8760 \text{ h/Jahr} \simeq 2000 \text{ kWh/m}^2, \text{Jahr}.$

1.1.2 Europäisches Sonnenenergiepotential

Mit mittlerer europäischen Solareinstrahlung von 1500 kWh/m^2,Jahr und einer Fläche von 2254·10^3 km^2 (EG, 1986) ist das Solarenergieangebot 3,4·10^6 TWh/Jahr. Um, z.B., den europäischen Stromverbrauch (1984) von 1,3·10^6 GWh/Jahr mit photovoltaischer Umwandlung (η = 10%) zu decken, wären ca. 0,6% von Europa's Fläche nötig. Europa's Strassennetz von ca. 2,5·10^6 km Länge nimmt etwa dieselbe Fläche ein.

1.2 Wasserkraft

1.2.1 Allgemeines

Etwa 23% der auf die Erde mit ihrer Lufthülle fallende Sonnenenergie dienen zur Aufrechterhaltung des hydrologischen Zyklus, i.e. Wasserverdampfung, Regen und andere Formen der Precipitation und Speicherung in Wasser und Eis.

1.2.2 Weltwasserkraftpotentiale

Aus Tabelle 1 ist das Weltwasserkraftpotential ersichtlich /2/.

Tabelle 1.   Weltwasserkraftpotentiale

Hydrolog. Zyklusleistung (0,23 P_L), P_{hydr}	4·10^4 TW
Äquivalente Energie, E_{hydr}	350·10^6 TWh/J
Topol. nutzbare, theor. Energie, E_{th} = 0,012% E_{hydr}	42·10^3 TWh/J
Techn. nutzbare Energie, E_{techn} = 50% E_{th}	21·10^3 TWh/J

Die heute existierende, ausgebaute Wasserkraft liegt bei ca. 370 GW, entsprechend 1,65·10^3 TWh/J bei einem Lastfaktor von $\sim$ 50%. Europa's (EG) Elektrizitätsverbrauch liegt bei etwa 1,3·10^3 TWh/J.

1.2.3 Wasserkraftpotential in Grönland und Kanada

Natürliche (Grönland) und existierende (Kanada, Brasilien) Wasserkraft gehört zu den saubersten Primärenergiequellen.

Der Fall des durch Sonnenenergie natürlich abgeschmolzenen Gletscherwassers in Grönland z.B. birgt ein sich dauernd erneuerndes Energiepotential von theoretisch ca. $3 \cdot 10^6$ GWh/Jahr /3/. Setzt man überschläglich topologische Verluste und Umwandlungswirkungsgrade von Turboelektrizität und Elektrolyse mit 50% an, bleibt ein Potential von ca. $1,5 \cdot 10^6$ GW$_{el}$h/Jahr. Europa's (EG) Elektrizitätsverbrauch 1984 lag bei $1,3 \cdot 10^6$ GWh. Das geschätzte Niedrigkostenpotential der eisfreien Küsten Grönlands von $\sim 0,4 \cdot 10^6$ GWh/Jahr entspricht einer elektrischen Leistung von $0,4 \cdot 10^6 \cdot (0,5/8760) \cdot 0,65 = 35$ GW Kernenergie (0,65 = Lastfaktor der Kernenergie). Die politischen Schwierigkeiten der Ausnutzung dieses Potentials sind jedoch mit dem Austritt Grönlands aus der EG im Jahre 1984 beträchtlich, die Wasserkräfte Kanada's hingegen sind eher zugänglich und werden schon teilweise angeboten.

Aus Tabelle 2 ist das Grönlandwasserkraftpotential ersichtlich.

Tabelle 2. Grönlandwasserkraftpotential

Theoretisches Energiepotential	$3 \cdot 10^3$ TWh/J
Theoretisch nutzbares Potential	$1,5 \cdot 10^3$ TWh/J
Niedrigkostenpotential	$0,4 \cdot 10^3$ TWh/J
Äquivalente Leistung	35 GW

Tabelle 3 gibt Kanada's gegenwärtiges und das ausbaufähige Potential wieder /4/.

Tabelle 3. Kanada's Hydroelektrisches Potential

Hydroelektrisches Potential heute	59 GW
Ausbaufähiges Potential	~ 140 GW

2. Pilotprojekt eines auf Wasserstoff basierenden Energiebereitstellungssystems

2.1 Allgemeines

Die Vision eines solarelektroautonomen Europas impliziert nicht notwendigerweise unsinnige Einschnitte in unser kulturell einmaliges und bevölkerungsdichtes Europa und der Gedanke eines Beitrags Spaniens z.B. zur EG in Form von Wasserstoff mittels photovoltaischer Stromerzeugung in den ariden, unbebauten südlichen Zonen statt redundanter Agrarprodukte - die die Sonnenenergie mit einem 50 mal schlechteren Wirkungsgrad umwandeln - wäre nicht unsinnig.

Auf Grund der in den letzten Jahren auf breiter Ebene, weltweit angelegter F&E Anstrengungen ist man heute in der Lage, ein richtungsweisendes Wasserstoffenergiebereitstellungssystem in all seinen Komponenten zu erstellen:

Primärenergie - H_2 Erzeugung - Vektorisierung - Transport - Verbraucher

Ein solches, finalisiertes Pilotsprojekt soll den heute noch überschläglich angenommenen technischen Machbarkeiten, Wirkungsgraden, Potentialen und Kosten erste numerische Realität geben.

2.2 Konzept

In dem vorgeschlagenem Konzept, s. Bild 2, wird mit Wasserkraft als Primärenergiequelle Wasserstoff über Elektrolyse erzeugt und in einer exothermen Reaktion an Benzol zu Zyklohexan angelagert:

$$3H_2 + C_6H_6 \rightarrow C_6H_{12}$$

Dabei werden etwa 27% der im Wasserstoff enthaltenen Energie bei $\sim 160°C$ frei. Wenn die Hochtemperaturelektrolyse eines Tages verfügbar ist, ist zu untersuchen ob die in der Zyklohexanreaktion freiwerdende Wärme im allothermischen Elektrolyseprozess verarbeitet werden kann. Von den 0,42 Volt thermischer Energie - 0,0293 für Auf-

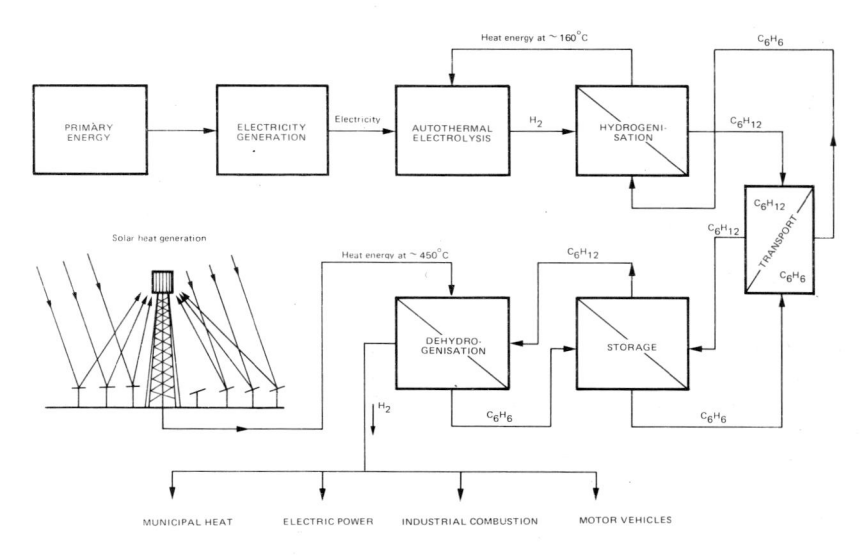

Bild 2. Konzept eines sauberen Energiebereitstellungssystems auf Wasserstoffbasis.

heizung des Wassers von 25°C auf 100°C, 0,212 Volt für Verdampfung, 0,176 zur Aufheizung auf 1000°C - könnten mit der Zyklohexanreaktionswärme bei ∿ 160°C das Wasser aufheizt und verdampft, also eventuell 0,24 Volt, genutzt werden. Damit wäre der thermodynamische, theoretische Wirkungsgrad der Umwandlung von Wasserkraft in Wasserstoff in Zyklohexan gebundener Form bei einer Elektrolysetemperatur von 1000°C

$$\eta_{C_6H_{12}} = \frac{1,48}{\frac{0,92}{0,85} + (0,37 + 0,42 - 0,25 - 0,24)} \cdot 100 = 107\%$$

wobei:

1,48 Volt = oberer Heizwert von Wasserstoff
0,92 Volt = elektrische Energie
0,37 Volt = nicht zurückgewinnbare Reaktionsentropie $T\Delta S$
0,42 Volt = thermische Energie
0,25 Volt = Rückgewinnung durch sensible Wärme der Produktströme
0,24 Volt = genutzter Anteil der Wasserstoffzyklohexanreaktionswärme
0,85   = Umwandlungswirkungsgrad Wasserkraft-Elektrizität (Gleichstrom).

Dieser fiktive Wirkungsgrad ist nur sinnvoll im Vergleich mit der Umwandlung von Wasserkraft in molekularen Wasserstoff, also ohne Nutzung der Reaktionswärme des Wasserstoff-Zyklohexanprozesses, wobei dann der Umwandlungswirkungsgrad der Hochtemperaturelektrolyse bei ebenderselben Temperatur von 1000°C

$$\eta_{H_2} = \frac{1,48}{\frac{0,92}{0,85} + (0,37 + 0,42 - 0,25)} \cdot 100 = 92\%$$

wäre. Bei der Wahl der Form, in welcher der Wasserstoff eines Tages in grosstechnischem Maßstab transportiert werden soll, ist dieser Gesichtspunkt wichtig.

Statt Zyklohexan kann das System Toluol/Methylzyklohexan (C_7H_{14}) mit niedrigerem Gefrierpunkt verwendet werden, welches unter ähnlichen Verhältnissen arbeitet. Im Folgenden wird das Zyklohexan stellvertretend besprochen da einige Wirtschaftlichkeitsbetrachtungen dafür vorliegen.

Das Zyklohexan wird in Tankern in die südlichen Zonen Europa's transportiert wo es als Flüssigkeit gespeichert wird. Bei Bedarf wird der Wasserstoff von seinem Trägermolekül C_6H_{12} durch endotherme Dehydrogenisierung abgekoppelt, wobei dann etwa 27% der im Wasserstoff enthaltenen Energie in Form von Wärme aufgebracht werden müssen. Diese Wärme kann aus dem Wasserstoff selbst oder durch solarthermische Umwandlung aufgebracht werden. Da die Wärme bei einer Temperatur von ∿ 450°C zugeführt werden muss, ist die Turmkrafttechnologie die angemessenste. Die im Heliostatenfeld verteilten Spiegel reflektieren die Sonnenstrahlen auf den zentral aufgestellten Erhitzer wobei Temperaturen von praktisch $\leq$ 1200°C erreicht werden können. Abgesehen von der heute schon bestehenden Wettbewerbsfähigkeit der Heliothermik, siehe 2.3.2

"Kosten", ist das erforderliche Kollektorfeld etwa 15 mal kleiner als wenn der Wasserstoff durch direkte Solarenergieumwandlung erzeugt würde (15 = 0,8/0,2·0,27, mit 0,8 und 0,2 = angenommene Wirkungsgrade der Umwandlung in Wärme bzw. Wasserstoff und 0,27 = Dehydrogenisierungsenergie).

Das Benzol C_6H_6 kann mit dem gleichen Flüssigkeitstanker zur Wasserstoffproduktionsstätte zurücktransportiert werden mit dem das Zyklohexan von dort wegtransportiert wurde da Zyklohexan und Benzol Flüssigkeiten mit ähnlichen spezifischen Gewichten von 0,78 bzw. 0,88 gr/cm^3 sind; Tankerreinigung erübrigt sich.

100 MW Elektrizität entsprechen, bei einem Lastfaktor von 100% und einer Elektrolysezellspannung von 1,77 Volt $\triangleq$ 4,25 kWh/Nm^3, einem Volumenfluss von V_{100} = 210·10^6 Nm^3 H$_2$/Jahr und einem Massenfluss von G_{100} = 18·10^3 T$_o$ H$_2$/Jahr. Die zu transportierende Menge an Zyklohexan ist G_{ZH} = 250·10^3 T$_o$ C$_6$H$_{12}$/Jahr $\triangleq$ 320·10^3 m^3 C$_6$H$_{12}$/Jahr. Diese Menge könnte mit einem Tanker von 20 000 m^3 in 18 Reisen/Jahr mit 20 Tagen Aufenthalt zur Be- und Enttankung über eine Entfernung von 2500 Seemeilen bei einer Tankergeschwindigkeit von 14 Knoten transportiert werden /5/.

Aus Tabelle 4 ist ersichtlich, dass Zyklohexan bzw. Methylzyklohexan in den angegebenen reversiblen Reaktionen eine recht gute volumetrische Wasserstoffdichte aufweist, selbst im Vergleich mit Flüssigwasserstoff. Die gravimetrische Dichte ist natürlich nachteilig, sollte aber, ebenso wie die volumetrische Dichte, zusammen mit dem Transportbehälter betrachtet werden um aussagekräftig zu sein.

Tabelle 4. Speichercharakteristik von Wasserstoff und einigen organischen Wasserstoffverbindungen

System	vol. Wasserstoffdichte gr H$_2$/ltr	grav. Wasserstoffdichte gr H$_2$/gr gesättigte Verbindg, %
H$_2$, gasf. 1 bar	0,09	100
H$_2$, gasf. 200 bar	18	100
H$_2$, flüssig	70	100
Revers. org. Reaktion		
C$_6$H$_6$ + 3H$_2$ → C$_6$H$_{12}$	55,7	7,14
C$_7$H$_8$ + 3H$_2$ → C$_7$H$_{14}$	48,12	6,12

2.3 Kosten

2.3.1 Wasserkraft

Zum gegenwärtigen Zeitpunkt sagt eine genaue Wasserstoffkostenrechnung wenig aus wegen der grossen Bandbreite der den grössten Anteil der Wasserstoffbereitstellungskosten ausmachenden, nicht wasserstoffspezifischen Parameter, nämlich den Elektrizitäts- und Kapitalkosten. Eine EG Studie /6/ weist z.b. aus dass an Wasserstofferzeugungskosten von 32 Dpf/m^3 mit Elektrolyse heutigen Standes und gängiger Verzinsung und Abschreibung die Elektrizitätskosten zu 72% und die Kapitalkosten zu 22% anteilig sind. Die Literatur, insbesondere diejenige der letzten Weltwasserstoffkonferenz /6/ weist diesbezüglich aus:

- Elektrizitätskosten aus Überschüssen - z.B. kanadischer Wasserkraft mit $\leq$ 30 GW, französicher Kernenergie mit $\leq$ 50 TWh/Jahr - variieren, in Abhängigkeit ihrer Verfügbarkeit, zwischen $0 < K_e < 5,5$ Dpf/kWh, z.B. Tabelle 5 /7/;

- die vom Staat und Regionalpolitik bestimmten Kapitalkosten für neue, saubere Energiesysteme variieren beträchtlich, z.B. zwischen $0 < K_k < 11\%$ in den USA. Die daraus resultierenden Wasserstoffherstellungskosten variieren um das Doppelte bis Dreifache.

Tabelle 5. Preise verfügbarer Überschussenergie

Amount of Power Available, MW	Percent of Time Available at Stated Price (cumulative)				
	0 mills/kWh[a]	10 mills/kWh[b]	15 mills/kWh[c]	20 mills/kWh[d]	22 mills/kWh[e]
0 - 100	14.5	59	71	84	100
101 - 200	13.0	58	70	83	100
201 - 500	12.0	57	70	81	100
501 - 1000	10.5	55	68	76	100
1000 - 2000	8.5	51	66	72	100

Eine interne Studie /5/ der verschiedenen Kosten des über 2500 und 5000 Seemeilen in Form von Zyklohexan transportierten, mit Wasserkraft zu 7,73 mills/kWh ($\triangleq$ 1,93 Dpf/kWh) erzeugten Wasserstoffs sagt u.a. aus, Tabelle 6:

- Wasserstoffherstellungskosten (C_H) = 15,7 mills/kWh = 46% C_{HB}*
- Transportkosten (C_T, 2500 S.M.) = 4,9 mills/kWh = 14,4% C_{HB}
- Kosten am Ort des Verbrauchers (C_{HB}) = 34 mills/kWh.

---

*bezogen auf oberen Heizwert 3,55 kWh

Tabelle 6. Zyklohexan-Wasserstoffkostenaufteilung
für verschiedene Elektrizitätspreise

	COSTO EN. ELETTRICA AL SITO A	C_H	C_T	C_{IDR}	C_{DIRD}	C_S	C_{ST}	C_{HB}
	mills/kWh			mills/Nm³H₂				
$L_1=$ 2500 m.m. (2 navil)	$\bar{e} = 0.15\ e_{FR}$	4.64	42.7	17.3	1.23	1.87	4.9	8.0	104
	$\bar{e} = 0.25\ e_{FR}$	7.73	55.8					122
	$\bar{e} = 0.50\ e_{FR}$	15.45	88.7					167
	$\bar{e} = 0.75\ e_{FR}$	23.17	121.5					212
$L_2=$ 5000 m.m. (3 navil)	$\bar{e} = 0.15\ e_{FR}$	4.64	42.7	29.7	1.23	1.87	5.6	12.3	128
	$\bar{e} = 0.25\ e_{FR}$	7.73	5.58					146
	$\bar{e} = 0.50\ e_{FR}$	14.45	88.7					191
	$\bar{e} = 0.75\ e_{FR}$	23.17	121.5					236

2.3.2 Heliothermie

Heliothermische genutzte, konzentrierte Sonnenstrahlung zur Dehydrogenisierung des Zyklohexans ist heute schon im Bereich der Wettbewerbsfähigkeit. Mit

mittlerer europäischer Direkteinstrahlung	1500 kWh/m², J
Heliostatkosten	500 DM/m² /8/
Verhältnis Heliostatkosten/Gesamtanlagekosten	0,6 /9/
Kapitalkosten	7,5%
Kosten für Personal, Wartung & Insthltg.	5%

sind die Kosten der Heliothermie $C_{H\ Th}$ = 4,4 Pfg/kWh. Das entspricht einem Heizölkostenpreis von ungefähr 35 Pfg/ltr.

Schluss

Nimmt man, axiomatisch, an dass, aus welchen Gründen auch immer, innerhalb der nächsten hundert Jahre ein Übergang von fossilen auf andere, erneuerbare Energiequellen stattfindet, wird Wasserstoff als Energieträger der Hauptkandidat sein. Da die Markteindringung einer neuen Energietechnologie erfahrungsgemäss mehrere Dezennien erfordert, ist die Durchführung eines richtungsweisenden Pilotprojektes in diesem Jahrzehnt nicht verfrüht.

Literaturangaben

/1/ C. Marchetti: Int. J. Hydrogen Energy. Vol.10, No.4 (1985), 215-219.

/2/ J.C. McVeigh: Energy around the World, Pergamon Press, 1984.

/3/ U. La Roche: Int. J. Hydrogen Energy, Vol.2 (1977), 405-411.

/4/ J.B. Taylor: Int. J. Hydrogen Energy, Vol.9, No.1/2, pp.1-7 (1984).

/5/ G. Giacomazzi: Nota Tecnica No. I.05.D2.84.182. Centro Comune di Ricerca, Commissione delle Comunità Europee, 1984.

/6/ L. Helmut et al.: Final Report EUR 9500 E, Commission of the European Communities, 1984.

/7/ Proc. of the 5th World Hydrogen Energy Conference, Toronto, July 1984, Vol.1-4.

/8/ H. Klaiss, J. Mitsch, M. Geyer: BWK, 37 (1985), 416-420.

/9/ J. Gretz: Solar thermal electricity generation. Int. J. Solar Energy, Vol.1, 1982, 3-19.

Sicherheitstechnik bei der Handhabung von Wasserstoff

R. Ewald, K. Baumgärtner
Messer Griesheim GmbH, Düsseldorf

Zusammenfassung

Nach einer Übersicht über die Handhabung des Wasserstoffs als gasförmiges und flüssiges Industriegas werden anhand seiner Eigenschaften die eventuellen Sicherheitsrisiken diskutiert und daraus primäre, sekundäre und tertiäre Sicherheitsmaßnahmen abgeleitet. Auf die wichtigsten deutschen Vorschriften für stationäre und mobile Wasserstoffanlagen wird verwiesen. Ein Vergleich zeigt, daß der seit Jahrzehnten in der Industrie eingeführte Wasserstoff kein größeres Gefährdungspotential beinhaltet als andere, sogar dem technischen Laien zugängliche brennbare Gase und Flüssigkeiten.

Summary

After a survey of the handling of hydrogen as a gaseous or liquid industrial gas, aspects of safety risks are discussed considering its properties, and primary, secondary and tertiary safety measures are deduced thereof. The most important German regulations for stationary and mobile hydrogen installations are indicated. A comparison shows that hydrogen which has been introduced into industry decades ago is not more dangerous than other inflammable gases and liquids available even to the public.

Résumé

Après un aperçu sur la manipulation de l'hydrogène comme gaz industriel à l'état gazeux et liquide, on discute les risques éventuels liés à ce gaz en considérant ses propriétés physiques et chimiques. On en déduit des mesures de sécurité primaires, secondaires et tertiaires. Les régulations essentielles allemandes pour des installations d'hydrogène stationnaires et mobiles sont indiquées. La comparaison montre que l'hydrogène, étant un gaz utilisé dans l'industrie depuis des dizaines d'années, ne comporte pas plus de potentiel de danger que d'autres gaz et liquides inflammables mis à la disposition du public.

Vorbemerkung

Nachdem der Wasserstoff 1766 entdeckt worden war, gab es - außer einigen Freiballonstarts (Bild 1) - zunächst keine wesentliche technische Anwendung dieses Gases. Das änderte sich, als vor fast 100 Jahren Ignaz Stroof in der Chemischen Fabrik Griesheim die erste Chlor-Alkali-Elektrolyse in Betrieb setzte und der Wasserstoff damit in größeren Mengen verfügbar wurde. Beim Bleilöten wurde er zuerst eingesetzt. Um ihn an beliebigen Orten verfügbar zu machen, wurde der Wasserstoff seit den 90er Jahren in Griesheim und bald auch anderswo komprimiert und mit 150 bar in Stahlflaschen gefüllt. Der Transport auf der Schiene (Bild 2) diente z. B. der Deckung des Wasserstoffbedarfs der Zeppeline. Zu demselben Zweck wurde um 1900 von Griesheim aus eine Wasserstoff-Rohrleitung zum alten Frankfurter Flughafen auf dem Rebstockgelände verlegt.

Als Ernst Wiß 1903 mit der Entwicklung des ersten Wasserstoff-Sauerstoff-Brenners die autogene Schweiß- und Schneidtechnik begründete, begann die Geschichte des Wasserstoffs als Industriegas.

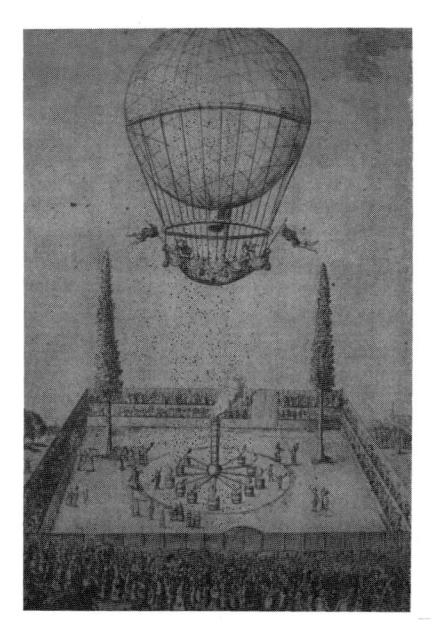

Bild 1: Wasserstoff-Freiballon - Start 1785 in Frankfurt/M.

Wenn wir heute über die Sicherheitstechnik beim Umgang mit Wasserstoff sprechen, sollten wir uns bewußt sein, daß man bereits vor 83 Jahren einfachen Handwerkern ein mit diesem Gas betriebenes Werkzeug in die Hand gab. Zeitlich parallel dazu wurde Millionen von technischen Laien für den täglichen Gebrauch das Stadtgas zur Verfügung gestellt, das bis zu über 60 % aus Wasserstoff und zu einem weiteren Teil aus dem hochgiften CO bestand. Daß trotzdem die Sicherheitsproblematik bei Wasserstoff größere Aufmerksamkeit weckt als bei anderen Brenngasen, mag durch drei Effekte erklärbar sein, die - sicher z. T. unbewußt - das Image

Bild 2: Eisenbahntransport von Druckwasserstoff um 1900
(500 Flaschen, 2.750 m³)

des Wasserstoffs beeinträchtigen:

- Das Zeppelin-Unglück, bei dem 1937 in Lakehurst 36 Menschen umkamen
- das für den jungen Menschen prägende Erlebnis des Knallgasversuchs in der Chemiestunde
- die im Hinblick auf den technischen Laien unglückliche Bezeichnung "Wasserstoffbombe" für die Kernfusionsbombe.

Welche Sicherheitsrisiken mit Wasserstoff - gasförmig und flüssig - tatsächlich verbunden sind, wird im folgenden dargelegt. Dabei können nur die wichtigsten wasserstoff-spezifischen Fragen behandelt werden; die Aspekte, die bei allen Gasen unter Druck oder bei kryogenen Flüssigkeiten allgemein zu beachten sind, müssen im Rahmen dieses Themas unberücksichtigt bleiben.

Zunächst soll ein kurzer Überblick über die Handhabung des Wasserstoffs in der Gase-Industrie gegeben werden.

Wasserstoff in der Gaseindustrie

Von den ca. 16×10^9 m³ Wasserstoff, die in der Bundesrepublik Deutschland jährlich erzeugt werden, wird der weitaus größte Teil in der chemischen und Mineralöl-Industrie am Ort der Erzeugung als Rohstoff und z. T. für Heizzwecke verbraucht /1/. Weniger als 1 % werden als Druckwasserstoff an produktionsferne Anwender anderer Branchen transportiert, deren Verbrauch sich in den letzten 20 Jahren verdreifacht hat. Die Branchen der Verbraucher des "mobilen" Wasserstoffs sind neben der Metallurgie die chemische und pharmazeutische Industrie, die Nahrungsmittelindustrie (Fetthärtung), die Elektro- und Elektronikindustrie, die Glasproduktion und Lichttechnik.

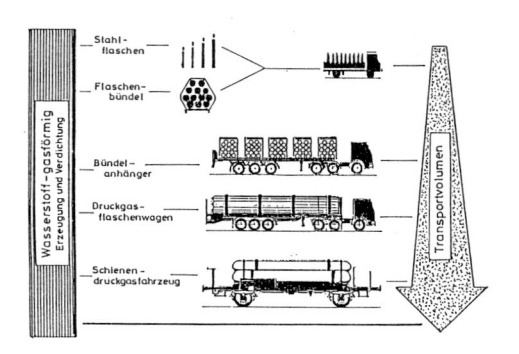

Bild 3: Gerätepark für Druckwasserstoff-Logistik

Der Transport des Druckwasserstoffs (Bild 3) geschieht für kleinere Verbraucher in den bekannten Stahlflaschen und Stahlflaschenbündeln und für Großverbraucher auf Straßen- oder Schienenfahrzeugen mit fest montierten Flaschenbündeln oder großvolumigen Druckgasbehältern.

Moderne Großbehälter-Auflieger (im Vordergrund von Bild 4) und Flaschenbündelauflieger (dahinter) haben eine Transportkapazität von ca. 4.000 m^3 Wasserstoff. Bild 5 zeigt ein modernes Schienenfahrzeug für Druckwasserstofftransport mit etwa der gleichen Kapazität. Der Fülldruck von 200 bar wird i. a. durch ölgeschmierte Kolbenkompressoren dargestellt. Verunreinigungen werden adsorptiv entfernt. Mit nachgeschalteter Tieftemperatur-Adsorption werden Reinheiten vom 99,999 % (5.0) und höher erzielt.

Am Kundenstandort wird entweder der volle Auflieger gegen den leeren ausgetauscht oder - und das ist der im Bild 6 dargestellte Regelfall - ein stationärer Druckspeicher mit einem Betriebsdruck von ca. 40 bar und einem geometrischen Volumen von bis zu 100 m^3 durch Überströmen gefüllt. Mehr als 60.000 solcher H_2-Umfüllvorgänge werden jährlich in großen Industriegaseunternehmen problemlos durchgeführt.

Sicherheitstechnik 283

Bild 4: H₂-Straßentransport: Großbehälter- und Flaschenbündelauflieger

Bild 5: H₂-Schienentransport in Großbehältern

Belieferungen mit Wasserstoff in flüssigem Zustand wurden in Deutschland seit Anfang der 70er Jahre für einzelne besondere Bedarfsfälle in superisolierten Transporttanks vorgenommen, die ein geometrisches Volumen von bis zu 6.000 l besitzen.

Bild 6: Füllen eines stationären H₂-Druckbehälters

In Frankreich führte zur gleichen Zeit das nationale Raketenprogramm zum Bau von Europas einzigem Wasserstoff-Großverflüssiger mit einer Leistung von ca. 1.000 l/h, ohne daß für den Normalkunden die gasförmige Versorgungslinie aufgegeben worden ist.

Ganz anders in den USA: infolge des Weltraumprogramms war flüssiger Wasserstoff billig. Die Kundenversorgung hat sich seit Ende der 60er Jahre weitgehend auf "flüssig" umgestellt. Begünstigend wirkten die in den USA oft größeren Abnahmemengen pro Kunde und die vergleichsweise großen Entfernungen (Bild 7). Die Entfernungen werden deutlich durch die Standorte der größten Verflüssiger /2/, die eine Einzelkapazität bis zu 16.000 l/h und eine Gesamtkapazität von 72.000 l/h besitzen. Der Transport erfolgt mit Tankwagen von bis zu etwa 50.000 l geometr. Fassungsvermögen entsprechend 40.000 m³ Wasserstoffgas, d. h. mit der 10-fachen Transportkapazität im Vergleich zum Druckwasserstoff-Straßentransport. Daneben gibt es in USA den Flüssigwasserstoff-Transport auf der Schiene in Eisenbahnkesselwagen, die mit 100.000 l noch einmal das Doppelte des Fassungsvermögens eines Straßentankwagens aufweisen /3, 4/.

Zusammenfassend läßt sich die industrielle Wasserstoffversorgung - sowohl als Gas als auch als Flüssigkeit - als eingeführte, beherrschte und seit Jahren erfolgreich betriebene Praxis beschreiben.

Sicherheitsrisiken

Das technische Risiko wird häufig definiert als Produkt aus Schaden-Eintrittswahr-

Bild 7: Standorte der größten H_2-Verflüssiger in USA

scheinlichkeit und Schadenshöhe. Beide Faktoren erfordern zu ihrer Beurteilung die Kenntnis der physikalisch/chemischen Eigenschaften und Kenndaten des betrachteten Stoffes /4, 5, 6/, die sich für Wasserstoff vor allem auf seine Brennbarkeit und seine Zündkriterien beziehen.

Die geringe Dichte und die kleine Zähigkeit (Tabelle 1) erklären die große Neigung zu Leckagen von Anlagen für Wasserstoff. Durch das Leck in einem gasführenden Bauteil entweicht ca. viermal soviel Wasserstoff wie Luft. Die Regel lautet: "luftdicht" ist nicht "wasserstoffdicht".

Bei Umgebungsbedingungen ist der Wasserstoff 14mal so leicht wie Luft. Der starke Auftrieb einer freigesetzten Wasserstoffwolke läßt diese schnell aus einem eventuellen Gefahrenbereich entweichen. Die Verwirbelung mit der Umgebungsluft im Zusammenwirken mit dem hohen Diffusionskoeffizienten führt allerdings rasch zu einer Vermischung mit der umgebenden Luft und damit zur Bildung eines zündfähigen Gemischs; im weiteren Verlauf erfolgt jedoch aus denselben Gründen (Verwirbelung und Diffusion) schnell eine Verdünnung unter die "untere Zündgrenze". Letzteres gilt im Freien oder für kleine Mengen Wasserstoff in Gebäuden. Geschlossene, nicht ventilierte Räume würden schon kurze Zeit nach der Freisetzung und dann über längere Zeit mit einem zündfähigen Gemisch ausgefüllt sein.

Zur Beurteilung, ob der sehr weite Zündbereich des Wasserstoffs in Luft von 4 - 75 % ein besonderes Risiko darstellt, müssen die obere und untere Grenze getrennt betrachtet werden, dazu die jeweils in der Realität vorliegenden Randbedingungen. Für den Fall einer Wasserstoffwolke, die sich in Richtung einer Zündquelle ausbreitet, ist die an einer explosiven Reaktion teilnehmende Gasmenge in der

Eigenschaften		Bedeutung für die Sicherheit
Dichte: Gas (Umgebungstemp.) Dampf (Siedetemp. 20,4 K)	$\approx 1/14 \times \rho_{Luft}$ $\approx 1 \times \rho_{Luft}$	Starker Auftrieb bei Freisetzung in Luft Verwirbelung Leckagen
Zähigkeit: Gas (Umgebungstemp.)	$\approx 1/2 \times \eta_{Luft}$	Leckagen
Diffusionskoeffizient: größer als bei anderen Gasen		Schnelle Vermischung bei Freisetzung in Luft
Zündgrenzen:	4-75 Vol.-% (in Luft)	Untere Grenze: Geringe Anreicherungen können zur Zündung führen. Obere Grenze: Verunreinigung des H_2 mit Luft vermeiden!
Zündenergie:	0,02 mJ	Die meisten in der Praxis vorkommenden Zündquellen lösen Zündung aus.
Detonationsgrenzen:	18-59 Vol.-% (in Luft)	Detonation in 42 % des Zündbereichs nicht möglich. Untere u. obere Detonationsgrenze von entsprechender Zündgrenze relativ weit entfernt.
Stöchiometr. Verhältnis:	29,5 Vol.-% (in Luft)	Relativ weit von oberer u. unterer Zündgrenze entfernt.
Siedetemperatur:	20,4 K	Luftkondensation an nichtisolierten Bauteilen,
Verdampfungswärme: nach Helium die kleinste Verdampfungswärme	31,8 kJ/l	Schnelle Verdampfung bei Wärmezufuhr
Wärmeleitfähigkeit: (T = 273 K) höher als bei anderen Gasen	$\approx 7 \times \lambda_{Luft}$	Schnelle Abkühlung der Körperoberfläche bei Kontakt mit Flüssigkeit oder kaltem Gas
Ortho-para-Umwandlung bei Flüssigwasserstoff		Ggf. Druckanstieg nach Befüllen von Behältern
Selbstentzündungstemp.:	585 °C	Entzündung durch heiße Oberflächen oder Stoßwellen
Sichere Spaltweite (Löschabstand) bei 1 bar:	0,6 mm	Flammen-Rückschlag-Sicherung
Farblose Flamme Emissivität der Flamme:	0,1	Brand wird u. U. nicht entdeckt, Entzündungsgefahr durch Strahlung gering
Physiologische Wirkungen:	ungiftig erstickend	

Tabelle 1: Sicherheitsrelevante Eigenschaften des Wasserstoffs

Regel größer als dies bei engeren Zündgrenzen der Fall wäre. Andererseits sind im Fall eines sich langsam mit Wasserstoff anreichernden Raumes die Auswirkungen einer Zündung bei Erreichen der unteren Zündgrenze geringer (Verpuffung!) als wenn die Zündung erst in der Nähe des stöchiometrischen Mischungsverhältnisses mit dann höherer Energiedichte, mit höheren Verbrennungsgeschwindigkeiten und mit der Möglichkeit des Übergangs in eine Detonation erfolgen würde. Die im Vergleich zu anderen Brenngasen hohe obere Zündgrenze spielt in der Praxis eine geringere Rolle. Wesentlich wird sie z. B. beim Ansaugen von Luft auf der Saugseite eines Wasserstoffverdichters.

Wegen der bei Wasserstoff besonders geringen, für die Zündung erforderlichen Energien lösen fast alle in der Praxis vorkommenden Zündquellen eine Zündung aus. Die große Zündbereitschaft ist ein Vorteil, wenn sich an der Stelle des Wasserstoffaustritts eine Flamme bildet, bevor ein größeres Volumen Wasserstoff-Luft-Gemisch entsteht.

Infolge der für Wasserstoff hohen Verbrennungsgeschwindigkeit von bis zu 3,5 m/s, die allerdings beidseitig des Maximums mit der Gemischzusammensetzung stark abnimmt, besteht unter gewissen Bedingungen z. B. durch Überlagerung von Druckwellen die Gefahr, daß die Deflagration in eine Detonation übergeht, deren Front sich mit Überschallgeschwindigkeit bis zu 2 km/s fortbewegt. Neben den auftretenden Überdrücken, die bei Deflagration 7,4 bar, bei Detonation etwa das Doppelte erreichen, ist für die Folgen des Vorgangs die Stoßwelle maßgebend.

Die Selbstentzündungstemperatur ist sicherheitsrelevant wegen eventueller Entzündung des Wasserstoffs an heißen Oberflächen oder infolge von Stoßwellen, beispielsweise in einer Rohrleitung durch schlagartiges Öffnen oder Schließen von Armaturen.

Die Kenntnis der sicheren Spaltweite - auch Löschabstand genannt - ist wichtig für Maßnahmen gegen Flammenrückschlag oder Flammendurchschlag. Sie ist mit 0,6 mm gering im Vergleich zu anderen Brenngasen.

Die farblose Flamme des brennenden Wasserstoffs, z. B. bei einer Leckage, kann u. U. unentdeckt bleiben und zu Folgeschäden führen, sei es durch direkte Einwirkung auf Menschen, durch Überhitzung umgebender Bauteile oder einfach als Zündquelle.

Die Emissivität, die mit 0,1 eine Größenordnung unter der anderer Brenngase liegt, erschwert die Detektion einer Flamme durch die Strahlungsempfindung an der Körperoberfläche. Andererseits ist die Entzündung und Überhitzung umliegender Bauteile durch Wärmestrahlung bei einem Wasserstoffbrand kein großer Gefahrenfaktor. Nur für Brände von sehr großen Wasserstoffmengen, z. B. freigesetzt aus größeren Flüssig-Speichern, wird dieser Aspekt diskutiert.

Zu den physiologischen Wirkungen ist zu bemerken, daß Wasserstoff zwar bekanntlich ungiftig ist; Erstickungsgefahr besteht jedoch, wenn der Sauerstoffgehalt durch Wasserstoff-Anreicherung der Atmosphäre unter 18 % sinkt.

Bei einem - wie auch immer verursachten - Austreten von Flüssigwasserstoff aus einem Behälter, einer Rohrleitung o. ä. kommt es bei Kontakt mit der Umgebung zu einer schnellen Verdampfung, da die große Temperaturdifferenz und die hohe Wärmeleitfähigkeit für einen hohen Wärmefluß sorgen; dazu kommt, daß zur Verdampfung

- auf das Volumen bezogen - nur vergleichsweise wenig Wärme erforderlich ist.

Die Dichte des Wasserstoffdampfes bei Siedetemperatur ist nahezu gleich der Dichte der Luft, so daß bereits wenige Grad Temperaturerhöhung genügen, um in der umgebenden Luft einen Auftrieb zu erzeugen.

Die hohe Wärmeleitfähigkeit führt bei direktem Hautkontakt mit Flüssigkeit oder kaltem Gas leichter zu Erfrierungen als z. B. bei Flüssigstickstoff.

In bestimmten Fällen kann ein weiterer wesentlicher Sicherheitsaspekt bei Wasserstoffanlagen die Versprödung von Stählen durch Wasserstoff-Korrosion sein.

Nachdem das Wasserstoffgeschäft zu immer mehr Füll- und Entleerungsvorgängen der Behälter für den Transport geführt hatte, kam es in den 70er Jahren vereinzelt zum Versagen von Druckbehältern. Intensive Untersuchungen /7/ führten zu der Erkenntnis, daß der Eindringprozeß von Wasserstoffatomen in das Metallgitter bei technischen Oberflächen nur dann ablaufen kann, wenn die Metalloberfläche plastisch verformt wird. Deswegen sind Werkstoffschäden durch Druckwasserstoff in erster Linie durch den Oberflächenzustand eines Bauteils und die Art seiner mechanischen Beanspruchung bedingt. Wenn man die Behälterbeanspruchung über der Fehlertiefe aufträgt (Bild 8), kann man drei Bereiche von Rißausbreitung darstellen. Aus derartigen Daten leiten sich die Anforderungen ab, die je nach Einsatzfall und Betriebsbedingungen an sichere Wasserstoffbehälter zu stellen sind.

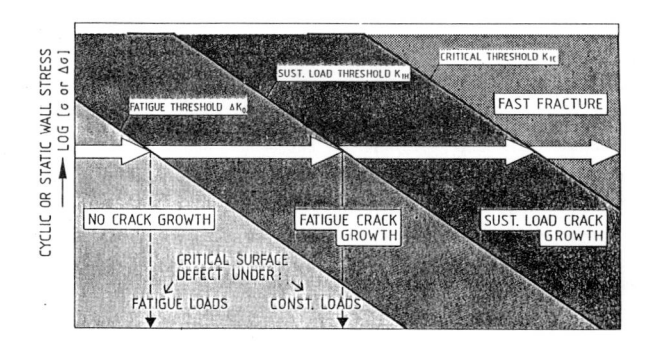

Bild 8: Bedingungen für H_2-Rißwachstum (Prinzip)

Bei tiefen Temperaturen stellt sich das Problem der Wasserstoffversprödung nicht,

da hier ohnehin kaltzähe Stähle eingesetzt werden, die gegen den Wasserstoffangriff unempfindlicher sind.

Die Literatur /8/, die firmeneigene Statistik und Daten des Verbandes der europäischen Gaseindustrie ergeben als wesentliche Ursachen von Störfällen und Unfällen beim Umgang mit Wasserstoff: Leckagen an Armaturen und lösbaren Rohrverbindungen sowie Fehlbedienungen durch das Betriebspersonal. Beide Ursachen zusammen machen 80 - 90 % der Störfälle aus.

In den Fällen mit Zündung des Wasserstoffs wird selten von Explosionen innerhalb von Anlagenteilen berichtet. Meistens kam es durch oft nicht mehr eindeutig rekonstruierbare Ursachen zu Flammenbildung, insbesondere wenn Wasserstoff unbeabsichtigt unter hohem Druck ausströmte.

Sicherheitsmaßnahmen

Es lassen sich drei grundsätzliche Typen von Schadensereignissen unterscheiden:

- Brand, Deflagration, Detonation
- Versagen von Bauteilen
- Direkte Wasserstoffeinwirkung auf Menschen

Als Ursachen für Störfälle kommen dafür prinzipiell in Frage:

- die Existenz eines zündfähigen Gemisches
- die Bauteildimensionierung mit Werkstoffwahl und die Verfahrensauslegung
- die Betriebstechnik mit Bedienung und Überwachung der Anlage.

Ein Sicherheitskonzept sollte - und zwar nicht nur bei Wasserstoffanlagen - unterscheiden zwischen (Bild 9)

- Primären Sicherheitsmaßnahmen, die das Ausschließen der eigentlichen Störfallursachen, z. B. Leckagen, zum Ziele haben
- Sekundären Sicherheitsmaßnahmen, die auf die Vermeidung von Störfallauslösern, z. B. Zündquellen, abzielen
- Tertiären Sicherheitsmaßnahmen, die für den Fall des Versagens der primären und sekundären Maßnahmen das Ausmaß der Störfallfolgen so gering wie möglich halten.

Primäre, sekundäre und tertiäre Vorkehrungen, von denen im Rahmen dieser Darstellung nur eine Auswahl genannt werden kann, sind bereits bei der Konstruktion, Auslegung und Ausrüstung der Anlage, bei der Abfassung klarer Betriebsvorschriften und eindeutiger Verhaltensregeln und bei der Auswahl und Schulung qualifizierten

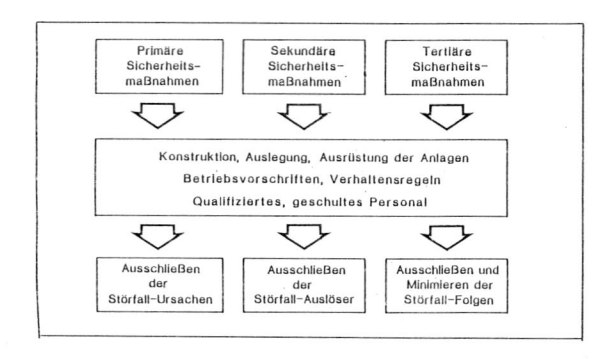

Bild 9: Sicherheitsmaßnahmen (Systemaik)

Personals zu beachten.

Wichtige primäre Maßnahmen sind:

- Das grundlegende Konstruktionsprinzip, Rohrleitungsverbindungen möglichst zu schweißen, ggf. hartzulöten. Für lösbare Verbindungen müssen geeignete Dichtungen, z. B. Metall-Dichtungen verwendet werden.
- Auswahl der richtigen Werkstoffe.
- Abgas- und Leckageleitungen, Sicherheitsventil-Sammelleitungen sind ins Freie zu führen, vorzugsweise über ein spezielles Abgasrohr.
- Das Vermeiden von Unterdruck, z. B. durch Überwachungseinrichtungen an der Saugseite eines Kompressors.
- Genaues Festlegen der Spülvorgänge in der Betriebsanleitung für Inbetriebnahme und Außerbetriebsetzung.
- Regelmäßige Dichtheitsprüfungen an Armaturen, Flanschen usw.
- Ausreichende Belüftung, bei Wasserstoffanlagen in geschlossenen Räumen, ggf. Zwangsbelüftung mittels Ventilatoren.
- Flüssiger Wasserstoff ist nur in geschlossenen Systemen zu lagern, zu transportieren und umzufüllen, um Kondensation von Luftsauerstoff und Feuchtigkeit in das Wasserstoffsystem und damit nicht nur zündfähiges Gemisch sondern auch Verstopfungen und unkontrollierbare Druckanstiege zu vermeiden.
- Das Personal ist regelmäßig zu schulen. Arbeiten außerhalb des normalen Anlagenbetriebs dürfen nur mit besonderer Arbeitserlaubnis und örtlicher Überwachung des Wasserstoffgehalts der Luft durchgeführt werden.

Bei den sekundären Maßnahmen handelt es sich im wesentlichen um die Vermeidung von Zündquellen jeder Art:

- Rauchen und offenes Feuer sind verboten.
- Elektrische Funkenbildung durch Ex-Schutz-Ausführung von elektrischen Geräten und elektrischem Potentialausgleich zwischen unterschiedlichen Anlageteilen, z. B. Erdung von Wasserstoff-Transportfahrzeugen vor dem Umfüllvorgang.
- Mechanisch erzeugte Funken z. B. durch Werkzeug sind zu vermeiden. Das oft vorgeschriebene Werkzeug aus Beryllium-Bronze ist nur funkenarm.
- Vermeiden von elektro-statischen Aufladungen
  . durch geeignete Kleidung des Personals
  . durch Vermeiden von Partikeln in der Wasserstoffströmung
  . elektrisch leitfähige Umfüllschläuche.

  Experimente haben ergeben /9/, daß eine reine Wasserstoff-Gasströmung praktisch keine statische Aufladung erzeugt. In Gegenwart von mitgerissenen Partikeln oder bei 2-Phasenströmung ebenso wie bei Flüssigkeits-Strömung kann die Aufladung jedoch die min. Zündenergie des Wasserstoffs in Luft erreichen. Die Gegenwart von Partikeln ist somit eine Erklärung für das spontane Zünden eines aus einer Rohrleitung austretenden Wasserstoffstrahls. Die Regel ist deshalb, den Druckwasserstoff nicht frei mit hoher Geschwindigkeit austreten zu lassen, auf keinen Fall jedoch in Gebäuden.

- Ventile sind langsam zu öffnen, um Druckstöße innerhalb des Leitungssystems zu vermeiden.
- Abgasrohre sollten bei Großanlagen mit Flammensperren versehen sein. Je nach Fall kann eine Wasservorlage oder eine Flüssigwasserstoff-Spülung die konstruktive Lösung sein.
- Die vorgeschriebenen Schutzzonen sind einzuhalten.
- Die Schulung des Personals als Maßnahme gegen Fehlbedienung sollte systematisch durchgeführt werden.

Als tertiäre Sicherheitsmaßnahmen seien beispielhaft genannt:

- Gebäude für Wasserstoffbetrieb sind mit Einrichtungen zur Explosionsdruck-Entlastung zu versehen, z. B. Dach-Leichtkonstruktion und wegklappende Leichtbau-Wände.
- Vorrichtungen zur Schnellabschaltung von Anlagen oder Anlagenteilen müssen im Störfall die weitere Förderung von Wasserstoff unterbinden.
- Bauteile, in denen ein Luft-Wasserstoff-Gemisch entstehen kann, z. B. Abgaskamin, sind auf Explosionsdruck auszulegen.
- Gebäude sollten so ausgeführt sein, daß eine Deflagration nicht in eine Detonation übergehen kann. Hierfür sind noch Kriterien zu erarbeiten.
- Ein Wasserstoffeuer kann nur mit einem Pulverlöscher wirksam bekämpft werden. Wenn keine Gefährdung durch die Flamme besteht, kann es ratsam sein, das Gas abbrennen zu lassen, da sich der Wasserstoff leicht wieder entzündet oder
  - wenn nicht - ein zündfähiges Gemisch mit der Gefahr einer Deflagration entsteht.
- Sprinkler-Anlagen für feuergefährdete Einrichtungen in der Nachbarschaft eines

Flüssigwasserstoffspeichers können zweckmäßig sein.
- Die vorgeschriebenen Schutzabstände zu anderen Einrichtungen, insbesondere zu entzündlichen Stoffen und brandfördernden Gasen, liegen durchaus im Rahmen des Realisierbaren. Bild 10 zeigt einen Druck-Wasserstoffspeicher neben einer Flüssig-Sauerstoffanlage und Bild 11 einen Flüssigwasserstoff-Behälter in der direkten Nachbarschaft eines Flüssig-Sauerstoff-Speichers.
- Das Personal muß für den Eintritt eines Störfalls geschult sein. Die vorgeschriebene persönliche Schutzkleidung ist zu tragen.

Bild 10: Stationäre Vorsorgungsanlagen: Behälter für Druckwasserstoff und flüssigen Sauerstoff

Vorschriften

Die anzuwendenden Maßnahmen sind in den einschlägigen gesetzlichen Vorschriftenwerken enthalten, sowie in empfehlenden Industriestandards und firmeninternen Regeln festgelegt.

In Deutschland sind verbindlich die

- Druckbehälterverordnung /10/ mit den in diesem Zusammenhang besonders relevanten Technischen Regeln für das Aufstellen von Druckbehältern zum Lagern von Gasen (TRB 610), für das Errichten und Betreiben von Einrichtungen zum Abfüllen von Druckgasen (TRG 400 und folgende sowie TRB 851 und 852), für die wiederkehrenden Prüfungen von Druckgasbehältern (TRG 765) und speziell für Stahlflaschen

Sicherheitstechnik 293

Bild 11: Stationäre Versorgungsanlagen: Behälter für flüssigen
Wasserstoff (rechts) und flüssigen Sauerstoff (links)

(TRG 510) u. a.
- die Unfallverhütungsvorschrift (UVV) Gase /11/
- die Explosionsschutz-Richtlinien der Berufsgenossenschaft (BG) Chemie /12/
- Die Gefahrgutverordnungen Straße und Eisenbahn (GGVS/GGVE) /13, 14/, in denen Bau und Betrieb von Transporteinrichtungen für Straße und Schiene umfassend geregelt sind. Ähnliche Regelungen gibt es für den grenzüberschreitenden Verkehr (ADR/RID).

Auf europäischer Ebene ist der Verband der europäischen Gase-Industrie (IGC) um einheitliche Sicherheitsstandards bemüht.

Im Zusammenhang mit den Bestrebungen, die EG-Vorschriften zu harmonisieren, ist ein mehrjähriges Forschungs- und Entwicklungsprogramm der EG zu sehen, dessen Ergebnisse in einem Bericht "Elemente für ein Sicherheitshandbuch für Wasserstoff" zusammengefaßt sind /9/.

Vergleich des Wasserstoffs mit anderen Brenngasen (Tabelle 2)

Ein großer Sicherheitsvorteil des Wasserstoffs im Vergleich zu Methan, Propan und Benzin ist seine geringe Dichte: schon knapp über der Siedetemperatur ist er leichter als Luft; d. h. im Fall einer Leckage / Freisetzung besteht die Gefahr einer Zündung im Gegensatz zu Methan, Propan und Benzin nur für kurze Zeit. Das gilt ganz besonders bei Austreten von Flüssigkeit: infolge ihrer wesentlich höheren Verdampfungswärme und der geringeren Wärmeleitfähigkeit benötigen

	Wasserstoff	Methan	Propan	Benzin
Dichte Gas, NTP kg/m^3	0,084	0,65	2,01	($\approx$ 4,4)
Dichte Dampf, NSP kg/m^3	1,34	1,82	2,42	2,5 - 6,9
Verdampfungswärme kJ/l	31,8	215	248	250 - 400
Diffusionskoeff. (Luft, NTP) cm^2/s	0,61	0,16	0,12	0,05
Wärmeleitfähigkeit (Gas, NTP) mW/cm K	1,897	0,33	0,18	0,112
Zündgrenzen in Luft NTP Vol.-%	4 - 75	5 - 15	2,1 - 9,5	1,0 - 7,6
Zündtemperatur °C	585	540	487	228 - 471
Min. Zündenergie in Luft mJ	0,02	0,3	0,26	0,24
Max. Verbrennungsgeschw. in Luft m/s	3,46	0,43	0,47	0,4
Deton.-Grenzen in Luft, NTP Vol.-%	18 - 59	6,3 - 14		1,1 - 3,3
Stöchiom. Anteil in Luft Vol.-%	29,5	9,5	4,0	1,8

NTP Normalzustand Temperatur und Druck
NSP Normal-Siedepunkt (p = 1,013 bar)

Tabelle 2: Sicherheitsrelevante Eigenschaften und Kennzahlen von Wasserstoff, Methan, Propan und Benzin

gleiche Volumina von Methan, Propan oder Benzin bei gleicher Wärmezufuhr zu ihrer Verdampfung ein Vielfaches an Zeit.

Da in der Mehrzahl der Fälle die untere Zündgrenze sicherheitsrelevant ist, bieten die anderen Brennstoffe bis auf Methan einen Sicherheitsnachteil gegenüber Wasserstoff. Sie weisen darüber hinaus tiefere Zündtemperaturen auf.

Auch hinsichtlich der extrem geringen minimalen Zündenergie des Wasserstoffs sind die drei betrachteten Stoffe nicht sicherer: auch ihre Zündenergien werden von nahezu allen in der Praxis vorkommenden Zündquellen erreicht /15/. Im Bereich der maßgebenden unteren Zündgrenze sind die Zündenergien von Methan und Wasserstoff im übrigen nahezu gleich.

Als Nachteil des Wasserstoffs erscheint auf den ersten Blick seine hohe Verbrennungsgeschwindigkeit, die den Umschlag einer Deflagration in eine Detonation zu begünstigen scheint. Andererseits ist bei Wasserstoff im Gegensatz zu Methan und Benzin der Detonationsbereich bedeutend schmaler als der Zündbereich /15/; für Methan, Propan und Benzin bedarf es nur 6 oder weniger Vol. %, bei Wasserstoff immerhin 18 %, um eine Detonation zu ermöglichen.

Vergleichende Betrachtungen von Unfällen in der Literatur /8/ bestätigen, daß Wasserstoff zumindest kein größeres Gefährdungspotential darstellt als heute allgemein eingeführte, dem technischen Laien zugängliche brennbare Gase und Flüssigkeiten.

Schlußbemerkung

Zusammenfassend ist festzustellen

. daß Wasserstoff ein seit Jahrzehnten in der Industrie eingeführter Stoff ist,
. die Sicherheit im Umgang mit Wasserstoff auch in flüssigem Zustand beherrscht wird,
. das Sicherheitsrisiko nicht größer ist als bei anderen brennbaren Gasen bzw. Flüssigkeiten
. die existierenden Vorschriften zumindest für industrielle Anwendungen ausreichen.

Voraussetzung für die Sicherheit ist beim Wasserstoff wie bei anderen gefährlichen Stoffen - neben der Beachtung der formalen Vorschriften - eine sorgfältige Analyse eines jeden Anwendungsfalles unter Berücksichtigung der Eigenschaften des Wasserstoffs und das Erstellen des zugehörigen Sicherheitskonzepts.

Alle Sicherheitsmaßnahmen beinhalten die Schulung und das richtige Verhalten der Menschen. Hier liegt sicher eine besondere Aufgabe, wenn der Wasserstoff eines Tages einer breiten Laien-Öffentlichkeit zur Verfügung gestellt wird: die zugehörige Technik muß dann eigensicher gegen Fehlbedienungen sein. Daß das machbar ist, zeigen z. B. die seit Jahren mit Gas im Haushalt betriebenen Geräte.

Ein größeres Hindernis als die rein technische Problematik bei der breiteren Einführung des Wasserstoffs ist u. U. psychologischer bzw. massenpsychologischer Art. Der Unfall der amerikanischen Raumfähre im Januar 1986 könnte zu einem vierten Wasserstoff-Syndrom werden. Daß nicht weitere Syndrome dazukommen und die Zukunft des Wasserstoffs durch irrationale Hindernisse verbauen, ist Aufgabe der für die Sicherheit verantwortlichen Wissenschaftler und Ingenieure.

Referenzen

/1/ I. Schulze, H. Gaensslen: Chem. Ind. XXXVI / April 1984

/2/ B. Heydorn: CEH Product Review Hydrogen Chemical Economics Handbook SRI International, 1985

/3/ F. J. Edeskuty et al.: Hydrogen Safety and Environmental Control Assessment (LA-8225-PR), Los Alamos Scientific Laboratory, 1979

/4/ Compressed Gas Ass. (ed.): Handbook of Compressed Gases, Van Nortrand Reinhold Comp., 1981

/5/ H. Eichert, M. Fischer: Combustion-related Safety Aspects of Hydrogen in Energy Applications, Int. J. Hydrogen Energy Vol. 11 No. 2, pp. 117 - 124, 1986

/6/ K. D. Williamsson, F. J. Edeskuty: Liquid Cryogens, CRC Press, 1983

/7/ M. Kesten: Physikalischer Wasserstoffangriff in A. Kuhlmann (Hrsg.): Einflußgrößen der Zeitsicherheit bei technischen Anlagen, Friedr. Vieweg & Sohn, 1985

/8/ W. Balthasar: Sicherheitsfragen bei der Verwendung von Wasserstoff in Industrie und Haushalt; Haus der Technik-Vortrags-Veröffentlichungen 448 "Wasserstoff - Energieträger der Zukunft", 1985

/9/ Commission des Communautés Européennes: Eléments pour un Guide de Sécurité "Hydrogène", Vol. 1 + 2, EUR 9689 FR

/10/ Verordnung über Druckbehälter, Druckgasbehälter und Füllanlagen (Druckbehältervordnung vom 27. 2. 1980), BG Bl. 1980 I, S. 184 ff

/11/ Unfallverhütungsvorschrift Gase vom 1. 4. 1974, Berufsgenossenschaft der chemischen Industrie

/12/ Explosionsschutz-Richtlinien mit Beispielsammlung der Berufsgenossenschaft der chemischen Industrie, Ausgabe März 1985

/13/ Verordnung über die innerstaatliche und grenzüberschreitende Beförderung gefährlicher Güter auf Straßen (Gefahrgutverordnung Straße - GGVS) vom 22.7.1985 BG Bl. 1985 I, S. 1550 ff

/14/ Verordnung über die innerstaatliche und grenzüberschreitende Beförderung gefährlicher Güter mit Eisenbahnen (Gefahrgutverordnung Eisenbahn - GGVE) vom 22.7.1985, BG Bl 1985 I, S. 1560 ff.

/15/ M. Fischer, H. Eichert: Sicherheitsaspekte des Wasserstoffs, DVFLR-Nachrichten, Heft 34, 1981

V Wasserstoff als Sekundärenergieträger

Brennstoffzellen als Energiewandler in einer Wasserstoffwirtschaft

W. Vielstich
Institut für Physikalische Chemie der Universität Bonn

Zusammenfassung

Nachdem saure und alkalische H_2/O_2-Brennstoffzellen in der Raumfahrt eine praktische, wenn auch sehr spezielle Anwendung gefunden haben, werden heute verschiedene Versionen von umweltfreundlichen Kleinkraftwerken zwischen 5 und 20 MW technisch erprobt. Hierbei handelt es sich um Zellen mit H_3PO_4 als Elektrolyt, H_2/CO-Gasmischungen (bezogen aus Erdgas oder Naphtha als primärem Brennstoff) und Luft als Oxidationsmittel. Als Alternativen werden neben alkalischen Zellen (80°C) auch solche mit Karbonatschmelzen (ca. 600°C) sowie mit Festelektrolyt (ZrO_2, ca. 900°C) diskutiert. Im Rahmen einer H_2-Wirtschaft bieten sich H_2/O_2-Zellen unmittelbar als Endverbraucher an. Die technologische Entwicklung für die dann wohl zu bevorzugenden alkalischen Stromquellen ist schon weit gediehen. Auch für eine ökonomische Herstellung gibt es Ansätze. Von besonderem Interesse ist die Möglichkeit der Speicherung von Elektrizität durch Kombination von Wasserelektrolyse und H_2/O_2-Brennstoffzellen mit Energiewirkungsgraden von 50-60 %.

Summary

Acid and alkaline H_2/O_2-fuel cells have been successfully applied as energy source in space. Today different versions of 5-20 MW power station are in field test. These are based on cells with phosphoric acid electrolyte, H_2/CO fuel mixture from natural gas or naphtha and air. Alkaline cells (80°C), cells with carbonate melts (ca. 600°C) or with solid oxide ceramic (ZrO_2, ca. 900°C) are discussed as alternatives. H_2/O_2 fuel cells can be used in a direct way for energy conversion in a hydrogen economy. The technology of alkaline cells should be available in technical and economic respect. The possibility of energy storage by combination of water electrolysis and fuel cell with an efficiency of 50-60% should be of special interest.

Résumé

L'application des piles à combustible H_2/O_2 pour source d'énergie a bord des capsules spatiales a demonstré que l'on peut songer les utiliser dans l'avenir. Aujourd'hui la production industrielle d'énergie électrique par piles de 5 à 20 MW est en état d'épreuve. Dans ce cas l'electrolyte est H_3PO_4 concentré, le combustible H_2/CO on tire de gaz naturel ôu de naphte. Des piles alternatives sont piles à KOH (80°C), à électrolytes fondus (ca. 600°C) et à électrolytes solides (ZrO_2, ca. 900°C). Les piles H_2/O_2 peut être utilisé en facon directe pour la conversion de l'énergie de l'hydrogéne. La technologie sera développée pour le type alcalin en maniére suffisante. La combination de l'électrolyse d'eau avec des piles H_2/O_2 peut être de grande importance pour l'accumulation d'énergie électrique (valeur efficace de 50 à 60 %).

Einleitung

Die Gewinnung von Wasserstoff aus Wasser über Elektrolyse haben wir als eine der wichtigsten Herstellungsarten kennengelernt. Schon frühzeitig wurde gefunden, daß diese elektrochemisch geführte Reaktion reversibel ist, d.h., daß Wasserstoff und Sauerstoff unter Gewinnung von elektrischer Energie wieder zu Wasser abreagieren können /1/. Auf diese Weise wird die chemische Energie des Brenngases Wasserstoff auf elektrochemischem Wege direkt - ohne den Umweg über die Wärmeenergie wie beim Kohlekraftwerk - in elektrische Energie umgewandelt. In einem galvanischen Element, einer sog. Brennstoffzelle können prinzipiell auch andere Brennstoffe wie Methanol oder Kohle in Verbindung mit einer Sauerstoff-Gegenelektrode zur Stromerzeugung dienen. Kennzeichnend für eine Brennstoffzelle ist, daß Brennstoff- und Oxidationsmittel kontinuierlich und getrennt den Elektroden zugeführt werden. Diese sog. Katalysatorelektroden haben die Aufgabe, die an ihrer Oberfläche ablaufenden Reaktionen zu beschleunigen sowie die entsprechenden elektrischen Ladungen an- bzw. abzuführen. Die Summe der an den beiden Elektroden ablaufenden Reaktionen ist die Zellen-Bruttoreaktion und entspricht einer chemischen Reaktion. In unserem Fall ist dies die Reaktion:

$$H_2 + 1/2\ O_2 \longrightarrow H_2O$$

Die elektrochemische Reaktionsführung wird auch als kalte Verbrennung bezeichnet.

Mit H_2/O_2-Brennstoffzellen können nicht nur stationäre Aggregate gebaut werden. Vielmehr ist auch ein mobiler Einsatz etwa in Fahrzeugen möglich. So kann ein Kraftfahrzeug über einen Tank mit flüssigem Wasserstoff mit Energie versorgt werden. Der elektrochemische Reaktionsablauf gewährleistet einen größeren Wirkungsgrad als der alternative Verbrennungsmotor. Als einziges Reaktionsprodukt entsteht Wasser (im Gegensatz etwa zu einem mit Wasserstoff betriebenen Verbrennungsmotor).

Der prinzipielle Aufbau einer Wasserstoff/Brennstoffzelle ist in Abb. 1 wiedergegeben. Wichtig ist eine möglichst vollständige Nutzung der zugeführten Gase. Dies ist mit einer Kreislaufführung auf der Rückseite poröser Elektroden, sog. Gasdiffusionselektroden zu erreichen. Die Gase diffundieren in die gestützten porösen Elektroden und kommen in einem Bereich, wo der Elektrolyt die Elektrode benetzt, zur Reaktion (Dreiphasenzone Gas, Katalysator, Elektrolyt). Das Reaktionsprodukt Wasser wird entweder über den Wasserstoff-Gaskreislauf oder über den ebenfalls umgepumpten Elektrolyten mit der entstehenden Wärme abgeführt.

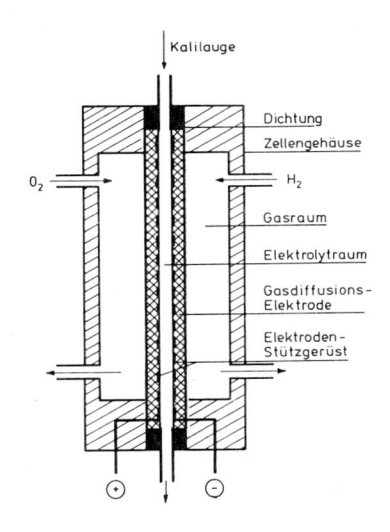

Abb. 1 Aufbau einer H_2/O_2-Laborzelle mit porösen Gasdiffusionselektroden und Elektrolytkreislauf

Bei Verwendung einer alkalischen Lösung lauten die Reaktionsgleichungen:

$$\begin{array}{ll}\text{Anode} & 2H_2 + 4OH^- \longrightarrow 2H_2O + 4e^- \\ \text{Kathode} & \underline{O_2 + H_2O + 4e^- \longrightarrow 4OH^-} \\ & 2H_2 + O_2 \longrightarrow 2H_2O\end{array}$$

Die maximale Nutzarbeit beträgt

$$A = |\Delta G| = nFE^o$$

oder bezogen auf die Reaktionswärme ΔH

$$A = n_{id} \cdot |\Delta H| \text{ mit } n_{id} = \Delta G/\Delta H = 83\%$$

Tatsächlich erreicht werden Wirkungsgrade zwischen 50 und 60 %, da für den effektiven Wirkungsgrad n_{eff} noch das Verhältnis von Klemmenspannung E_{KL} zur thermodynamischen Spannung E^0 zu berücksichtigen ist.

$$n_{eff} = n_{id} \frac{E_{KL}}{E^0} n_{Ah}$$

Alkalische H_2/O_2-Brennstoffzellen

Ihre erste praktische Bedeutung haben Wasserstoff/Sauerstoff-Brennstoffzellen im Zusammenhang mit der Energieversorgung bei der Raumfahrt erhalten /2/. Die für das Apollo-Programm verwendete Batterie arbeitete mit alkalischem Elektrolyten sowie mit platinaktivierten kreisförmigen Doppelschichtelektroden aus Sinternickel von 200 mm Ø und 2 mm Dicke. Die Arbeitstemperatur der Zelle lag - aufrechterhalten durch Joulsche Wärme - zwischen 200 und 230°C. Für die Zuführung der Gase, für die Abführung des Reaktionswassers und Aufrechterhaltung der Arbeitsbedingungen ist ein aufwendiges Prozeßschema notwendig (Abb. 2).

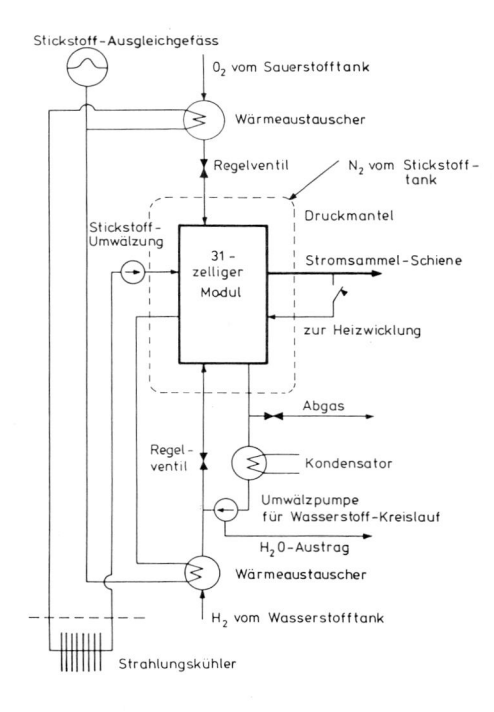

Abb. 2 Prozeßschema der Apollo-Stromversorgung. Durch das mit "Abgas" bezeichnete Ventil wird von Zeit zu Zeit Wasserstoff aus der Zelle abgelassen, um angesammelte gasförmige Verunreinigungen auszutragen /3/

Den 31-zelligen Modul sowie die Zusatzaggregate der Apollo-Batterie zeigt Abb. 3. Die Nennleistung dieser Einheit betrug 1,12 kW bei 28 V (Einzelzelle 100 mA cm^{-2} bei 0,9 V, 400 cm^2 Elektrodenoberfläche). Für das Gewicht der Einheit werden 110 kg angegeben. Dem Gesamtsystem mit einem Gewicht von 810 kg (3 Module + 480 kg Tankgewicht) konnten während eines 10-tägigen Fluges bis 500 kWh an elektrischer Energie entnommen werden. Diese Daten entsprechen einer Kennzahl von 620 Wh/kg, d.h. zur damaligen Zeit war diese galvanische Stromquelle bezüglich der erbrachten Energie pro Gewicht konkurrenzlos.

Abb. 3 Alkalische 2 kW Wasserstoff-Sauerstoff-Batterie mit 31 Einzelzellen zum Einsatz in Apollo-Raumfahrzeugen (Werkfoto Pratt u. Whitney, jetzt United Technologies)

H_2/Luftzellen mit Phosphorsäure /4/

In den USA hat man schon bald nach der erfolgreichen Raumfahrtunternehmung vorgeschlagen, Kraftstationen auf Brennstoffzellenbasis zu bauen, die von einer Versorgung durch Erdgas oder Erdöl ausgehen. In einem vorgeschalteten Konverter werden die Kohlenwasserstoffe mit Wasser in wasserstoffreiches Gas umgewandelt (s. Abb. 4). Da dieses Gas CO_2 enthält, ist ein gegen CO_2 invarianter Elektrolyt erforderlich, d.h. Säuren, Salzschmelzen oder Sauerstoffionen leitende Festelektrolyte. Zunächst hat sich die Technologie der Säurezellen mit nicht zu hohen Arbeitstemperaturen von 150 bis 200°C durchgesetzt. Hochkonzentrierte H_3PO_4, festgelegt in einer inerten Matrix, hat zwar eine geringere Leitfähigkeit als vergleichbare Schwefelsäure-Lösungen, aber ihre Verwendung als Elektrolyt erleichtert das Abführen des Reaktionswassers.

Für die geplante Anwendung sind technisch interessante Stromdichten und Klemmen-

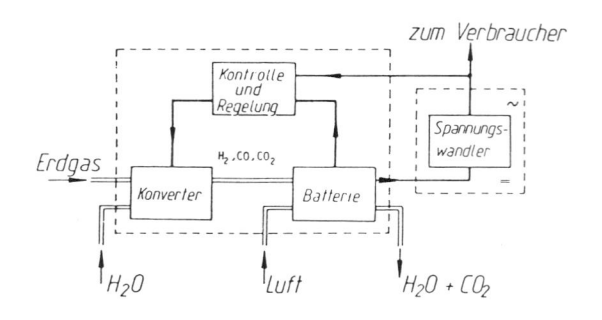

Abb. 4 Anlagenschema zum Umsatz von Erdgas oder Naphtha in sauren H_2/Luft-Batterien

spannungen bisher nur mit Platin als Elektrokatalysator erreichbar. Für H_2- und O_2-Elektrode zusammen reichen 0,75 mg cm^{-2}, fein verteilt auf einem speziell ausgesuchten und optimierten Graphitfilz. Bei Stromdichten von 200 mA/cm^2 beträgt die Überspannung an der H_2-Elektrode nur 20 mV, an der O_2-Elektrode jedoch 400 mV. Hinzu kommt der Spannungsabfall in der elektrolytgetränkten Matrix; als effektive Klemmenspannung bleiben 650 mV.

Das von der Firma United Technologies Co in New York errichtete Demonstrationskraftwerk mit einer Gleichstromleistung von 4,8 MW besteht aus 16 turmartigen Zellenblöcken zu 300 kW von je 494 Zellen (s. Abb. 5).

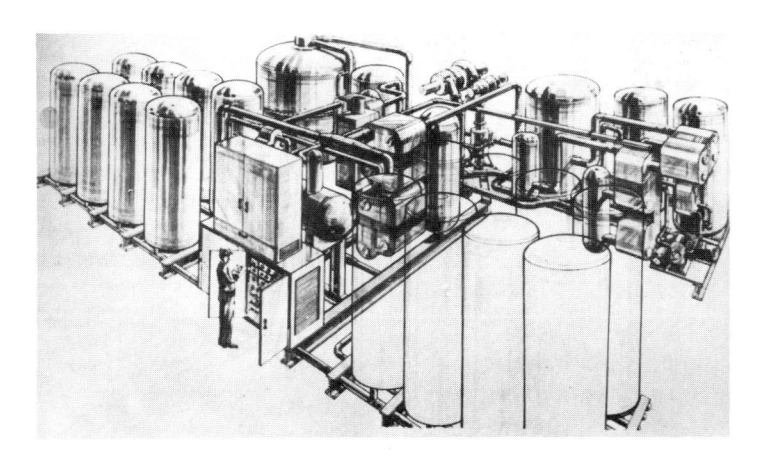

Abb. 5 Zeichnung der 4,8 MW Brennstoffzellen-Anlage der UTC in New York

Die vorgesehenen Arbeitsbedingungen waren 280 mA/cm^2, 0,65 V bei 205°C und 1 bis 8 bar Gasdruck. Der Gesamtwirkungsgrad der Anlage einschließlich Reformer und DC/AC-Wandler wird mit 38 % angegeben.

Großes Interesse für diesen Typ von Brennstoffzellen-Batterien besteht auch in Japan. Die Abb. 6 zeigt neben der Elektrodenanordnung die Abbildung einer 20 kW-Anlage der Firma Hitachi sowie die Arbeitsdaten /5/. Diese ähneln sehr den von United Technologies angegebenen Werten.

PHOSPHORIC ACID FUEL CELL

Hitachi Ltd. has been developing phosphoric acid fuel cells for future electric power generation. A 20kW pilot plant with a practical cell size has been operated successfully.

1. CELL STRUCTURE

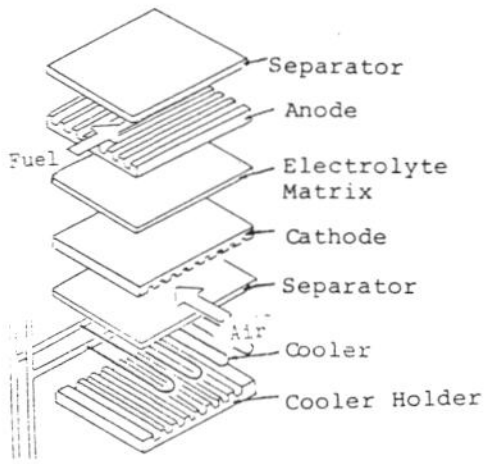

ELECTROLYTE MATRIX
Phosphate Bonded Matrix
Very stable and strong affinity to phosphoric acid.

ELECTRODE
Pt-Carbon-Teflon on Carbon Sheet
Extremely fine particles of Pt are uniformly deposited on C.

$$H_2 \longrightarrow 2H^+ + 2e^-$$
$$2H^+ + 1/2O_2 + 2e^- \longrightarrow H_2O$$
$$H_2 + 1/2O_2 \longrightarrow H_2O$$

2. PILOT PLANT
   (A) Rated Power   20 kW
   (B) Cell Size   3600 cm^2
   (C) Number of Cells 38
   (D) Temperature   190 °C
   (E) Pressure   2.5 atg
   (F) Cell Voltage   0.67 V
                  (at 220 mA/cm^2)

3. APPLICATION
   (A) Dispersed small scale power plant
   (B) Power plant for heat and electricity cogeneration

20 kW Pilot Plant

Abb. 6 20 kW-Anlage von Hitachi mit Phosphorsäure-Zellen /5/

Die inzwischen verbesserte Version der Phosphorsäure-Batterie soll einen Gesamtwirkungsgrad von 42 % erreichen. Vorläufiges Ziel für die Lebensdauer der Elektroden sind 40.000 Arbeitsstunden.

Die Aktivität der verwendeten Katalysator-Elektroden, fein verteiltes Platin auf Graphitunterlage, wird bei längerer Betriebszeit vor allem durch 3 Effekte beeinflußt:
- Vergiftung der H_2-Elektrode durch das Zusammenwirken von kleinen Mengen von CO und H_2S im Brenngas. Kohlenoxidmengen im Prozentbereich können bei Temperaturen zwischen 190 und 210°C ohne H_2S-Verunreinigungen noch anodisch oxidiert werden.
- Die fein verteilten Platincluster tendieren zum Zusammensintern (Abb. 7). Die verkleinerte Oberfläche bedeutet natürlich eine Verminderung der Aktivität /6/.

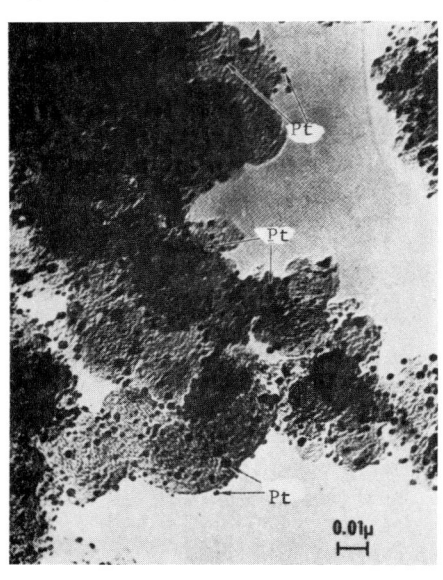

Abb. 7 Platin-Cluster auf Vulcan XC-72 als Kohleunterlage, 600 000-fach /6/

- Noch problematischer ist die Gefahr der Korrosion sowohl der Graphitunterlage als auch des Platins auf der Sauerstoffseite. Labormessungen an mit Platin auf Aktivkohle Norit BRX als Sauerstoff-Elektrokatalysatoren in Schwefelsäure zeigen, daß bereits bei Raumtemperatur die Kohleunterlage im Potentialbereich zwischen 650 und 800 mV zu CO_2 oxidiert (s. Abb. 8).

Die in Abb. 8 wiedergegebenen Korrosionsmessungen wurden durch direkte Ankopplung der elektrochemischen Zelle an ein Quadrupol-Massenspektrometer erhalten /7/. Mit dieser Meßtechnik ist es möglich, Korrosionsvorgänge direkt in situ zu verfolgen /8/.

Im Zusammenhang mit einer Wasserstofftechnologie wird reiner Wasserstoff als Brenngas zur Verfügung stehen. Damit ist bei Phosphorsäure-Zellen eine Senkung der Arbeitstemperatur auf 150°C durchführbar. Dies würde sicher die Lebensdauer der Elektroden verbessern. Andererseits kann bei reinem Wasserstoff auch mit alkalischem Elektrolyten gearbeitet werden (s. weiter unten).

Brennstoffzellen

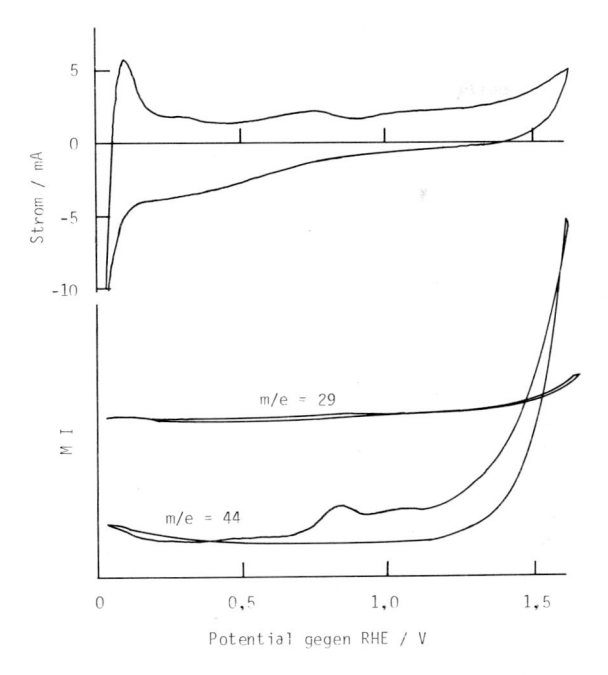

Abb. 8 CO_2 (m/e = 44) und CO (m/e = 29) Bildung beim Potential-
durchlauf an einer mit Platin katalysierten Kohle (Norit
BRX) in 1N H_2SO_4 mit Argon gespült, 22°C /9/, auf Masse
m/e = 28 kommt zu etwa 10 % auch CO_2, sie wurde daher nicht
registriert

Salzschmelzen oder feste Ionenleiter als Elektrolyt, Brennstoffzellen der zweiten und dritten Generation /10,11/

Bei der Verwendung von CO/H_2-Gemischen bzw. unreinem Wasserstoff bietet sich als Alternative zu den sauren Zellen der Einsatz von Salzschmelzen (600-700°C) oder festen Ionenleitern (900-1000°C) an. Intensive Forschungs- und Entwicklungsarbeiten haben bei der Verwendung eines Li_2CO_3/K_2CO_3-Eutektikums, fixiert in einer Festkörpermatrix aus $LiAlO_2$, zu interessanten Ergebnissen geführt. In den nickelhaltigen Katalysatoren kann CO ebenso problemlos wie Wasserstoff umgesetzt werden. Auch die elektrischen Daten (100-150 mA/cm^2 bei 0,8 V) sind attraktiv. Für einen technischen Einsatz sind jedoch noch zahlreiche Materialfragen zu lösen, wie die Anpassung des Porensystems der Elektroden an die elektrolytgetränkte Matrix, zeitliche Umstrukturierung der Metallelektroden und Mischoxidbildung.

Eine weitere Möglichkeit, neben H_2 auch CO und sogar Kohlenwasserstoffe anodisch umzusetzen, bieten Hochtemperatur-Brennstoffzellen mit keramischem Elektrolyten. Dotiert man eine Oxidkeramik (z.B. ZrO_2) mit dem Oxid eines Metalls geringerer Wertigkeit (z.B. Y_2O_3), so entstehen im Kristallgitter Sauerstoffionen-Fehlstellen, und bei entsprechend hohen Temperaturen (Bereich um 1000°C) können O^{2-}-Ionen von Fehlstelle zu Fehlstelle durch den so entstandenen Festelektrolyten wandern. Als Elektrodenmaterial kommt für die Sauerstoffkathode Silber, Platin oder Lanthanoxid infrage, auf der Anodenseite z.B. Nickel. Neben Problemen mit der Langzeitstabilität bei 1000°C besteht ein Nachteil dieses Zellentyps darin, daß der Festelektrolyt nur in Form zylindrischer Rohre bis zu ca. 2 cm Ø hergestellt werden kann (Abb. 9). Daher werden für eine Multi-kW-Anlage tausende von Zellen benötigt.

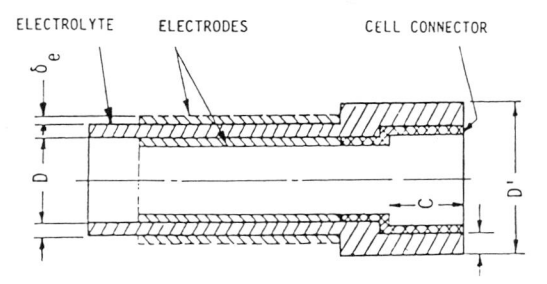

Abb. 9 Querschnitt durch eine Westinghouse SOFC-Zelle.
SOFC (Solid Oxide Fuel Cell) mit dotierter Zirkondioxid-Keramik als Elektrolyt

Alkalische Batterien für reinen Wasserstoff und 80°C Betriebstemperatur /4,10,11/

Alkalische Systeme arbeiten gut auch bereits bei Umgebungstemperatur. Günstig sind Werte zwischen 60 und 80°C. Eine kompakte Einheit für den Betrieb mit reinen Gasen wurde von Siemens entwickelt /12/. Abb. 10 zeigt ein 7 kW-Aggregat. Die vier Segmente enthalten von vorn nach hinten: Bedienungspalette mit Steuerelektronik, eigentlicher Brennstoffzellen-Modul, Wasseraustragungssystem, elektromechanische Steuerelemente und Gaseinlaß-System. Mit 70 Zellen erhält man unter Nennlast eine Arbeitsspannung von 53 V. Das Aggregatgewicht beträgt bei 60 l Volumen 85 kg.

Die Siemens-Batterie arbeitet mit freiem Elektrolyten und gestützten Diffusionselektroden (siehe Abb. 11). Die Elektroden sind edelmetallfrei. Als Katalysatoren werden verwendet Raneynickel auf der Wasserstoffseite und ein stark silberhaltiges Material auf der Sauerstoffseite.

Brennstoffzellen

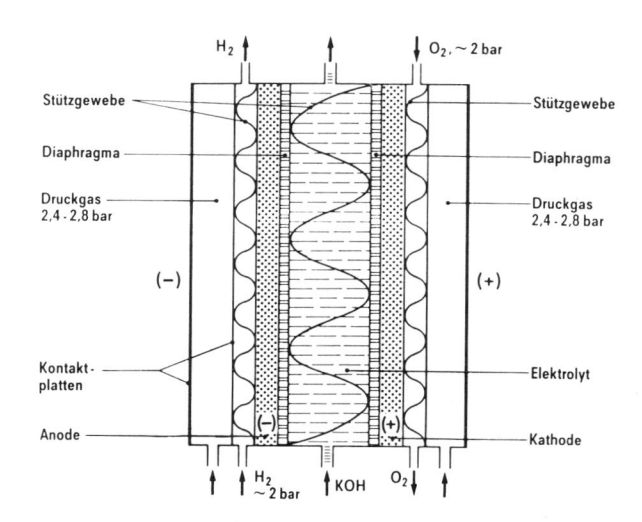

Abb. 10 Alkalisches 7 kW-Brennstoffzellenaggregat von Siemens für H_2- und O_2-Betrieb ohne Verwendung von Edelmetallen, 53 V, 142 A, 85 kg, 60 dm^3 /12/

Abb. 11 Siemens-Zelle mit freiem Elektrolyten und gestützten Gasdiffusionselektroden /12/

Bei Verwendung reiner Gase erscheint das Erreichen langer Betriebszeiten problemlos zu sein. Falls man statt reinem Sauerstoff Luft als Oxidationsmittel verwenden will, ist für einen Langzeitbetrieb die Entfernung des CO_2 notwendig. Schon CO_2 Anteile > 0,003 % können auf Dauer zu Elektrodenverstopfungen führen. Entsprechende Adsorptions-/Desorptions-Vorrichtungen sind vorzusehen. Etwaige Ansammlungen von Karbonat im Elektrolyten können ebenfalls relativ einfach wieder entfernt werden. Schließlich eignen sich die alkalischen Systeme besonders für eine Zirkulation des Elektrolyten zur gleichzeitigen Entfernung von Wärme und Reaktionswasser.

Für Betriebstemperaturen unter 50°C bieten sich auch Katalysatorelektroden mit Metallen auf Kohleträger an /4/. Auf diese Weise sollte eine kostengünstige Herstellung durchführbar sein. Dies gilt insbesondere für die Sauerstoffseite, wo geringe Zusätze von Silber zur teflongebundenen Kohle ausreichen. Elektroden, die mit Hilfe eines kontinuierlichen Walzprozesses hergestellt werden und deren Materialkosten unter DM 100,-/m^2 liegen, sind heute Stand der Technik /13/. So lassen sich für die Luftelektrode Kohlen mit 3 % Silber, teflongebunden in einem Misch- und Walzprozeß produzieren. Eine analog hergestellte Elektrode ohne Platinmetall verwendet konserviertes Raneynickel ebenfalls mit Teflon als Bindematerial /14/. Ca. 0,5 mm dicke Wasserstoff-Diffusionselektroden benötigen etwa 1 kg Raneynickel/m^2.

Für Hochstrombelastungen (> 200 mA/cm^2) sind Arbeitstemperaturen um 80°C zweckmäßig. Wegen der Korrosionsanfälligkeit im Dauerversuch sollte man hier auf Kohleelektroden verzichten. Teflongebundene Silberelektroden haben sich in großtechnischen Versuchen bewährt. Mit 30-60 mg Silber/cm^2 erhält man Elektroden mit zufriedenstellenden Leistungen, die auch von der Preisgestaltung her vertretbar sind /17/.

Für die Entwicklung großer H_2/O_2-Batterieblöcke wird sicher von Vorteil sein, daß man z.Zt. plant, Elektroden in Quadratmetergröße in der modernen NaCl-Membran-Elektrolyse als sog. Sauerstoff-Verzehr-Kathoden einzusetzen. Mit Hilfe dieser Elektroden gelingt es, die Betriebsspannung von bisher 3,1 V bei 80°C und 300 mA/cm^2 auf 2,05 V zu senken /17/.

Abschließend zeigt Abb. 12 das Prozeßschema einer alkalischen 6 kW H_2/Luft-Batterie /11/. Besonderer Wert ist gelegt auf einen Wärmeaustauscher zur Kontrolle der Elektrolyttemperatur und Vorwärmung der zugeführten Luft sowie den Reaktor zur CO_2-Entfernung.

Wenn die fossilen Brennstoffe weitgehend verbraucht sind, wird man im Rahmen einer Wasserstoff-Technologie das Kohlendioxid als einen wertvollen Rohstoff behandeln. Eine Aufarbeitung durch Hydrierung mit Wasserstoff zu Kohlenwasserstoffen etwa über Fischer-Tropsch Synthese bietet sich an. Durch Laborversuche ist belegt /15/,

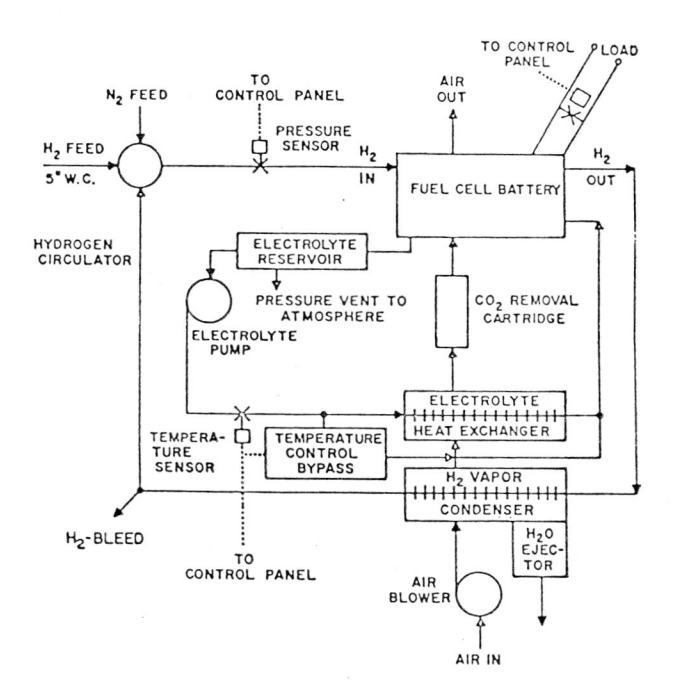

Abb. 12 Prozeßschema der alkalischen 6 kW H_2/Luft-Batterie
von Kordesch; sie wurde über mehr als 20 000 km
erfolgreich in einem hybridelektrischen PKW eingesetzt /11/

daß der Umsatz von CO_2 mit Wasserstoff zu einer analogen Kohlen-Wasserstoffpalette
führt wie die Standardsynthese mit CO und H_2. Abb. 13 zeigt die Temperaturabhängigkeit des CO_2-Umsatzes zu Kohlenwasserstoffen, und zwar hier eines CO_2-haltigen
Fischer-Tropsch-Produktgases in einem Festbettreaktor mit Eisenkatalysator. Eine
Nutzung des beim Betriebes einer alkalischen Brennstoffzelle anfallenden Kohlen-
dioxids wird sich vor allem bei stationären Großanlagen anbieten.

Zur Energiespeicherung mit Hilfe von Wasserelektrolyse und H_2/O_2-Brennstoffzelle

Einer der ältesten elektrochemischen Speicher ist der sog. Gasakku /1/. Beim Laden
wird Wasser durch Elektrolyse in Wasserstoff und Sauerstoff zersetzt und in Gasbe-
hältern gespeichert. Die elektrochemische Rückreaktion findet in einer H_2/O_2-
Brennstoffzelle statt. Laden und Entladen können auch an denselben Elektroden

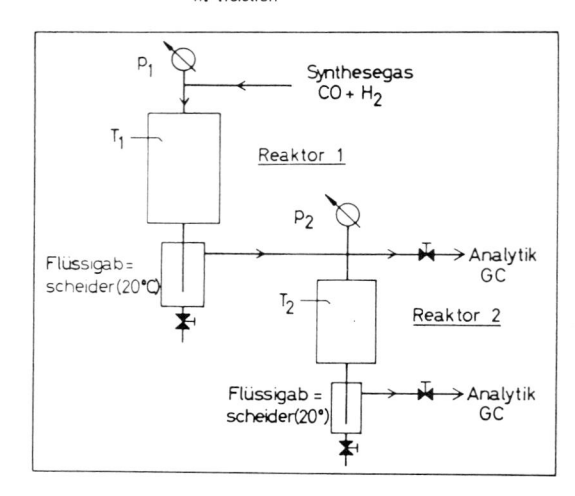

Abb. 13 Temperaturabhängigkeit des CO_2-Umsatzes eines FT-Produktgases (CO_2:20 %, H_2:60 %, Rest C_1-C_4-KW, CO) in einem nachgeschalteten Laborfestbettreaktor (Kaskadenanordnung) /15/

durchgeführt werden. Die Kombinationszelle stellt dann quasi einen Gasakkumulator dar (s. Abb. 14). Die Verwendung eines Elektrodenpaares für Laden und Entladen ist beispielsweise durch den Einsatz sog. Ventilelektroden durchführbar, wie sie von Justi und Winsel vorgeschlagen wurden /16/. Sie müssen in der Lage sein, beim Ladevorgang den entstehenden Wasserstoff und Sauerstoff als Gasblasen nicht in den Elektrolyten sondern in die jeweils angeschlossenen Gasbehälter abzugeben. Für die Entladung (elektrochemischer Umsatz der Gase) ist der Transport über die poröse Rückwand in die Dreiphasenzone Katalysator/Elektrolyt/Gas im Innern der Elektrode der Normalfall.

Das Prinzip einer Ventilelektrode besteht in der Verbindung einer grobporigen, katalytisch aktiven Arbeitsschicht mit einer engporigen, dünnen Deckschicht zur Elektrolytseite hin. Die Überspannung für die Gasentwicklung an den Deckschichten muß jeweils so groß sein, daß H_2- und O_2-Bildung praktisch nur an den grobporigen Schichten ablaufen. Die dort gebildeten Gasblasen können bei geeigneter Porenweite der inaktiven Deckschicht nicht in den Elektrolyten zurück und werden so in den anschließenden Gasraum abgegeben. Als Ventilmetalle auf der Wasserstoffseite eignen sich beispielsweise Titan und Nickel.

Kordesch hat vorgeschlagen, für diesen Zweck (Gasumsatz und Gasentwicklung an derselben Elektrode, "Regenerative Hydrogen/Oxygen Fuel Cell") Kohle/Nickel-Elek-

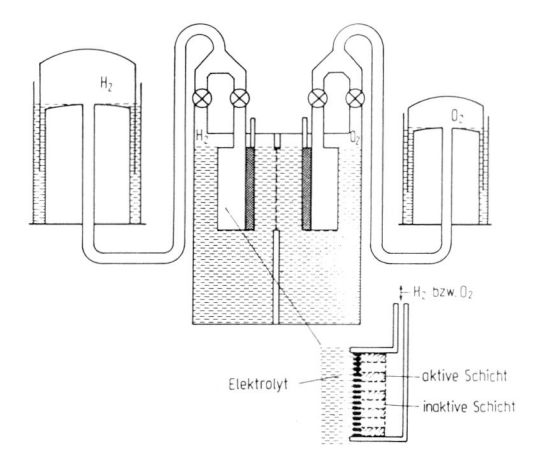

Abb. 14 Prinzipskizze eines H_2/O_2-Gasakkumulators mit Ventilelektroden nach Justi und Winsel /16/

troden mit Schichten unterschiedlicher Porosität einzusetzen /11/. Allerdings ist es mit Elektroden dieser Art nicht möglich, höhere Druckdifferenzen zu erzeugen. Durch die unterschiedliche Wasserstoffüberspannung bei den Ventilelektroden nach Winsel und Justi kann man beispielsweise mit der Titan/Nickel-Kombination Überdrucke von mehreren bar auf der Gasseite erzeugen.

Die Kombinationselektrode nach Kordesch für Gasentwicklung und Gasumsatz besteht aus einer porösen Nickelplatte mit aufgespritzter dünner Aktivkohleschicht. Die Kohleschicht steht mit der Gaszuführung (H_2 bzw. O_2) in Kontakt und enthält die entsprechenden Katalysatorzusätze, für die H_2-Oxidation z.B. fein verteiltes Platin. Die elektrolytseitig angebrachte Nickelplatte besitzt feine (mit Elektrolyt voll ausgefüllte) Poren von 2-4 µ zum Elektrolyten hin, eine grobporige Schicht (10-20 µ) liegt darunter und sorgt für eine gute Verzahnung mit der Kohleschicht. Die Porositäten und Schichtdicken sind so abgestimmt, daß sich die für die Gasumsetzung wirksame 3-Phasenzone Gas-Katalysator-Elektrolyt im Kontaktbereich zwischen grobporiger Nickelschicht und Kohleschicht einstellt. Gasseitig tritt kein Elektrolyt aus. Während der Elektrolyse werden die Gase elektrolytseitig abgeführt.

Es dürfte allerdings immer problematisch bleiben, bei einem Gasakku der Abb. 14 ein Ventil-Elektrodenpaar für beide Reaktionsrichtungen vergleichbar gut auszurichten. Die modernen Entwicklungen dürften daher auf eine Verbesserung zweier getrennter "Bausteine" Elektrolysezelle und Brennstoffzelle abzielen. Mit Elektrolysezellen, die bei 1,5 V bereits mehrere 100 mA/cm^2 Stromdichten zulassen, sind insgesamt Speicherwirkungsgrade zwischen 50 und 60 % zu erwarten.

Literatur

/1/ W.R. Grove: Phil. Mag. 14, 127 (1839)

/2/ W. Vielstich: "Fuel Cells", Wiley Interscience, London (1970)

/3/ W. Vielstich: "Fuel Cells", Wiley Interscience, London, S. 440ff (1970)

/4/ K. Kordesch: "Brennstoffbatterien", Springer Verlag, Wien 1984

/5/ priv. Mitteilung, Fa. Hitachi 1984

/6/ P.N. Ross, Jr.: Oxygen Reduction with Carbon Supported Metallic Cluster Catalysts in Alkaline Electrolyte, Proceedings of the Symp. on Electrocatalysis, The Electrochem. Soc., Pennington, N.J. 1982

/7/ O. Wolter and
J. Heitbaum: Ber. Bunsenges. Phys. Chem. 88, 2 (1984)

/8/ J. Willsau: Diplomarbeit Bonn, 1982

/9/ W. Vielstich und
U. Vogel: unveröffentlicht

/10/ A. Winsel: aus Ullmanns Encyklopädie der technischen Chemie, Verlag Chemie, Bd. 12, 113 (1981)

/11/ K. Kordesch: 6th World Hydrogen Energy Conference, Wien 1986

/12/ H.B. Gutbier: Elektrochem. Energietechnik, BMFT, S. 237 (1981)

/13/ H. Sauer: DBP 2941774 C 2 (1985)

/14/ A. Winsel: DECHEMA-Monographie Bd. 98, S. 181, Verlag Chemie, Weinheim 1985

/15/ M. Ritschel und
W. Vielstich: C_1-Chemie, Expertengespräch u. Statusseminar, Projektleitung Rohstofforschung, Kernforschungsanlage Jülich, S. 277 (1982)

/16/ E. Justi und
A. Winsel: Fuel Cells - Kalte Verbrennung, p. 248ff

/17/ R. Staab DECHEMA-Monographie Bd. 98, S. 83 (1985)

Systemanalyse einer Wasserstoff-Energiewirtschaft

W. Häfele, D. Martinsen, M. Walbeck
Systemforschung und Technologische Entwicklung der Kernforschungsanlage Jülich GmbH

Zusammenfassung

Ausgehend von der heutigen Rolle des Wasserstoffs in der Energieumwandlung und -verwendung und der für das übernächste Jahrhundert erwarteten Perspektive einer Energieversorgung, die auf Wasserstoff und Elektrizität basiert, wird ein System des Übergangs vorgestellt. Dieses "neuartige horizontale integrierte Energiesystem" (NHIES) genannte Konzept ist in der Lage, mittelfristig die geforderte Beseitigung von SO_2-, NO_x- und anderen Emissionen zu gewährleisten. Langfristig kann es durch den kontinuierlichen Übergang von einer kohlenstoffgestützten auf eine wasserstofforientierte Energieversorgung helfen, die Kohlendioxidemission zu vermeiden und während des Übergangs Zeit zu gewinnen, damit sich unsere heutigen Klimamuster bis dahin nicht verändern. Zur Analyse des NHIES wurde in Jülich eigens ein neuartiges Linear Programming-Modell entwickelt. Anhand ausgewählter Ergebnisse aus Rechnungen wird aufgezeigt, daß das NHIES den Anforderungen des Übergangs gerecht wird, wobei seine Marktdurchdringung über Kostenvorteile oder verschärfte Umweltauflagen erfolgen kann.

Summary

A system of transition is outlined starting from the present role of hydrogen in energy conversion and consumption, and taking into account the long-term perspective of an energy supply totally based upon electricity and hydrogen. The concept, termed Novel Horizontal Integrated Energy Systems (NHIES), is able to provide in the medium term for the requested removal of SO_2, NO_x and other emissions. In

the long term, it guarantees a continuous transition from a carbon
based energy supply towards a hydrogen oriented energy system. During
transition, it helps avoiding carbon dioxide emissions and preserving
todays climatic conditions. For the analysis of the NHIES, a special
linear programming model was developed in Jülich. Results of computer
runs with the model demonstrate the feasibility of NHIES as a system
of transition. Its market penetration depends upon future cost developments and the projection of future environmental standards.

Résumé

Un système de transition est présenté à partir du rôle actuel de
l'hydrogène dans la transformation et la consommation de l'énergie et
en tenant compte de la perspecture à long terme d'un approirsionne-
ment d'énergie entièrement basé sur l'électricité et l'hydrogène. Ce
système, NHIES, est capable à moyen terme d'assurer la suppression
exigée de SO_2, NO_x et d'autres émissions. A long terme, NHIES fermet,
grace au passage continu d'un système énergétique basé sur le carbone
à un système orienté vers l'hydrogène, d'éviter l'émission de gaz carbonique et ainsi de préverser les conditions climatiques actuelles.
Afin d'analyser ce système un nouveau "linear programming" modèle a
été développé à Jülich. Des résultats obtenus sur ordinateur démon-
trent les possibilités de NHIES en tant que système de transition.
Ses débouchés sur le marché dépendent des coûts de développement
futur et des contraintes dues à l'environnement.

Die Energiediskussion der jüngeren Vergangenheit, insbesondere im vorigen Jahrzehnt, befaßte sich in der Hauptsache mit Fragen des Energiebedarfs, der möglichen Bedarfsdeckung und den verfügbaren Vorräten
an Energie. Als Beispiel einer umfassenden internationalen Arbeit aus
dieser Zeit sei hier stellvertretend auf die IIASA-Studie "Energy in
a Finite World" verwiesen. Als positive Erkenntnis aus diesen Arbeiten mag gelten, daß die Deckung des zukünftig erwarteten Energiebedarfs bei einem klugen Umgang mit den Energieträgern kein Problem in
den nächsten Jahrzehnten ist. Neben den klassischen Erdölvorräten
gibt es in den Athabaska Öl-Sanden, den Coloradoschieferölvorräten
und den Schweröllagerstätten in Venezuela ölstämmige Reserven, die
die Förderreichweiten des Öls vervielfachen, und mit den Techniken
der Kohleveredlung, insbesondere zu Flüssigprodukten, können die weitaus größeren Kohlevorräte in Richtung mineralölproduktähnlicher End-

energieträger erschlossen werden.

Negative Erkenntnis und zugleich zu lösendes Problem in der Zukunft ist die qualitative Verschlechterung des Primärenergieangebots: Hier sind zu nennen die in Zukunft energieintensivere und aus geologischen Gründen ungünstigere und auch dadurch teurere Gewinnungsmöglichkeit von Primärenergieträgern einhergehend mit einem zunehmenden Anteil unerwünschter Heteroatome wie Schwefel oder Schwermetalle, die als Ballaststoffe den Energieträgern anhaften.

Sie werden bei der Nutzung, d.h. Verbrennung der Brennstoffe, als unerwünschte Schadstoffströme in Form von SO_2, NO_x und Schwermetallverbindungen im Nebenstrom zum gewünschten Energiestrom frei und in die Umwelt abgegeben. Mittlerweile hat man nun lernen müssen, daß unsere Umwelt für die Aufnahme solcher Schadstoffströme kein unbegrenztes Reservoir ist. Weitflächig auftretende Waldschäden und Gebäudeerosionen sind eine nicht mehr zu übersehende Umweltreaktion. Eine Vermeidung bzw. Reduzierung dieser Nebenströme entsprechend ihrer Toxidität ist daher eine kurz- bis mittelfristige Aufgabe, die mit der Energienutzung einhergeht. Dabei ist zu beachten, daß nach dem Massenerhaltungssatz die Schadstoffe nicht zu beseitigen sind, sondern nur kontrolliert mit ihnen umgegangen werden kann mit dem Ziel, ihre schädlichen Auswirkungen zu beseitigen. In Jülich wird daher diese Problematik unter dem Begriff "Stoffströme" im Hinblick auf zu erstellende Massenbilanzen, Schließen von Stoffströmen, Analysen der Toxizidität in einem neuen Projekt verfolgt.

Langfristig, d.h. in einer Zeitdimension von 50-100 Jahren, gewinnt ein weiteres Problem bei der Nutzung der fossilen Energieträger an Gewicht. Jede Verbrennung, d.h. Oxidation von Kohlenstoff, der ja Hauptbestandteil der fossilen Energieträger ist, führt zum Endprodukt CO_2. Vor dem Hintergrund steigender Bevölkerungszahlen und wachsenden Energieverbrauchs führt die CO_2-Produktion bei Beibehaltung der derzeitigen Nutzungsweise der fossilen Energieträger langfristig zu einer und schließlich mehrfachen Verdoppelung der CO_2-Konzentration in der Erdatmosphäre. Aufgrund der Absorptionseigenschaften des CO_2-Moleküls führt ein Anstieg der CO_2-Konzentration zu einer Verringerung der Wärmeabstrahlung, ähnlich der Wirkung der Glasscheiben eines Gewächshauses. Man spricht daher in diesem Zusammenhang auch vom Greenhouseeffekt. Mit der angesprochenen Verdoppelung der CO_2-Konzentration könnte ein Schwellenwert überschritten werden, bei dem die resultierende globale Erhöhung der Durchschnittstemperatur der Atmosphäre zu gravierenden Veränderungen unserer Klimamuster auf der Erde bis hin zum Abschmelzen der Festlandseismassen, Erhöhung des Meeresspiegels und daraus folgend zum Verlust ganzer Lebensräume für die Menschheit führen kann. Einhergehend mit der langfristig unbestrittenen Verknappung leicht gewinnbarer fossiler Energieträger sollte daher die Energieversorgung des übernächsten Jahrhunderts auf minimalem C-Verbrauch aufbauen. Es sollte zudem die mittelfristig anstehende Aufgabe der Vermeidung von Schäden durch die angesprochenen Nebenströme durch die Beseitigung von Schadstoffströmen bzw. durch die Schließung von Stoffströmen bis hin zur geordneten Deponierung (Endlagerung) gelöst sein.

Für diese Aufgabenstellung gibt es langfristig eine Lösung: Sie heißt Strom und Wasserstoff aus Kernenergie und Sonnenenergie.

Mit der Sonnen- und der Kernenergie inclusive des Brutvorgangs stehen zwei sich regenerierende Primärenergiequellen zur Verfügung, die ohne Verbrauch von C-Atomen über den Strom im geschlossenen Kreislauf dem Verbraucher Nutzenergie für die erforderliche Energiedienstleistung wie Wärmeproduktion, Kraft zum Betreiben von Maschinen und Informationsübertragung zuführen. Dabei ist die Sonne eine im menschlichen Zeitraum gemessene unerschöpfliche (regenerative) Energie. Die Kernenergie, deren Verwendung bereits durch die Schließung des Brennstoffkreislaufs im geschlossenen Stoffstrom angewendet wird, wird durch die bei Nutzung des Brutprinzips erreichte Streckung der Uran- und Thoriumvorräte ebenfalls zu einer, in menschlichen Zeiträumen gemessen, unerschöpflichen Energiequelle.

Der Strom ist bei seiner Anwendung frei von jeglicher Freisetzung von Schadstoffströmen. Jedoch ist er nicht als alleinige Lösung einsetzbar. Aufgrund seiner schlechten Speicherfähigkeiten ist er nicht für mobile Anwendungen geeignet - man kann mit ihm z.B. kein Flugzeug betreiben - und er ist an ein physikalisch vorhandenes Leitungsnetz gebunden, was ihn in Anwendungen bei geringen Energiedichten unattraktiv macht.

Ein zweiter Energieträger ist erforderlich, der die Eigenschaften unserer heutigen flüssigen Energieträger, nämlich Speicherfähigkeit und Ungebundenheit an ein physikalisches Netz, d.h. die Möglichkeit der diskreten Energieanlieferung bei zeitlich von der Produktion entkoppeltem Verbrauch ermöglicht. Wasserstoff als Energieträger erfüllt diese Anforderungen. Er kann zudem umweltkonform als Energiesystem in der Abfolge Wasser - Wasserspaltung zu Wasserstoff - Verbrennung zu Wasser als geschlossener Kreislauf ebenfalls unter Zuhilfenahme von Kernenergie und Sonne betrieben werden.

Ein solches Energiesystem mit Wasserstoff und Elektrizität bedeutet
eine völlige Umstrukturierung der heutigen Energieversorgung und Nutzung. Wie die Vergangenheit zeigt, bedarf es zu ihrer Realisierung
eines Zeitraums von etwa 100 Jahren. Unsere Aufgabe besteht darin,
den Weg zu finden von unserem heutigen Zustand in die unbestritten
mögliche umweltkonforme Zukunftsprojektion. Hierbei ist die mittelfristige anstehende Aufgabe der SO_2-, NO_x-Nebenstromreduzierung ebenso
zu lösen wie im Hinblick auf die anstehende CO_2-Problematik Zeit zu
gewinnen, damit das Timing für die Einführung der neuen Energieversorgung der Zukunft paßt.

Für die Stromerzeugung ist zu erkennen, daß wir hier bereits auf dem
Weg sind. Für die Wasserstoffanwendung ist dieser Weg nicht so klar erkennbar. Darum sei auf die derzeitige Verwendung des Wasserstoffs sowie
deren zeitliche Entwicklung in der Vergangenheit näher eingegangen.

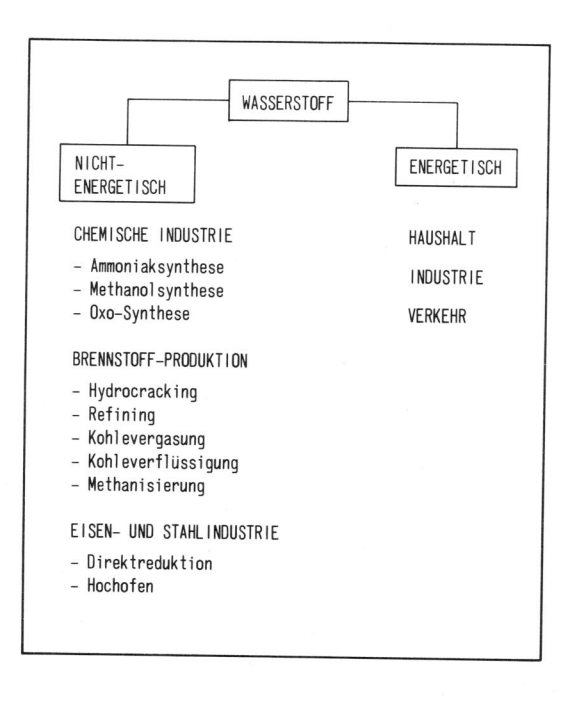

```
                         WASSERSTOFF
                    ┌─────────┴─────────┐
              NICHT-                ENERGETISCH
           ENERGETISCH

        CHEMISCHE INDUSTRIE          HAUSHALT
         - Ammoniaksynthese          INDUSTRIE
         - Methanolsynthese
         - Oxo-Synthese              VERKEHR

        BRENNSTOFF-PRODUKTION
         - Hydrocracking
         - Refining
         - Kohlevergasung
         - Kohleverflüssigung
         - Methanisierung

        EISEN- UND STAHLINDUSTRIE
         - Direktreduktion
         - Hochofen
```

Bild 1: Verwendungsbereiche des Wasserstoffs

Bild 1 zeigt die möglichen Einsatzgebiete des Wasserstoffs. In der rechten Bildhälfte sind die energetischen Einsatzgebiete aufgezeigt. Sie spielen heute wie in der Vergangenheit, von Ausnahmen abgesehen, keine Rolle. Linker Hand ist der Wasserstoffeinsatz im Bereich des nichtenergetischen Bedarfs angegeben. Die Mengen sind hier schon deshalb nicht groß, weil der nichtenergetische Bedarf nur etwa 5 % des gesamten Energiebedarfs ausmacht. Dabei ist unter nichtenergetischem Bedarf der Bedarf an Energierohstoffen zu verstehen, die z.B. bei der Ammoniaksynthese in der Chemie oder bei Produktionsprozessen, wie der Stahlerzeugung, zur Herstellung von Produkten (z.B. Ammoniak) verwendet werden, die nicht energetischen Zwecken, z.B. der Düngung oder Lackherstellung dienen. Ausnahmen können hier aber z.B. wie bei der Methanolherstellung auftreten, wenn das Produkt als Bestandteil von Kraftstoffen indirekt doch energetischen Zwecken zugeführt wird. Hier liegt dann ein indirekt energetischer Einsatz von Wasserstoff als Bestandteil oder Anlagerungsprodukt in einem Brennstoff vor. Somit ist also die Wasserstoffanlagerung bei der Brenn- und Treibstoffproduktion als energetische Verwendung einzuordnen. In diesem Sinne trägt Wasserstoff auch bei der Nutzung der fossilen Energieträger zur Energiefreisetzung bei, da er deren natürlicher Bestandteil ist.

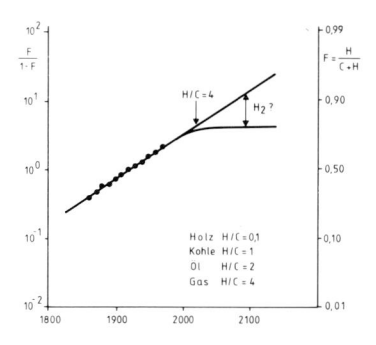

Bild 2: Wasserstoff- zu Kohlenstoffverhältnis (H/C) fossiler Brennstoffe in der Welt, 1860-2100 /1/

So liegt das atomare H/C-Verhältnis bei Holz bei 0,1, bei Kohle bei ca. 1, bei Öl bei ca. 2 und bei Erdgas bei ca. 4, und es werden bei Erdgas etwa die Hälfte, bei Öl etwa 1/3 und bei Kohle ungefähr 1/5 der Verbrennungsenergie über die Oxidation von Wasserstoff freigesetzt.

Somit gibt es zwei prinzipielle energetische Verwendungsarten des Wasserstoffs:
1. die Verwendung reinen Wasserstoffs als Energieträger, die die Zukunftsaufgabe darstellt,
2. die Verwendung des Wasserstoffs in der Mischung mit dem Kohlenstoffatom, die heute bereits stattfindet und die den Übergang in die reine Wasserstoffwirtschaft gleitend möglich machen könnte.

Ein Blick in die Vergangenheit zeigt, daß das H/C-Verhältnis ständig zugenommen hat.

Bild 2 zeigt die Entwicklung des H/C-Verhältnisses der weltweit genutzten Brennstoffe ab 1850. Man erkennt seine ständige Erhöhung, die verursacht wurde durch den Übergang von der Holz- über die Kohle- zur zunehmenden Öl- und Gasverwendung.

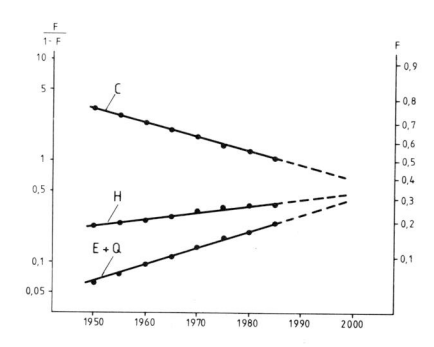

Bild 3: Energiebeiträge (F) der Basiselemente Kohlenstoff (C), Wasserstoff (H) und Strom/Wärme (E + Q) am Endenergiebedarf der Bundesrepublik Deutschland

In ähnlicher Darstellung ist die Entwicklung für die Endenergienachfrage der Bundesrepublik Deutschland in Bild 3 gegeben, die kongruent verlaufen ist.

Wie man unschwer aus dem Bild 2 ableiten kann, kann selbst die alleinige Verwendung von Erdgas als Brennstoff nicht über das H/C-Verhältnis 4 hinausführen. Für den Weg H/C $\rightarrow \infty$ sind daher prinzipiell neue Lösungsansätze notwendig.

Ein solcher neuer Lösungsansatz wurde mit dem Konzept der neuartigen horizontalen integrierten Energiesysteme (NHIES) geschaffen. Die Idee dieses Konzepts erklärt Bild 4: Wenn man die innere Struktur der gegenwärtigen Energiesysteme betrachtet, so sieht man, daß deren Ausgangssubstanzen (Öl, Kohle, Gas, Kernenergie) zwar waagerecht miteinander konkurrieren, im wesentlichen aber jeder Primärenergieträger zugleich auch Basis (oder besser Kapitel) einer industriellen Säule über seine Weiterverarbeitung bis zum Endenergieträger ist. Jede dieser Säulen ist zwar in sich optimiert, aber es besteht kaum eine Wechselwirkung mit den Nachbarsäulen, was sich z.B. in einer geringen Austauschbarkeit der Brennstoffe dokumentiert.

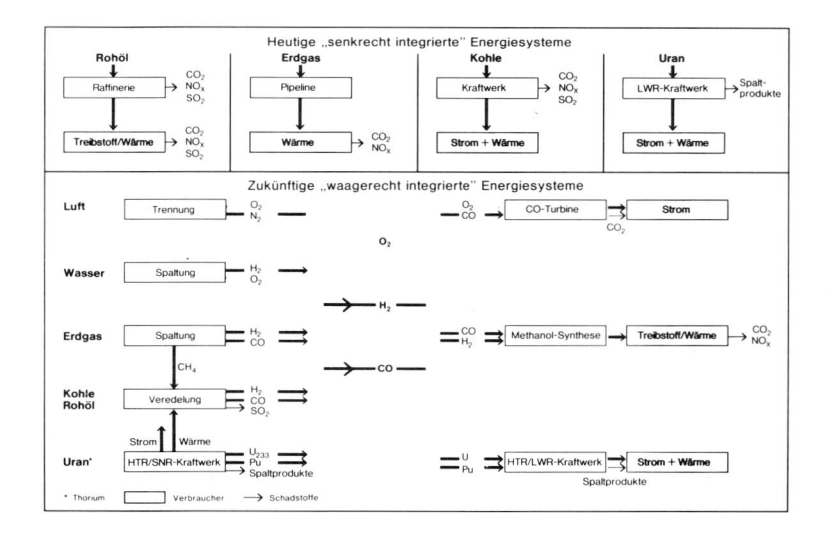

Bild 4: Heutiges vertikal integriertes Energiesystem und das neuartige horizontal integrierte Energiesystem (NHIES)

Ob man diese senkrechten, nicht durch andere, hier "waagerecht" genannte Strukturen ersetzen kann, ist ein zentraler Punkt des Konzeptes. Die Grundidee ist in den folgenden drei Leitgedanken zusammengefaßt:

1. Zerlegung der Einsatzstoffe und Reinigung
Bei der Zerlegung der fossilen Primärenergieträger kann zugleich eine weitgehende Reinigung von den begleitenden Elementen wie z.B. Schwefel erfolgen. Die Zerlegung beinhaltet ebenfalls die Zerlegung von Luft (und damit die Ausschließung des Stickstoffstroms) und des Wassers. Es entstehen damit praktisch die 3 Hauptprodukte Kohlenmonoxid CO, Wasserstoff H_2 und Sauerstoff O_2.

2. Vernetzung verschiedener Konversionsverfahren auf der Basis unterschiedlicher Primärenergieträger bei der Zerlegung in die wesentlichen Energiebausteine CO, H_2, O_2
Hier wird wie bei der Stromerzeugung erreicht, daß für den Endverbraucher die Abhängigkeit von nur einem Primärenergieträger aufgehoben wird, denn im Konversionsbereich wird die Flexibilität durch die gemeinsame Nutzung aller Primärenergieträger zur Produkterstellung und durch den unterschiedlich starken Rückgriff oder Verzicht auf einen bestimmten Primärenergieträger möglich ohne Auswirkung auf die Produkte $CO/H_2/O_2$.

3. Stöchiometrische Allokation und Synthese der Endenergieträger
Dies bedeutet: Die Stöchiometrie der Endenergie ist spezifisch identifiziert und für den Einsatz der Hauptprodukte bestimmend. Beispielsweise soll hier davon ausgegangen werden, daß die Zusammensetzung der Endenergie zu 80 % aus Methanol und zu 20 % aus Elektrizität besteht. In diesem Falle und unter der Annahme, daß als Primärenergie-Einsatzstoff das Kohlenstoffatom verwendet wird, lautet der "Demandit", als fiktives Molekül zur Charakterisierung des Endenergiebedarfs, wie folgt:

$$0,8 \text{ kcal} \times \frac{1 \text{ mol } CH_3OH}{180 \text{ kcal}} + 0,2 \text{ kcal} \times \frac{1 \text{ mol } CO_2}{90 \text{ kcal}} \times \frac{1}{\eta}$$

(η = Wirkungsgrad der Umwandlung in Elektrizität)

Mit der Normalisierung auf 1 Kohlenstoffatom und unter der Annahme eines Wirkungsgrades von 1/3 für die Elektrizitätsproduktion wird für den "Demandit" des hier betrachteten Beispiels das folgende erhalten:

$$C \times H_{1,6} \times O_{1,6}$$

Die stöchiometrische Zuordnung meint dann die Zuordnung von CO, H_2 und O_2 in einer solchen Weise, daß stöchiometrisch Übereinstimmung mit dem "Demandit" erreicht wird. Im betrachteten Beispiel bedeutet dies:

$$CO + 0,8\ H_2 + 0,3\ O_2$$

Die Anwendung eines solchen Systems erlaubt den sparsamen Umgang mit dem Kohlenstoff und im Prinzip die Nullemission der Nebenströme wie NO_x und SO_2. Es erlaubt bei Verzicht auf die CO-Schiene auch die Nullemission des CO_2, wobei - was für eine Lösung des "Übergangs" wichtig ist - dieser Verzicht gleitend sein kann.

Ein Gedankenbeispiel soll für CO_2 und SO_2 die Vorteile des Systems konkreter aufzeigen: Betreibt man z.B. für die Synthesegasproduktion einen Eisenbadvergaser alleine, so muß man aufgrund des hohen CO-Gehaltes im Rohgas konvertieren - und damit CO_2 freisetzen -, um die Methanolsynthese bedienen zu können. Betreibt man aber z.B. zusätzlich die Ergasspaltung, die H_2-Überschuß liefert, so kann man diese CO_2-Emissionen vermeiden und im Synthesegas ein stöchiometrisch richtiges Verhältnis der Methanolsynthese darbieten. Im übrigen fällt bei allen Verfahren der Schwefel bei der Gasproduktion heraus. Es entsteht aus schwefelhaltigen Primärenergieträgern ein schwefelfreier Endenergieträger.

Im Rahmen dieses NHIES-Konzepts ist nicht nur die Verwendung des H_2 als Baustein in Verbindung mit dem C-Atom möglich, sondern auch seine reine Verwendung. Ist also in ferner Zukunft auch die bei der Verbrennung von Methanol erzeugte CO_2-Freisetzung zu vermeiden, indem man das Methanol beim Endverbrauch durch H_2 ersetzt, so kann dementsprechend die CO-Schiene des Systems zurück- und die H_2-Schiene heraufgefahren werden und Wasserstoff als Endenergieträger abgegeben werden.

Die technische Realisierbarkeit eines Konzepts ist zwar Voraussetzung, jedoch nicht treibende Kraft für die Einführung neuer Systeme. Vielmehr entscheidet letztendlich die Konkurrenzfähigkeit, d.h. die Kostenfrage über die Penetranz eines Energiesystems oder Gesamtkonzepts in den Markt. Dies gilt auch für ein solches System im Übergang zu den Anforderungen von Systemen des übernächsten Jahrhunderts. Jedoch scheint die Einführung möglich, wenn man sich folgenden Gedankengang zu eigen macht: Die Energiewirtschaft reagiert bei ihren konventionellen Energiesystemen auf Verschärfungen von Umweltauflagen, indem sie die entstandenen Schadstoffe nach der Nutzung des Energieträgers ausfiltert bzw. in unschädliche Produkte umwandelt. So rüstet z.B. die Elektrizitätswirtschaft aufgrund der verschärften Auflagen der Großfeuerungsanlagenverordnung (GFAVO) ihre fossilen Kraftwerke mit Rückhalteeinrichtungen im Rauchgas für SO_2 und NO_x aus. Dieses verursacht naturgemäß Zusatzkosten - allein in diesem Bereich ca. 20-25 Mrd DM an Investitionen. Treibt man nun die Reinheitsanforderungen sehr weit, so kommt man unweigerlich in den Bereich überproportional steigender Kosten. Im Bild 5 ist diese Situation am Beispiel eines Steinkohlekraftwerks aufgezeigt. Auch jede Forderung, zusätzlich andere Schadstoffabgaben zu vermeiden, führt zu weiteren Kostenbelastungen. Die Vermutung liegt nahe, daß auch laterale Lösungsansätze wie die neuartigen horizontalen integrierten Energiesysteme, die zunächst unter heutigen Bedingungen zu teuer erscheinen, dann zunehmend kostengünstiger und damit konkurrenzfähig werden.

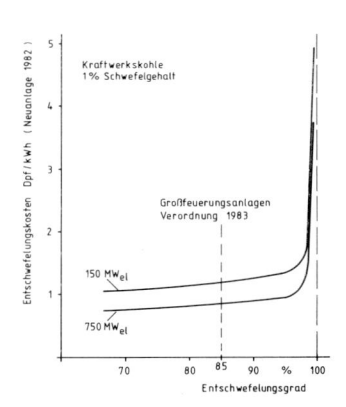

Bild 5: Kosten der Naßverfahren zur Rauchgasentschwefelung für deutsche Steinkohlekraftwerke

Die Kostenfrage ist daher für die Beurteilung der Chancen eines solchen neuen Systems, das in die Zukunft führt, von großer Bedeutung. Somit besteht ein systemanalytischer Ansatz der Arbeiten in der KFA darin, mögliche Technologiekombinationen im Rahmen des vorgestellten Konzepts auf ökologische Vorteile und kostenoptimale Verknüpfungen zu untersuchen und sie sodann in Konkurrenz zu bestehenden Energiesystemen, z.B. bei wachsenden Umweltauflagen, zu betrachten. Das sich aus den 3 Leitgedanken des NHIES - Zerlegung, Vernetzung, stöchiometrische Allokation - ergebende heuristische Prinzip der "Nullemission" liefert dabei die Denkanstöße, die sowohl neuen Systemen als auch den bestehenden zugute kommen können.

Bei der Bearbeitung der Fragestellung muß mit einer großen Menge von Daten - Technologieparametern, Bedarfsmengen, Produktionsmengen - umgegangen und ihre Entwicklung im betrachteten Zeitraum betrachtet werden. Das geeignete Analyseverfahren ist hierzu die Methode des "linear programming" (LP). Diese Methode hat zum einen ihre Funktionsfähigkeit bei der Bewältigung großer Datenmengen schon unter Beweis gestellt und gestattet die Organisation der Datenvielfalt. Zum anderen bildet das LP dynamische Vorgänge ab. Und gerade die Einführung dieses neuen Systems in den nächsten Jahrzehnten, also die Dynamik des Übergangs, ist ja im vorliegenden Fall das zu behandelnde Problem. Daher ist das LP das geeignete Instrumentarium.

Bestehende LP's beschreiben die Energiebedarfsdeckung, -umwandlung und Primärenergieträgerbereitstellung auf der Basis von Energieströmen. Um den Gedanken der stöchiometrischen Allokation und den Verbleib von nichtenergetischen Flüssen in die Umwelt, wie z.B. die NO_x-Abgabe oder die CO_2-Freisetzung, in die Optimierung einbeziehen zu können, wurde in Jülich ein neues LP erstellt. Auf der Basis eines klassischen in Jülich benutzten LP's (MARKAL) wurde für die Behandlung der neuartigen Energiesysteme das LP "MARNES" geschaffen. Es beschreibt zum einen klassische Energieströme, wie den Strom auf der Basis von Energieeinheiten (kWh), geht aber darüber hinaus, indem es weitere Energieströme durch ihre Massenströme bzw. Hauptkomponenten der Massenströme auf der Basis des Mols beschreibt. Folgende Ströme werden behandelt: CO, CO_2, CH_4, H_2, O_2, N_2, NO_x, SO_2 sowie Zwischenprodukte des Raffinerieprozesses. Diese Komponentenströme können gemischt, in der Mischung verwendet oder getrennt werden. Sie sind wie die Energieströme Gegenstand der Optimierung. Dieses erstmalig in Jülich verwendete und erstellte Modell ermöglicht also, nicht nur mit Energieströmen quantitativ, sondern auch mit Qualitäten von Energieströmen umzugehen. Es erlaubt daher, die stöchiometrische Allokation nachzuvollziehen, die Vernetzung von Energieströmen aufgrund von Qualitätsinformationen vorzunehmen und die Zerlegung der Einsatzenergierohstoffe abzubilden. Es erlaubt zudem die bei der Energieumwandlung und -nutzung entstehenden "nichtenergetischen" Stoffströme in die Umgebung (SO_2-, NO_x-, CO_2-Abgabe in die Umwelt) zu erfassen.

Im Modell MARNES werden die Technologien und ihre Verknüpfungen im Op-

Energiewirtschaft

timierungsverfahren unter der Zielfunktion volkswirtschaftliche Kostenminimierung ausgewählt. Die Energieversorgung wird von der Primärenergieträgerebene bis hin zur Energiedienstleistung (z.B. gefahrener Pkw-km, Raumwärme) in einem Programm abgebildet (s. Bild 6). Dabei können als restriktive Randbedingungen Auflagen, z.B. auf die Emissionen, vorgegeben werden und die darauf erfolgende Reaktion des Systems analysiert werden.

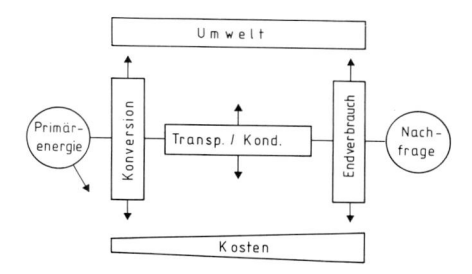

Bild 6: Grundstruktur des Linear Programming-Modells MARNES

Das LP-Modell (MARNES) besteht aus einem NHIES-Modul und einem konventionellen Energiesystem-Modul. Der NHIES-Modul beinhaltet eine Zusammenschaltung von ca. 70 Technologien. Die wesentlichen Technologiegruppen sind in Bild 7 dargestellt:

1. Die Gruppe der Wasserstoff- und Sauerstoffproduzenten. Hier sind Luftzerlegungs- und Elektrolyseanlagen erfaßt.
2. Die Gruppe der Kohleveredlungstechnologien, die SNG, Synthesegas, d.h. CO/H_2-Gemische herstellen, mit der Möglichkeit, über Trennanlagen CO oder H_2 getrennt auszuschleusen. Hier sind nukleare als auch autotherme Verfahren abgebildet.
3. Die Gruppe der Erdgas- und Öl-Zerlegungsverfahren zu Synthesegas mit der Möglichkeit der Ausschleusung einzelner Gaskomponenten.
4. Konvertierungs- bzw. Mischverfahren.
5. Synthesegas bzw. CO- und H_2 Umwandlungsverfahren (Methanolsynthese, H_2-Mischverfahren zu Erdgas, H_2-Turbine, CO-Turbine).
   - Bei der CO-Turbine ist daran gedacht, bei der Verwendung von CO und O_2 eine neue Turbinen-Technik einzusetzen.

Die Verbrennung des Brennstoffs zwischen den Stufen einer Turbine würde eine isotherme Expansion und damit einen Wirkungsgrad in der Gegend von 60 % ermöglichen, was gleichzeitig eine Erniedrigung der spezifischen Emissionen von CO_2 bedeutete. Das Energielaboratorium des Massachusetts Institute of Technology (MIT) verfolgt die neuartigen Möglichkeiten von CO-Turbinen. Zwischen dem MIT und der KFA existiert eine Zusammenarbeit bei der Entwicklung des NHIES.

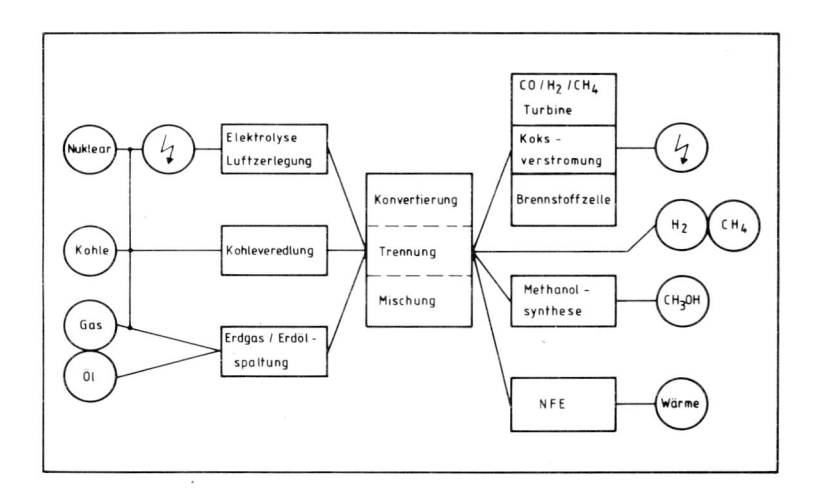

Bild 7: Technologiegruppen im NHIES-Modul des Modells MARNES

Das NHIES-System kann somit durch Auswahl aus der gesamten Primärenergie-Palette Kernenergie, Braun-, Steinkohle, Erdgas, Öl für den Endenergieverbrauch Strom, H_2, CH_4, CH_3OH, Erdgas + H_2 bereitstellen, d.h., es kann im Prinzip die gleichen Energiebedürfnisse der Gesellschaft erfüllen wie die konventionellen Systeme. Es steht damit in Konkurrenz als Additiv oder als Alternative zum konventionellen Modul. Der konventionelle Modul besteht aus 4 Sektoren, dem Elektrizitätssektor, Raffineriesektor, Gassektor, Kohlesektor. Hinzu kommt die Abbildung der Endverbrauchertechnologien nach den Sektoren Haushalt und Kleinverbrauch, Industrie und Verkehr. Ca. 150 Technologien sind zur Beschreibung dieser Sektoren abgebildet.

Zur Lösung der Problematik kann das Modell MARNES zwischen den Möglichkeiten des konventionellen Energiesystems und dem NHIES-System wählen. Der Zeithorizont des Modells beträgt 50 Jahre, die in acht 5-Jahres-, respektive 10-Jahresperioden aufgeteilt sind.

Angesteuert wird das Modell durch ein exogen vorgegebenes Nutzenergieszenario auf der Endverbraucherebene. Dieses Szenario wird durch ein Simulationsmodell aus exogenen Parametern wie BSP-Wachstum, Energiepreisen, Einsparrate etc. erstellt.

Das im folgenden als Basis betrachtete Szenario (Bild 8) weist nur mäßige Änderungen gegenüber dem Status quo auf.

	1980	2000	2030
BSP Index	100	150	148
Wohnbevölkerung (Mio Personen)	61	58	46
Personenverkehr (Mrd km/a)	324	369	298
Güterverkehr (Mrd tkm/a)	246	314.5	299
– Straße	137	202	190
– Schiene	61	60.5	59
– Wasser	48	52	50
Stahlerzeugung (Mio t/a)	38	36	35
Prozeßwärme (TWh/a)	300	281	220
Raumwärme (TWh/a)	555	536	436
Licht und Kraft (TWh/a)	193	209	204

Bild 8: Grunddaten und Resultate des zugrundegelegten Nachfragescenarios, 1980-2030

Es wurde angenommen, daß keine tiefgreifenden und lang anhaltenden gesellschaftlichen und wirtschaftlichen oder politischen und militärischen Krisen auftreten. Das heutige Wirtschaftssystem und die weltwirtschaftliche Verflechtung der Bundesrepublik bleiben erhalten.

Das Wirtschaftswachstum setzt sich mit Steigerungsraten bis zu 2,5 %/a fort, schwächt sich aber zum Ende des Betrachtungszeitraumes stark ab, da die Bevölkerung – bei Fortschreibung des derzeitigen Reproduktionsverhaltens – stark abnimmt. Pro Kopf der Bevölkerung bleibt aber Wachstum erhalten. Als weitere Rahmenbedingung wurde gesetzt, daß keine physische Verknappung bei fossilen und nuklearen Primärenergieträgern auftritt. Die Nutzung der Kernenergie erfolgt nach ökonomischen Kriterien. Mineralöl behält die Preisleitfunktion. Der Trend zum rationellen Energieeinsatz hält an. Das Verursacher- und Vorsorgeprinzip im Umweltschutz findet stärkere Beachtung.

Diese Annahmen und auch die daraus resultierende Entwicklung der Nachfrage nach Energie decken sich weitgehend mit neuen Prognosen (Shell, Prognos), die allerdings nicht so weit in die Zukunft projizieren.

Über diese grundsätzlichen Szenarioannahmen hinaus wurden für die Rechnungen mit dem Modell einige Restriktionen eingeführt, die sich aus politischen und physischen Erwägungen heraus ergeben. Dies ist erforderlich, weil die im Modell verwendete Zielfunktion der Kosten nicht politische Vorgaben, wie z.B. die Erhaltung der deutschen Steinkohleförderung aus versorgungspolitischen und arbeitsmarktbedingten Gründen, erfassen kann, ebenso wenig, wie sie Förderobergrenzen, die z.B. aus der zumutbaren Flächennutzung des Braunkohletagebaus abzuleiten sind, berücksichtigen kann.

Diesen erforderlichen Restriktionen trägt man in den Modellrechnungen durch Vorgabe von Grenzen (Bounds), die nicht über- bzw. unterschritten werden dürfen, Rechnung. Die wichtigsten Vorgaben waren in den Rechnungen:

für die Steinkohle: eine Mindestfördermenge von 75 Mio t/a, die nach 2000 sukzessive bis auf 40 Mio t/a gesenkt wird
für die Braunkohle: eine Obergrenze von 130 Mio t/a und eine Untergrenze von 110 Mio t/a, die im Laufe der Zeit auf 50 Mio t/a zurückgenommen wird

Darüber hinaus wurde angenommen, daß nicht mehr als 50 % der Haushalte mit Gas und nicht mehr als 15 % mit Fernwärme wirtschaftlich versorgt werden können, da höhere Versorgungsgrade immer die Versorgung von Gebieten mit geringeren Energiedichten bedeuten, was bei leitungsgebundenen Energieträgern zu überproportionalen Kostensteigerungen führt.

Ferner wurden Obergrenzen des Kohleeinsatzes bei der Prozeßwärmeerzeugung eingeführt, die Randbedingungen wie fehlende Flächen für den zusätzlichen Platzbedarf und Nutzungsnachteile berücksichtigen, sowie Untergrenzen für Strom für Prozeßwärme, da hier auch ein Teil des Kraftbedarfs sowie Strom für Regelzwecke und sonstige Anwendungen wie Schmelzvorgänge unter diesem Begriff subsummiert sind.

Ferner wurde vorgegeben, daß für alle Anlagen auch in Zukunft die Großfeuerungsanlagenverordnung (GFAVO) und Technische Anleitung (TA-) Luft einzuhalten sind sowie daß die EG-Regelungen für den Pkw-Verkehr greifen.

Unter Einhaltung aller Randbedingungen errechnet dann das Modell über den Betrachtungszeitraum die kostengünstigste Allokation aller Technologien als Funktion der Zeit. Hierbei spielt auch die Wahl der Diskontrate eine Rolle, da die diskontierten Kosten in die Zielfunktion eingehen. Die Diskontrate wirkt wie der Vergrößerungsfaktor eines bei der Betrachtung umgedrehten Fernglases: Je weiter weg (in der Zeit) eine Investition liegt, desto mehr wird sie verkleinert, je größer die Diskontrate ist, desto stärker ist die Verkleinerung. Man berücksichtigt also über die Einführung einer Diskontrate in die LP-Rechnung das Verhalten des Menschen, der eine naheliegende Entscheidung für wichtiger hält als eine in Zukunft zu treffende Entscheidung.

Im vorliegenden Fall wurde mit einem (realen) Diskontfaktor von 5 %/a gerechnet, der bei langfristigen volkswirtschaftlichen Betrachtungen durchaus üblich ist. Die Wahl der Höhe des Diskontfaktors ist zur Zeit noch Gegenstand gemeinsamer Untersuchung der KFA und des Institutes für Wirtschaftsforschung an der ETH Zürich.

Ausgehend von dem skizzierten Nachfrageszenario und den gesetzten Bounds sowie der genannten Diskontrate sollen nunmehr zwei Rechenläufe mit dem Modell MARNES auszugsweise vorgestellt werden.

Hierbei sollen die erhaltenen Aussagen nicht als Prognose, sondern als plausible denkbare Lösungen für eine zukünftige vorgegebene Aufgabenstellung verstanden werden.

In beiden hier zugrundegelegten Rechnungen wurden die Begrenzungen für NO_x und SO_2 sowohl in ihrem zeitlichen Verlauf als auch in ihrer absoluten Höhe entsprechend der Großfeuerungsanlagenverordnung, TA-Luft sowie im Verkehr entsprechend den EG-Regelungen für die Katalysatoreinführung als einzige Umweltauflagen berücksichtigt.

Die beiden Rechenläufe unterscheiden sich dadurch, daß das Modell im ersten Fall eine Lösung ohne NHIES-Technologien errechnet, während im zweiten Rechenfall eine Einführung des NHIES als wirtschaftlich günstigere Lösung erfolgt.

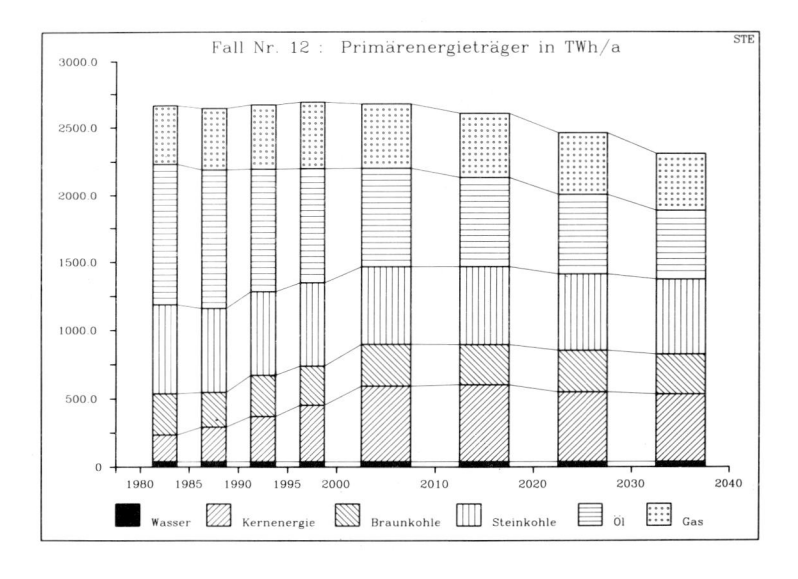

Bild 9: Errechneter Primärenergieträgerbedarf bis 2030 ohne Einführung des NHIES

Um eben diese Auswirkungen der Einführung der neuen Technologien bewerten zu können, ist im nächsten Bild 9 der vom Modell nach kostenoptimalen Kriterien im ersten Fall errechnete Primärenergiebedarf ohne die Einführung der NHIES-Technologien gezeigt. Im Modell wurden in diesem Fall die NHIES-Technologien unterbunden. Entsprechend dem Verlauf der vorgegebenen Nutzenergienachfrage ergibt sich bis zum Jahr

Energiewirtschaft 333

2000 ein etwa konstanter Primärenergiebedarf, der dann - im wesentlichen durch die Bevölkerungsentwicklung verursacht um ca. 10 % zurückgeht. Dabei sinkt der Ölanteil über ca. 30 % auf 22 %, Stein- und Braunkohle behalten ihre Positionen, während der Gasanteil leicht und die Kernenergie stärker ansteigen.

Bei der Endenergie wiederholt sich die Tendenz konstanter Verlauf bis 2000 und Rückgang bis 2030. Verlierer ist Öl zugunsten aller anderen Energieträger (Bild 10).

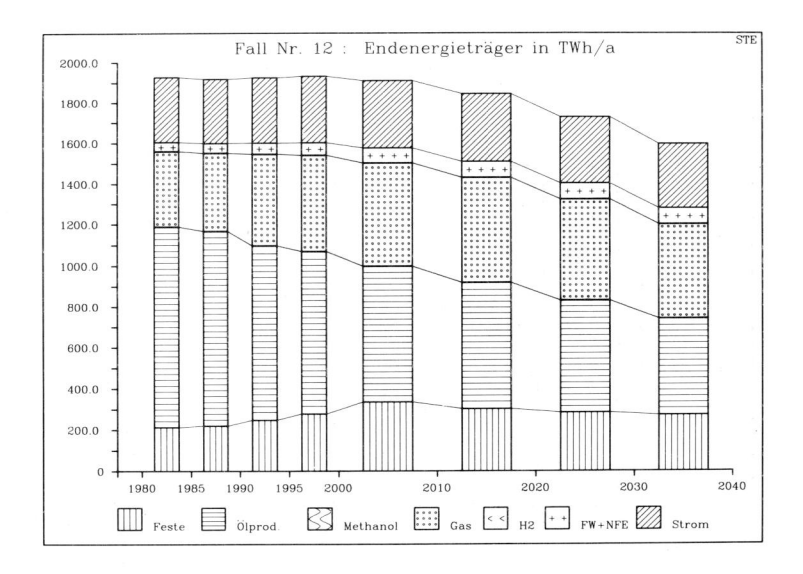

Bild 10: Errechneter Endenergieträgerbedarf bis 2030 ohne Einführung des NHIES

Das nächste Bild 11 zeigt die resultierenden Emissionen von NO_x und SO_2. Die Schwefelemissionen gehen um ca. 85 %, die Stickoxide um ca. 70 % zurück. Dies ist im wesentlichen eine Konsequenz der Anwendung der GFAVO und der verordneten Emissionsminderungsmaßnahmen im Verkehr.

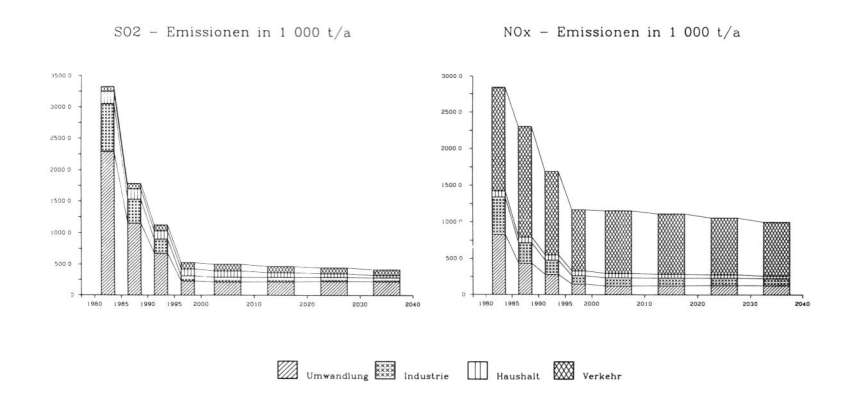

SO2 - Emissionen in 1 000 t/a   NOx - Emissionen in 1 000 t/a

//// Umwandlung   ▓▓ Industrie ||| Haushalt   ▒▒ Verkehr

Bild 11: Errechnete Entwicklung der NO_x- und SO_2-Emissionen ohne
Einführung des NHIES

Entsprechend dem höheren Kernenergieanteil reduzieren sich aber auch
die CO_2-Emissionen um ca. 25 %.

Bei sonst gleichen Randbedingungen wurde die gleiche Rechnung mit
Freigabe der NHIES-Technologien incl. der verschiedenen Wasserstoff-
produktions- und -verarbeitungsmöglichkeiten durchgeführt. Dabei sind
die Kosten (bei Beibehaltung der GFAVO) treibende Kraft für die Einführung der NHIES-Technologien.

Beim Vergleich mit dem vorher gezeigten Bild des Primärenergiever-
laufs fallen im Bild 12 die Verdoppelung des Kernenergieanteils und
die Verringerung des Gas- und Ölanteils auf.

Durch die Einführung der NHIES-Technologien werden der Braunkohle
über die SNG- und Methanolproduktion neue Verwendungsmöglichkeiten in
anderen Märkten außerhalb der Verstromung geöffnet. Da die Förderhöhe
der Braunkohle begrenzt ist, verläßt sie in gleichem Maße den Elek-
trizitätsmarkt, wie sie in die anderen Märkte drängt. Die dabei freiwerdende Rolle in der Stromerzeugung übernimmt die Kernenergie, die
ab 2010 dann auch zusätzlich Eingang bei den NHIES-Technologien findet. Die erzeugten NHIES-Produkte wiederum verdrängen ihrerseits erd-

gas- und ölstämmige Endenergieträger.

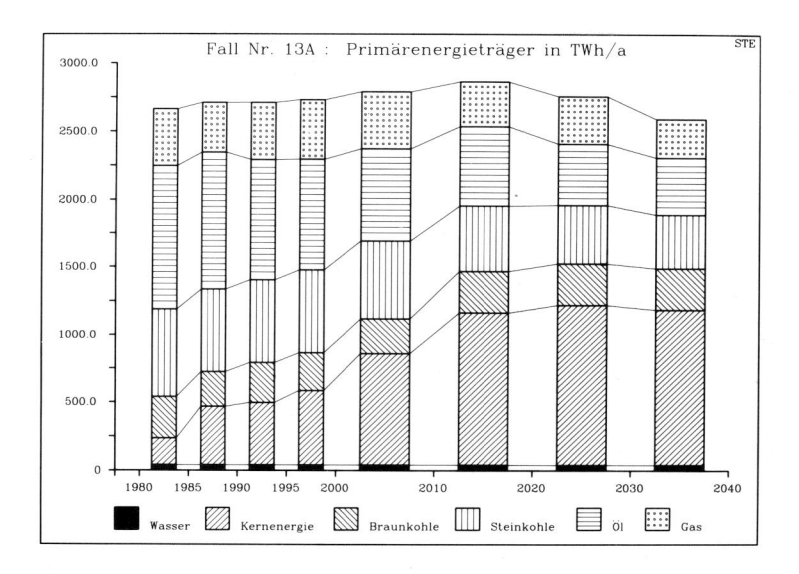

Bild 12: Errechneter Primärenergieträgerbedarf bis 2030 bei Einführung des NHIES

Bild 13 zeigt die resultierende Situation bei den Endenergieträgern. Hier ist kein Rückgang des Gases zu beobachten. Die Verminderung des Erdgasprimäreinsatzes wird also durch die Konversion der Braunkohle zu SNG kompensiert. Als neuer Energieträger - und klar erkennbares Produkt des NHIES-Systems - tritt Methanol auf. Es substituiert Ölprodukte. Dieses erklärt somit den weiteren Rückgang des Erdöls auf der Primärenergieträgerebene.

Die vom Modell aus Kostengründen gewählte Lösung führt darüber hinaus zu einer weiteren Absenkung des Emissionsniveaus unter die Werte, die bei alleiniger Anwendung der Großfeuerungsanlagenverordnung ohne NHIES erreicht wurden. Insbesondere reduziert sich die CO_2-Produktion dadurch, daß C-haltige Primärenergieträger in Saldo durch Kernbrennstoffe ersetzt werden. Auch die emissionsfreie Konversion der Braunkohle in Endenergieträger, die gleiche (bei SNG) bzw. geringere (bei

Methanol) Emissionen bei Stickoxiden und Schwefeldioxid verursachen, führt auch zu einer weiteren Reduktion dieser Emissionen.

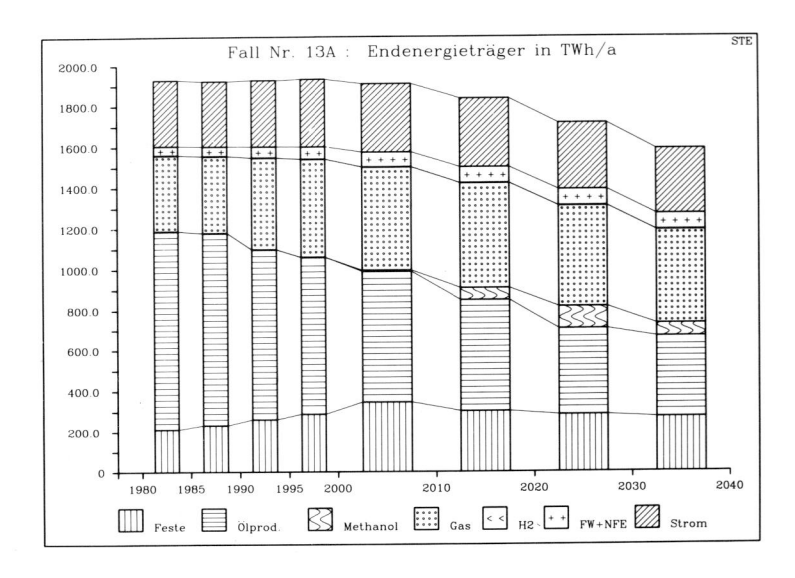

Bild 13: Errechneter Endenergieträgerbedarf bis 2030 bei Einführung des NHIES

Bild 13 zeigt aber auch, daß reiner Wasserstoff als Endenergieträger nicht auftritt. So bleibt die Frage offen, ob der Anteil des Wasserstoffs an der Energiebereitstellung auf dem indirekten Weg als Bestandteil der verwendeten Brennstoffe zugenommen hat.

Bild 14 zeigt, aufgeteilt nach den energetischen Beiträgen, die Anteile an der Primärenergie, die aus dem Kohlenstoff-, dem Wasserstoffsowie Kernenergie- und Wasserkrafteinsatz herrühren für 1980 und errechnet für 2030. Es ist sichtbar, daß der H- und C-Anteil zurückgedrängt wird, entsprechend der bereits in Bild 12 erkennbaren Substitution der fossilen Primärenergieträger durch Kernbrennstoffe. Das Verhältnis der energetischen Beiträge von Wasserstoff zu Kohlenstoff (E_{H2}/E_C) nimmt dabei um ca. 5 % ab.

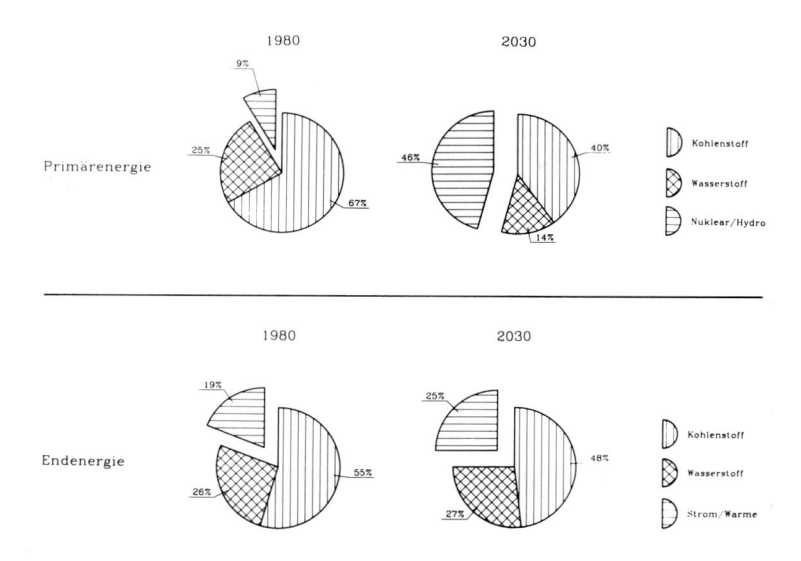

Bild 14: Energetische Anteile der Basiselemente C und H an der Primärenergie- bzw. Endenergieträgerdarbietung, 1980-2030

In gleicher Aufteilung sind in der unteren Bildhälfte die energetischen Anteile von Kohlenstoff, Wasserstoff und Strom an der Endenergie dargestellt. Anders als bei der Primärenergie nimmt hier der Beitrag des Wasserstoffs noch geringfügig zu, und alleiniger Verlierer ist der Kohlenstoff. Dementsprechend wächst naturgemäß das Verhältnis der energetischen Beiträge E'_{H2}/E'_C hier um ca. 20 %.
Da Wasserstoff, wie im Bild 13 gezeigt wurde, jedoch als Endenergieträger nicht auftritt, muß diese Vorschiebung des Verhältnisses durch zusätzliche Wasserstoffanlagerung im Umwandlungsbereich erreicht werden.

Diesen Schluß kann man aus Bild 15, das den Einsatz der Primärenergieträger in NHIES, und aus Bild 16, das die Produktion des NHIES zeigt, ableiten.

Wie man Bild 15 entnehmen kann, werden an Energieträgern zunächst Braunkohle und Strom eingesetzt. Der erkennbare fast konstante Gaseinsatz besteht aus stark CO-haltigen Synthesegasen, die als Begleitgase im wesentlichen von der Stahlerzeugung herrühren. Die Kohle hat zu wenig Wasserstoff als begleitendes Element, um alleine aus ihr Energieträger mit hohem H/C-Verhältnis herzustellen. Aus diesem Grund dient der eingesetzte Strom überwiegend zum Betrieb der Elektrolyse, um den benötigten Wasserstoff bereitzustellen. Ab 2010 wird dann auch die Kernenergie zur Konvertierung der Energierohstoffe eingesetzt.

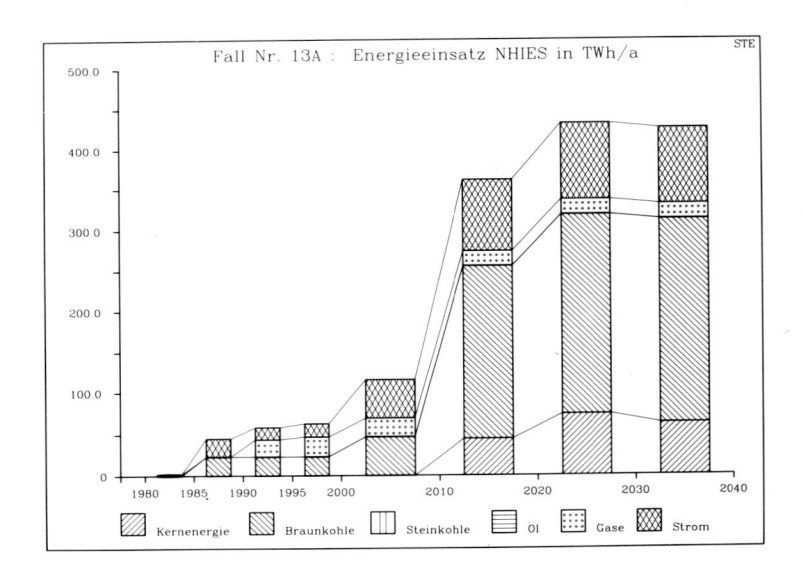

Bild 15: Primärer Energieträgereinsatz in das NHIES-System

Bild 16 zeigt die resultierende Produktenproduktion des NHIES. Die Produkte sind im wesentlichen CH_4 und CH_3OH (Methanol). Die marginale H_2-Abgabe von NHIES dient nicht zur Endenergieträgerproduktion. Vielmehr wird das H_2 der Raffinerie zugeführt, um dort an C angelagert zu werden. Allein auf die Hauptprodukte bezogen wird also eine Wasserstoffanreicherung durch das NHIES in den Bereich von atomaren H/C-Verhältnissen um 3 betrieben. Diese bewirkt dann über die abgegebenen Endenergieträger auch im gesamten Endenergieträgermix eine Vergrößerung des H_2-Beitrages, ohne daß Wasserstoff als Endenergieträger verwendet wird.

Energiewirtschaft

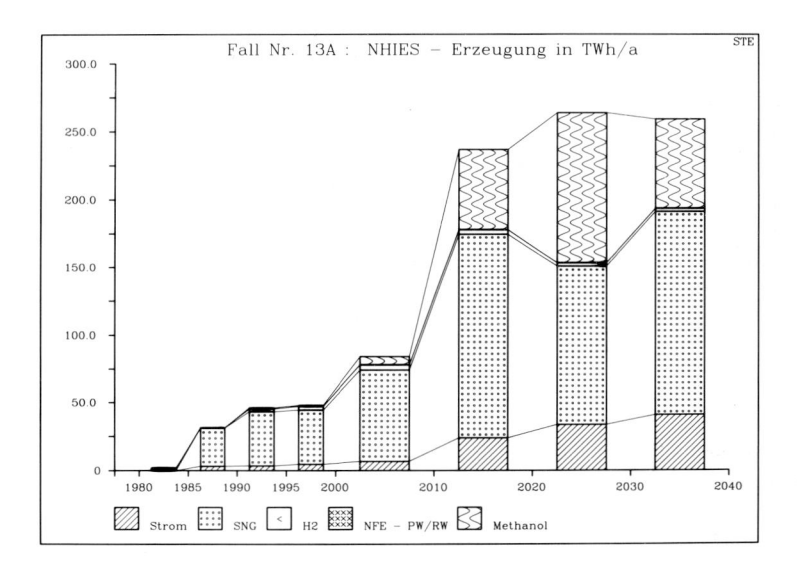

[Figure: Fall Nr. 13A : NHIES – Erzeugung in TWh/a, STE. Legend: Strom, SNG, H2, NFE – PW/RW, Methanol]

Bild 16: Energieträgerabgabe aus dem NHIES-System

Mit den Rechnungen im Jülicher LP-Modell MARNES kann somit gezeigt werden, daß das NHIES geeignet ist, den Übergang von unseren heutigen Energieversorgungs- und -nutzungssystemen, die im wesentlichen auf der Oxidation des C-Atoms beruhen, in ein Wasserstoff- und Elektrizitätssystem zu bewerkstelligen. Es erfüllt die Bedingungen des Übergangs:

1. Beseitigung von umweltschädigenden Nebenströmen wie NO_x und SO_2 durch weitgehende Vermeidung dieser Stoffströme,
2. Zeitgewinn beim CO_2-Problem durch Reduzierung des CO_2-Ausstoßes,
3. wachsender Wasserstoffanteil an der Energieversorgung.

Allerdings wird der Wasserstoff zu Beginn des Übergangs nur indirekt als Begleitstoff eingeführt.
Treibende Kräfte für die Penetranz des Systems in den Markt sind entweder die Kosten, hier insbesondere das Vorhandensein von billigem Wasserstoff, oder sich verschärfende Umweltrestriktionen. Dabei wird allerdings zunächst mehr Wasserstoff an Kohlenstoff angelagert, d.h. die CO-Schiene des NHIES wird genutzt. Man kann aber zeigen, daß bei

verschärften Restriktionen auf den CO_2-Ausstoß diese Schiene allmählich verlassen wird, was man sich für die zweite Phase des Übergangs vorstellen könnte.

In der ersten hier betrachteten Phase wird durch die Anlagerung des Wasserstoffs an die Endenergieträger im Umwandlungsbereich erreicht, daß der Endverbraucher keine wesentlichen Umstrukturierungen vornehmen muß. Ihm werden nach wie vor sowohl gasförmige als auch flüssige Endenergieträger dargeboten. Dabei sind unsere derzeitigen Energiesysteme auch in Verbindung mit dem NHIES kompatibel zu solchen Lösungen, in denen der Übergang zu mehr Wasserstoff kontinuierlich "ohne Brüche" erfolgen kann. Eine starke Verflechtung der verschiedenen Energiesektoren im Sinne der horizontalen Integration mit der Möglichkeit, ein wirtschaftliches Gesamtoptimum zu erzielen, kommt dem Einsatz neuer Systeme und damit dem Übergang zu einem verstärkten H_2-Handling entgegen.

Dank des Jülicher Modells MARNES ist es möglich, die Dynamik dieses Übergangs anhand von konsistenten jederzeit reproduzierbaren Szenarien zu analysieren. Zur Zeit befinden sich die systemanalytischen Arbeiten gerade in dieser Analysephase. Es ist beabsichtigt, die gewonnenen Ergebnisse zu einem späteren Zeitpunkt in geschlossener Form zu veröffentlichen.

/1/ C. Marchetti: Int. J. Hydrogen Energy, Vol. 10, No. 4 (1985)

Zum zukünftigen Potential einer Wasserstoffwirtschaft

Hj. Sinn
Universität Hamburg, Inst. f. Technische u. Makromolekulare Chemie
E. Jochem
FhG-Inst. f. Systemtechnik u. Innovationsforschung (ISI), Karlsruhe

Zusammenfassung

Innerhalb der nächsten 50 Jahre wird der jährliche Endenergieverbrauch in der Welt um wenigstens 3 bis 5 Terawattjahre zunehmen, davon sind wenigstens drei Viertel in den Ländern der Dritten Welt zu erwarten. Will man unabsehbare Folgen durch den Anstieg der CO_2- und Spurengaskonzentrationen in der Atmosphäre vermeiden, so dürfte der Zuwachs an anthropogen erzeugten CO_2-Emissionen nicht größer als etwa 0,5 % pro Jahr sein. Neben der Kernenergie wäre eine auf regenerativen Energieträgern basierende Wasserstoffwirtschaft ein Ausweg aus dem Dilemma. Die Wasserstoffwirtschaft hat heute ungleiche Wettbewerbsbedingungen. Strom aus unausgeschöpften Wasserkraft- und Windkraftreserven (etwa 10 000 TWh/a) erscheint für die Wasserstofferzeugung der erste Ansatzpunkt. Eine entscheidende Rolle kommt aber den Kostenreduktionen der Photovoltaik zu, da nicht nutzbare Landflächen in sonnenreichen Ländern ein riesiges Potential bieten.

Summary

The final energy consumption will increase within the next 50 years by at least 3 to 5 terawatt years per annum three quarters of which is expected to be in third world countries. If one wishes to avoid serious effects from the increase of CO_2 and trace gas concentrations in the atmosphere, the anthropogenically produced CO_2 emission should not increase by more than about 0,5 % per annum. One way out of the dilemma, besides nuclear power, is the generation of hydrogen based on renewable energies. The conditions for competing are today unequal for a hydrogen industry. Electricity from inexhausted reserves of hydro power and wind power (about 10 000 TWh/a) seem to be the first step in generating hydrogen. An essential role, however, is played by the cost reductions of photovoltaics as there is an enormous potential in this field for unusable areas in sunny countries.

Résumé

La consommation mondiale d'énergie dans les 50 prochaines années augmentera au minimum de 3 à 5 Tera Watt par an, dont au moins les trois quarts dans les pays en voie de développement. Une telle croissance, fondée sur les énergies fossiles, comporterait des risques importants dûs à la pollution atmosphérique (gaz carbonique et autres traces). Une augmentation des émissions anthropogènes de CO_2 de plus 0,5 % par an serait dangereuse. Il est donc nécessaire de faire appel - en complément de l'énergie nucléaire - aux énergies nouvelles et renouvelables, et en particulier à l'hydrogène. L'utilisation de l'hydrogène comme source d'énergie est aujourd'hui défavorisée par les conditions du marché. Une première approche pourrait être l'utilisation accrue des réserves hydroliques et éoliennes (environ 10 000 TWh/a). Le facteur essentiel de développement semble toutefois être la diminution des coûts de l'électricité par conversion photovoltaique, qui permettra de tirer profit des immenses territoires inexploités des régions du globe à fort ensoleillement.

1. Gründe für die mögliche Entwicklung einer Wasserstoffwirtschaft

Wenngleich im ersten Halbjahr 1986 die Mineralölpreise am Weltmarkt sich binnen Jahresfrist fast halbiert hatten, so gehen doch alle Kenner der Energiewirtschaft davon aus, daß das Preisniveau für fossile Brennstoffe innerhalb der 90er Jahre wegen des notwendig werdenden Rückgriffs auf die nur zu hohen Kosten abbaubaren Reserven ansteigen wird. Die Entwicklung der Preise für fossile Brennstoffe wird nicht zuletzt von der Geschwindigkeit abhängen, mit der die Nachfrage nach fossilen Brennstoffen zunimmt, diese wiederum wird wesentlich von der Gesamtentwicklung des Energiebedarfs abhängen. Der hohe Bedarfszuwachs dürfte aus Gründen der Bevölkerungsentwicklung und der Industrialisierung allerdings nicht in den Industrieländern erfolgen, sondern in den Schwellenländern und den Ländern der Dritten Welt.

Vergegenwärtigen wir uns das Problem der wachsenden Weltbevölkerung: In der IIASA-Studie "Energy in a Finite World" /1/ wird die Weltbevölkerung für das Jahr 1975 mit 3,9 Mrd. angegeben und ihr Wachstum bis zum Jahre 2030 auf knapp 8 Mrd. prognostiziert. Für das sogenannte niedrige Szenario wird unterstellt, daß der Endenergieverbrauch pro Kopf in Nordamerika nur um 5 %, in Japan und Westeuropa um rund 25 % steigen würde. Es muß aber gleichzeitig unterstellt werden, daß in den Regionen Lateinamerika, Afrika, Mittlerer Osten und China, wo die Pro-Kopf-Verbräuche heute bei 10 % des amerikanischen Verbrauches und erheblich darunter liegen, Verdoppelungen oder Verdreifachungen des Pro-Kopf-Verbrauches eintreten. Als Ergebnis dieser Annahme des Niedrigszenarios errechnen die Autoren eine Steigerung des Endenergiebedarfs von 5,75 Terawattjahren (TWa) im Jahre 1975 auf 14,6 TWa/a im Jahre 2030 /1/.

Angesichts der weltweit verbreiteten Unterernährung und menschenunwürdigen Lebensverhältnisse wird vielerorts die Forderung erhoben, dem Wachsen der Weltbevölkerung schneller Einhalt zu gebieten. Um die Grenzen solcher Überlegungen anzudeuten, wurde unterstellt, daß es in den vergleichsweise hochentwickelten Regionen Nordamerika, Sowjetunion, Osteuropa, Japan, Westeuropa und Neuseeland möglich sein würde, die Bevölkerung des Jahres 2030 auf dem jetzigen Stand zu halten, und daß es in den Ländern, die jetzt eine Wachstumsrate von weniger als 2 % haben, möglich sein würde, im

Laufe von 30 Jahren die Wachstumsrate Null zu erreichen. Es ist weiter unterstellt, daß es möglich werden würde, in denjenigen Regionen, die jetzt ein Wachstum von über 2 % haben, im Laufe von 50 Jahren die Wachstumsrate Null zu erreichen. Mit dieser schon recht utopisch scheinenden Annahme wird dann auf der Basis der Pro-Kopf-Verbräuche der IIASA-Studie im Jahre 2030 ein Endenergieverbrauch von 11,2 TWa/a errechnet, also eine Verdoppelung des Energieendverbrauches im Jahre 1975 (vgl. Tab. 1).

Und selbst wenn man unterstellt, daß in den hochindustrialisierten Zonen I bis III der Endenergiebedarf pro Kopf um 20 % zurückgehen würde und in den ausgesprochenen Wachstumszonen IV bis VII nur eine Verdoppelung der sehr niedrigen Werte des spezifischen Energiebedarfs eintreten würde (unter gleichzeitiger Aufrechterhaltung der kühnen Annahmen über die Drosselung des Bevölkerungswachstums), so ergibt sich als Endenergieverbrauch für das Jahr 2030 8,90 TWa/a, also noch immer eine Veranderthalbfachung des Endenergieverbrauches von 1975.

Tab. 1: Bevölkerungsentwicklung und Endenergiebedarf der Weltregionen, 1975-2030

Zone	Region	Bevölkerung in Mio		Endenergie pro Kopf in kWa/a	Energieendverbrauch in TWa/a		
		1975	2030	1975	1975	Variante 1* 2030	Variante 2** 2030
I	NA	237	237	7,89	1,87	1,98	1,50
II	SU,EE	363	363	3,52	1,28	2,23	1,81
III	JA,WE,NZ	560	560	2,84	1,59	2,18	1,74
IV	LA	319	679	0,80	0,26	1,41	1,08
V	Af,SEA	1 422	3 028	0,18	0,25	1,60	1,21
VI	ME,NAf	133	283	0,80	0,11	0,70	0,45
VII	C,CPA	912	1 213	0,43	0,39	1,12	1,09
Summe Welt		3 946	6 363		5,75	11,20	8,90

I	NA	North America
II	SU,EE	The Soviet Union and Eastern Europe
III	WE,JA,NZ	Europe, Japan, Australia, New Zealand, South Africa and Israel
IV	LA	Latin America
V	Af,SEA	Africa (exc. Northern and South Africa), South and Southeast Asia
VI	ME,NAf	Middle East and Northern Africa
VII	C,CPA	China and Centrally Planned Asien Economics

* mit Pro-Kopf-Verbräuchen nach /1/
** mit reduzierten Pro-Kopf-Verbräuchen

So stellt sich denn als Herausforderung für die hochindustrialisierte Welt, nicht nur bei sich selbst die Energieproduktivität zu erhöhen, sondern auch kostengünstige Methoden der Energieerzeugung bereitzustellen, die eine würdige Versorgung und Ernährung einer noch wachsenden Weltbevölkerung ermöglichen. Der Energiemehrbedarf liegt wenigstens in der Größenordnung von 3 bis 5,5 TWa/a im Jahre 2030, wobei er wenigstens zu drei Vierteln in den heutigen Schwellen- und Entwicklungsländern entstehen dürfte. Bei der Analyse dieser Aufgabe ist zu beachten, daß in der Vergangenheit beim Übergang von Holz auf Kohle, Kohle auf Öl und Öl auf Gas stets 50 bis 70 Jahre benötigt wurden, um den Marktanteil eines neuen Energieträgers von etwa 1 auf 50 % zu steigern /2/.

Gerade angesichts der heute entspannten Weltmärkte für fossile Energieträger könnte man meinen, den Mehrbedarf neben der Kernenergie mit Öl, Naturgas und Kohle abdecken zu können. Die Verbrennung fossiler Rohstoffe entläßt aber auch Umwandlungsprodukte in die Atmosphäre, wobei das anthropogen erzeugte Kohlendioxid (CO_2) langfristig zu einem größeren Umweltproblem werden könnte als die heute beachteten Schadstoffe wie Stickoxide, Schwefeldioxid, Stäube und Kohlenwasserstoffe: Um 1880 lagen die CO_2-Konzentrationen in der Atmosphäre bei einem Niveau von 280 ppm. Zur Zeit liegen sie bei gut 340 ppm. Die Gefahr eines globalen Treibhauseffektes durch steigende CO_2-Konzentrationen und von Spurengasen (z. B. Ozon) ist heute real geworden. Denn selbst bei einer drastischen Reduktion des Anstiegs von anthropogen erzeugtem CO_2 auf 0,5 % pro Jahr wäre ein Anstieg des Kohlendioxidgehaltes auf etwa 400 ppm im Jahre 2030 unvermeidlich (vgl. Abb. 1).

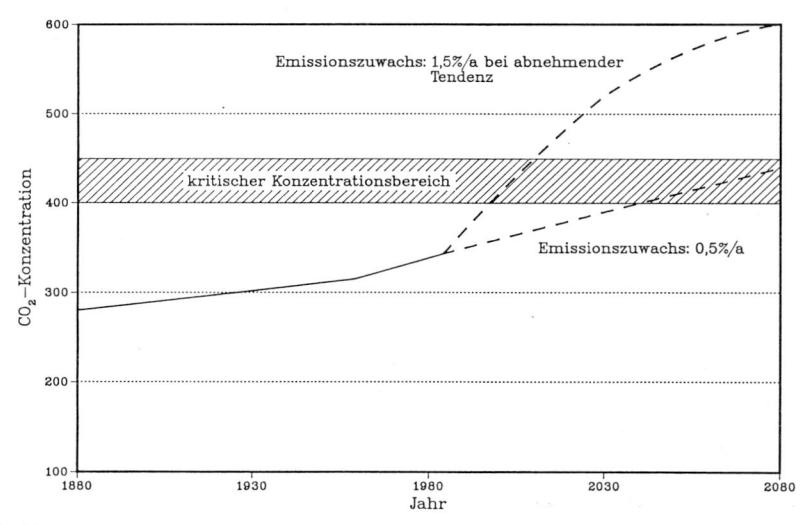

Abb. 1: Entwicklung der CO_2-Konzentrationen in der Atmosphäre 1880 bis 2080

Quelle: berechnet nach Angaben von /3/

Über die Auswirkungen des Konzentrationsanstiegs von CO_2 und sonstigen Treibhausgasen besteht heute in folgenden Punkten Einigkeit /3/:

- Der in den vergangenen 100 Jahren durch CO_2-Konzentrationsanstieg bedingte Temperaturanstieg von etwa 1 °C wurde um weitere 50 % durch andere Treibhausgase, insbesondere N_2O, Methan, Ozon und Fluorchlorkohlenwasserstoffe, verstärkt. Die Bedeutung dieser Spurengase hat heute fast die gleiche temperatursteigernde Wirkung wie das CO_2 allein.

- Wenn die heutigen Zuwachsraten der Emissionsmengen von CO_2 anhalten, würde eine Verdopplung der temperaturbeeinflussenden Konzentrationen zwischen 2020 und 2030 erreicht.

- Diese Verdopplung würde die mittlere Oberflächentemperatur auf der Erde zwischen 1,5 °C und 5,5 °C erhöhen. Dies wäre eine ähnliche Temperaturerhöhung, wie sie zwischen der letzten Eiszeit und der heutigen Zwischeneiszeit beobachtet wurde.

- Der angegebene Temperaturanstieg würde einen Anstieg des Weltmeeresspiegels zwischen 20 und 165 cm verursachen. Wie stark der Temperaturanstieg zusammen mit veränderten Niederschlägen regional zu erheblichen Veränderungen der Biosphäre führen könnte, ist wegen fehlender Kenntnisse noch ungeklärt.

Um Zeit zu gewinnen, sollte in jedem Fall der weitere Anstieg von CO_2- und Treibhausgasemissionen verringert werden, wozu sowohl die Verminderung des spezifischen Energieverbrauchs, die verstärkte Nutzung regenerativer Energiequellen sowie der Einsatz der relativ emissionsarmen Kernenergie (Ausnahme: Krypton 85) beitragen können. Harrisburg und Tschernobyl haben allerdings gezeigt, daß die Sicherheitsaspekte bei der Kernenergienutzung noch nicht so beherrscht werden, daß man im großen Stil an den Ausbau der Kernenergie in Ländern der Dritten Welt denken könnte. Dies gilt insbesondere für politisch noch instabile Regionen.

Wenn der Mehrbedarf von 3 bis 5,5 TWa/a nicht allein mit Kernenergie zu decken ist und fossile Energieträger allenfalls 1 TWa/a zusätzlich bis 2030 eingesetzt werden dürfen, dann stellt sich die Frage, welchen Beitrag die regenerativen Energiequellen übernehmen könnten. Betrachtet man die Potentiale regenerativer Energiequellen, so fällt auf, daß sie häufig relativ kostengünstig in Gebieten zu nutzen sind, die fernab von großen Energieverbrauchszentren liegen (z. B. Wasserkraft in Kanada, im Kongo oder in Grönland, Sonne in Nordafrika). Deshalb bietet sich die Wasserstoffwirtschaft an, um den Ferntransport von Energie zu ermöglichen und die Speicherfähigkeit gewonnener Energiemengen zu gewährleisten.

Eine Alternative wäre den in fossilen Brennstoffen vorliegenden Kohlenstoff durch Hinzunahme von Kernenergie zunächst von umweltbelastenden Begleitstoffen zu trennen und in horizontal integrierten Energiesystemen möglichst klug und besonnen zu nutzen. Dieser

Alternative widmete sich der vorangegangene Beitrag von Häfele und Walbeck. Zu Bedenken Anlaß gibt allerdings das Dilemma, daß ein derartiges Energieversorgungssystem in hohem Maße mit leitungsgebundenen Energieformen (Strom, Fern- und Nahwärme, CO und Wasserstoff) arbeiten würde, die bei hoher Energieverbrauchsdichte wie in Westeuropa auch kostenmäßig akzeptabel wären, wohl aber nicht in größerem Umfang in Entwicklungsländern mit zunächst noch geringen Energieverbrauchsdichten, aber dem höchsten Energiemehrbedarf in den kommenden 50 Jahren. Eine andere Alternative, die Erzeugung von Wasserstoff durch thermochemische Trennung von Wasser mittels Hochtemperaturwärme aus Kernreaktoren, wie sie Marchetti für Mitte der 90er Jahre sieht /2/, dürfte erst langfristig technisch-wirtschaftlich realisierbar sein, wenn nicht sicherheitstechnische Bedenken die Realisierungsmöglichkeiten noch weiter hinausschieben.

2. Zu den Potentialen des Wasserstoffs auf Basis regenerativer Energiequellen

Schon vor mehr als 20 Jahren entwickelte Justi ein Konzept zur Wasserstoffwirtschaft auf solarthermischer Primärenergiebasis /4/ (vgl. Abb. 2). Obwohl sich seitdem die

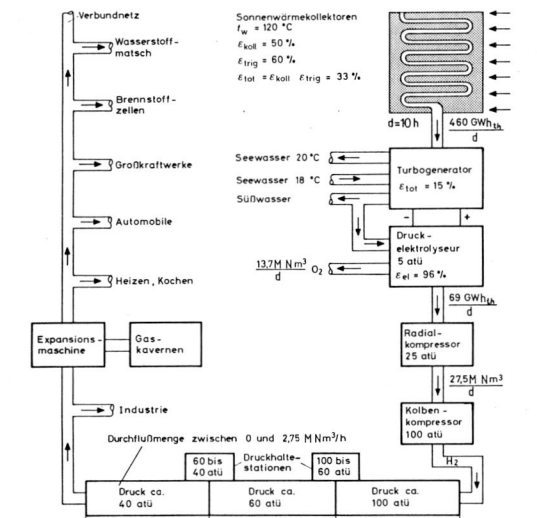

Abb. 2: Konzept einer Wasserstoffwirtschaft nach Justi /4/

Preisverhältnisse für fossile Brennstoffe entscheidend verändert haben und die Wasserstofftechnik in Herstellung, Transport und Anwendung Fortschritte gemacht hat, ist eine Wasserstoffwirtschaft auf Basis regenerativer Energiequellen mit ungleichen Wettbewerbsbedingungen konfrontiert:

- Die Umweltkosten der heute verwendeten Energieträger sind bis heute nur teilweise durch Emissionsauflagen internalisiert. Die Höhe der heutigen externen Kosten der Energienutzung ist zwar nur näherungsweise abzuschätzen, könnte aber bei durchschnittlich 1,- bis 4,- DM je verbrauchte GJ liegen, wenn man international vorliegende Schätzwerte heranzieht (vgl. Tab. 2).
- Die derzeitigen Preise für Mineralöl, dem Preisführer der fossilen Brennstoffe, sind nicht an den Grenzkosten orientiert, die bei 24 bis 28 US $ je Barrel liegen. Auch ist offen, ob die derzeitigen Rückstellungen der Stromwirtschaft zur Entsorgung der Kernkraftwerke nach deren Außerbetriebnahme ausreichen. Die Steinkohle wird in der Bundesrepublik zu erheblichen Anteilen direkt und indirekt subventioniert /5/.
- In die Entwicklung der Kernenergie geht seit mehr als zwei Jahrzehnten mehr als das Zehnfache an öffentlichen und privaten Geldern im Vergleich zur Entwicklung der regenerativen Energiequellen /6/.

Tab. 2: Schätzung externer Kosten durch Luftschadstoffe aus Verbrennunsprozessen für die Bundesrepublik Deutschland Anfang der 80er Jahre /16/

	Schadenshöhe in % vom Bruttosozialprodukt	in Mrd. DM
Korrosionsschäden und Wertverluste an Gebäuden und Material	0,2 bis 1,3	3,2 bis 20,8
Ernteschäden	0,01 bis 0,08	0,2 bis 1,3
Forstschäden	0,04	0,7
Gesundheitsschäden (incl. ausgefallene Arbeitstage, Teildauerinvalidität)	0,4 bis 1,0	6,4 bis 16,0
Summe	0,65 bis 2,40	10,5 bis 38,8

Neben diesen Preisverzerrungen und Entwicklungsungleichgewichten haben die regenerativen Energiequellen mit der geringen Energiedichte eine Eigenschaft, die zu hohem Materialaufwand pro gewinnbare Energieeinheit führt. Deshalb rechnet das ISI erst nach 2000 unter bestimmten Rahmenbedingungen mit der Wirtschaftlichkeit solar erzeugten Wasserstoffs für Westeuropa /7/. Für Wasserstoff, der elektrolytisch mit Strom aus Photovoltaikanlagen oder Solarturmanlagen an strahlungsintensiven Standorten des Mittelmeerraumes erzeugt und anschließend in die Bundesrepublik transportiert werden müßte, wird bis 2030 ein Beitrag von etwa 1000 PJ/a für realisierbar gehalten. Um dies zu erreichen, wären große - aber technisch als möglich angesehene - Kostensenkungen bei den verwendeten Technologien erforderlich. Ob diese Kostensenkungen erreicht werden können, läßt sich heutzutage weder schlüssig belegen noch widerlegen.

Wasserstoff muß nicht notwendigerweise mit Hilfe von solar erzeugtem Strom produziert werden. Große unausgeschöpfte Reserven für billigen Strom aus Wasserkraft liegen in China (ca. 1250 TWh/a), der UdSSR (ca. 920 TWh/a), Zaire (ca. 650 TWh/a) oder in Brasilien (ca. 380 TWh/a). Als technisch und ökonomisch nutzbare Reserven werden für Ka-

Tab.3: Nutzbare und genutzte Wasserkraftreserven nach Ländern und Weltregionen, Anfang der 80er Jahre

Land	Wasserkraft zur Stromerzeugung in TWh		Gesamt Stromerzeugung in TWh 1982
	ausnutzbar	ausgenutzt in 1982	
China	1 320	74	328
UdSSR	1 095	175	1 367
USA	701	311	2 304
Zaire	660	4*	4,1*
Kanada	535	261	388
Brasilien	519	141	152
Madagaskar	320	-	-
Kolumbien	300	19	72
Indien	280	53	139
Burma	225	-	-
Vietnam und Laos	192	-	-
Argentinien	191	18	44
Indonesien	150	1,6	7,4
Japan	130	84	393
Ekuador	126	-	-
Neuguinea	122	-	-
Norwegen	121	92	93
Kamerun	115	-	-
Peru	109	6,4	71,3
Pakistan	105	4,9*	11*
Schweden	100	56	100
Mexiko	99	23	81
Venezuela	98	16	39
Chile	89	7,8	65
Gabun	88	-	-
Spanien	68	28	117
Frankreich	65	71	266
Jugoslawien	64	24	62
Welt insgesamt	9 900	1 850	8 500

* 1978, für 1982 nicht verfügbar

Quellen: /8/ /9/

nada gut 60 GW und Grönland 40 GW genannt. Weltweit ist das Wasserkraftangebot etwa gleich groß wie der Weltstromverbrauch des Jahres 1982 (vgl. Tab. 3). Es fällt auch auf, daß die derzeitige Gesamtstromerzeugung in Ländern der Dritten Welt meist nur ein Bruchteil der ausnutzbaren Potentiale der Wasserkraft ausmacht, während die Potentiale in Nordamerika und Westeuropa zu mehr als 50 % ausgeschöpft sind.

In Abb. 3 wird die Konzeption einer 35 Megawatt-Elektrolyseanlage mit Elektrolysezellen der ersten Generation gezeigt, wie sie kürzlich von Crawford und Benzimra vorgestellt wurde. Die Autoren weisen darauf hin, daß publizierte Kalkulationen über Wasserstoffkosten bei verschiedenen Prozessen den Eindruck eines zu teueren Wasserstoffs vermitteln, weil sie auf den Kapitalkosten kleiner Elektrolyseanlagen beruhen. Angegebene Einheitskosten von 700 bis 1200 $ pro Kilowatt sollen danach das dreifache der Kosten betragen, wie sie bei speziell für Großelektrolyseanlagen entwickelten Elektrolyseuren richtig sind /10/.

Abb. 3: Blockdiagramm einer 35 MW Wasserstoff-Elektrolyse-Anlage nach /7/

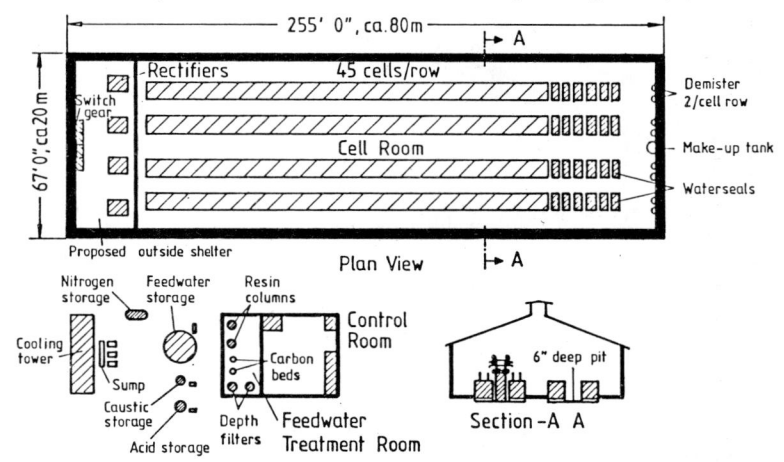

Wenn die Stromerzeugungskosten durch günstige nicht ausgeschöpfte Wasserkräfte niedrig gehalten werden können, wie dies beispielsweise in Kanada möglich ist, dann können die Wasserstofferzeugungskosten heute unter 20 DPf je Nm^3 Wasserstoff liegen (vgl. Abb. 4).

Die Kostenkurven zeigen, daß die Mengen-Kostendegression bei Elektrolyseanlagen von mehr als 50 MW recht gering sind. Hinzu kommen die Transportkosten für den gewonnenen Wasserstoff, die bei Ferntransport mit derzeit verfügbaren Technologien einen erheblichen Anteil der Gesamtkosten ausmachen können /11/.

Da eine kostengünstige Stromerzeugung aus Wasserkraft oder aus Windkraft häufig nur in solchen Regionen der Welt möglich ist, in denen der Strom aber nicht im dem Maße benötigt wird, muß der Wasserstoff oder ein Folgeprodukt zu den Verbrauchern transportiert werden. Ein Folgeprodukt ist beispielsweise Ammoniak, der mit Schiffen zu Verbrauchsschwerpunkten gebracht werden könnte, um beispielsweise Stickstoffdünger herstellen zu können. Dieser Weg ist insbesondere als Zwischenlösung von Interesse, wenn der Anschluß an Wasserstoff- oder Stromverbundsysteme erst langfristig rentabel erscheint, nämlich dann, wenn erhebliche Teile der Wasserkraftpotentiale realisiert sind /2/.

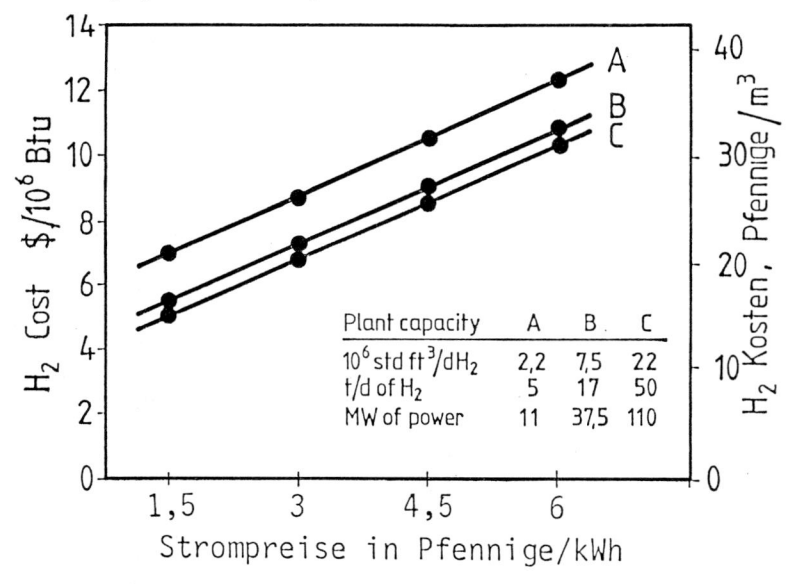

Abb. 4: Wasserstofferzeugungskosten in Abhängigkeit von Strompreisen und Anlagengröße der Elektrolyse nach /10/

Plant capacity	A	B	C
10^6 std ft^3/dH$_2$	2,2	7,5	22
t/d of H$_2$	5	17	50
MW of power	11	37,5	110

Neben der Nutzung von kostengünstigen Wasserkräften kann an einigen Standorten der Welt, insbesondere an den Küsten der Weltmeere die Windkraft zur Stromerzeugung genutzt werden /11/. Diese regenerative Energiequelle dürfte in den nächsten 20 Jahren zur Stromerzeugung wirtschaftlicher bleiben als die Solarenergie. Dabei wird die Regelmäßigkeit des Windangebotes von besonderer Bedeutung für die Wirtschaftlichkeit der kapitalintensiven Wasserstofferzeugung sein. Kombinierte Strom-Wasserstoff-Systeme im Inselbetrieb dürften mit dem Windkraftangebot am ehesten wirtschaftliche Erfolge ermöglichen. Damit würde Wasserstoff nicht zum Ferntransport erzeugt, indirekt aber zur verminderten Nachfrage nach fossilen Brennstoffen beitragen.

Über die Degression der Investitionskosten der Photovoltaik läßt sich heute nur spekulieren. Die heute sehr hohen Systemkosten von rd. 50 000 DM je kW müßten auf 2000 bis 3000 DM je kW reduziert werden. Hierzu sind grundlegende technische Verbesserungen bei der Herstellung des Zellenmaterials und der Module erforderlich, was teilweise nur bei sehr hoher Produktionszahl möglich wird. Die Bedeutung dieser Technik dürfte zunächst in Spezialmärkten der Kommunikationstechnik, in Freizeitprodukten und der dezentralen Stromversorgung in sonnenreichen Ländern der Dritten Welt liegen. Würden die Kostensenkungen bis zum Jahre 2010 erreicht, wie manche meinen, dann hätte die Photovoltaik gute Chancen, in einstrahlungsreichen Ländern im Mittelmeerraum ein großer Produzent von Strom und Wasserstoff zu werden. Wollte man den heutigen Endenergieverbrauch der Welt (von ca. 6,5 Mrd. tSKE) mit solar erzeugtem Wasserstoff abdecken, so benötigte man hierzu eine Landfläche von ungefähr 5 Mio km^2; dies entspricht einem Achtel der Landfläche für Weiden, Steppen und Tundra oder einem Achtel der Landfläche für Wüsten, Gebirge, Polarregionen und Ödland. Ist dies eine Utopie? Es ist die Utopie, daß eine Energienutzung weltweit ohne Luftemissionen möglich ist. Eine Verwirklichung dieser Vision dürfte entscheidend von den Kostenentwicklungen des Systems abhängen.

3. Ausblick

Die Befriedigung des Energiebedarfs der Welt rückt im kommenden Jahrhundert in eine neue weltweite Verzahnung von Interessen und Abhängigkeiten:
- Die Versteppung von ganzen Landesteilen in der Dritten Welt durch Holzraubbau und Verbrennung von Dung zwingt zu einer Substitution durch einen anderen Energieträger innerhalb der nächsten 10 bis 20 Jahre.
- Der know-how- und Kapitalbedarf zum Aufbau von Energiesystemen in Entwicklungsländern, in denen der wesentliche Energiemehrbedarf stattfinden wird, zwingt zur Hilfestellung seitens der Industrieländer.
- Der weitere Konzentrationsanstieg von CO_2 und anderen Spurengasen in der Atmosphäre durch anthropogene Quellen erfordert eine internationale Kooperation, um die Freisetzung dieser Gase möglichst binnen der nächsten 30 Jahre zu stabilisieren.
- Ungenutzte und kostengünstige regenerative Energiequellen zur Strom- und Wasserstofferzeugung gibt es insbesondere in den Ländern der Dritten Welt, die einerseits ihren eigenen Energiemehrbedarf hiermit weitgehend abdecken könnten und die andererseits dazu beitragen könnten, daß ein Teil des fossilen Brennstoffbedarfs in den Industrieländern substituiert werden kann.

Diese Zunahme der weltweiten Verflechtung ist langfristig, aber sachlich zwingend. Die heutigen Energiepreise signalisieren noch nicht diesen langfristigen Trend. Auf diesen einzuschwenken, erscheint aber den Autoren ein Gebot der Stunde, da energiewirtschaftliche Strukturveränderungen viele Jahrzehnte in Anspruch nehmen. Denn die Investitionszyklen betragen 15 bis 40 Jahre und schnelle Strukturveränderungen würden hohe Belastungen für den Kapitalmarkt und hohe volkswirtschaftliche Verluste bei vorzeitiger Außerbetriebnahme von Anlagen verursachen.

Deshalb ist es dringend erforderlich, die Entwicklungsarbeiten zur elektrochemischen Erzeugung von Wasserstoff, zu Transporttechniken und zur Anwendungstechnik von Wasserstoff weiter voranzutreiben. Auch die Forschungs- und Entwicklungsarbeiten zur Photovoltaik sind langfristig von entscheidender Bedeutung, da die direkte Umwandlung von Sonnenenergie in Strom wegen der großen Flächen nicht weiter nutzbaren Landes grundsätzlich ein größeres Potential besitzt als die Wasserkraft oder die Windkraft.

Parallel hierzu verdienen die Anstrengungen zur Erhöhung des Umwandlungswirkungsgrades in fossil gefeuerten Kraftwerken durch Kohledruckvergasung, Natriumkreislauf oder andere Prozeßverbesserungen besondere Aufmerksamkeit. Derartige Entwicklungen sowie eine systematische Nutzung aller wirtschaftlich realisierbaren Möglichkeiten rationeller Nutzung von Brennstoffen und Strom /13/ /14/ in den Industrieländern können entscheidend dazu beitragen, daß genug Zeit verbleibt, um die weltweit notwendigen Abstimmungs- und Anpassungsprozesse zu ermöglichen.

Die langen Innovationszeiten für Entwicklung, Planung und Diffusion eines neuen Energiesystems innerhalb einer bestehenden Energiewirtschaft erzeugen eine für viele nicht erkennbare Problemlage. Denn es ist ein Merkmal heutigen politischen Handelns, sich akuten Interessenkonflikten zuzuwenden und gerade jene Bereiche auszugrenzen, die heute allgemein als problemarm eingeschätzt werden. Damit wird politisches Handeln als Vorsorgemaßnahme zur Ausnahme und die Rolle des Politikers als "trouble shooter" stilisiert. In diesem Sinne konstatiert N. Allen, ein amerikanischer Energiewirtschaftler: "The truly terifying feature of this whole problem is that it may very well become critical before it appears to be serious" /15/. Dabei wird die Energiepolitik - egal welchen Landes - umso eher dem Gedanken einer Umstrukturierung der Energiewirtschaft zu emissionsarmen und regenerativen Energiequellen nähertreten, je geringer das Kostengefälle zwischen den Optionen ist. Für diese Aufgabe stehen Natur- und Ingenieurwissenschaftler in der Verantwortung. Gründliches und zügiges Arbeiten sind gefragt.

Literatur

/1/ Häfele, W. u. a: Energy in a Finite World. A Global System Analysis. Cambridge, Mass. 1981

/2/ Marchetti, C.: When will hydrogen come? Int. J. Hydrogen Energy, $\underline{10}$ (1985) 215-219

/3/ Villach Konferenz: Executive Summary. Conf. Proceed. Wiley 1986 (in Druck)

/4/ Justi, E: Probleme und Wege der zukünftigen Energieversorgung der Menschheit. Jahrbuch der Akad. der Wiss. und der Literatur. Mainz, Wiesbaden 1955

/5/ Düngen, H.: Subventionen in der deutschen Energiewirtschaft von 1979 bis 1984. Z. f. Energiewirtsch. (1984) 262-269

/6/ Int. Energy Agency: Energy Research, Development and Demonstration in IEA-Countries. OECD, Paris 1982

/7/ Jäger, F. u.a.: Abschätzung des Potentials erneuerbarer Energiequellen in der Bundesrepublik Deutschland. DIW/ISI, Berlin/Karlsruhe 1984

/8/ Cotillon, J.:	Place de l'hydroelectricité dans le bilau énergetique mondial. La houille blanche, **5-6**, 1982
/9/ OECD: VIK:	Energy Balances. Paris, OECD 1985 Statistik der Energiewirtschaft. Essen 1985
/10/ Crawford/Benzimra:	Vortragsmanuskript. Congress Fertilizer Federation. London, Frühjahr 1985
/11/ Winter, C.-J., Nitsch, J. (Hrs.):	Wasserstoff als Sekundärenergieträger - Technik, Systeme, Wirtschaft. Springer, Berlin 1986
/12/ Sinn, H.:	Möglichkeiten zukünftiger Energieversorgungssysteme. ACHEMA, Frankfurt 1985
/13/ Fichtner Ber. Ing./FhG-ISI:	Der Beitrag ausgewählter neuer Technologien zur rationellen Energieverwendung in der deutschen Industrie. TÜV Verlag, Köln 1986
/14/ Int. Energy Agency:	Energy demand policy in OECD Countries. OECD, Paris (erscheint Ende 1986)
/15/ Allen, N.:	Int. Hydrogen Energy, **10**, 685f
/16/ Jochem, E.:	Rationelle Energieverwendung - ein erstrangiges energiepolitisches Ziel auch in Zeiten entspannter Energiemärkte? ISI-Arbeitspapier, Karlsruhe 1984

Autorenverzeichnis

Dipl.-Ing. Klaus Baumgärtner
Messer Griesheim GmbH
Postfach 4709
4000 Düsseldorf 1

Dr. O. Bernauer
H W T
Postfach 100827
4330 Mülheim/Ruhr

Prof. Dr. B. Bogdanovic
Max-Planck-Institut
für Kohleforschung
Kaiser-Wilhelm-Platz 1
4330 Mülheim/Ruhr

Dr. G. Collin
Rütgerswerke AG
Postfach 120244
4100 Duisburg 12

Dr. W. Dönitz
Dornier System GmbH
7990 Friedrichshafen

Dr. E. Erdle
Dornier System GmbH
7990 Friedrichshafen

Dr. Rolf Ewald
Messer-Griesheim Industriegase
Abt. IELD
Homburger Str. 12
4000 Düsseldorf

Dr.-Ing. M. Fischer
Direktor des Instituts für
Techn. Thermodynamik der DFVLR
Pfaffenwaldring 38-40
7000 Stuttgart 80

Dr. H. Gaensslen
Lurgi GmbH
Abt. MB
Gervinusstr. 17-19
6000 Frankfurt/Main

Prof. Dr. G. Gottschalk
Universität Göttingen
Institut für Mikrobiologie
Grisebachstr. 8
3400 Göttingen

Prof. Dr. H. Gräfen
Bayer AG
IN AN Werkstofftechnik und
Anlagenbau, Geb. B 406
5090 Leverkusen, Bayerwerk

Prof. M. Grätzel
Institut de genie chimique
Ecole Polytechnique Féd.
CH-1015 Lausanne

Dr. J. Gretz
EURATOM
I-21020 Ispra

Prof. Dr.-Ing. Manfred Groll
I K E
Pfaffenwaldring 31
7000 Stuttgart 80

Prof. Dr. W. Häfele
K F A
Postfach 1913
5170 Jülich 1

Prof. Dr. J. Hapke
Uni Dortmund
AG Chemieapparatebau
Emil-Figge-Str.
4600 Dortmund

Dr.-Ing. E. Jochem
Frauenhofer-Institut(ISI)
für Systemtechnik und
Innovationsforschung
Breslauer Str. 48
7500 Karlsruhe

Dr. G. Kaske
Chemische Werke Hüls AG
Postfach 1320
4370 Marl

Dipl.-Ing. D. Kuron
Bayer AG
IN AN WA
5090 Leverkusen, Bayerwerk

Dr. R.E. Lohmüller
Linde AG
Abt. E.V./1
8023 Höllriegelskreuth

Dr. D. Martinsen
K F A Jülich GmbH
Postfach 1913
5170 Jülich 1

Dr. J. Nitsch
D F V L R
Pfaffenwaldring 38-40
7000 Stuttgart 80

Prof. Dr. W. Peschka
D F V L R
Pfaffenwaldring 38-40
7000 Stuttgart 80

Dr. G. Ruckelshauß
Hüls Aktiengesellschaft
Postfach 1320
4370 Marl

Dr. G. Sandstede
Battelle-Institut e.V.
Am Römerhof 35
6000 Frankfurt/Main

Prof. Dr. J. Schulze
TU Berlin
Institut für Techn. Chemie
Arbeitsgruppe Wirtschafts-
chemie
Straße des 17. Juni 135
1000 Berlin 12

Prof. Dr. Hj. Sinn
Universität Hamburg
Institut für Technische und
Makromolekulare Chemie
Bundesstr. 45
2000 Hamburg 13

Dr. R. Streicher
Lurgi GmbH
Gervinusstr. 17-19
6000 Frankfurt/Main

Dr. B. D. Struck
K F A Jülich GmbH
Institut 4
Postfach 1913
5170 Jülich 1

Prof. Dr. W. Vielstich
Universität Bonn
Institut für Physikal. Chemie
Wegeler Str. 12
5300 Bonn

Prof. Dr. M. Walbeck
K F A Jülich GmbH
Postfach 1913
5170 Jülich

Prof. Dr. H. Wendt
TH Darmstadt
Institut für Chem. Technologie
Petersenstr. 20
6100 Darmstadt

Prof. C. J. Winter
D F V L R
Institut f. Techn. Physik
Pfaffenwaldring 38-40
7000 Stuttgart

DECHEMA-MONOGRAPHIEN

Die Dechema-Monographien geben einen Überblick über die technisch-wissenschaftliche Arbeit der DECHEMA.

Sie enthalten Vorträge von den Veranstaltungsreihen, die von der DECHEMA z. B. zu den Themenkreisen Chemischer Apparatebau, Konstruktion von Apparaten und Anlagen, Umweltschutz, Energieeinsparung und Biotechnologie veranstaltet werden.

Zu den Themen des vorliegenden Bandes 106 sind früher erschienen:

Band 92   Elektrochemische Energieumwandlung
          einschließlich Speicherung 1982
          DM 125,95 (Dechema-Mitglieder DM 100,75)

Band 94   Reaktionstechnik chemischer und
          elektrochemischer Prozesse 1983
          DM 109,15 (Dechema-Mitglieder DM 87,30)

Band 97   Elektrochemische Verfahrenstechnik 1984
          DM 147,65 (Dechema-Mitglieder DM 118,10)

Band 98   Technische Elektrolysen 1985
          DM 180,75 (Dechema-Mitglieder DM 144,60)

Eine Zusammenstellung aller noch lieferbaren Bände der Dechema-Monographien erhalten Sie auf Anfrage kostenlos bei der DECHEMA.

Die Dechema-Monographien können bezogen werden bei der DECHEMA, Postfach 97 01 46, D-6000 Frankfurt am Main, oder bei der VCH Verlagsgesellschaft, Postfach 1260, D-6940 Weinheim.